DU PRINCIPE GÉNÉRAL

DE LA

PHILOSOPHIE

NATURELLE,

PAR

F. DE BOUCHEPORN.

PARIS,

CARILIAN-GŒURY ET V^or DALMONT,

LIBRAIRES, QUAI DES AUGUSTINS, 49.

—

1853.

DU PRINCIPE GÉNÉRAL

DE LA

PHILOSOPHIE NATURELLE.

Paris. — Typographie de Firmin Didot frères, rue Jacob, 56

DU PRINCIPE GÉNÉRAL

DE LA

PHILOSOPHIE NATURELLE.

INTRODUCTION.

Trouver des causes réelles aux lois fondamentales qui régissent les mouvements de la matière inorganique et forment la base des phénomènes généraux de la physique et de l'astronomie, substituer des effets saisissables et un enchaînement rationnel à de pures dénominations, un principe unitaire à des faits encore épars, sans cependant imaginer aucune *force*, attribuer à la matière aucune qualité étrangère à ses deux seules propriétés essentielles, l'impénétrabilité et l'inertie : tel sera l'objet de cet ouvrage, simple effort vers cette philosophie des causes naturelles, qui fut celle de Descartes, après lui celle d'Huyghens et d'Euler, et qui, dans un temps plus rapproché de nous, inspirant encore les heureuses recherches de savants tels que Young, Malus, Fresnel et Arago, Poisson et Cauchy, vers la véritable théorie de la lumière, a donné de si sûrs enseignements sur la composition réelle des espaces planétaires, et révélé comme nouvel instrument des lois de la nature la matière éthérée qui s'y trouve répandue.

Je ne saurais appeler cause réelle ce qui n'est que la mesure mathématique des forces qui agissent dans les phénomènes naturels. Ce peut être là en effet avoir trouvé la loi, mais ce n'est point avoir trouvé les causes de la loi.

Lorsque Newton, dans son admirable synthèse mathématique, eut expliqué les phénomènes planétaires par la loi de l'attraction réciproque au carré de la distance, il écrivit ces mots, remarquables à plus d'un titre (*) :

« J'ai expliqué jusqu'ici les phénomènes celestes et ceux de la mer par la force de la gravitation, mais je n'ai assigné nulle part la cause de cette gravitation. Cette force vient de quelque cause qui pénètre jusqu'au centre du soleil et des planètes, sans rien perdre de son activité ; elle n'agit point selon les grandeurs des superficies, comme les causes mécaniques, mais selon la quantité de la matière, et son action s'étend de toutes parts à des distances immenses, en décroissant toujours dans la raison doublée des distances.....

« Je n'ai pu encore parvenir à déduire des phénomènes la raison de ces propriétés de la gravité, et je n'imagine point d'hypothèses. Car tout ce qui ne se déduit point des phénomènes est une hypothèse, et les hypothèses, soit métaphysiques, soit mécaniques, soit celles des qualités occultes, ne doivent pas être reçues dans la philosophie expérimentale.

« Dans cette philosophie, on tire les propositions des phénomènes, et on les rend ensuite générales par induction. C'est ainsi que l'impénétrabilité, la mobilité, l'inertie des corps, les lois du mouvement et celles de la gravité ont été connues. Et il suffit que la gravité existe, qu'elle agisse suivant les lois que nous avons exposées et qu'elle puisse expliquer tous les mouvements des corps célestes et ceux de la mer. »

Malgré le genre de réserve qui est empreint dans ces lignes, réserve que pour notre part nous trouvons regrettable, mais dont la dignité n'était point malséante au juste orgueil de celui qui avait découvert d'aussi grandes choses, nous les avons citées surtout pour qu'on ne fût pas tenté d'attribuer à ce vaste génie les pensées d'un esprit vulgaire. Après avoir trouvé par des principes uniquement mathématiques la loi fondamentale des mouvements célestes Newton n'imagine point que rien n'est

____

(*) *Principes mathématiques de la philosophie naturelle,* Liv. III, Scholie général.

plus à y découvrir sous le rapport des causes ; il ne songe pas à imposer des bornes à la science, à l'esprit humain. Il dit seulement : « je ne hasarde point d'hypothèses. »

Mais en pareille matière la mesure n'est point facile à garder ; elle l'est moins encore aux esprits de cette trempe. Se borner aux pures conséquences des phénomènes astronomiques, donner la loi du mouvement des corps célestes, en tant que corps, et tels que la nature nous les présente, c'était rester fidèle à la condition que ce grand géomètre s'était imposée lui-même, de renoncer à toute vue hypothétique. Mais qui posera des limites à l'imagination de l'homme étudiant les œuvres de Dieu et l'ordonnancement des choses naturelles ? Newton brise lui-même ses propres entraves : cette loi qu'il a déduite du mouvement des corps sous leur forme entière, il l'étend à toute la matière jusqu'en ses plus intimes parties, il en fait une loi de la matière elle-même. Pour la force qu'il a imaginée, plus d'impénétrabilité : elle pénètre, dit-il, jusqu'au centre du soleil et des planètes ; j'oserais presque dire plus d'inertie, car il en anime spontanément l'une vers l'autre toutes les particules entre lesquelles peuvent se diviser les corps.

Il est bien vrai que, dans la pensée de Newton, ces principes des lois fondamentales qui régissent la matière résultaient d'une série de déductions géométriques, portant pour lui l'empreinte d'un raisonnement irrécusable. Il les a exposées dans son livre des *Principes* avec toute l'apparence d'une rigoureuse synthèse, et sous une forme si séduisante par un certain goût de philosophie antique et de sévère simplicité, que depuis un siècle et demi cette sorte de qualification générale de la matière, admise comme réelle par les plus grands géomètres et consacrée par les plus ingénieux calculs, règne incontestée dans l'opinion et dans la science.

Et cependant il est un ordre de vues, dans les sciences, dont l'évidence ne saurait relever d'un simple raisonnement ; car il faudrait que ce raisonnement conduisît à l'exclusion complète de toute vue différente, et dans l'ensemble seul des faits connus ou possibles peut résider une semblable exclusion. Tant qu'il restera, parmi les faits acquis, des obscurités à

éclaircir, des lois d'harmonie à coordonner ; tant que des faits
nouveaux n'auront pas été produits qui soient inexplicables par
toute voie uniquement rationnelle; jusque-là, une simple induction géométrique et la seule puissance d'un syllogisme ne sauraient donner rang parmi les lois de la nature à une qualité
nouvelle de la matière, imaginée pour le besoin d'une théorie.
Je vais tâcher de m'expliquer plus clairement.

« Je n'affirme pas, dit Newton lui-même à la fin de la troisième des règles philosophiques qui précèdent l'exposition de
son système du monde, je n'affirme pas que la gravité soit essentielle aux corps. Je n'entends par la force qui réside dans les
corps que la seule force d'inertie, laquelle est immuable, au
lieu que la gravité diminue lorsque la distance augmente. »

Un tel aveu, une pensée aussi philosophique, imposait donc
à l'auteur du système et à ses successeurs d'immenses obligations. Pour montrer par un simple raisonnement qu'une force
étrangère à la matière, et qui par conséquent engage à chaque
instant la volonté divine, est cependant une qualité *universelle
inhérente aux plus intimes parties de la matière*, il faudrait par
la majesté des arguments, si je puis ainsi parler, dépasser en
quelque sorte l'évidence elle-même. Il faudrait, non pas seulement que tous les phénomènes connus fussent expliqués par ce
moyen (et qui pourrait dire aujourd'hui que tous le soient?),
mais encore que ces faits repoussent eux-mêmes toute explication plus rationnelle fondée sur les seules propriétés incontestables de la matière, ou que des lois nouvelles fussent révélées
où cette même exclusion apparût au grand jour.

La suite de cet ouvrage montrera clairement que cela n'a point
été fait, que cela ne pouvait l'être. Mais achevons de développer
notre pensée.

Dans le Scholie de la Proposition LXIX du livre des *Principes*,
Newton avait dit, en définissant lui-même l'idée qu'il attachait
aux forces dont il avait découvert la mesure : « Je me sers ici
du mot *attraction* pour exprimer d'une manière générale l'effort que font les corps pour s'approcher les uns des autres, soit
que cet effort soit l'effet de l'action des corps qui se cherchent
mutuellement, ou qui s'agitent l'un l'autre par des émanations,

ou bien qu'il soit produit par l'action de l'éther, de l'air ou de tel autre milieu que l'on voudra, corporel ou incorporel, qui pousse l'un vers l'autre d'une manière quelconque tous les corps qui y nagent. »

Les diverses hypothèses que l'on pouvait former sur la nature des choses étant ainsi nettement définies, l'auteur, fidèle à la loi qu'il s'est imposée, nous laissera-t-il libres de choisir et de pousser jusqu'en ses dernières déductions celle de ces hypothèses à laquelle notre imagination s'attachera de préférence ? Cela eût été possible en effet en se bornant aux faits extérieurs ; mais nous ne le pouvons plus si nous voulons rester en harmonie avec la pensée réelle de l'illustre géomètre, comme la suite de son ouvrage et les travaux de ses commentateurs l'ont d'ailleurs clairement indiqué. Car, tout en repoussant loin de lui le mot malsonnant d'hypothèse, c'est cependant entre deux hypothèses qu'il s'est réellement prononcé, lorsque dans cette partie de ses calculs, la plus brillante peut-être et la plus ingénieuse, mais non pas la plus heureuse en résultats, qui traite de l'attraction exercée par les corps sphériques sur un point matériel extérieur ou intérieur, il considère les grands corps de la nature non plus comme un tout unique, mais comme composés d'une infinité de particules attirantes, douées entre elles d'une action réciproque.

Si en effet, cessant de définir la cause des phénomènes par le mot absolu d'attraction, comme cela paraît indifférent à l'illustre auteur, on a recours à l'hypothèse de l'impulsion, qui conduit directement à la pression d'un fluide, de l'éther si l'on veut, celle-ci donne réellement lieu à deux alternatives. Suivant l'une d'elles, la pression de ce fluide, pénétrant par les pores dans les plus intimes parties des grands corps de la nature, en atteindrait jusqu'aux dernières molécules, condition assez semblable en effet à celle qui est considérée par Newton, si toutefois l'on ne veut tenir aucun compte des propriétés qui se rapportent à la forme même des particules. Mais il est une autre alternative qui se rattache directement aussi à l'hypothèse de l'impulsion, et que les calculs newtoniens paraissent avoir complétement négligée. Je veux parler du cas où les grands corps, soumis de tous côtés à une pression extérieure qui dans sa transmission aux parties internes croît nécessairement en énergie de la surface au centre en raison inverse du carré des rayons, ne laisseraient point passer jusque dans leur intérieur les mouvements rapides du fluide : condition très-nette, très-tranchée, d'une conception très-facile, où les grands corps agiraient par leur volume entier, c'est-à-dire par la quantité de fluide que ce volume déplace, et qui, donnant lieu à des considérations d'une géométrie plus simple que l'hypothèse de Newton, tout en introduisant deux éléments de plus, le volume et la vitesse, peut conduire à des lois particulières, vérifiables par l'observation.

C'est là en effet le mode d'action auquel nous avons été conduit nous-même par la suite particulière de nos vues, et qui sera développé dans cet ouvrage. Il n'a de rapport avec le système de Newton que par la loi même de l'attraction des grands corps, partie principale il est vrai, partie à jamais durable et glorieuse des travaux de ce premier des géomètres; mais à part ce grand principe considéré intrinsèquement, le système dont nous parlons s'éloigne d'ailleurs du système newtonien dans presque toutes ses parties, et il a des lois qui lui sont propres.

Je n'ai voulu montrer tout d'abord en ceci qu'une chose, c'est que, sous l'apparence d'une induction géométrique absolue et générale (*), indépendante de toute supposition, le grand

---

(*) Je ne puis éviter de montrer ici par un exemple de quelle manière nous concevons que certains raisonnements fondamentaux du livre de Newton, parmi ceux du moins qui se rapportent au principe hypothétique dont nous venons de parler, n'ont qu'une sorte de généralité relative, si je puis m'exprimer ainsi, et ne sauraient avoir la valeur absolue qu'on leur a supposée en ce qui concerne l'établissement du principe lui-même.

Dans le Scholie placé à la suite de la III° loi du mouvement (la réaction égale à l'action), au commencement de l'ouvrage des *Principes*, Newton se propose de montrer que l'action de la gravité est réciproque entre les diverses parties de la terre. A cet effet, divisant la terre en deux portions par un plan quelconque, il croit pouvoir réduire le problème à montrer que ces deux parties pèsent également l'une sur l'autre, et il entre à ce sujet dans un assez long raisonnement dont la partie essentielle est celle-ci : « Que si ces poids n'étaient pas égaux, toute la terre, qui nage librement dans l'éther, céderait au plus grand de ces poids et s'en irait à l'infini. »

Mais il est clair que cette argumentation, très-bonne pour montrer cette chose évidente par elle-même d'après les faits, savoir, que toutes les parties de la terre

géomètre a cependant adopté une hypothèse particulière ; qu'il s'y attache et la développe exclusivement, bien qu'elle conduise à une propriété inexpliquée de la matière ; tandis que cependant il restait à en examiner une autre, laquelle a ses lois propres et ses moyens de vérification, c'est-à-dire les moyens de cesser d'être une hypothèse, et qui présente de plus ce précieux avantage, de n'attribuer à la matière aucune propriété nouvelle, aucune qualité qui ne lui soit essentiellement propre. Disons-le toutefois à l'honneur de Newton et de ses commentateurs, et pour réduire immédiatement à sa juste valeur le faible mérite du livre que nous produisons : les nouveaux principes qu'il met en vue, avec les lois nouvelles qui s'en déduisent, sont particulièrement fondés sur un grand fait astronomique, inconnu encore au temps de cet illustre géomètre (le mouvement propre du soleil), et sur les résultats de recherches physiques qui appartiennent aussi au temps moderne, savoir, celles qui ont démontré l'existence de l'éther et conduit à la théorie des ondes lumineuses.

Le cercle de la science va se déroulant incessamment avec le

---

sont en équilibre autour de son centre, n'a aucune force pour montrer que cet équilibre résulte d'une *attraction de toutes ses parties* l'une pour l'autre : car il faudrait avoir démontré d'abord qu'il existe *une action quelconque* entre les diverses parties de la terre, et c'est là qu'est réellement la base de la question. On le concevra clairement lorsque j'aurai dit que nous, qui n'admettons comme nécessaire aucune force mutuelle ni d'attraction ni de répulsion entre les différentes parties de la terre, nous considérons tout simplement l'équilibre dont il s'agit comme le résultat d'une pression extérieure égale de toutes parts sur la surface du corps sphérique : l'augmentation rapide de cette pression de la surface au centre des grands corps pouvant faire concevoir que leur intérieur demeure imperméable aux agitations du fluide éthéré. Cette simple considération fera voir sous son véritable jour l'incomplète généralité du raisonnement que nous avons analysé.

Un peu plus loin, dans le cours même de notre ouvrage, et particulièrement dans le Scholie de la Proposition XIe, nous aurons occasion de revenir sur quelques autres conséquences, selon nous trop hardiment déduites de cette même loi du mouvement (la réaction égale à l'action), et par lesquelles on s'est laissé trop facilement conduire à des résultats d'une généralité excessive et à des principes qui, sans invraisemblance propre, auraient cependant besoin d'une tout autre base pour asseoir une incontestable réalité. Ce sont là des questions délicates, et nous ne nous dissimulons point que c'est s'attaquer à de grands noms et à de grandes œuvres. Mais il faut avoir la franchise de ses convictions lorsqu'on en a l'indépendance : l'établissement de la vérité n'est qu'à ce prix.

progrès du temps et des esprits : ne nous étonnons donc point qu'en des sujets si graves l'idée soit successive et que la vérité ne se dévoile qu'avec lenteur , en suivant pas à pas la marche de l'observation et de l'expérience. Le système de Newton , si grande que fût sa portée, devait donc avoir, comme la science à son époque, ses points d'imperfection : en signalant ces endroits vulnérables, nous ne sommes point conduit par le frivole désir d'une critique malséante et toujours périlleuse d'ailleurs à l'égard d'un aussi grand nom, mais par la nécessité de préparer les voies à nos propres efforts dans la recherche de la vérité. Nous nous sommes proposé dans les réflexions précédentes ce but unique, de faire voir qu'il y a dans le système de Newton deux parties fort distinctes, l'une claire, précise, incontestable, déduite immédiatement des faits et de la géométrie, c'est celle qui se rapporte aux mouvements généraux des grands corps ; l'autre plus brillante peut-être dans sa conception, plus ingénieuse et plus élevée dans ses calculs, mais qui n'est point une conséquence irrécusable des faits, et qui, dérivant d'une simple hypothèse, celle de l'attraction moléculaire, n'est pas complétement à l'abri des abus d'une généralisation excessive.

Ne nous plaignons point de l'esprit de généralisation, il est le seul moyen donné à l'homme pour parvenir à la vérité dans les choses accessibles à sa seule raison. Mais il n'en est pas moins certain que si beaucoup de progrès sont dus à cette faculté précieuse, beaucoup d'erreurs aussi ont été longtemps accréditées par elle ; et disons-le même ouvertement, la plupart des erreurs, dans la science, viennent de ce que l'imagination, mal instruite ou impatiente, a trop ou trop tôt généralisé. Dans la recherche de la vérité et dans l'accroissement incessant de nos connaissances , les efforts d'une saine raison doivent donc tendre surtout vers ce but, de modérer seulement et d'amortir les écarts de cette faculté, sans anéantir sa puissance. Aussi ne regrettons-nous point quelques erreurs, lorsqu'elles ont agrandi le cercle des idées ou étendu la portée de nos recherches : mieux vaut l'erreur que l'immobilité. Nous admirons le système de Newton, nous savons en apprécier la grandeur, et comme effort de génie nous l'estimons à l'égal de la vérité; mais nous avons dû dire, parce que nous le croyons ainsi, et parce que nous entendons le démontrer dans le cours de cet ouvrage, qu'il n'est point toute la vérité et que, sous ce rapport, il peut se diviser en deux parts.

Et voyez comme cette division des principes du système en deux parties, l'une incontestablement vraie, l'autre dérivant d'une hypothèse, se poursuit dans la distinction des résultats. Qu'on observe d'un côté comme cette belle synthèse newtonienne vient s'appliquer avec justesse aux mouvements généraux des grands corps. Sans doute bien des phénomènes, des lois d'harmonie surtout, lui échappent; mais dans les mouvements qu'elle explique, quelle précision, quelle rigueur, quelle fécondité! Et comme, incomplète encore à sa naissance, elle s'est merveilleusement prêtée, dans ces sortes de sujets, aux travaux ultérieurs des grands analystes du siècle dernier et aux savants efforts du nôtre. N'avons-nous pas vu dernièrement cette grande loi, mise en œuvre par une main habile, aller, devançant l'observation, découvrir aux limites du système planétaire un corps céleste encore inconnu ? Et nous eussions même alors désiré que la voix commune des savants, reconnaissante envers l'auteur premier de ces merveilles, et cessant pour une fois de prendre ses emblèmes dans l'Olympe, eût attaché à cet astre nouveau le nom mérité d'Isaac Newton.

Mais si maintenant, la part faite de ces beaux résultats, l'on vient à considérer des questions d'un autre genre, qui, de près ou de loin, se rattachent non plus aux lois du mouvement général, mais au principe de l'attraction moléculaire tel que l'avait conçu Newton, on chercherait en vain dans les résultats obtenus par ce grand géomètre et par ses plus illustres commentateurs cette rigoureuse précision, et en quelque sorte cette divination des faits, que notre admiration reconnaissait tout à l'heure dans une autre partie du système. Dans les questions qui se rapportent à la forme de la terre et à son aplatissement, aux variations de la pesanteur à sa surface, à la loi des marées et aux modifications astronomiques qui dépendent de ces questions de forme, il existe dans les résultats fournis par la théorie admise depuis Newton, et dans les principes mêmes qui leur ont servi de base, tantôt une véritable insuffisance, tantôt une vague incertitude, que les travaux d'aussi habiles analystes que Maclaurin, Clairaut, Bernouilli, Euler et Laplace n'ont pu encore combler ou éclaircir. Ici la théorie ne domine plus, ne régit plus les faits; elle cherche seulement à les suivre, mais sans parvenir à les atteindre. Dans ces sortes de résultats en effet, plus de règle simple, plus de données certaines, pas même en ce qui concerne la loi fondamentale de la pesanteur dans l'intérieur des grands corps; enfin plus de chiffres précis, rigoureusement comparables à l'observation et vérifiés par elle. Dans la question des marées, par exemple, l'énergie des moyens est restée infiniment au-dessous de la grandeur et de la diversité des faits; dans celles de l'aplatissement planétaire et de la variation de pesanteur, à quels résultats ont conduit tant d'efforts de génie et tant de beaux calculs, si ce n'est à enclaver les faits entre de très-larges limites, qui ne peuvent être convaincues d'erreur il est vrai, mais par la seule raison qu'elles n'approchent point assez de la vérité pour que l'erreur s'en distingue : tout d'ailleurs en ceci dépend de conjectures tellement hypothétiques sur la loi des densités intérieures et par conséquent sur la loi même des pesanteurs, que ce qui a fait surtout la beauté des calculs de Clairaut, c'est d'être parvenu à quelques relations indépendantes *de toutes les hypothèses* que l'on pourrait former à l'égard de cette loi.

Et que l'on observe bien ici que dans cette revue rapide des questions astronomiques ou géodésiques, nous n'avons point même entendu élever contre la théorie de Newton son silence sur toutes ces grandes relations d'harmonie qui concernent par exemple l'unité de plan des orbites planétaires, la loi de rotation des satellites, celle des distances des planètes au soleil, et autres questions non moins importantes dont la recherche, inabordable par cette théorie, peut être cependant accessible au moyen de principes différents, comme nous espérons le montrer dans la Section IIIe du livre d'Astronomie.

Mais c'est surtout dans les phénomènes de la physique moléculaire et de la chimie que l'insuffisance de l'attraction newtonienne, comme raison dernière des faits, apparaît avec l'évidence la plus grande. Certes il serait difficile d'admettre qu'une semblable réciprocité d'action entre les particules des corps pût produire les mouvements de ces corps entiers en se transmettant à des distances immenses, sans s'appliquer aussi à l'équilibre et aux mouvements propres des molécules elles-mêmes, source première de cette action. Ce serait donc une contradiction des plus étranges que de voir le principe de Newton rester sans usage aucun dans toutes les lois propres aux particules des corps. Or, c'est là cependant ce qui a lieu en réalité : je ne connais, en effet, aucune loi de la physique ou de la chimie à laquelle l'attraction moléculaire abstraite du système de Newton ait pu être appliquée avec un réel succès.

Et je ne parle point ici seulement de ces phénomènes d'une nature à part, qui jusqu'ici semblent en quelque sorte étrangers à l'essence même de la matière, tels que l'électricité, le magnétisme, propriétés sans relation apparente avec la pesanteur atomique ; je parle des phénomènes les plus simples et les plus directs. Que peut-il y avoir, par exemple, de plus intimement lié à l'attraction moléculaire que la cohésion des corps solides ? Et cependant, que l'on examine à cet égard les faits et leur rapport. Une barre de fer, pour rompre sous son propre poids, devrait avoir 5000 mètres de longueur ; d'où les analystes ont conclu avec raison que la force de cohésion entre les particules du fer, ou leur attraction pour elles-mêmes, devait être huit millions de fois plus considérable que la pesanteur des mêmes particules, ou que leur attraction pour la terre entière. Ce serait là déjà un résultat bien digne d'étonnement si l'on admet la loi newtonienne des masses et celle des distances : car, en supposant même les molécules contiguës, leur action réciproque, d'après cette loi, devrait être avec celle de la terre entière dans la raison directe du cube des diamètres et dans la raison inverse du carré des mêmes diamètres, c'est-à-dire comme le rayon de la molécule est au rayon de la terre entière, ce qui est précisément l'inverse du résultat réel. Mais ce qui est peut-être plus extraordinaire encore, c'est qu'une fois cette force de cohésion vaincue et la barre brisée, le rapprochement le plus étroit des parties disjointes ne peut y faire renaître la moindre parcelle de l'attraction primitive et y développer de nouveau une adhérence notable. A quel singulier paradoxe ne serait-on donc point conduit par l'assimilation de ces deux forces, la cohésion et la pesanteur? La première, incomparablement plus grande en intensité, ne serait cependant sensible qu'à des distances infiniment petites, et s'annule brusquement pour des distances sensibles ; l'autre, incomparablement plus faible au contraire, continue néanmoins son action à des distances infinies. Est-il un genre de contraste plus flagrant et plus palpable ? Et cependant l'étrangeté philosophique du phénomène se présente d'une manière encore plus frappante dans les corps qui se contractent au lieu de se dilater en passant de l'état solide à l'état liquide, et dont par conséquent les molécules se rapprochent lorsque vient à cesser la cohésion. Évidemment donc la loi de l'attraction de Newton ne peut s'appliquer à la fois à l'une et à l'autre de ces propriétés, la pesanteur et la cohésion moléculaire (*).

Il est donc clair que dans les phénomènes de la physique qui se rattachent le plus étroitement à l'attraction moléculaire, les principes fondamentaux de la théorie de Newton sont non-seulement insuffisants, mais même en certains points contraires à la réalité des faits.

(*) La capillarité, ce phénomène étrange et en quelque sorte exceptionnel aux lois ordinaires de l'hydrostatique, est aussi un de ceux que les géomètres ont cherché à faire considérer comme étant une des dérivations les plus directes de l'attraction moléculaire newtonienne ; mais les calculs sur lesquels on a prétendu fonder ce rigoureux accord, bien que décorés de tout le prestige d'une savante analyse algébrique, sont entachés de cet étrange résultat, que la seule cause qui puisse y être considérée comme réellement agissante dans l'attraction capillaire, savoir l'action des parois du tube, est démontrée par l'expérience être complétement indifférente au phénomène, puisque les hauteurs d'eau sont les mêmes dans des tubes de toute nature, pourvu que leur diamètre soit conservé identique; on y voit de plus la courbure du liquide dans le tube capillaire invoquée à la fois comme cause et comme effet; enfin cette théorie conduit à des modifications de densité sur les bords du liquide soulevé ou déprimé, que l'expérience n'a point encore vérifiées comme réelles. Le sentiment que doit donc faire éprouver à un esprit impartial l'étude de ces calculs et de leurs résultats, c'est le désir de voir se rattacher l'explication de ces singuliers phénomènes à des conceptions plus naturelles et plus claires pour l'esprit : c'est ce qui peut se faire en effet avec les principes que nous exposons, comme nous essaierons de l'indiquer dans la suite de cet ouvrage.

Mais, pensera-t-on peut-être, si les considérations de la physique se montrent peu hospitalières pour le principe newtonien, au moins aura-t-il accès dans la chimie, dont tous les phénomènes paraissent relever de l'attraction et de l'affinité. On se tromperait en cela étrangement, car les lois de ces phénomènes sont au contraire généralement opposées à la nature de ce principe. L'attraction de Newton est proportionnelle, en effet, à la quantité de matière renfermée dans les corps : l'affinité chimique est au contraire généralement la moindre pour les atomes les plus pesants, tels que l'or, le platine et les divers autres métaux du même genre, dont les réactions sont de toutes les moins vives et les combinaisons les moins stables. L'inverse a lieu pour le potassium et le sodium, par exemple, dont l'atome est des plus légers parmi les métaux, et dont les combinaisons sont au contraire si vives et si tenaces. Il en est de même des corps nommés gazolytes ou minéralisateurs, tels que l'oxygène, le chlore, le soufre, etc., dont les réactions sont très-vives aussi, malgré la faiblesse de leur poids d'atome. Les choses étant ainsi généralement à l'inverse de la loi de Newton, comment l'affinité newtonienne pourrait-elle servir de base et d'explication suffisante à cette multiplicité d'alliances diverses que les atomes des corps font et défont entre eux, suivant des lois qui semblent un continuel démenti au principe des proportions matérielles ?

Et cependant les lois de la physique et celles de la combinaison des corps sont claires et précises ; disons-le même, malgré l'apparente et inépuisable variété de leurs résultats, elles présentent entre elles un rapport évident, et pour ainsi dire une liaison universelle : elles appellent par conséquent l'intervention d'une cause non-seulement réelle et efficace, mais d'une cause dont le principe soit *général*.

Jusqu'ici dans l'étude de ces lois, et surtout lorsque leurs rapports généraux restaient encore à découvrir, la science expérimentale, procédant avec l'austère prudence et pour ainsi dire l'impassibilité de l'analyse, a suivi dans ses voies une marche favorable peut-être à la rectitude des observations, mais singulièrement favorable aussi à l'isolement des vues. A mesure qu'étendant ses limites elle s'ouvrait un nouveau champ d'études, elle isolait en quelque sorte par une abstraite personnification l'ensemble des propriétés nouvelles dont elle avait à reconnaître et à mesurer les lois. Un mot caractéristique par sa vague et incertaine généralité est venu s'appliquer avec un rare à-propos à ce travail d'utile peut-être, mais aride classification : chaque genre d'action nouvelle devenait pour les physiciens une *force* nouvelle aussi, dont il suffisait de mesurer les effets sans avoir à rechercher les causes. C'est ainsi que, pour désigner les diverses sortes de phénomènes dont se sont successivement enrichies les études modernes, nous avons eu la force de pesanteur des graves, la force électrique et magnétique, la force d'élasticité, de cohésion, de dilatation calorifique, d'affinité chimique, de cristallisation, et d'autres qu'il serait superflu d'énumérer encore.

Cette sorte d'abstraction, qui, dans l'opinion de quelques esprits, doit suffire à la science et peut constituer toute la science ; cette sorte d'abstraction, je l'avoue, a son heureux côté, en ce qu'elle dégage la marche de l'observation de l'entrave des théories imparfaites. Mais nous ne saurions oublier qu'elle n'est qu'un voile jeté sur l'insuffisance de nos idées, sur l'incomplète étendue de notre savoir. C'est ainsi que *l'horreur du vide* était invoquée par les anciens comme suffisante raison de phénomènes vulgaires dont la cause réelle échappait à leurs vues, et cette sorte d'artifice de l'esprit, qui ignore et ne se soucie point de savoir, est la même au fond que tendrait à reproduire dans la science moderne cette idée abstraite de *forces* substituée à la recherche des causes ; idée qui, en effet, peut suffire peut-être au calcul mathématique, mais ne saurait satisfaire également à la philosophie. Aussi ce travail ingrat de pure classification ne peut-il plus contenir aujourd'hui l'impatiente ardeur des esprits ; il n'est plus possible d'isoler, il faut comparer et réunir : car les rapports généraux d'affinité et la tendance à un principe similaire, que présentent les diverses branches de nos connaissances, pressent et débordent l'observation de toutes parts.

La connaissance de ces rapports généraux entre les diverses

propriétés des corps est particulièrement une conquête de la science moderne ; elle est devenue aussi une de ses vérités les plus claires et les plus fécondes. La relation étroite du magnétisme avec l'électricité, mise en évidence par les belles recherches d'Œrsted et d'Ampère ; de ces deux propriétés ensemble avec la faculté attirante des corps ; les relations de l'électricité avec la lumière et la chaleur, et de celles-ci entre elles ; enfin l'influence de toutes ces causes ensemble sur les lois de la combinaison des atomes et de la philosophie chimique : tout cela forme un ensemble de faits unis par une liaison intime, et qui, touchant de plus aux grandes lois astronomiques par la propriété commune de l'attraction, tendent ainsi à rattacher entre eux et à une même cause générale tous ces problèmes demeurés encore isolés, toutes ces branches encore éparses de nos connaissances. Tout, en un mot, dans l'ensemble de ces relations, rayonne vers un centre commun, vers un principe unique de philosophie naturelle, qu'il appartient à la science moderne de rechercher et qu'elle est en mesure de découvrir.

Depuis longtemps notre attention avait été frappée par ces vues d'unité et par la nécessité d'un lien commun entre les diverses parties des sciences physiques. L'attraction, simple phénomène astronomique, inapplicable à la physique moléculaire et sans relation connue avec les propriétés essentielles des corps, n'était plus pour nous qu'un effet et non pas une cause ; elle agrandissait seulement à nos yeux le problème et en précisait les données, mais ne le résolvait point : ce ne pouvait donc être le principe général que nous cherchions. Si la cause générale existait, son action, d'une portée plus universelle et plus variée, devait entrer aussi selon nous plus profondément au cœur de la question physique, et s'unir par un rapport plus intime et plus direct avec les propriétés essentielles à la matière.

Notre réflexion était ainsi préparée, lorsqu'une pensée subite et pour ainsi dire accidentelle vint à porter nos vues sur un principe nouveau, non encore introduit dans la science spéculative, et jeter dans notre esprit les germes du travail dont nous exposons le résumé dans cet ouvrage. L'application de ce principe à l'ensemble des phénomènes devait nous amener à la cause générale que l'examen attentif de leurs rapports nous faisait déjà si vivement désirer; il peut donc n'être pas absolument sans intérêt d'indiquer rapidement par quelle suite de réflexions nous y avons été conduit; c'est d'ailleurs la manière la plus simple et la plus naturelle de faire l'exposé de nos vues et de préparer les esprits à entrer facilement dans leur assimilation.

Lorsque l'on étudie attentivement les découvertes les plus récentes que la philosophie expérimentale a fait faire à la théorie atomistique, particulièrement en ce qui concerne ses rapports avec la cristallographie ; travaux parmi lesquels, et indépendamment des classifications créatrices de Berzélius et d'Ampère et des belles lois de Gay-Lussac, Dulong et Petit, nous devons plus particulièrement citer les découvertes si remarquables de M. Mitscherlich sur l'*isomorphisme*, et aussi cette *loi des substitutions*, si vivement mise en lumière par les savantes recherches de M. Dumas : on est frappé, en faisant cette étude, de voir quelle importance acquiert dans les lois les plus générales et les plus précises de la philosophie chimique la considération du volume et de la forme des atomes, soit simples, soit groupés ; éléments de la constitution intime des corps dont peut-être n'a-t-on point assez senti jusqu'ici l'importance dans la recherche des lois de la physique générale et de leurs causes.

Cette considération du volume et de la forme nous conduisait naturellement, en effet, dans l'étude des propriétés des corps, à l'idée d'une action extérieure, d'une action de surface, où l'impénétrabilité jouerait le principal rôle; et de là naturellement aussi nous fûmes amené à considérer l'action d'un fluide en mouvement sur des atomes de volumes et de formes variées, ou, d'autre part, celle des atomes en mouvement sur le fluide supposé au repos.

L'idée d'un fluide universellement répandu n'est point chose nouvelle dans la science; elle a été introduite par Descartes, qui le premier eut la pensée d'attribuer aux vibrations d'un semblable fluide le phénomène de la lumière. Cette grande vue, développée ensuite par les travaux d'Huyghens, Euler et Bernouilli, n'a été toutefois établie sur des bases incontestables qu'à une époque relativement récente, par un ensemble de recherches expérimentales et mathématiques auxquelles le docteur Young, Malus, Fresnel et Arago ont pris la principale part, et sur lesquelles nous aurons occasion de jeter un nouveau coup d'œil, en traitant plus spécialement, dans le Livre IIIᵉ, du phénomène de la lumière et de ses causes (*).

L'idée d'un fluide universel était donc établie ; son existence était démontrée, et nous n'avions qu'à recueillir dans le domaine général de la science ce précieux document. Le point de vue néanmoins sous lequel cette idée était généralement considérée ne répondait pas entièrement à l'exigence de nos recherches. Nous cherchions les effets de l'impénétrabilité, nous cherchions un agent capable d'imprimer son mouvement aux particules des corps, et nous trouvions un fluide à qui, par crainte d'une résistance aux mouvements astronomiques, on avait attribué une *rareté* excessive, et auquel d'autre part, pour expliquer sa transmission rapide des vitesses, on attri-

---

(*) Il ne saurait entrer dans le cadre de nos vues de reproduire ici les principaux éléments de la discussion, qui paraît aujourd'hui éteinte, entre la théorie du rayonnement direct de la lumière, mise en avant par Newton, et celle des vibrations d'un fluide éthéré. Au fond, la différence n'était point grande sous le point de vue de l'existence du fluide même, c'est-à-dire d'une matière éthérée étrangère à tous les corps qui peuvent être appréciés par nos sens : car cette substance émise incessamment par les corps lumineux, suivant les vues de Newton, était bien quelque chose aussi de matériel, puisqu'elle imprime sur notre rétine la sensation de la forme des corps ; et ce quelque chose de matériel est répandu aussi dans tout l'espace, attendu son émission incessante. Il n'y avait donc, en définitive, d'autre différence qu'une complication de plus, celle d'un mouvement d'une rapidité incommensurable attribué à cette matière, et cette autre complication non moins grande dont la science philosophique peut aussi se préoccuper, celle de savoir d'où vient cette matière lumineuse et où elle peut aller, sans épuiser les corps qui la produisent, ou sans obstruer les pores de ceux qui la reçoivent. Il y a, selon nous, entre ces deux théories de la lumière, quelque chose de semblable à ce qui différencie des anciennes idées de Ptolémée et d'Hipparque les nouvelles vues de Copernic et de Galilée : celles-ci font exécuter à la terre elle-même un petit mouvement sur son axe, celles-là donnaient au ciel entier autour de la terre immobile une incommensurable vitesse de circulation. Aussi, en discutant les raisons de Newton à l'appui de son opinion sur le *vide* des espaces planétaires, Euler le poursuit-il de ses sarcasmes, pour n'avoir point reconnu que les chocs produits sur les corps en mouvement par cette

buait aussi à un immense degré cette faculté sans définition et sans cause que l'on a nommée l'*élasticité* : ne voyant pas ou ne voulant pas voir que, sous le point de vue de l'obstacle opposé aux mouvements généraux des corps, l'élasticité de l'éther n'en était pas moins, au même titre que l'aurait été sa densité, une force de résistance que l'on ne pouvait ni supprimer ni affaiblir.

Nous étant imposé comme condition principale dans notre recherche de n'avoir recours qu'aux propriétés essentielles à la matière, une des premières nécessités de notre travail était de renoncer à toutes facultés inconnues dans leurs causes ou dans leur action, et l'*élasticité* du fluide était du nombre de ces propriétés factices dont il fallait faire abandon. Que nous importait en effet que les lois des phénomènes fussent dues à une force d'attraction propre aux particules des corps ou à une force de répulsion propre au fluide qui les baigne ? S'il fallait, d'une part comme de l'autre, supposer l'action continue d'une force étrangère à la matière, c'était aboutir, d'un côté comme de l'autre, à l'inconnu, et la question philosophique

matière lumineuse traversant l'espace avec une immense vitesse étaient des éléments beaucoup plus puissants de perturbation à l'égard de la marche de ces corps, que la résistance d'un fluide au repos. Nous ne suivrons point Euler en ceci, car l'idée d'un homme de génie est toujours respectable, et celles de Newton sur l'optique étaient des plus ingénieuses dans leur application. Nous nous contenterons seulement de rappeler les raisons décisives qui ont fait adopter de préférence dans ces derniers temps la théorie des ondulations d'un fluide, et qui par conséquent ont fait admettre l'existence de ce fluide d'une manière incontestée aujourd'hui. C'est que, 1° cette théorie est la seule qui ait pu expliquer tous les effets connus de l'optique, et en particulier faire concevoir que dans le phénomène connu sous le nom d'*interférences*, où la concurrence des diverses réflexions d'un même faisceau lumineux donne des franges alternativement brillantes et obscures, *la lumière dans ce cas ajoutée à de la lumière puisse produire de l'obscurité;* 2° en variant la même expérience par l'interposition d'une lame mince, suivant l'expérience de M. Arago, l'on montre par le sens du déplacement des franges que la lumière a la moindre vitesse dans les milieux les plus réfringents, ce qui est absolument l'inverse de ce que suppose la théorie de Newton; 3° enfin une expérience tirée du phénomène de la diffraction, d'après laquelle le centre d'un petit disque opaque à arêtes vives, interceptant la lumière, a son ombre éclairée au point central, fait voir que dans un même milieu homogène les rayons lumineux peuvent avoir une direction *non rectiligne*, fait absolument inconciliable avec la théorie du rayonnement direct, tandis qu'il a été, non pas expliqué seulement, mais révélé par l'autre théorie, par celle des vibrations d'un fluide.

n'aurait point fait ainsi un pas de plus. L'impénétrabilité, l'inertie, le choc direct des particules du fluide, tels étaient, avec le mouvement premier imprimé par la main du Créateur. les seuls éléments dont il nous était permis de disposer.

En partant de bases aussi simples et de règles aussi rigoureuses, la première obligation qui dût se présenter à notre esprit n'était-elle point de chercher des causes simples et uniquement rationnelles aux particularités les plus saillantes que les faits connus, et j'entends par là surtout ceux de la lumière, attribuaient à ce fluide universél? En première ligne, et au-dessus de tous les phénomènes, apparaissait l'extrème rapidité dans la transmission de la lumière, qui, dans l'intervalle de 15 minutes, parcourt le grand diamètre entier de l'orbe terrestre, ou 68.000.000 de lieues. La théorie des ondulations elle-même ne donnait qu'un palliatif incomplet de cette difficulté; car si nous n'avions plus à concevoir le transport direct de la substance lumineuse à travers l'espace, nous avions à justifier de la rapidité et du nombre presque incalculable, en temps donné, de ces petites vibrations qui, toute restreinte que fût leur amplitude, ne s'en propageaient pas moins du soleil à nous avec une vitesse de 70.000 lieues par seconde.

Si excessive que fût cette vitesse de transmission relativement aux idées de mouvement qui nous sont le plus familières, comme elle ne dépendait pas seulement de la cause qui produit la lumière, mais aussi de l'espacement des particules du fluide, nous ne laissions point de lui chercher dans les phénomènes connus des termes de comparaison ; et nulle part ailleurs nous n'en pouvions trouver, même d'éloignés, si ce n'est dans la translation des astres qui composent notre système planétaire, et dont la vitesse, au moins relative, a pu être calculée par l'observation.

C'était là une comparaison encore très-éloignée, quant à l'intensité, et qui eût été à elle seule fort insuffisante; mais un pas décisif n'en était pas moins fait dans le travail de notre esprit, lequel était d'allier l'idée du *mouvement des corps* à la production de la lumière.

Car du même coup se réveilla pour nous le souvenir d'un

grand fait, oublié jusqu'ici dans la science théorique, bien que des observations astronomiques incontestables l'aient établi depuis un demi-siècle ; et ce fait, le voici : c'est que le soleil, origine à la fois de la lumière et centre d'attraction des planètes, est lui-même *mobile* dans l'espace, qu'il s'y transporte avec une vitesse inconnue encore dans sa mesure, mais parfaitement constatée dans son existence. Le premier établissement de cette vérité est dû au grand observateur William Herschel ; il l'a fait connaître vers l'année 1783, et elle a été confirmée depuis par la concordance d'un très-grand ensemble de mouvements stellaires (*).

Dès le moment où nous eûmes la conscience du rapprochement de ces idées, dès lors l'origine de la lumière, quoique liée aussi à ce fait capital du mouvement du soleil, n'était plus désormais pour nous qu'un objet secondaire : l'attraction, l'attraction elle-même attachée comme condition d'existence au mouvement de ce grand astre, devenait la pensée dominante et la véritable conséquence sur laquelle devaient se fixer nos recherches et notre attention. Tout en effet se concentrait pour nous dans cette sorte de théorème, qui prenait dès lors à nos yeux toute la force d'un principe fondamental :

« Tous les corps attirants ou attirés que nous connaissons
« sont à l'état de mouvement dans l'espace ; il n'existe donc
« aucune raison plausible de séparer le principe d'attraction
« du fait réel d'un transport de tous les astres à travers le
« fluide qui en remplirait l'immensité. »

Et la conséquence naturelle était cette question :

« Le mouvement des corps dans l'éther résistant, mais dont
« la résistance combinerait ses effets avec ceux d'une excessive
« mobilité, de manière à ramener sans cesse le fluide, de tous
« les points de l'espace, vers le vide formé par le déplacement
« de ces corps, ne serait-il point la cause réelle et efficace des
« lois de la gravitation universelle ? »

Tel a été le point de départ de notre travail ; on verra dans

(*) Notice sur la vie et les travaux de sir William Herschel, par M. Arago. *Annuaire du Bureau des longitudes* pour 1842, pag. 393 et suivantes.

le corps de l'ouvrage à quelle série de déductions ce premier principe nous a conduit, et par quel genre de vérification et d'épreuves nous avons pu en assurer la réalité. Ces épreuves ne consistent pas seulement dans l'ensemble des faits connus expliqués d'une manière simple et purement rationnelle; elles consistent aussi en plusieurs lois astronomiques nouvelles et en divers problèmes généraux, que cette théorie seule pouvait aborder et résoudre, parce qu'elle seule fait entrer en ligne de compte les volumes et les vitesses, et peut mettre en relation réciproque celles des corps attirants avec celles des corps satellitaires.

L'ouvrage où nous exposons notre système sera divisé en quatre livres. Le premier renfermera les principes les plus généraux, ceux qui servent de base au système entier, et desquels dépend plus particulièrement l'explication du phénomène de la gravitation. Le second sera consacré aux faits de l'astronomie dans leur rapport avec ce nouveau point de vue, et la troisième section de ce second livre contiendra surtout l'exposé des lois qui sont propres au système et qui doivent en assurer la démonstration. Enfin, dans le troisième et le quatrième livre, étendant nos vues par la considération du mouvement et de la forme des atomes aux lois de la physique et de la chimie, nous achèverons de démontrer que l'intervention du fluide éthéré dans l'ensemble des lois de la nature inorganique a réellement le caractère d'un *principe universel*.

Le point fondamental de toutes ces questions devait être, sans nul doute, une idée saine et irréprochable de la nature même de l'éther. Déjà quelques-uns des traits caractéristiques de ce fluide s'éclaircissaient à nos yeux : nous le concevions impondérable, parce qu'il est l'agent de toute pesanteur; sans résistance apparente au mouvement des corps, parce qu'il entre comme partie intégrante dans les conditions mêmes de leur mouvement curviligne. Mais une difficulté sérieuse restait pour nous, celle d'expliquer par des voies rationnelles la grande rapidité avec laquelle les impressions s'y transmettent, rapidité attestée par celle de la transmission de la lumière. Les physiciens modernes, préoccupés de l'idée des résistances, et admettant par suite entre les particules du fluide un espacement très-grand en proportion de leur volume, avaient imaginé, pour expliquer les vitesses, cette qualité sans cause et sans définition réelle que l'on a nommée l'élasticité; nous avons déjà montré par quelles raisons elle devait être repoussée. Dans ce fluide élémentaire, nous ne voulions admettre en effet que des causes simples, ayant leur fondement dans les qualités absolues de la matière, et ne relevant par conséquent que de l'impénétrabilité et de l'inertie; l'élasticité, phénomène complexe, n'avait donc plus pour nous que la valeur d'un mot, sans application possible, et il ne nous restait, comme seul mode admissible de transmission des mouvements, que le choc direct des particules. Comme la suite de nos vues nous conduisait aussi à la possibilité de voir un jour absorber l'idée des densités atomiques dans celle des volumes (c'est-à-dire, de voir établir ce résultat, non sans valeur pour la science, que la matière serait *une*, et que les atomes simples, fragments variés de cette unique substance, ne différeraient entre eux que par la grandeur et par la forme), nous nous ôtions encore ainsi la ressource d'une densité relative très-faible dans les particules éthérées; et c'est enfin leur espacement seul qui devenait pour nous le véritable élément de la vitesse. Nous étions donc conduit à raisonner de la manière suivante.

Quelles que soient l'origine et la cause du mouvement imprimé aux particules de l'éther par la source lumineuse, la rapidité de sa transmission dans la supposition du choc direct dépend à la fois de l'énergie propre de ce mouvement et de l'espacement des molécules. Si les particules de l'éther se touchaient toutes dans une direction donnée, et qu'il y eût dans cette direction une force capable de leur imprimer un mouvement, la communication de ce mouvement, du soleil à nous par exemple, serait instantanée. Cette supposition n'est point réalisable, et il n'est point nécessaire non plus qu'elle puisse être réalisée, puisque la transmission de la lumière n'est pas instantanée en effet: il est clair qu'un certain espacement est obligatoire entre les particules de l'éther, pour qu'elles puissent facile-

ment céder aux impulsions, pour qu'elles soient en un mot indépendantes dans leurs mouvements ; mais il n'y a aucune difficulté à penser que cet espacement puisse être fort petit, et là,
suivant nos vues, est en effet l'élément principal du problème :
car il est évident que la rapidité de la transmission dépendra
du rapport entre la vitesse qui est imprimée aux molécules
éthérées et l'espace moyen qu'elles ont à parcourir pour se choquer l'une l'autre. Si l'on connaissait cette vitesse imprimée aux
particules de l'éther par là source lumineuse, on connaîtrait
donc par là même l'espacement de ces parties ou le rapport du
vide au plein dans le fluide, puisqu'on sait évaluer déjà la rapidité effective de la transmission.

Une appréciation qui nous est propre des causes produc-
trices de la lumière du soleil, et qui sera exposée au Livre IIIe
de cet ouvrage, nous a en effet permis de poser les bases de ce
problème, quoique nous ne puissions le résoudre encore avec
une complète précision. Nous avons pu seulement enfermer entre
certaines limites la valeur de l'espacement des particules éthérées, et nous croyons pouvoir affirmer que le rapport du vide
au plein total est supérieur à un vingtième et peut-être même
de beaucoup supérieur.

C'est là sans doute encore un état de la matière élémentaire
plus voisin du plein absolu que du vide total qui avait été imaginé par Newton (*). Les esprits habitués aux spéculations mathématiques ne s'en effrayeront point ; ils savent que dans les
théories scientifiques en général, ainsi qu'on le voit dans la théorie du choc des corps, les contraires ont souvent la plus grande
affinité dans leurs résultats.

Le vide de Newton n'existe point, la physique moderne l'a
démontré ; et cette hypothèse absolue sur la constitution des
espaces, à laquelle ce grand géomètre avait été amené par la
régularité des mouvements célestes, ne pouvant plus être admise
aujourd'hui, il serait oiseux et futile de se laisser entraver par
de vains scrupules sur le degré plus ou moins grand de la condensation du fluide qui remplit ces espaces ; ce serait donc une

---

(*) *Principes mathématiques de la philosophie naturelle*, Livre III, Proposition 40, Scholie.

inquiétude oiseuse au fond, que celle de savoir si l'espace sera peuplé d'une poussière très-serrée ou d'une poussière très-rare : la question n'est point là. Elle n'est point en effet dans le *degré* de la résistance présentée par l'éther aux mouvements des corps, et que l'accumulation des temps ferait toujours apparaître, quelque faible qu'elle fût ; la question est dans cette résistance même et dans les causes fondamentales qui l'effacent ou qui la transforment. Vaincre cette difficulté par des voies rationnelles, tel est le but à suivre ; mais il serait frivole de rechercher dans les bases fondamentales de la constitution du fluide des conditions de vraisemblance au point de vue d'anciennes idées qui ont laissé subsister cette difficulté tout entière. Le vraisemblable, nous l'avons dit depuis longtemps, n'est qu'un point de vue relatif à l'état actuel des idées, et ne mérite qu'une considération médiocre aux yeux d'une saine philosophie. Ce serait, au reste, une très-fausse espérance à nourrir, que celle de ne point étonner ou indisposer les esprits par une doctrine contraire aux vues accréditées depuis bientôt deux siècles. Mais le temps, qui consacre et affermit, fait aussi justice des préventions, et c'est pour lui qu'il convient de travailler, sans s'inquiéter si les esprits se montreront étonnés aujourd'hui, pourvu que demain ils puissent être convaincus.

Toute pensée nouvelle a d'ailleurs ses ennemis ; il est des esprits que la nouveauté même offusque, et qui aiment mieux dédaigner que connaître. C'est par ceux-là que seront sans doute repoussées tout d'abord, sous prévention de pure hypothèse, les vues que nous exposons ici au sujet de la nature de l'éther. Mais, après une suffisante réflexion, cette appréciation ne saurait être acceptée par les bons esprits.

Je ne sais en effet si l'on peut nommer supposition ce qui n'est que l'expression la plus simple des conditions nécessaires à l'essence matérielle. C'était là supposer, que d'accorder aux particules de l'éther une force d'*élasticité* ou une force *répulsive*, de même que Newton avait accordé une force *attractive* aux molécules des corps ; car toutes ces forces ne sont point par elles-mêmes essentielles à la matière. Mais nous ne supposons point, en accordant seulement à ces particul , i impénétrabilité et l'inertie, qualités sans lesquelles elles n'appartiendraient pas à l'essence matérielle. Ce qui caractérise notre système, c'est donc bien plutôt d'être la négation de toute hypothèse, et d'admettre qu'il puisse n'en exister aucune en dehors des conditions matérielles constitutives. Si c'est là une supposition, nous le voulons bien; mais on ne contestera point que ce ne soit de toutes la plus simple et la plus désirable. Elle est la seule au moins à qui l'accord des faits avec le calcul puisse assurer jamais une réalité *incontestable*, parce qu'elle seule a sa raison fondamentale dans la nature même des choses.

Nous sommes heureux de nous rencontrer dans cette pensée avec les vues scientifiques exprimées par l'illustre naturaliste Cuvier; et nous ne saurions terminer plus dignement ces préliminaires, qu'en transcrivant ici ces quelques lignes, que nous trouvons dans l'Introduction de son *Histoire du progrès des sciences naturelles*:

« Une fois sortis des phénomènes du *choc*, dit ce grand na-
« turaliste, nous n'avons plus d'idée nette des rapports de
« cause et d'effet. Tout se réduit à recueillir des faits particu-
« liers et à chercher des propositions générales qui en embras-
« sent le plus grand nombre possible. C'est en cela que consis-
« tent toutes les théories physiques; et à quelque généralité
« qu'on ait conduit chacune d'elles, il s'en faut encore beau-
« coup qu'elles aient été ramenées aux lois du choc, *qui seules*
« *pourraient les changer en véritables explications.* »

LIVRE PREMIER.

PRINCIPES GÉNÉRAUX.

DES CAUSES ET DES LOIS DE LA GRAVITATION UNIVERSELLE.

DÉFINITION PREMIÈRE.

De la nature de l'ether.

Pour ne créer, à l'égard de ce fluide universel qui remplit
les espaces, aucune supposition en dehors des conditions imposées par la nature même des choses et par les propriétés réelles
de la matière, nous le concevrons formé d'une simple poussière matérielle, libre agglomération de particules d'une ténuité
extrême, parfaitement inertes et indépendantes l'une de l'autre,
c'est-à-dire n'ayant entre elles ni liaison ni adhérence, ni aucune de ces relations occultes que l'on a désignées sous les noms
d'attraction, élasticité, force expansive, force électrique, magnétique, ou toute autre : pures dénominations en effet, créées
à l'usage de nos sens, pour représenter les phénomènes com-

plexes qu'ils perçoivent, mais n'ayant rien d'absolu et d'essentiel relativement aux dernières particules de la matière. Les seules propriétés essentielles à la matière sont l'impénétrabilité et l'inertie ; ce sont les seules aussi que nous croyons devoir attribuer aux particules de l'éther.

Leur forme d'ailleurs n'est pour nous assujettie à aucune loi, ni leur volume individuel à aucune autre mesure, que d'être inférieur à celui des plus petites parties entre lesquelles peuvent se décomposer les corps, et que la chimie a nommées les *atomes*.

Sans cesse agitées par le déplacement des grands corps, les particules de l'éther se transmettent le mouvement l'une à l'autre par le simple et direct effet du choc. Pour expliquer la rapide transmission de ces mouvements, attestée par la vitesse de la lumière, il faut donc supposer entre elles un rapprochement très-étroit, mais qui ne saurait l'être à tel degré cependant, que l'indépendance des mouvements individuels en puisse être anéantie. Cet espacement moyen sera ultérieurement évalué; des limites au moins lui seront assignées dans le cours de notre ouvrage.

A l'égard du mode suivant lequel s'opère la transmission, nous admettrons qu'elle se fait *en tous sens également autour de chaque point ébranlé*, mais en suivant toutefois les lois du choc, c'est-à-dire que chaque molécule imprimant à celles qui l'entourent le mouvement qu'elle a reçu, ne leur en communique qu'une quantité réciproque à la somme de leurs masses; ou, comme on peut admettre que sur l'infini mélange des molécules éthérées, la grandeur moyenne est sensiblement constante, il y a lieu de conclure que la quantité de mouvement totale se partagera suivant le nombre des particules choquées en même temps, et sera ainsi pour chacune d'elles en raison inverse de leur nombre. D'où il suit encore que la vitesse imprimée à chaque particule d'éther, ou si l'on veut, la quantité de mouvement afférente à une partie déterminée de ce fluide, doit décroitre à mesure que l'on s'éloigne du centre d'ébranlement, ainsi que nous le ferons mieux connaitre dans la IIe Proposition.

Cet état de choses est sensiblement différent de ce qui a lieu pour nos fluides terrestres, et de la loi qui est connue en hydrodynamique sous le nom de *Principe de l'égalité de pression*, ou *Principe de Pascal*, d'après laquelle chaque impulsion se transmet sans altération en tous les points d'un fluide contenu entre des parois. C'est que les circonstances sont en effet fort distinctes : dans l'état où sont considérés ainsi nos fluides, toutes leurs parties sont pour ainsi dire solidaires et liées entre elles; de tous côtés elles se font mutuellement équilibre. Chaque particule au contraire du fluide éthéré est, dans sa petite sphère d'action, complétement indépendante, puisqu'elle peut parcourir un espace avant de choquer les particules voisines; c'est ce qui en cause la grande mobilité, et c'est ce qui fait aussi que le principe de l'égalité de pression n'a aucune application ici, parce que tout se passe dans la sphère d'action individuelle à chaque particule.

Si l'on demande maintenant la raison philosophique de cette différence, et pourquoi dans nos fluides les molécules ne sont pas indépendantes comme dans le fluide éthéré, j'essayerai de répondre encore et je dirai : qu'entre les molécules de nos fluides, soit aériformes, soit liquides, existe l'éther interposé, qui en relie toutes les parties au moyen de ses petites vibrations, et met ainsi obstacle à leur indépendance individuelle (*), eu égard à l'étendue des mouvements qui nous sont appréciables; tandis qu'entre les particules de l'éther il n'y a rien, il y a le vide absolu, et leur indépendance est ainsi complète dans la sphère de leurs petits mouvements particuliers.

Il ne faut donc point perdre de vue ce caractère distinctif de l'éther, caractère en vertu duquel il s'éloigne complétement des lois ordinaires de l'hydrodynamique, pour ne reconnaître que celles du choc, et pourrait être ainsi défini : « *Un fluide inerte,* « *à particules séparées et indépendantes, quoique étroitement rap-* « *prochées.* »

De ces deux circonstances, savoir l'indépendance et le rap-

(*) C'est ce qui leur donne aussi cette propriété de l'*élasticité*, toujours mal définie, parce que l'on n'en connaissait point la vraie cause.

prochement des particules, l'une fournit la mobilité générale du fluide, et l'autre la rapidité des transmissions.

DÉFINITION II.

De la matière et des corps.

J'ai ouï dire à l'auteur de l'une des plus brillantes applications du système de Newton qui aient été faites dans ces temps derniers, ce mot caractéristique : « La matière, c'est tout ce qui attire. » Ce n'était point là sans doute une tentative de définition sérieuse, puisque le but était de témoigner au contraire l'inutilité même de définir ; mais ce mot ne nous en a pas moins frappé comme résumant l'esprit général du système, avec ses qualités et ses inconvénients. Il ne recherche point en effet l'essence même des choses, il lui suffit de mesurer les résultats ; et, sans s'inquiéter de leurs causes premières et véritables, il réduit toute la philosophie naturelle à une question de chiffre et de mesure. Cette méthode, nous l'avons vu depuis Newton, peut conduire à de brillantes conséquences, mais elle ne saurait conduire à toutes les conséquences des principes réels des choses, et elle n'est pas d'ailleurs autant qu'on pourrait le croire éloignée de toute erreur : car il n'est point possible de se soutenir toujours, par un artifice de l'esprit, en dehors des conditions naturelles ; et il ne saurait être indifférent pour la recherche de la vérité de s'appuyer sur des principes réels ou sur des principes de convention.

Un savant analyste, aussi de l'époque récente, et qui a exposé les principes de la mécanique avec beaucoup de méthode et de clarté, M. Poisson, définit ainsi quelque part l'essence matérielle : « La matière, dit-il, est ce qui peut d'une manière quel- « conque affecter nos sens. » Mais c'est là encore une définition que nous ne saurions admettre ni comme claire, ni comme suffisante ; elle se perd dans sa propre généralité. Il ne suffit pas en effet, pour que nous percevions une idée nette et certaine de l'essence matérielle, que nos sens soient affectés, il faut encore que nous ayons la conscience de cette impression et de la manière dont elle est produite. Les vibrations de l'éther agissent sur notre rétine, et y produisent le phénomène de la vue et des couleurs; et néanmoins ce phénomène ne nous donne aucune idée sur la nature matérielle de l'éther, qui le produit. Il ne nous donne même pas conscience de ce fluide, dont l'existence n'est révélée que par des inductions toutes philosophiques. Allons plus loin, et constatons que le sens même de la vue ne suffit pas pour donner l'idée de la matière, il faut qu'il soit rectifié par celui du toucher ou par une opération de l'esprit : l'image d'un objet, en effet, réfléchie par un miroir, est-elle de la matière et la rapportons-nous à l'essence matérielle? L'illusion de la perspective théâtrale ne nous donne-t-elle pas de même une fausse idée de l'étendue?

Simplifions donc nos idées sur ce point, et concluons qu'il n'existe qu'une seule épreuve qui puisse donner une conviction complète de l'essence matérielle dans sa réalité, c'est celle du toucher; en d'autres termes il n'existe au point de vue de nos sens qu'une seule propriété caractéristique de la matière, l'*impénétrabilité;* au point de vue de la mécanique et des forces, il faut y joindre celle de l'*inertie*.

Ainsi, nous reviendrons aux vues de l'ancienne philosophie, et pour nous la matière sera : « Tout ce qui occupe un espace impénétrable. » Nous y ajouterons seulement que toute matière, de plus, est inerte, c'est-à-dire qu'elle ne peut être mise en mouvement que par une force étrangère, et que, cette impulsion reçue, elle y obéirait indéfiniment, si l'action de forces différentes ne venait contrarier ou modifier l'impulsion primitive.

Cette manière de définir la matière semblerait au premier abord se confondre avec celle que l'on applique généralement aux *corps* en géométrie, c'est-à-dire, à ce qui occupe extérieurement les trois dimensions de l'étendue. Mais, pour la clarté des idées, nous ne donnerons pas une signification aussi générale ni aussi vague à ce mot corps, qui dans la physique habituelle représente le plus souvent une agglomération de parties diverses, et dont l'application, dans notre système, a besoin d'être précisée d'une manière particulière.

Nous appellerons *corps*, en général, toute partie ou agglomération de matière occupant un espace déterminé *impénétrable à l'éther*. Mais sous ce rapport il y a encore une distinction très-essentielle à établir.

Les corps, tels que nous les connaissons à la surface du globe, sont poreux; l'éther les pénètre, les traverse dans tous les sens. Il y a néanmoins en eux, comme on le verra, des agglomérations de particules élémentaires, que nous pourrions appeler molécules composées ou molécules physiques, que le fluide ne traverse pas; nous en étudierons par la suite la nature, les groupements et l'action importante dans les phénomènes de la physique et de la chimie. Quoi qu'il en soit, c'est par ces particules seulement que le corps agit sur l'éther comme matière impénétrable, et non par son volume entier. Ainsi les corps qui nous entourent, ceux que nous voyons à la surface du globe, ne peuvent être considérés comme agissant sur l'éther par l'intégralité de leur forme extérieure, mais seulement par la somme de leurs particules physiques imperméables. Chacun d'eux est par rapport au fluide un assemblage de parties, mais non pas un tout unique.

Il en est autrement des grands corps de la nature, ainsi que nous le montrerons ci-après (Proposition IVe). La pression de l'éther, en leur imprimant la forme sphérique, les condense assez fortement à l'intérieur pour rendre imperméable la plus grande partie de leur volume : résultat qui sera clairement démontré d'ailleurs par les faits de l'astronomie; nous ne l'indiquons ici par avance que pour la clarté des idées.

Ainsi, ce que nous dirons des corps en général pourra s'appliquer aux globes célestes dans leur entier, comme déplaçant un volume de fluide sensiblement égal au leur; mais cela ne s'appliquera aux corps de la surface du globe que comme à des assemblages irréguliers de particules, dont nous étudierons la nature et les actions diverses lorsque nous expliquerons les lois générales de la physique et celles de la combinaison des atomes.

DÉFINITION III.

Sur les termes employés pour la mesure des forces.

On mesure les forces, en mécanique, par la vitesse comparative qu'elles imprimeraient à une certaine quantité de matière prise pour unité, ou plus généralement, on les dit égales au produit de la vitesse qu'elles impriment par la masse ou quantité de matière du corps mis en action ; c'est ce produit de la masse par la vitesse que l'on nomme la *quantité de mouvement.* Nous nous servirons souvent de ce mot et de cette valeur dans son acception ordinaire.

Il est une autre quantité dont on fait un fréquent usage en mécanique, c'est le produit de la masse par le carré de la vitesse, quantité pour laquelle on a imaginé la dénomination particulière de *force vive*. Nous ne nous servirons point de cette valeur même, mais nous aurons souvent à en employer une autre, particulière à notre point de vue, et qui se rapproche de celle-ci par une certaine analogie de forme et d'objet : elle consiste dans le produit du *volume* par le carré de la vitesse. C'est à proprement parler une force vive de volume, comme l'autre est une force vive de masse. Pour la facilité du langage, nous lui donnerons aussi une dénomination du même genre, nous l'appellerons l'*impulsion vive* du corps en mouvement.

PROPOSITION PREMIÈRE.

PRINCIPE D'OBSERVATION.

Nous ne connaissons dans la nature aucun corps, exer-
çant un pouvoir d'attraction constaté, qui ne se transporte
dans l'espace et n'imprime à l'éther, en le déplaçant, une
certaine quantité de mouvement.

La vérité de cette proposition, inconnue à l'époque où fut
découverte la loi de l'attraction universelle, mais qui sera au
contraire comme le fondement de tout cet ouvrage, est pleinement démontrée depuis que les belles observations astronomiques de W. Herschel nous ont appris que le soleil lui-même
se transporte dans l'espace, et l'ont prouvé d'une manière incontestable (*), surabondamment confirmée par un grand ensemble
d'observations ultérieures.

SCHOLIE.

Nous n'avons pas à nous occuper ici des étoiles et de la question de 'savoir s'il existe des corps réellement fixes dans l'espace, puisqu'on ne connaît pas si ces corps sont soumis aux
lois de l'attraction. Il y a lieu sans doute de conjecturer que
leur fixité n'est qu'une apparence qui tient à l'immense éloignement de ces astres, à la grande durée de leur révolution et
peut-être à sa concordance avec le mouvement général de notre
système planétaire. Mais, je le répète, nous n'avons pas à nous

(*) Voir à ce sujet la brillante Notice de M. Arago sur la vie et les travaux de
W. Herschel, *Annuaire du Bureau des longitudes* pour 1842, pag. 385 à 397;
et les recherches astronomiques de M. Argelander sur les mouvements apparents
des étoiles.

occuper ici de ce sujet, qui reste encore et peut rester sans inconvénient dans le domaine des conjectures.

On se préoccupera peut-être aussi par avance de cette question : « S'il est vrai que le mouvement vienne à être reconnu comme une condition propre à tous les centres de gravitation, et si la gravitation est elle-même une condition nécessaire de la libration des grands corps de la nature, ne pourra-t-on donc rien concevoir d'absolument fixe dans le monde matériel ? Qu'y aura-t-il au centre de tous ces systèmes d'astres, décrivant les uns autour des autres leurs vastes épicycles, et dont notre système particulier ne forme, suivant toute apparence, qu'une infiniment petite partie ? Ce centre général des mondes serait-il lancé à l'infini dans un mouvement incessamment rectiligne ? Ou bien faut-il admettre qu'il doive réaliser dans ses mouvements quelque combinaison tout à fait inconnue à notre imagination ? »

Malgré ce qu'une telle question peut offrir d'étranger à toute conjecture positive, nous essayerons néanmoins, en son lieu, d'y faire la réponse qui nous parait la plus vraisemblable, lorsque nous aurons traité du mouvement de rotation, qui est aussi, comme celui de translation, un principe d'attraction entre les corps. Nous dirons qu'un corps central unique, d'un volume suffisant, auquel aurait été imprimée une rotation suffisamment énergique, *pourrait* avoir été posé par l'architecte souverain comme le pivot de tous ces mouvements. Ce corps néanmoins ne peut être supposé absolument fixe, et il faut bien qu'il soit assujetti à décrire une certaine trajectoire dans l'espace, afin que la pression de l'éther donne à ses parties la cohésion nécessaire pour combattre la force centrifuge : mais nous montrerons quel genre de courbe, selon nous, il lui serait possible de décrire, et comment les systèmes de corps en circulation autour de ce corps central pourraient être disposés pour en maintenir la persistance par l'équilibre de leurs attractions.

Une telle conjecture n'est peut-être point la vérité, mais il est possible que ce soit la vérité, et cela nous suffit ici pleinement. Car n'établissant nos raisonnements que sur les faits connus, il suffira que nous ayons écarté les conditions d'impossibilité pour ceux qui ne le sont point encore ou ne peuvent l'être. Bornons donc en ce moment nos recherches aux corps de la nature rigoureusement observables, et poursuivons la théorie de leurs mouvements.

PROPOSITION II.

L'impulsion communiquée à une partie donnée d'éther par un corps en mouvement décroît, en se propageant dans l'espace, suivant la loi inverse du carré des distances au centre d'ébranlement.

Cela est facile à concevoir, si l'on réfléchit à la distribution des mouvements dans un fluide dont toutes les particules sont assujetties aux simples lois du choc. Supposons d'abord que le corps mobile, source de l'ébranlement, est réduit à l'état, non d'un point géométrique, ce qui n'est pas admissible ici, mais d'une très-petite molécule, comparable à celles de l'éther. Le premier effet de son déplacement sera de pénétrer dans la couche de fluide immédiatement ambiante, d'y prendre place en refoulant latéralement toutes les autres particules de la même couche, tandis qu'en arrière de lui il se produit un *vide* où les particules excédantes de cette première couche, refoulées par la double impulsion latérale, viendront prendre incontinent sa place. Mais, indépendamment de cet effet, le corps a chassé aussi devant lui une certaine partie d'éther qui, pénétrant dans la seconde couche, y produira un effet semblable de tourbillonnement, et poussera en outre dans la troisième couche une quantité proportionnée de fluide : ainsi de suite jusqu'aux limites de l'étendue. Pour chaque partie d'éther introduite ainsi d'une couche dans celle qui l'enveloppe, celle-ci subira un déplacement général de toutes ses parties se choquant l'une l'autre, et du côté opposé au mouvement de progression du corps, une égale quantité d'éther, refoulée par deux forces convergentes, tendra ainsi à rentrer vers le vide formé au point central de l'ébranlement. Ce qui est essentiel à remarquer en cela, c'est que par la nature du mouvement, la petite impulsion centrale produira dans chaque couche d'éther concentrique un déplacement de toutes ses parties, par une sorte de tourbillonnement et au moyen d'une série de petits chocs égaux en nombre à celui des particules dont la couche se compose. Comme rien ne se perd dans le choc, chaque couche successive reçoit donc en son entier la quantité de mouvement que produit l'impulsion primitive dans la partie d'éther chassée devant le corps, et elle la partage entre ses particules suivant la proportion de leur nombre, c'est-à-dire, sensiblement en proportion des surfaces de ces couches sphériques successives, ou des carrés de leurs rayons. La vitesse moyenne afférente à chacune des particules, en admettant que leur masse individuelle moyenne est constante, sera donc en raison inverse de l'étendue des mêmes surfaces sphériques, et par conséquent en raison inverse des carrés des distances au centre d'ébranlement. C. Q. F. D.

Ce que nous avons dit d'un corps très-petit s'entendra évidemment de même d'un corps quelconque, pourvu qu'il soit sphérique. La position moyenne de son centre, pendant l'instant très-court où l'on considère que son mouvement s'effectue, sera le véritable centre d'ébranlement pour les couches sphéroïdales du fluide successivement agitées, auxquelles il faut donner alors pour épaisseur le diamètre même du corps mobile.

SCHOLIE. — Nous eussions pu peut-être éviter ces détails et démontrer le théorème d'une manière plus courte, par la seule constance des forces vives afférentes à la somme des particules ébranlées dans le même temps autour d'un point central, comme on l'admet dans la théorie des ondes lumineuses. Mais il nous importait de donner tout d'abord une idée claire des choses, et l'on en verra l'avantage dans les propositions qui vont suivre. L'explication admise dans la théorie des ondes a d'ailleurs un caractère particulier qui semble la rattacher encore à quelque chose de conventionnel et d'hypothétique : elle se fonde sur ce fait, que les vibrations lumineuses se propagent avec égalité dans tous les sens autour du point central, mais ne l'explique pas. Il nous était nécessaire d'entrer plus avant au cœur du

problème, ⁂ nous avons dû sacrifier ici l'élégance de l'algèbre
à la clarté de l'analyse géométrique. On sentira bientôt l'avantage de ce mode, lorsque nous expliquerons les causes de l'attraction.

PROPOSITION III.

POSTULATUM.

*La résistance de l'éther n'a point pour effet de ralentir
le mouvement curviligne des corps planétaires et de leurs
satellites.*

Cet important principe ne sera invoqué ici que comme un
fait. Ultérieurement (dans le Scholie de la Proposition IXe), nous
en donnerons la raison complète, ce qui n'eût été aucunement
possible dans l'ancienne théorie. Mais en ce moment c'est sur
l'existence seule de ce fait que doivent s'arrêter notre attention
et nos raisonnements.

Le fait est incontestable. L'éther existe, les propriétés de la
lumière ne permettent point de le révoquer en doute; et comme
les observations astronomiques ont constaté aussi que depuis
trois mille ans la terre passe périodiquement par rapport au
soleil par les mêmes constellations zodiacales, qu'en un mot la
durée de sa révolution moyenne est restée constante, il faut bien
en conclure encore que son mouvement curviligne n'a pas été
ralenti d'une manière appréciable par la résistance du fluide.
En même temps donc que les découvertes de la physique démontrent l'existence du fluide éthéré, l'astronomie témoigne
d'autre part que la résistance de ce milieu reste sans action
pour ralentir le mouvement des astres; et si quelque chose paraît ressortir au contraire de la comparaison des tables astronomiques depuis les temps reculés, c'est plutôt, pour la plus grande
généralité des corps célestes, une certaine accélération, particulièrement sensible dans le mouvement de la lune; accélération
lunaire qui est du reste parfaitement conforme à la théorie de la
gravitation et n'a pas besoin d'être autrement expliquée.

Ainsi l'éther ne ralentit point les corps; cependant la résistance de tout fluide matériel est certaine, et d'autre part, si celle de l'éther avait le moindre effet, il serait impossible, ainsi que Newton l'a montré (*), qu'il ne fût point devenu sensible par la suite des temps. Par quel artifice cette résistance du fluide est-elle ainsi dissimulée ou transformée? Nous le dirons bientôt; en ce moment nous nous bornerons à faire concevoir, sous forme de transition à la proposition qui va suivre, comment, par la nature même des mouvements dans le fluide, sa résistance est en très-grande partie *équipondérée par une force contraire.* C'est là en effet ce qui intéresse spécialement nos vues actuelles, c'est sur l'existence de ces forces antagonistes convergeant vers le centre du corps qu'il faut surtout fixer notre attention; le reste n'est qu'un détail accessoire qui s'éclaircira en son lieu, et plus tard seulement nous pourrons faire comprendre par des voies rationnelles comment le mouvement curviligne du centre mobile reste complétement affranchi de la résistance de l'éther. Rigoureusement enfin il pourrait nous suffire d'avoir constaté par les observations astronomiques le fait de la non-résistance, pour en déduire dans la suivante proposition les conséquences essentielles à nos vues. Mais nous avons voulu devancer cette recherche par quelques observations destinées à éclairer les idées sur la nature des mouvements dans le fluide. Cette première analyse mérite quelque attention par sa liaison intime avec les principes fondamentaux de la méthode, qui seront exposés ci-après, et auxquels elle servira de transition. Voici donc nos réflexions à cet égard.

Lorsqu'un corps se meut dans l'éther, il éprouve certainement une résistance en avant de lui, en raison de la quantité de mouvement qu'il imprime au fluide déplacé. Mais en vertu de la mobilité extrême et de l'étroit rapprochement des particules éthérées, l'impulsion qui leur est donnée se propage aussitôt dans tout l'espace environnant; et par le choc latéral des parties déplacées, ainsi que nous l'avons analysé déjà dans la Pro-

____

(*) *Principes mathématiques de la philosophie naturelle,* Livre II, Propos. 40, scholie.

position IIe, il se produit une sorte de tourbillon ou de remous, en vertu duquel le fluide revient se précipiter en arrière même du corps, pour remplir le vide que le déplacement de celui-ci forme à chaque instant au milieu de lui.

Il n'est point difficile de concevoir que l'effet de ce remous sera de frapper en arrière le corps mobile d'une impulsion contraire à la résistance qu'il a éprouvée en avant: c'est là ce qui arrive pour les corps que nous voyons se mouvoir dans l'eau elle-même (*); c'est ce qui doit donc arriver à plus forte raison, et à un bien plus grand degré, à l'égard d'un fluide aussi parfaitement mobile que l'éther, dans lequel la transmission se fait avec une rapidité presque instantanée par rapport aux vitesses connues des astres qui s'y meuvent: car la transmission de la lumière est au moins douze mille fois plus rapide que le mouvement de translation de la terre autour du soleil, et près de quarante mille fois plus que celui de Saturne. Mais pour concevoir d'une manière complète jusqu'où va l'importance de cet effet de restitution des forces perdues produit par le tourbillonnement de l'éther, il est essentiel de considérer de plus près le mode de transmission qui dépend de la nature même du fluide et les résultats qui en dérivent.

On pourrait penser en effet que le point de départ de l'impulsion produite dans l'éther étant à la partie antérieure du corps mobile, la quantité de force restituée, comme nous l'avons dit, en arrière de ce corps doit être assujettie à une déperdition proportionnée au carré de la distance, laquelle est ici le diamètre même du corps. Mais il y aurait en cela une grave erreur. Par quelle cause en effet l'impulsion communiquée à une partie d'éther diminue-t-elle d'intensité en se propageant? Par le partage entre un plus grand nombre de particules. Or, si l'on suppose que le mouvement du corps soit très-petit par rapport à la rapidité de l'éther, de telle sorte que la masse de fluide ébranlé autour de lui pendant un instant donné ne cesse pas d'être sensiblement sphérique, le nombre des particules mises en

_____

(*) Ainsi que les savantes recherches de M. le général Poncelet l'ont particulièrement fait ressortir.

mouvement reste partout symétrique par rapport au centre du mobile, ou, si l'on veut, par rapport au point milieu
de la petite ligne que décrit le centre dans cet instant. De part
et d'autre donc, à égale distance de ce point central, les impulsions ou quantités de mouvement possédées par une partie donnée d'éther seront symétriques aussi, c'est-à-dire équivalentes ;
ce qui avait été perdu d'intensité par dissémination à la partie
antérieure sera en effet restitué par la concentration des chocs
dans les parties opposées, puisque la transmission y procède à
l'inverse, du plus grand nombre au plus petit nombre des particules.

Ainsi donc, si la rapidité de transmission dans l'éther est
très-grande par rapport à la vitesse du mobile, ce qui existe
en réalité, celui-ci tend à être frappé en arrière par une force
dont l'intensité approche beaucoup d'être égale à la résistance
de l'éther en avant de lui : voilà surtout ce qu'il était intéressant
de montrer comme une dépendance de la nature même de l'é-
ther. Est-ce à dire cependant que l'égalité entre les forces
perdues et restituées soit parfaitement exacte et qu'il n'y ait
aucune déperdition ? Non sans doute, car le corps fuit devant
cette force qui lui est restituée, et comme son centre ne peut
être considéré d'ailleurs, entre deux instants donnés, comme
étant le centre même de la masse d'éther ébranlée, il y a évidemment en somme une petite perte théorique, proportionnée à la
vitesse du mobile. Je montrerai plus tard comment dans la réalité des faits cette perte est annulée ; il nous suffit ici d'avoir
fait concevoir que la différence des forces ne puisse être que
très-faible, en vertu de la nature des mouvements propres à
l'éther et de notre manière de définir le fluide. Si nous ne
tenons donc en ce moment aucun compte du faible excès de
la résistance, et si nous prenons pour type la plus petite des
deux impulsions contraires qui s'exercent dans le même instant
sur le mobile, nous pourrons toujours considérer chaque corps
en mouvement dans le fluide comme pressé de tous côtés par
de certaines forces tendant toutes vers son centre, forces que
l'on aura lieu de regarder comme égales en tous points de la
surface, si la forme est exactement sphérique ; et ainsi nous

serons plus facilement conduits à concevoir les conséquences qui seront exposées sous forme de raisonnement dans la suivante proposition.

PROPOSITION IV.

La résistance de l'éther déplacé par un corps en mouvement se transforme en une pression générale du fluide sur toute la surface de ce corps. Conséquences qui en dérivent.

Quelles que soient les explications que, pour la clarté des vues, l'on veuille appliquer au fait énoncé comme *postulatum* dans la précédente proposition (et elles se compléteront bientôt dans notre méthode), son existence en tant que fait suffira toujours pour qu'un raisonnement rigoureux en déduise des conséquences importantes. L'éther existe, avons-nous dit ; quelque subtil que l'on conçoive ce fluide (et *à fortiori* si comme nous on ne lui attribue aucune subtilité réelle, si ce n'est en ce qui concerne la ténuité des particules), son déplacement ne peut manquer d'opposer au mouvement des corps une résistance. Si cette résistance inévitable n'est point rendue sensible même par une longue suite de temps, on en doit nécessairement conclure qu'elle est équilibrée par des forces contraires, au moins pour sa plus grande part. Quelles que soient l'origine et la nature de ces forces, leur existence est donc elle-même aussi claire que celle du fluide. De plus, la résistance que celui-ci oppose, ou devrait opposer du moins, au mouvement, a lieu sur tout l'hémisphère antérieur du corps mobile : les forces contraires se distribueront par conséquent symétriquement sur tout l'hémisphère opposé. Ainsi, quelles que soient la quantité et la transformation des forces perdues dans cet équilibre ; il n'en est pas moins certain que tout corps mobile, supposé imperméable à l'éther, est enveloppé en quelque sorte de tous côtés par une pression générale du fluide sur sa surface : pression centripète dont on peut admettre encore que les deux actions opposées sont partout en équilibre parfait, si l'on ne considère que la plus petite de ces forces antagonistes et que l'on fasse abstraction de leur différence ; de la même manière que pour estimer la tension d'une corde on ne considère que la plus petite des deux forces qui la tirent en sens contraire dans sa longueur.

Les explications qui terminent notre Proposition IIIe complètent, à l'égard de l'éther, ce que ce raisonnement, tout rigoureux qu'il soit, pourrait laisser d'obscur pour l'esprit. On concevra ainsi parfaitement suivant quel mode et en vertu de quelles propriétés s'opérera la distribution des forces centripètes sur toute la surface du corps, avec une égalité presque parfaite en tous points si le corps est exactement sphérique. Plus tard seulement il nous sera donné de faire comprendre d'une manière rigoureuse et rationnelle que cette égalité, en ne faisant intervenir que les forces utilement agissantes, puisse être considérée comme parfaite ; qu'ainsi la quantité de mouvement imprimée à l'éther déplacé peut devenir la mesure exacte de la pression supportée par les corps de la part du fluide, et par suite être l'élément régulateur de la force de gravitation qui, nous le verrons, est avec cette pression dans une liaison intime.

COROLLAIRE Ier.

Sphéricité des grands corps.

Après avoir appliqué le fait de la pression de l'éther aux corps supposés imperméables qui sont en mouvement dans ce fluide, on peut pousser plus loin les inductions et concevoir la même force centripète comme ayant pu être employée à l'agglomération originaire des diverses parties matérielles qui composent les grands corps de la nature. Dans ce cas, la condition générale d'équilibre prescrivant à ces forces de pression d'être normales à la surface extérieure du corps total, on peut conjecturer déjà que la forme sphérique est celle qui doit être naturellement produite dans les corps ainsi formés ; un des principes les plus féconds de la philosophie mathématique conduit très-sûrement d'ailleurs et rigoureusement à cette conséquence.

La sphère en effet, dirons-nous, est de toutes les formes géométriques celle dont la capacité est la plus grande par rapport à l'étendue de sa surface : le principe de la *moindre action* doit donc avoir nécessairement amené à la forme sphéroïdale ces agglomérations de particules maintenues en cohérence par une pression superficielle générale, laquelle devait être évidemment un minimum, eu égard à la quantité de matière qui y est renfermée. Il n'est donc besoin d'aucun autre raisonnement ni calcul, dans la théorie de l'éther, pour concevoir la sphéricité des grands corps de la nature. Elle est la conséquence la plus simple de l'équilibre des forces produites par le mouvement dans le fluide.

COROLLAIRE II.

Leur imperméabilité aux mouvements de l'éther.

En admettant qu'un globe de matière soit formé par agglomération sous l'influence unique de la pression superficielle dont nous venons de parler, la couche supérieure transmettra à celle qu'elle recouvre la pression tout entière, laquelle, appliquée ainsi à des surfaces de moins en moins étendues, à mesure que son action s'approfondit, deviendra d'autant plus considérable sur chaque point intérieur, que la surface de la couche à laquelle il appartient sera moindre. La compression à laquelle sont soumises les particules matérielles dans l'intérieur des grands corps croît donc ainsi, de la surface au centre, en raison inverse du carré des rayons. En faisant l'hypothèse la plus naturelle sur le rapport des densités aux pressions, cette considération m'a conduit à deux lois, d'une simplicité précieuse, sur la constitution intime des corps célestes, au point de vue de l'homogénéité et de la densité moyenne. Elles seront exposées aux Propositions XVIII, XIX et XX, ayant voulu les rapprocher des problèmes importants auxquels elles se rattachent, tels que l'aplatissement et la loi de la distance des planètes. Nous différerons donc d'en parler et ne nous attacherons ici qu'à un autre corollaire particulier du même principe, en essayant de faire concevoir qu'en vertu de la croissance très-rapide des pressions de la surface au centre des grands corps, leur intérieur doit devenir en très-grande partie *imperméable au fluide éthéré*. Les molécules intérieures en effet, serrées les unes contre les autres par la pression, enchevêtrant ou même probablement émoussant leurs angles, ne doivent plus conserver entre elles assez d'espace pour le libre passage des petites particules de l'éther; et par suite, en déplaçant ce fluide, les grands corps doivent donc agir sur lui par leur volume entier, et non par la somme seulement de leurs parties matérielles. Ici ce n'est. point une hypothèse que nous formons, c'est un résultat qui nous sera démontré par la comparaison de nos lois avec les faits de l'astronomie, et dont nous essayons seulement à l'avance de rendre la cause facile à concevoir.

PROPOSITION V.

La quantité de mouvement produite dans l'éther par le déplacement d'un corps, quantité qui sert aussi à mesurer la pression totale du fluide sur la surface du mobile, est égale au volume de ce corps multiplié par le carré de sa vitesse linéaire.

La quantité de mouvement, mesure des forces en mécanique, consiste dans le produit de la quantité de matière déplacée, multipliée par la vitesse du déplacement.

Il est clair que ce qui mesure la force déployée par le corps mobile à l'égard de l'éther, mesure aussi la résistance de ce fluide. Or, on a vu dans la proposition précédente que cette résistance devait être sensiblement équilibrée par une force égale et contraire, et qu'elle peut servir par conséquent à mesurer aussi la pression totale supportée par la surface du corps. Ces deux valeurs, savoir : la quantité de mouvement imprimée par le mobile au fluide éthéré qu'il déplace dans l'unité de temps, et la pression totale supportée par la surface de ce corps peudant le même intervalle, seront donc pour nous une seule et même chose, que nous allons évaluer.

Il est facile de voir, d'après nos principes sur l'indépendance des particules de l'éther, que le corps mobile doit être considéré comme déplaçant, dans l'unité de temps, son volume de fluide multiplié par l'espace que son centre parcourt. Si la densité de l'éther est désignée par ρ, le volume du corps par N, sa vitesse par V, la quantité de matière déplacée sera NρV, et la quantité de mouvement sera NρV^2, ou simplement NV^2, si nous faisons $\rho = 1$, en prenant pour module des densités celle de l'éther lui-même.

Corollaire. De ce théorème combiné avec les Propositions II et IV, il résulte que la pression exercée par l'éther sur l'unité de surface d'un corps en mouvement est $\dfrac{NV^2}{4\pi R^2}$ ou $\frac{1}{3}RV^2$, en appelant R le rayon du mobile supposé sphérique. Il en résulte encore qu'à la distance D du centre, l'intensité de l'impulsion sur l'unité de surface pourra être représentée par $\dfrac{NV^2}{D^2}$, si l'on compare entre eux les effets de corps sphériques.

Les expressions précédentes nous seront d'un fréquent usage dans l'analyse des mouvements astronomiques. Nous avons dit dans les préliminaires que le produit NV^2 était nommé par nous *l'impulsion vive du mobile*, ou force vive de volume. L'expression $\dfrac{NV^2}{D^2}$ sera pour nous *l'impulsion vive estimée à la distance* D.

PROPOSITION VI.

Un corps en mouvement dans l'éther exerce une attraction sur tous les autres corps également mobiles dans l'espace éthéré. Quels sont les caractères et les limites de cette action.

Pour concevoir dans son analyse la plus simple comment la

loi de la gravitation universelle peut dériver de la pression exercée par l'éther sur la surface des corps mobiles et du tourbillonnement de ce fluide autour des masses qui y progressent, nous isolerons par la pensée deux corps A et B, de volumes N et n très-inégaux, de telle sorte que nous puissions négliger, comme on le fait ordinairement, la réciprocité d'action du plus petit sur le plus grand. Ils sont transportés dans l'espace avec des vitesses respectives V et v, que l'on peut supposer d'abord indépendantes l'une de l'autre et d'une grandeur quelconque.

Le grand corps A, en se mouvant dans le fluide, y produit deux effets combinés. En avant de lui l'éther est chassé ; mais cette impulsion déterminant, ainsi que nous l'avons vu, dans chaque couche successive de fluide où elle pénètre, un écartement accompagné du choc latéral de toutes les parties entre elles, il y a par suite, de toute autre part que dans la ligne d'impulsion elle-même, une poussée convergente des particules du fluide vers le point de moindre résistance, c'est-à-dire vers le vide central formé par le déplacement du corps. Ainsi dans l'éther deux mouvements distincts : dans une direction unique il est chassé en avant ; de toute autre part il se forme une sorte d'aspiration du fluide vers le point que le centre du corps vient de quitter à l'instant infiniment rapproché qui précède. Examinons ce qui en résultera par rapport au petit corps B, qui de son côté traverse aussi le fluide d'un mouvement particulier.

Prenons d'abord le cas le plus général, et supposons que le petit corps B est situé en quelque point de la grande zone d'aspiration qui s'étend autour du centre A. Nous savons que B lui-même, en vertu de son mouvement propre, est soumis à une pression de l'éther sur toute sa surface, pression dont la totalité est représentée (Proposition V[e]) par le terme nv^2. Divisons par la pensée ce corps en deux hémisphères, par un plan perpendiculaire à la ligne des centres : ces deux hémisphères, quels qu'ils soient, peuvent être considérés comme recevant l'impulsion de deux forces contraires qui les maintiennent pressés, et qui forment chacune un ensemble d'intensités égal à la moitié de l'intensité totale, ou à $\frac{1}{2} nv^2$. C'est sur l'hémisphère de B le plus rapproché du centre A que l'aspiration de l'éther provenant du mouvement de ce grand corps se fera d'abord sentir ; il en résulte à la surface de cet hémisphère un vide instantané, et la pression qui agissait sur lui étant pour un moment détruite en totalité ou en partie, la pression qui agit sur l'hémisphère opposé n'est plus contre-balancée : elle a pour effet alors d'exercer sur le corps entier B lui-même une impulsion dirigée vers le centre du corps A. Cette impulsion n'est autre que l'attraction de Newton, la gravitation universelle. Voyons quelle en sera la valeur, et nous examinerons ensuite quels caractères particuliers cette provenance nouvelle peut y faire découvrir.

L'intensité de la pression soustraite à l'un des hémisphères du corps B est (d'après des propositions précédentes) proportionnée à la quantité de mouvement totale développée par le corps A, divisée par le carré de la distance, ou à $\dfrac{NV^2}{D^2}$. La quantité absolue qui en est soustraite à l'hémisphère de B, et qui est proportionnée de plus à la grandeur du demi-volume de ce corps, est donc représentée par $\frac{1}{2}n.\dfrac{NV^2}{D^2}$, ou du moins l'attraction ne peut être plus forte que cette quantité ; mais elle pourrait être plus faible, car elle ne peut dépasser non plus la quantité $\frac{1}{2}nv^2$, qui produit réellement l'impulsion en agissant sur l'hémisphère opposé. Elle aura donc pour limite la plus petite de ces deux quantités, et comme nous verrons bientôt que par la variation de la distance et de la vitesse ces quantités tendent à s'égaliser pour acquérir un équilibre fixe, on peut prévoir que nous en déduirons un principe d'équation propre à représenter les conditions du mouvement régulier des corps gravitants.

Mais auparavant, et pour compléter cette analyse, je vais traiter le cas particulier où le corps B se trouverait dans la direction même du mouvement de A, et sur la ligne d'impulsion de l'éther. Cette ligne est un infiniment petit par rapport au reste de l'espace ; mais enfin, comme le mobile peut s'y rencontrer, ou du moins la traverser (*), il importe de montrer qu'il sera en-

___

(*) Il est essentiel de remarquer que nous avons à considérer seulement le cas où le corps B *traverse* la ligne de direction de A ; car s'il se mouvait suivant cette

core attiré, et qu'il le sera suivant la même loi que lorsqu'il se trouve dans la zone d'aspiration. Voici quelle en est la raison. Le grand corps dans son mouvement emporte pour ainsi dire l'éther avec lui ; si l'éther à son tour emportait aussi le petit corps, tous deux demeureraient à la même distance relative, et il n'y aurait pas de rapprochement, pas d'attraction. Mais il n'en sera point ainsi : le petit corps oppose à la marche de l'éther, venant dans cette direction, la même résistance qu'il y produit de toutes parts en vertu de son mouvement propre ; elle suffira pour rejeter la marche de l'éther sur les parties latérales et l'y faire en quelque sorte glisser. Car il n'en est pas ici comme du cas précédent, où le corps ne peut échapper à l'aspiration *générale* qui converge de tous les points de l'espace vers le centre attirant : ici l'impulsion directe de l'éther n'occupe dans l'espace qu'une ligne pour ainsi dire sans épaisseur ; elle préexiste d'ailleurs à l'aspiration générale, puisqu'elle la détermine ; elle devra donc chercher la direction de moindre résistance, et glisser par conséquent autour du corps, qui en présente une plus considérable que les parties voisines. Ainsi le corps B ne sera pas emporté avec l'éther, dans les limites de résistance du moins que sa demi-impulsion vive $\frac{1}{2} n v^2$ oppose à la marche du fluide ; donc le corps A, d'après la direction de son mouvement propre, se rapprochera lui-même de B, et ce rapprochement équivaudra encore à une attraction, puisque la distance relative des deux corps tend à s'amoindrir ; mais, par une sorte de paradoxe singulier, c'est ici le grand corps, le corps en apparence attirant, qui marche vers le petit corps, dont le rôle partout ailleurs au contraire est d'être réellement attiré.

Il est facile de voir, au reste, que la tendance au rapprochement est proportionnée toujours, comme dans l'autre cas, à l'impulsion vive du corps A qui produit l'intensité du mouvement de l'éther, mais estimée à la distance et suivant la capacité du corps B, c'est-à-dire à $\frac{1}{2} n . \dfrac{NV^2}{D^2}$; tandis que d'autre part l'obs-

<hr>

même ligne, il ne pourrait que tomber sur le corps attirant, et il n'y aurait plus de mouvement curviligne, seule question qui puisse nous intéresser.

tacle offert par celui-ci est toujours $\frac{1}{2} nv^2$. De sorte qu'ici encore c'est la plus petite de ces deux quantités qui réglera l'attraction. Les conditions définitives du mouvement seront donc identiques pour tous les points de l'espace autour du corps attirant.

C'en est assez en ce moment sur ce sujet; examinons maintenant l'usage que l'on peut faire des propriétés précédentes pour arriver aux lois du mouvement curviligne des corps gravitants.

PROPOSITION VII.

Lorsque les deux corps, attirant et attiré, sont emportés ensemble dans un même mouvement général, de telle sorte qu'en ne tenant compte que de la vitesse relative, le premier puisse être considéré comme fixe relativement au second; si l'équilibre est une fois atteint entre les deux forces d'aspiration et d'impulsion qui agissent, d'après la proposition précédente, sur les deux hémisphères opposés du corps mobile, cet équilibre persistera dès lors indéfiniment, de telle manière que la gravitation demeure irrévocablement maintenue dans la loi inverse du carré des distances.

Cette loi, qui dans la théorie newtonienne est considérée comme l'état unique, absolu, de la matière, n'est donc dans la théorie de l'éther que l'expression d'un état final et persistant d'équilibre, qui ne peut exister qu'en conséquence d'une certaine relation entre les vitesses, les volumes et la distance des deux corps : il en résulte une équation de condition tout à fait propre à la théorie nouvelle, et que l'on verra former, par ses applications ultérieures, un de ses plus puissants éléments de vérification.

Il existe un très-important théorème de mécanique, que l'on peut énoncer ainsi :

« Lorsqu'un mobile est sollicité par une force accélératrice constamment dirigée vers un point fixe, et que la valeur de cette force est une fonction rationnelle de la distance au centre attirant, le rayon vecteur du mobile décrira autour de ce point fixe des aires planes, proportionnelles aux temps. »

Ce principe, qui renferme comme cas particulier la première loi de Kepler sur le mouvement des planètes, va nous fournir le moyen de montrer comment l'attraction, telle que nous l'avons définie et comprise, se transforme en une loi persistante, en cette loi inverse du carré de la distance, que le calcul appliqué aux découvertes de Kepler et de Galilée a révélée à Newton. Mais nous ferons voir en même temps que pour parvenir à cet état d'équilibre, les vitesses, avec les volumes et la distance, sont assujetties à une équation de condition, ignorée de ce grand géomètre, et qui devait en effet lui rester inconnue parce qu'elle n'a de rapport direct qu'avec les *causes* de la loi d'attraction, et non avec le fait seul de cette loi.

On a vu dans la proposition précédente que, suivant notre manière de considérer les faits, l'attraction était due à la combinaison de deux forces qui tendent à s'équilibrer sur le corps attiré : l'une, que je pourrais appeler la *force d'aspiration*, et qui dépend de l'impulsion vive du corps *attirant*, est égale à $\frac{1}{2}\, n\, \dfrac{NV^2}{D^2}$; l'autre, qui est la *force d'impulsion* agissant sur l'hémisphère opposé, dépend du volume et de la vitesse du corps *attiré :* elle est représentée par $\frac{1}{2}\, nv^2$. L'intensité de l'attraction ne pouvant être supérieure à la plus petite de ces deux forces, qui varient à la fois dans le mouvement relatif du corps attiré, elles se modifieront évidemment par le changement progressif de la vitesse v et de la distance D, de manière ou à augmenter leur différence originaire, ou à l'amener au contraire à une égalité au moins momentanée. Nous analyserons ces divers cas avec détail dans le livre suivant (Proposition IXe), et nous en tirerons les conséquences applicables aux harmonies et aux anomalies du système dont le soleil est le centre; mais ici nous ne voulons nous arrêter qu'au point de vue le plus général de cette question et le plus important aussi : je veux parler des conditions toutes spéciales qu'amènera l'équilibre une fois atteint entre ces forces d'aspiration et d'impulsion, équilibre que l'on peut exprimer, dans son état le plus simple, par l'égalité

$$\tfrac{1}{2}\, nv^2 = \tfrac{1}{2}n\, \frac{NV^2}{D^2} \ldots \ldots \ (A).$$

Mais avant de concevoir la loi permanente qui en résultera, il est nécessaire d'introduire une certaine transformation dans la valeur des signes et dans la nature des vitesses.

Remarquons que si le corps attiré avait, indépendamment de la vitesse v que nous lui attribuons, une vitesse V égale et parallèle à celle du corps attirant, les choses se passeraient comme si celui-ci demeurait fixe, et la vitesse v n'exprimerait plus que la vitesse *relative* du petit corps. Or, c'est ce qui a lieu en effet dans notre système planétaire pour les satellites des planètes, circulant comme elles autour du soleil, et pour les planètes elles-mêmes qui sont emportées dans l'espace avec le soleil, d'un même mouvement que lui. Nous supposerons donc le corps attirant fixe, et le signe v n'exprimera plus, dans notre formule, que la *vitesse relative* (*), qui, combinée à chaque instant avec l'attraction centrale, fait décrire au corps attiré, supposé seul mobile, une courbe autour du centre attirant supposé fixe.

Sans rien préjuger encore sur la nature de cette courbe, soit γ l'angle variable de son rayon vecteur avec la normale; nous pouvons considérer la relation (A) comme un cas particulier de la formule :

$$\tfrac{1}{2}\, nv^2 \cos^2 \gamma = \tfrac{1}{2}\, n\, \frac{NV^2}{D^2} \ldots \ldots \ (A'),$$

en supposant que $\gamma = 0$ quand la relation (A) est satisfaite. Or, dans l'état des choses indiqué par les équations (A) et (A'), l'intensité de l'attraction est toujours représentée par le second membre de ces équations, $\tfrac{1}{2}\, n\, \frac{NV^2}{D^2}$, puisque, d'après la valeur

---

(*) L'autre partie V de la vitesse du satellite est employée au profit de l'attraction générale qui agit à la fois sur les deux corps, et elle ne peut plus entrer dans l'équation de son mouvement particulier.

de cos γ toujours moindre que l'unité, la force que cette expression représente reste toujours la plus petite des deux qui s'exercent sur le mobile. La force qui sollicite ce corps vers le centre attirant, supposé fixe, devient donc ainsi une fonction rationnelle de la distance D; nous allons faire voir qu'une fois cette condition atteinte, ou, en d'autres termes, la condition générale (A') étant une fois satisfaite, elle se continuera *indéfiniment*, et que la force attractive, demeurant liée à l'expression $\frac{1}{2} n \frac{NV^2}{D^2}$, restera ainsi indéfiniment réciproque au carré de la distance.

En effet nous savons par le principe de mécanique cité au commencement de cette proposition, que dans la condition d'une force centrale fonction rationnelle de la distance, le rayon vecteur du corps mobile décrit des *aires constantes* dans des temps égaux ; dans ce cas le produit $D^2 . v^2 . \cos^2\gamma$, qui représente le carré de cette aire, aura donc une valeur constante dans l'unité de temps (*), et comme ce produit est la seule quantité variable dans notre équation (A'), il s'ensuit que cette équation, étroitement liée avec le principe des aires, *se maintiendra indéfiniment;* la force d'aspiration $\frac{1}{2} n \frac{NV^2}{D^2}$ demeurant ainsi toujours inférieure à la demi-impulsion vive du mobile, réglera dès lors la loi de l'attraction, qui devient par conséquent inversement proportionnée au carré de la distance entre ce mobile et le centre attirant, et persistera indéfiniment dans cette loi.

Nous reviendrons bientôt sur le détail de cet important sujet; nous avons voulu montrer seulement, par aperçu, comment et d'après quel principe la grande loi de Newton s'établit aussi, dans notre analyse, d'une manière indéfiniment persistante. Mais on doit voir en même temps que cette manière nouvelle

---

(*) Ou dans un temps infiniment petit, si l'on veut analyser le mouvement par la géométrie des infinis; mais comme, dans tout ce que nous allons dire sur les mouvements généraux des corps, on peut supprimer, sans altérer les équations, la différentielle du temps, nous avons préféré simplifier l'exposé en rapportant tout à l'unité réelle, et en ne nous servant ainsi que des éléments de l'algèbre et de la mécanique.

de considérer les faits a l'avantage d'apporter avec elle un principe particulier de vérification et d'épreuve, en même temps qu'une loi d'harmonie encore inconnue : car pour arriver à cet état de *loi permanente*, les corps gravitants doivent satisfaire à une certaine relation, remarquable par sa simplicité, entre la distance des deux corps, leurs vitesses et le volume du corps attirant, relation qui aux extrémités du grand axe de l'orbite pourrait être mise sous la forme

$$v^2 = \frac{NV^2}{D^2}.$$

Telle qu'elle est présentée ici, cette relation n'est encore ni complète ni exacte, au point de vue du moins où l'on envisage habituellement les vitesses, et nous devrons bientôt la rectifier ; elle n'apparaît ici que comme aperçu d'un principe. Son insuffisance tient d'abord à ce que nous n'avons pas tenu compte de la force d'inertie et de la quantité de matière à mouvoir, question qui sera traitée dans la proposition suivante. Quant à l'incorrection apparente, elle dépend de ce qu'au lieu de supposer aux deux corps un mouvement linéaire égal et parallèle, nous devrons, pour être en harmonie avec les faits, leur attribuer un mouvement commun de *circulation* autour d'un autre centre attirant : considération très-importante que nous examinerons ci-après, et que nous trouverons liée par une dépendance réciproque avec la troisième loi de Kepler. Tout ceci sera exposé en son lieu et progressivement ; on peut seulement entrevoir ici que cette équation de condition, une fois amenée à son point d'exactitude, apportera relativement aux vitesses des astres quelques lois nouvelles, que la théorie ordinaire était inhabile à découvrir. Lorsque nous aurons fait connaître ces lois et montré que l'observation les vérifie, ce sera donc pour nos vues une sorte de criterium ; ce sera la pierre de touche où pourra se reconnaître dans quel système réside la vérité sur les causes de ces grandes lois de la nature.

PROPOSITION VIII.

Du rapport de la force d'attraction avec la quantité de matière à mouvoir, et des relations qui lient la densité du mobile avec les éléments de la courbe qu'il décrit.

Dans la théorie que nous exposons, il n'existe point, comme l'admet Newton, un rapport étroit entre l'attraction et la quantité de matière du corps *attirant;* l'attraction n'a de rapport ici qu'avec la vitesse du corps attirant, et non directement avec la quantité de matière qu'il renferme.

Mais quant au corps attiré, il en est différemment : car il faut toujours, suivant les lois de la mécanique, que la force employée soit proportionnée à la quantité de matière à mouvoir. Il s'agit donc de tenir compte de cet élément dans nos équations de condition : cela nous conduira bientôt à des résultats curieux et inattendus sur le rapport des densités aux distances dans les corps d'un même système, et par suite sur la loi, inexpliquée encore jusqu'ici, de la distance mutuelle des planètes; mais nous ne ferons qu'indiquer à présent les éléments, les bases de ce calcul, dont nous nous réservons de déduire plus tard les conséquences et les applications.

Soit P la quantité de matière renfermée dans le mobile; ce que nous voulons connaître, c'est le rapport de la force nécessaire pour imprimer à cette quantité la vitesse effective v dans la courbe, le rapport, dis-je, de cette force avec la force centrale, dont nous connaissons déjà l'expression, égale à $\frac{1}{2} n \frac{NV^2}{D^2}$. Or,

quelle est la force agissante la plus directement contraire à la force centrale dirigée suivant le rayon vecteur? C'est la force centrifuge, qui est dirigée suivant la normale à la courbe que décrit le mobile, suivant son rayon de courbure. Nous chercherons donc la force centrifuge qui résulte d'une vitesse v appliquée à la quantité de matière P, et, comme condition d'équilibre dynamique, nous l'égalerons à la force centrale composée suivant la même direction.

Soit ρ le rayon de courbure en un point quelconque ; soit aussi γ l'angle qu'il fait avec le rayon vecteur ; F la force centrale dirigée suivant ce dernier. La mécanique nous apprend que la force centrifuge résultant de la vitesse v appliquée à l'unité de matière a pour valeur $\dfrac{v^2}{\rho}$; pour la quantité de matière P, ce sera $\dfrac{Pv^2}{\rho}$. La composante de la force centrale dans la direction du rayon de courbure est d'autre part F $\cos \gamma$. Il vient donc

$$\frac{Pv^2}{\rho} = F \cos \gamma.$$

Donnant à la force centrale F l'une des deux valeurs qui en forment les limites, savoir, d'abord la force d'aspiration émanant du corps attirant, nous aurons pour formule la plus générale

$$\frac{Pv^2}{\rho} = \tfrac{1}{2}\, n\, \frac{NV^2}{D^2} \cos \gamma,$$

et pour formule particulière dans le cas de l'égalité (A') de la proposition précédente :

$$\frac{Pv^2}{\rho} = \tfrac{1}{2}\, nv^2 . \cos^3 \gamma.$$

Ces deux expressions renferment la *densité* $\dfrac{P}{n}$ du corps attiré ; pour la mettre en évidence, on peut les écrire sous la forme :

Premier cas : $\qquad 2\,\dfrac{P}{n} = \dfrac{NV^2}{D^2 v^2}\, \rho \cos \gamma \ldots.. $ (K), et

Deuxième cas : $\qquad 2\,\dfrac{P}{n} = \rho \cos^3 \gamma \ldots\ldots.. $ (K').

Cette dernière relation (K'), applicable au cas spécial de l'équilibre entre les forces d'aspiration et d'impulsion, est surtout remarquable en ce qu'elle donne pour la densité une expression indépendante de la vitesse et uniquement dépendante des éléments de la courbe, de ses éléments *invariables*, comme nous

le montrerons plus loin ; et cette propriété est d'autant plus précieuse, qu'elle ne convient qu'à un cas particulier, celui où la
relation (A′) de la Proposition VIIe est satisfaite. Nous en tirerons donc par la suite un grand parti dans la recherche des lois
d'harmonie qui régissent le système planétaire.

OBSERVATION. Il n'est pas inutile d'expliquer que la densité $\frac{P}{n}$ n'exprime dans ces formules qu'un rapport susceptible
seulement d'être appliqué à une série de corps pouvant être
comparés à un même module, comme les différents astres d'un
même système planétaire. La suite montrera comment la densité moyenne des corps étant une dépendance de la pression
subie par leur surface et par conséquent une dépendance du
carré de leur vitesse, il faudrait, si l'on prenait pour type des
densités celle de la surface solaire par exemple, il faudrait pour
les satellites des planètes tenir compte de leur double vitesse,
autour du soleil et autour de la planète, ce qui n'a point lieu
dans les formules (K) et (K′). Ces formules ne s'appliquent donc
qu'à un *rapport* de densités ; elles n'ont rien d'absolu relativement à l'unité première, à l'éther par exemple ; mais elles serviront très-utilement à la comparaison des densités des corps
d'un même système, dans leur relation avec les distances, ainsi
que nous le montrerons en son lieu.

LIVRE II.

DES LOIS DE L'ASTRONOMIE.

Avant d'appliquer à l'étude philosophique des lois générales de l'astronomie les conditions particulières de notre méthode, il n'est pas inutile de jeter un coup d'œil sur l'état actuel de cette étude, afin de rechercher et d'indiquer sous quels points de vue il peut paraître selon nous désirable qu'elle soit précisée ou agrandie.

L'histoire de l'astronomie théorique, ce long effort du génie humain, qui a coûté tant de siècles à éclore, est bien courte à résumer dans ses principaux résultats. Les anciens, on le sait, n'ont pour ainsi dire connu que les mouvements apparents des corps célestes : enchaînés par les illusions des sens, ils ont laissé passer les hardies inductions de Pythagore et de Nicétas sur le double mouvement de la terre substitué à celui du ciel entier ; la sphéricité même de la terre ne fut d'abord que la croyance de quelques sages, qui ne pénétra que lentement dans le vulgaire. Hipparque et Ptolémée, régularisant il est vrai l'étude de l'astronomie positive, mais la laissant en proie à toute la complication des mouvements apparents, n'ont fait que poser des bases pour des découvertes ultérieures. Pour trouver la première trace positive de ces découvertes, il faut descendre de bien des degrés l'échelle des temps.

Au commencement du seizième siècle, Copernic, âgé de soixante-dix ans, publie son livre des *Révolutions célestes*. Revenant le premier, après plus de vingt siècles, aux grandes vues de Pythagore, il place le soleil au centre des mouvements célestes, et transportant à cet astre l'antique fixité terrestre, il fait autour de lui circuler dans une loi régulière les planètes et la terre elle-même, dont il annonce aussi la rotation. L'astronomie moderne était fondée.

Mais l'esprit humain est long à persuader et à instruire : près d'un siècle se passe avant que Galilée, explorant avec génie ce nouveau monde ouvert aux astronomes par la plus utile des découvertes expérimentales, le télescope, fasse revivre en quelque sorte les grands principes de Copernic, et les amenant pour ainsi dire à être vus et touchés par l'expérience, leur imprime cette consécration matérielle sans laquelle l'esprit du vulgaire est si souvent aveugle et opiniâtre. Muni de cette arme merveilleuse qui centuplait la portée de nos sens, et guidé d'ailleurs par une non moins merveilleuse sagacité, ce grand homme observe les phases de Vénus, les satellites de Jupiter, les taches et la rotation du soleil : il fonde alors sur des bases inébranlables, digne émule de Copernic, le principe du double mouvement terrestre, en même temps que par les lois de la chute des graves il préparait la grande découverte de Newton.

Presque en même temps Kepler, en Allemagne, fécondant sous les inspirations d'une imagination élevée sa longue suite d'observations, et celle surtout de Tycho-Brahé son maître, dévoilait le véritable cours des mouvements planétaires, et les formulait en trois propositions (*) qui sont devenues la base de l'astronomie mathématique. Ce grand astronome annonçait déjà

(*) Comme nous aurons quelquefois à citer ces lois si connues de Kepler, en les désignant par leur simple numéro d'ordre, nous croyons devoir les reproduire ici ainsi qu'il suit :

1re LOI. *Les planètes se meuvent dans des courbes planes, et leurs rayons vecteurs décrivent autour du centre du soleil des aires proportionnelles au temps.*

2e LOI. *Les orbites des planètes sont des ellipses dont le soleil occupe un des foyers.*

3e LOI. *Les carrés des temps des révolutions des planètes autour du soleil sont entre eux comme les cubes des grands axes de leurs orbites.*

l'existence de l'attraction solaire, sa variation avec la distance, et la généralité du principe de la gravitation entre les corps. Après lui plusieurs géomètres habiles, parmi lesquels Wallis, Huyghens et Hook, par leurs recherches sur le mouvement curviligne, avaient préparé la connaissance et l'étude des forces par lesquelles les planètes et leurs satellites sont maintenus indéfiniment dans leur cours régulier autour du centre commun. Je ne parle point ici de Descartes, dont le génie, si utile d'ailleurs aux sciences et à la philosophie, mais indépendant dans ses allures et trop dédaigneux peut-être des voies communes, avait cherché la raison de ces grands phénomènes dans une synthèse brillante à la vérité, mais trop étrangère à la rigoureuse observation des faits. Quoi qu'il en soit, sous les efforts plus ou moins heureux de tous ces grands esprits, germait peu à peu la pensée féconde que le génie de Newton devait faire éclore. Mais il nous faut laisser parler ici un plus habile écrivain, un meilleur juge de ces grands travaux.

« Il était réservé à Newton, dit le plus brillant historien de l'astronomie (*), digne appréciateur de ce grand maître dont il avait su étendre l'œuvre et continuer les travaux ; il était réservé à Newton de nous faire connaître le principe général des mouvements célestes. La nature, en le douant d'un profond génie, prit encore soin de le placer à l'époque la plus favorable. Descartes avait changé la face des sciences mathématiques par l'application féconde de l'algèbre à la théorie des courbes et des fonctions variables ; Fermat avait posé les fondements de la géométrie de l'infini par sa belle méthode *de maximis et minimis* ; Wallis, Wren et Huyghens venaient de trouver les lois du mouvement ; les découvertes de Galilée sur la chute des graves, et celles d'Huyghens sur les développées et sur la force centrifuge, conduisaient à la théorie du mouvement dans les courbes ; Kepler avait déterminé celles que décrivent les planètes et entrevu la gravitation universelle : enfin Hook avait très-bien vu que leurs mouvements sont le résultat d'une force primitive de projection, combinée avec la force attractive du soleil. La

____

(*) Laplace, *Exposition du système du monde*, livre V, chap. V.

mécanique céleste n'attendait ainsi pour éclore qu'un homme de génie qui, en généralisant ces découvertes, sût en tirer la loi de la pesanteur. C'est ce que Newton exécuta dans son immortel ouvrage des *Principes mathématiques de la philosophie naturelle.* »

Nous n'irons pas plus avant dans cette revue rapide des progrès de l'astronomie philosophique ; ce serait dépasser en quelque sorte le but que nous nous sommes proposé. Pendant un siècle et demi depuis Newton, la géométrie et l'observation ont accompli à la vérité de beaux travaux, en ce qui tient surtout aux applications les plus élevées du calcul et de l'analyse algébrique ; mais l'esprit de système est demeuré toujours renfermé dans le cercle tracé par la philosophie newtonienne, et rien ne paraît avoir été tenté au delà des bases qu'elle avait fixées. Il semble qu'à Newton l'idée s'arrête, et qu'en ces matières l'esprit philosophique ait marqué avec lui sa trace la plus avancée jusqu'à nos jours : car tout le travail ultérieur des analystes semble n'être qu'un long commentaire de son système. C'est donc à lui qu'il est convenable de s'arrêter aussi lorsqu'on se propose de constater l'état définitif des idées philosophiques en astronomie.

L'idée mère de Newton paraît avoir été de mettre en parallèle l'attraction des astres vers le soleil avec la pesanteur des corps vers la terre, pour en comparer les effets considérés comme dépendance d'une même cause. Galilée, par sa belle analyse sur la parabole décrite par les projectiles, avait ouvert le champ à de semblables vues ; et de la parabole de Galilée à l'ellipse des corps planétaires que Kepler découvrait presque dans le même temps, il semble n'y avoir pour nous aujourd'hui qu'une transition simple et naturelle pour la théorie. Là cependant est l'œuvre de génie. Kepler avait en effet déjà soupçonné, d'après la variation des vitesses de chaque planète aux divers points de son orbite, que l'attraction solaire décroissait comme la lumière avec la distance, et c'est ainsi qu'il avait été conduit à la découverte du mouvement elliptique. Mais ce n'était là qu'un admirable aperçu. Newton prend l'idée à ce point, et de l'état de simple vue il l'élève à celui d'une vérité mathématique ;

non-seulement il démontre la décroissance de l'attraction du soleil, mais il découvre la loi de cette décroissance : il la montre inversement proportionnée au carré de la distance.

C'est là le principe réellement incontestable que la géométrie de Newton a su déduire des observations astronomiques, particulièrement des deux premières lois de Kepler ; car à l'égard de celui qu'il a tiré de la troisième de ces lois, et qui par sa vaste généralité lui a valu peut-être sa plus grande part de gloire, le principe en un mot de l'attraction proportionnelle aux masses et inhérente à la qualité matérielle, nous avons dit déjà, et nous aurons l'occasion de le mieux expliquer par la suite, combien nous le trouvons éloigné des caractères d'une vérité physique clairement démontrée. Mais écartons ce sujet en ce moment, pour nous borner aux conditions purement astronomiques et positives du système, et rechercher à quelles conséquences elles nous conduisent.

De quelque manière que l'on veuille envisager la véritable nature du phénomène, le mouvement curviligne des corps célestes ne s'en résout pas moins, suivant les plus simples conditions de la dynamique, en l'action de deux forces simultanées, savoir, la vitesse acquise, d'une part, qui tend à chaque instant à lancer le corps dans l'espace suivant la direction de la tangente, et d'autre part la force d'attraction centrale, qui, tendant d'une manière continue à le ramener vers un point unique supposé immobile, infléchit de la sorte incessamment son cours. Or, dans la pensée de Newton et dans celle de ses successeurs, cette force d'attraction est *une, absolue,* inhérente à la matière par sa seule qualité matérielle ; elle agit de la même manière sur tous les corps et ne varie que par la distance. Si donc l'on veut remonter par la pensée au moment où le mouvement régulier que nous observons aujourd'hui a eu son commencement, c'est sur les variations de la *vitesse initiale* en direction et en grandeur qu'il a fallu se rejeter pour expliquer les différences dans le mouvement des corps célestes, et dans l'amplitude ou dans l'orientation des courbes qu'ils décrivent.

Or, qu'est-ce que la *vitesse initiale?* N'est-il pas dans les nécessités du problème qu'il faille la supposer agissant en un point de la section conique même qui est décrite par le corps satellitaire ? Car un caractère de la solution mathématique donnée par Newton est qu'un corps lancé dans l'espace par une impulsion instantanée, et soumis en même temps aux lois de l'attraction réciproque au carré de la distance, doit décrire une section conique où il continuera de circuler indéfiniment en venant repasser indéfiniment aussi au point de départ si la courbe décrite est une ellipse. On sait d'ailleurs encore par l'observation, avec laquelle le calcul a été mis là-dessus en concordance, que l'amplitude de cette courbe, la longueur de son grand axe, n'est point modifiée par l'influence attractive des corps du même système ; c'est ce que l'on appelle le Principe de la constance des grands axes, principe auquel, par suite de la troisième loi de Kepler, il faut aussi joindre celui de la constance des moyens mouvements. Cette courbe décrite par le corps satellitaire est donc elle-même une et invariable dans le principal de ses éléments, dans sa plus grande amplitude, et l'on peut dire ainsi que *dès l'origine*, dans le système de Newton, le mouvement du corps satellitaire a dû être complétement déterminé.

Mais l'attraction agit à des distances infinies. Si éloigné donc du centre attirant que fût le satellite lorsqu'il a commencé à être lancé dans l'espace, pourvu qu'il fût entré dans la sphère d'attraction de ce corps central, il devait commencer à décrire autour de lui une section conique destinée à repasser indéfiniment par le point de départ.

La conclusion inévitable à en déduire, c'est que les corps planétaires, par exemple, qui décrivent autour du soleil des orbes presque circulaires à des distances de cet astre très-limitées eu égard à l'étendue de son attraction, auraient dû être placés, dès l'origine, par un acte spécial de la volonté du Créateur, et avant de leur donner le mouvement, à la place même qu'ils occupent aujourd'hui. Or c'est là enfermer, selon nous, le champ de la science entre des limites étroites ; c'est, en n'y laissant accès à aucune cause seconde, mettre ainsi l'harmonie des mondes à la merci d'un accident fortuit ; c'est enfin, pour tout dire en un mot, enchaîner la volonté divine au besoin d'une théorie.

Je ne veux pas m'appesantir davantage sur cette réflexion, dont chacun jugera la portée suivant ses vues et sans doute de diverses manières ; mais j'ai dû m'y arrêter cependant, parce qu'aux yeux de ceux qui, comme nous, recherchent les conditions de stabilité propre que, dès l'origine, la Providence a pu donner à ses œuvres, elle ne manque pas d'une certaine importance : elle révèle du moins dans le système absolu de l'attraction newtonienne un certain défaut d'élasticité, si je puis m'exprimer ainsi, qui rend difficile de remonter avec lui au delà du genre de faits qui lui a donné naissance. On s'en convaincra peut-être mieux encore en entrant un peu plus avant dans les conditions générales du mouvement planétaire, examiné dans ses rapports avec une explication philosophique.

Quelque intérêt qu'il ait pu en effet et puisse encore exister à analyser le mécanisme et la cause immédiate du mouvement particulier d'un corps céleste et les forces qui y sont mises en jeu, il reste impossible d'isoler par la pensée ce mouvement d'une manière absolue. En un mot, l'analyse *isolée* de la loi du mouvement d'un seul corps planétaire, et même son extension à l'étude de l'action mutuelle de ces corps les uns sur les autres, est bien loin de renfermer tout l'intérêt et de répondre à tous les problèmes de l'astronomie.

Considérons, en effet, non plus un corps céleste isolé, mais leur ensemble. Nous voyons toutes les planètes circuler autour du soleil à peu près dans un même plan ; et comme leurs orbites sont en outre des ellipses très-peu excentriques ou à très-peu près circulaires, elles décrivent ainsi dans ce même plan des routes sensiblement parallèles. Par un phénomène peut-être plus remarquable encore, ce plan de circulation générale est précisément celui de l'équateur du soleil, c'est-à-dire celui auquel l'axe de rotation de cet astre est perpendiculaire. Les mêmes circonstances se reproduisent exactement dans la circulation des satellites autour de leurs planètes, quoique les équateurs de celles-ci aient toutes sortes d'inclinaisons sur le plan de l'équateur du soleil ; ce qui prouve que ces deux ordres de circulation sont indépendants par le fait, et n'ont de dépendance entre eux que par le principe. Les satellites des planètes présentent de plus cette loi singulière, tout à fait inexpliquée jusqu'ici, que leur rotation sur eux-mêmes s'exécute dans un temps précisément égal à celui de leur circulation autour de l'astre central. Enfin, les distances des planètes au soleil, ainsi que celles des satellites à leurs planètes, suivent une loi très-remarquable de progression en raison double, dont la formule exacte n'est pas encore bien connue, mais dont l'existence non douteuse établit néanmoins une condition bien positive d'harmonie dans l'échelle de positions que doit occuper ce genre de corps autour du centre de circulation. Enfin, d'autres lois encore ont été entrevues sur les masses et les densités dans leur rapport avec les distances, qui ne sont pas plus expliquées que les précédentes ; et guidé par notre méthode propre, nous en ajouterons nous-même plusieurs, qui seraient pour les théories ordinaires un problème encore plus difficile à résoudre, attendu que les éléments mêmes du problème échappent à la portée de ces théories.

En regard de ces lois d'harmonie qui se remarquent dans un genre particulier de corps célestes, les planètes et leurs satellites, il existe une immense quantité d'autres corps, ce sont les comètes, qui ne suivent au contraire dans l'orientation, l'amplitude et l'excentricité de leur cours elliptique aucune espèce de loi. Ces astres errants sillonnent l'espace dans tous les sens, tracent leurs orbes dans tous les plans possibles, s'éloignent et se rapprochent du soleil à toutes les distances, se rencontrant seulement dans cette propriété commune, de décrire autour de cet astre central des ellipses généralement très-allongées, très-excentriques, dont ils parcourent par conséquent les différents points avec des vitesses très-diverses.

Nous trouvons donc ainsi mises en regard, dans le système de corps dont le soleil est le centre, d'une part les lois harmoniques, de l'autre l'anomalie à ces lois ; et ni la loi ni ses anomalies ne peuvent trouver dans les règles de Newton une explication satisfaisante, ou même un élément pour la recherche de cette explication, attendu le caractère absolu de la force qu'il met en jeu. Préoccupé lui-même de tout réduire à une loi commune, il n'a cherché dans le mouvement des comètes, par exemple, que ce qui peut le rapprocher des lois du mouvement planétaire, et c'est là sans doute un des plus beaux résultats de ses recherches ; mais la raison des anomalies échappait à son système, et il ne paraît pas en effet l'avoir recherchée. Il ne paraît de même s'être aucunement préoccupé des lois d'harmonie particulières à la classe des planètes et de leurs satellites, et nous croyons en effet que la nature de ses vues ne pouvait se prêter à ce genre de considérations.

Plus tard, cherchant à se dégager de cette entrave, deux esprits élevés, Buffon et Laplace, ont émis sur la cause de certaines harmonies planétaires des vues systématiques nouvelles, également ingénieuses et remarquables, quoique d'un genre différent. Mais l'un et l'autre de ces systèmes s'est présenté également dépourvu de ces résultats précis du raisonnement et du calcul, qui seuls peuvent faire consacrer et reconnaître comme réelles les œuvres de l'imagination, même les plus élevées ; aussi ni l'un ni l'autre n'a-t-il pu prendre place encore dans la partie sérieuse et positive de la science. Buffon suppose qu'un corps errant, une comète, en tombant sur le soleil, en a chassé un torrent de matière, dont les différentes parties se seront séparées à diverses distances et condensées en globules pour former les corps planétaires, en les douant ainsi d'une vitesse d'impulsion dirigée pour tous dans un même plan. Laplace admet qu'en vertu d'une chaleur excessive l'atmosphère du soleil s'est primitivement étendue au delà des orbes de toutes les planètes, et qu'en se resserrant jusqu'à ses limites actuelles elle a formé ces différents astres avec leurs satellites, par la condensation des zones de matière qu'elle a dû abandonner successivement dans le plan de son équateur en se refroidissant.

Le système de Buffon a soulevé des objections que l'état de la théorie ne permettait point jusqu'ici de résoudre, et sa difficulté la plus grande réside en réalité dans les conditions absolues de l'attraction newtonienne, qui veulent qu'un corps formé dans le voisinage du soleil revienne incessamment passer par le point de départ et affecte ainsi une orbe très-excentrique dans les conditions d'origine dont il est question. Il convient donc de ne considérer cette idée systématique qu'après quelques développements donnés aux vues nouvelles que nous exposons relativement à la nature et aux lois de la force d'attraction. Quant à l'hypothèse de Laplace, nous avons eu occasion d'en traiter antérieurement, dans un ouvrage de notre jeunesse, et de signaler quelques-unes des difficultés sérieuses qu'alors déjà il nous paraissait soulever. Une des principales consistait en ce que les limites atmosphériques étant déterminées par l'équilibre entre la pesanteur d'une part et la somme des forces de rotation et d'expansion calorifique de l'autre, si aujourd'hui l'atmosphère du soleil ne s'étend pas jusqu'à l'orbe de Mercure, comment la faible pesanteur d'une matière raréfiée jusqu'à occuper un espace cent milliards de fois plus considérable que l'espace actuel aurait-elle pu maintenir cette atmosphère au delà de l'orbe de Neptune, malgré l'énormité de la chaleur nécessaire à cette dilatation, et malgré une rotation égale à la vitesse de cette planète? L'accélération si considérable qu'auraient dû subir les rotations de la masse solaire dans ses resserrements successifs, tandis qu'aujourd'hui les rotations de tous les astres sont regardées comme constantes; la diversité des rotations elles-mêmes, quant à l'inclinaison de leur plan sur l'écliptique, diversité qui va jusqu'à l'extrême dans le cours rétrograde des satellites d'Uranus ; enfin, la réunion aussi de chaque zone liquide en un seul globule, étaient encore pour nous d'autres difficultés non moins grandes que la première ; et il est remarquable qu'un aussi savant géomètre que Laplace, qui a porté si loin les applications du calcul au développement du système de Newton, n'ait publié ses propres vues que d'une manière aussi vague et sans les appuyer des vérifications d'un calcul rigoureux, au moins quant aux principes qui pouvaient les faire admettre comme possibles.

Poursuivre donc ici la critique d'un tel ordre d'idées systématiques ne saurait entrer dans notre plan : des vues de ce genre, lorsqu'elles partent d'un esprit élevé, ont toujours leur côté heureux pour la science ; mais si leur auteur lui-même, leur refusant les développements et les preuves, les a laissées à l'état de conjecture, il ne saurait nous appartenir de les traiter plus sérieusement qu'il ne l'a fait. Notre but unique, et nous croyons l'avoir assez rempli, était de montrer qu'en astronomie beaucoup restait encore à faire, si l'on veut parvenir aux causes rationnelles des grandes lois d'harmonie et des dissidences à ces lois.

Nous nous sommes proposé nous-même d'atteindre à ces explications par le développement d'un nouveau principe ; et dans cette recherche nous avons rencontré en outre une certaine série de lois nouvelles, propres à former pour ce principe fondamental un élément de vérification et d'épreuve, auquel il ne nous paraît pas qu'il soit dans la nature des théories antérieures de pouvoir atteindre, parce que les indéterminées de ces problèmes, savoir le volume et la vitesse des corps attirants et attirés, échappent complétement aux données de ces théories. C'est cet enchaînement de conséquences que nous nous proposons d'exposer dans le livre d'astronomie : on jugera par les développements présentés dans les trois sections de ce livre, et surtout dans la dernière qui nous est plus complétement propre, si dans les résultats de cette étude nouvelle nous avons été suffisamment heureux. Ce sera l'être assez suivant nos désirs, si seulement nous avons pu poser quelques jalons pour les recherches ultérieures de géomètres plus habiles ou de philosophes plus clairvoyants.

SECTION PREMIÈRE.

MOUVEMENTS GÉNÉRAUX DES CORPS CÉLESTES.

PROPOSITION IX.

On reprend avec plus de détails le sujet traité dans la Proposition VIIe, et l'on démontre que quels que soient, à l'origine du mouvement, le sens et la valeur relative de la vitesse d'un satellite par rapport à son astre attirant considéré comme fixe, une relation persistante d'équilibre finira toujours par s'établir entre les deux forces d'aspiration et d'impulsion qui agissent sur le corps satellitaire ; en conséquence, la force de gravitation qui l'anime finira toujours aussi par se constituer en la loi inverse du carré de la distance et y persistera dès lors indéfiniment.

Mais parmi les corps satellitaires d'un même astre il existe deux classes distinctes pour lesquelles les conditions de cet équilibre final sont différentes et correspondent, pour les uns à une condition d'égalité, pour les autres au contraire à une condition persistante d'inégalité. Dans le système dont le soleil est le centre, ces deux classes sont celles des planètes d'une part, des comètes de l'autre.

Appliquant aux faits réels de l'astronomie les principes généraux énoncés dans le livre précédent, je dois entrer ici dans le détail d'une question que je n'ai fait qu'effleurer dans la Proposition VIIe ; et reprenant plus rigoureusement l'étude de la loi d'attraction entre un astre et son satellite, je m'arrêterai de nouveau à l'examen du rapport des deux forces qui s'exercent sur les deux hémisphères opposés du corps satellitaire, savoir, la force d'aspiration $\frac{1}{2}n\dfrac{NV^2}{D^2}$ d'une part, et celle d'impulsion $\frac{1}{2}nv^2$ de l'autre, v n'exprimant plus ici que la vitesse relative du satellite par rapport au centre attirant considéré par abstraction comme centre fixe.

Quelle que soit l'origine du mouvement de ce corps satellitaire, on peut supposer, on doit même supposer, pour se placer dans le cas le plus général, que les forces dont nous parlons sont primitivement inégales : comme on l'a vu, il doit alors obéir à la plus petite. Mais par le changement progressif de la vitesse et de la distance, cet état se modifiera et le rapport des deux forces prendra ainsi une variation progressive, dont nous allons trouver l'état final. Il peut se présenter, relativement aux vitesses originaires, plusieurs cas que nous grouperons en deux principaux, parce qu'ils mènent à deux conditions distinctes de mouvement régulier persistant, et qu'ils caractérisent deux classes de corps qu'il est d'autant plus important de distinguer, que la théorie les a confondus jusqu'ici dans une similitude plus absolue, malgré les différences qu'ils présentent dans l'harmonie générale des mouvements célestes.

En premier lieu nous supposerons qu'à l'origine la plus petite des deux forces est celle d'impulsion $\frac{1}{2}nv^2$. Dans ce cas l'attraction n'est pas encore réciproque au carré de la distance ; nous allons voir comment elle le deviendra. Il peut se présenter en effet deux circonstances à ce moment originaire : ou le corps satellitaire tendra à s'éloigner de l'astre attirant, ou il tendra à s'en rapprocher. S'il tend à s'éloigner, la géométrie montre facilement que la distance D, augmentant plus que proportionnellement à la diminution de la vitesse v, et la vitesse V étant supposée constante, la force $\frac{1}{2}nv^2$, d'abord plus faible, finira par égaler la force aspirante $\frac{1}{2}n\dfrac{NV^2}{D^2}$, et nous tombons sur le cas analysé dans la Proposition VIIe, où la loi inverse du carré de la distance s'établit définitivement sous la condition de l'équation

$$\tfrac{1}{2}\,nv^2\cos^2\gamma = \tfrac{1}{2}\,n\,\frac{NV^2}{D^2}\dots\dots(A'),$$

équation qui pour $\gamma = 0$, ou aux apsides, admet comme cas particulier cette égalité plus simple :

$$\tfrac{1}{2}\,nv^2 = \tfrac{1}{2}\,n\,\frac{NV^2}{D^2}\dots\dots(A).$$

Il est même facile de voir que dans l'hypothèse admise, l'égalité (A) sera la première atteinte, et que par conséquent le mouvement régulier elliptique doit commencer à l'une des apsides de la courbe définitive que décrira le satellite.

Si au contraire le corps satellitaire tend originairement à se rapprocher de l'astre attirant, alors la vitesse tangentielle augmentant par l'attraction en même temps que la distance diminue, l'inégalité entre les deux forces d'aspiration et d'impulsion doit s'augmenter aussi progressivement : le satellite se rapprochera donc incessamment de l'astre attirant, jusqu'à ce qu'il arrive de deux choses l'une, ou qu'il finisse par tomber sur lui, comme font sur notre terre les bolides nommés aérolithes, ou bien que dépassant la normale menée du centre attirant à la direction de sa vitesse linéaire, il commence à s'éloigner de ce centre, ce qui le fera rentrer dans le cas précédemment traité.

Donc 1° *dans le cas où originairement la force vive d'impulsion résultant de la vitesse propre du satellite sera moindre que la force d'aspiration émanée de l'astre attirant, il arrivera toujours, si le satellite ne finit point par tomber sur cet astre, que l'attraction deviendra, d'une manière permanente, inversement proportionnelle au carré de la distance, sous la condition d'égalité que nous avons désignée par l'équation* (A'), *admettant comme valeur première la condition plus simple désignée par* (A), *qui correspond à l'une des apsides de la courbe définitive.*

Passons à l'autre cas, important aussi, où originairement c'est la force d'aspiration $\tfrac{1}{2}\,n\,\dfrac{NV^2}{D^2}$ qui est plus faible que la force d'impulsion $\frac{1}{2}nv^2$. Ici l'attraction est immédiatement en raison inverse du carré de la distance, la loi de Newton est donc toute établie et persistera de même indéfiniment. Mais ce cas présente pour nous une circonstance pleine d'intérêt et tout à fait caractéristique : c'est que si l'on met l'inégalité supposée entre les forces sous la forme

$$\tfrac{1}{2}nv^2 \cos^2\gamma > \tfrac{1}{2}n\,\frac{NV^2}{D^2}\ldots\ldots(A'')$$

(en partant du cas particulier de $\gamma = 0$, ou $\cos\gamma = 1$), cette inégalité persistera indéfiniment, en vertu du principe des aires énoncé au commencement de la Proposition VIIe, et d'après lequel le produit $D^2\,v^2\cos^2\gamma$ demeure constant dans des temps égaux.

Donc, 2° *quand à l'origine du mouvement la force d'impulsion du satellite est plus grande que la force d'aspiration émanée du centre attirant, l'attraction demeurera bien d'une manière indéfinie conforme à la loi de Newton, c'est-à-dire réciproque au carré de la distance ; mais l'inégalité originaire des forces persistera aussi d'une manière indéfinie, et les équations de condition désignées ci-dessus par* (A) *et* (A') *ne seront jamais satisfaites* (*).

Ainsi la considération des deux cas désignés sous les §§ 1° et 2° nous conduit à l'existence de deux classes bien distinctes de corps satellitaires, caractérisées par deux relations très-différentes de leur vitesse relative avec la vitesse et le volume du corps attirant. Ces deux classes de corps, dans notre système planétaire, n'ont pas encore été suffisamment distinguées par la théorie : dans notre méthode leur séparation est complète et tranchée, et le principe de toutes leurs différences est renfermé dans les deux relations que nous venons de citer. On peut prévoir dès maintenant et la suite montrera que la première de

---

(*) Ce second cas n'est pas absolu , c'est-à-dire qu'il peut arriver des circonstances de vitesse et de direction où il rentre dans le premier que nous avons traité; mais peu importe, il nous suffit ici que ce second cas *puisse exister*, et qu'il y ait des corps pour lesquels l'inégalité (A'') persiste indéfiniment. Cela suffit pour distinguer la classe des comètes de celle des corps planétaires.

ces classes comprend les planètes proprement dites avec leurs satellites, pour lesquelles on a toujours, à l'égard de la force aspiratrice du soleil et de ses éléments N et V, la relation d'égalité

$$\tfrac{1}{2}\,nv^2\cos^2\gamma = \tfrac{1}{2}n\,\frac{NV^2}{D^2}\ldots\ldots(A').$$

La seconde classe comprend les comètes, pour lesquelles on a toujours la relation d'inégalité

$$\tfrac{1}{2}\,nv^2\cos^2\gamma > \tfrac{1}{2}n\,\frac{NV^2}{D^2}\ldots\ldots(A'').$$

Il est remarquable que ces deux relations sont indépendantes du volume du corps satellitaire, car la lettre n peut partout être supprimée ; mais d'après les formules de la Proposition VIIIe elles dépendent de la densité de ce corps, laquelle est en rapport avec la distance D, comme nous le verrons ci-après (Proposition XIIIe).

SCHOLIE.

Pourquoi la résistance de l'éther n'altère point la loi du mouvement des corps célestes. Différence que présentent à cet égard les comètes et les corps planétaires.

Il nous sera possible de faire concevoir maintenant d'une manière rigoureuse pourquoi la résistance de l'éther n'imprime aucun ralentissement au mouvement curviligne des corps planétaires : proposition fondamentale, que jusqu'ici nous n'avons considérée qu'avec la valeur d'un fait d'observation.

On a vu dans la VIe Proposition que le phénomène de l'attraction, par lequel chacun de ces corps est maintenu dans une orbe curviligne autour du centre du système, avait sa cause première dans une aspiration incessamment exercée sur la partie du fluide qui presse celui de ses hémisphères le plus voisin du centre attirant. Il est évident que dans cette *soustraction* en quelque sorte de l'éther, toute la portion de la résistance qui devait affecter cet hémisphère disparaît avec le fluide lui-même (car il est clair que là où se produit le vide il ne saurait y avoir de résistance réelle), et qu'il ne reste enfin comme pouvant agir sur le corps, que la portion de la résistance qui se rapporte à l'hémisphère opposé. Cette résistance, quelle qu'elle soit, ne produit donc ainsi sur la surface du corps qu'une impulsion *excentrique*, dont le principal effet, si elle était forte, serait d'influer sur la rotation, et qui même, si elle est assez faible, peut se réduire à un simple glissement du fluide sur une partie de la surface du corps, et à une petite impulsion centripète qui se joint à l'attraction totale sans en changer la loi. Tel est le principe général de notre explication, que nous avons voulu résumer ainsi pour le rendre plus simple à saisir; mais comme, pour être amené au degré de précision nécessaire, il met en jeu quelques considérations assez délicates, et que d'ailleurs il ne s'applique pas de la même manière à tous les genres de corps, il mérite d'être un peu plus développé.

Nous venons de montrer, dans la Proposition actuelle, qu'il existe deux cas très-distincts à l'égard du rapport originaire entre la force d'aspiration émanée du centre attirant et l'impulsion vive originaire du satellite. Arrêtons-nous au premier cas, que nous avons annoncé être celui des corps planétaires, où la force d'aspiration est originairement plus grande que la demi-impulsion vive du mobile, et supposons les choses amenées à tel point que l'on n'ait plus à considérer ce satellite que dans la période où il tend à s'éloigner de l'astre attirant. Sa vitesse, diminuée sans cesse par l'action de la gravitation (qui ne varie pas encore avec la distance, puisqu'elle est mesurée par la plus petite des deux forces ou par la demi-impulsion vive seule), sa vitesse, dis-je, est dans une période de décroissance. L'éther chassé en avant du corps et qui possède la vitesse de l'instant précédent, a donc une vitesse un peu plus grande que le centre du mobile, et cela existera encore au moment précis où les deux forces d'aspiration et d'impulsion deviendront égales sur les deux hémisphères. A ce moment donc, où le corps satellitaire commencera à décrire son orbite elliptique, l'aspiration sera suffisante pour soutirer *tout* l'éther de son hémisphère inférieur, puisque par la valeur que nous lui avons reconnue elle peut en aspirer un volume égal animé d'une vitesse plus grande : c'est là une circonstance qu'il n'était pas inutile d'établir pour ne laisser aucun doute dans l'esprit.

Ainsi donc il y a vide complet dans l'aspiration exercée sur les corps du genre planétaire lorsqu'ils commencent à décrire leur mouvement régulier, et par conséquent point de résistance possible de l'éther dans l'hémisphère où cette aspiration s'exerce, puisque, je le répète, là où il y a vide il ne saurait y avoir de résistance. Dans l'hémisphère opposé il n'en est pas de même, et nous avons vu que la force perdue en avant ne pouvant pas être restituée totalement en arrière, il devait y avoir une résistance, très-faible sans doute, mais réelle. Mais cette résistance, observons-le bien, n'agit que sur un hémisphère, elle agit donc excentriquement, et de plus elle agit dans une direction générale qui est parallèle au mouvement de translation du corps, et non point normale à sa surface. Cette dernière circonstance est à noter, car chacune des résistances, ainsi définies et limitées, devra se décomposer en une force centrale qui tend à augmenter un peu l'attraction, et en une tangente, qui tend à faire glisser l'éther sur la surface du corps, ou à produire une certaine rotation. Nous n'avons pas à tenir compte, pour le moment au moins, des effets de ces petites forces tangentes ; quant aux forces centrales, il sera facile de voir que leur action n'est pas de nature à changer la loi de la force attirante, qui est toujours mesurée en définitive par l'*impulsion vive du corps attirant* divisée par le carré de la distance, puisque cette force est des deux la plus petite. Seulement la faible addition qu'elles apportent à la demi-impulsion vive du satellite maintient celle-ci un peu au-dessous de la grandeur de la force aspirante. C'est une petite modification à l'équation (A), mais qui n'est aucunement de nature à changer la loi de l'attraction, laquelle étant réglée dès lors par la force aspirante, ne peut plus cesser en aucune manière d'être *réciproque au carré de la distance*, comme cette force aspirante elle-même. En ce qui concerne la vitesse du mobile, la loi n'en saurait être changée non plus, l'équation (A) demeurant, avec l'addition de ce terme constant, toujours satisfaite ; ce qui, du reste, ne sera complétement éclairci qu'après la Proposition XIe, où s'établira la 3e loi de Kepler et sa relation avec la loi réelle des vitesses.

Ce que nous venons de montrer pour les planètes et leurs satellites existe-t-il également pour les comètes? Oui sans doute en ce qui concerne la direction du mouvement et le tracé de leur orbite autour du centre du système considéré isolément : car pour elles, en vertu de l'inégalité (A″), la force aspirante, qui est réciproque au carré de la distance, est toujours la plus petite et règle par conséquent l'attraction; la quantité que les petites forces centrales dérivant de la résistance peuvent ajouter à la demi-impulsion vive générale, résultant du mouvement de translation, n'auront donc pas pour effet de changer la loi de l'attraction; elles ne sauraient qu'ajouter à la partie de cette force d'impulsion disponible qui n'est pas employée utilement. Mais si cette addition ne saurait altérer le mouvement propre des comètes autour du soleil, lorsqu'on les considère isolément, nous verrons plus tard (Proposition XVIe) qu'elle peut être de nature à augmenter encore la faculté de divagation de ces corps errants sous des attractions étrangères, c'est-à-dire sous celles des grands corps planétaires dont elles viennent à s'approcher.

PROPOSITION X.

De la nature de l'orbite décrite par un satellite autour de son centre d'attraction.

Dans le cas de l'égalité (A′) de la Proposition IXe, qui sera celui des planètes, l'orbite est toujours une ellipse; dans le cas de l'inégalité (A″), ou des comètes, la courbe peut être une des trois sections coniques; on donne des caractères propres à le faire reconnaître.

En raisonnant sur l'hypothèse, déjà vaguement émise avant lui, mais que lui seul sut réduire en loi mathématique, d'une force d'attraction dirigée vers le centre du soleil et qui combinée avec une vitesse initiale, maintiendrait les planètes dans un orbe curviligne, Newton n'a pas seulement découvert et démontré, au moyen des deux premières lois de Kepler, que cette force centrale devait être réciproque au carré de la distance : mais remontant à la solution inverse de ce grand problème, c'est-à-dire supposant qu'un corps soumis à une impulsion initiale soit attiré vers un centre fixe par une force accélératrice assujettie à une telle loi, il a montré encore que selon l'intensité relative et la direction de la vitesse initiale, le satellite devait décrire une des trois sections coniques, dont le corps attirant occuperait un des foyers.

Il ne peut entrer dans nos vues de revenir sur ces beaux résultats du calcul, si bien acquis à la science en dehors de toute hypothèse, et que la méthode infinitésimale permet aujourd'hui de résoudre de la manière la plus simple et la plus complète. Mais nous ne pouvons éviter de faire remarquer ce que, sous le point de vue de son application réelle, cette solution de pur calcul a dû laisser d'incomplet ou d'incertain ; et nous indiquerons successivement dans diverses propositions comment les différentes lacunes qu'elle laisse encore subsister pourront être remplies dans la théorie de l'éther, dont le caractère distinctif est de faire entrer la considération des vitesses dans la mesure de l'attraction.

De la solution très-connue du problème dont nous venons de parler on s'est borné à déduire en effet quelle relation devrait exister entre la *vitesse initiale*, l'attraction et la distance, pour déterminer l'une des trois natures de courbe. Si l'on désigne par μ l'attraction totale à l'unité de distance, par l la distance initiale et par u la vitesse au moment originaire, c'est-à-dire au moment où la section conique commence à être décrite, la courbe sera, comme l'on sait, une ellipse, une hyperbole ou une parabole, selon que le coefficient

$$\frac{2\mu}{l} - u^2 \ldots \ldots (a)$$

sera positif, négatif ou nul.

Or il est facile de découvrir, quant à l'usage de cette condition, que la théorie qui considérait l'attraction comme une qualité absolue des corps, indépendante de leurs vitesses, ne pouvait tirer de la loi seule du mouvement actuellement observé aucune conséquence importante relativement à son état premier et originaire. Que pouvait-on savoir en effet de complet et d'essentiel à l'égard de cette vitesse initiale, qui n'était liée par aucun rapport direct avec les conditions du problème, avec la nature de la force attractive? L'obligation de la supposer agissante en un point de la trajectoire définitive restait d'ailleurs comme un obstacle infranchissable à toute conjecture portée au delà de son immédiate application.

Les ressources présentées par la théorie de l'éther à l'égard de cet ordre de questions se montrent beaucoup plus étendues : car la loi d'attraction réciproque au carré de la distance est bien liée dans cette théorie à la vitesse du satellite dans son orbite ; mais elle ne préjuge rien sur les vitesses antérieures ; à l'inverse de la théorie ordinaire, elle y admet donc des variations, et même elle en indiquera le sens. Enfin par la spécialité des lois qu'elle révèle ou qu'elle explique, elle peut faire concevoir les harmonies planétaires comme placées au-dessus de toute cause de perturbation accidentelle. Ces résultats seront exposés progressivement ; bornons-nous ici à quelques observations relatives à la nature de la courbe qui peut être décrite par les deux différentes classes de corps que définissent nos deux relations caractéristiques d'égalité ou d'inégalité, je veux dire les corps planétaires et les comètes.

Considérons d'abord le cas des conditions d'*égalité* (A) et (A') de la proposition précédente, que nous avons affectées par avance aux corps planétaires. Il est facile de voir qu'au point précis où la relation (A) s'établit et où par conséquent la trajectoire commence à être une section conique, les diverses valeurs contenues dans l'expression (*a*), caractéristique de la courbe, deviennent

$$l = D; \quad u = v; \quad \text{et} \quad \mu = \tfrac{1}{2} n N V^2 = \tfrac{1}{2} n v^2 D^2 = \tfrac{1}{2} n u^2 l^2$$

d'où
$$\frac{2\mu}{l} - u^2 = (nl - 1)\, u^2 \ldots\ldots (a').$$

Il est clair que l'expression ainsi traduite est toujours positive, car nous pouvons toujours prendre l'unité de longueur, qui reste arbitraire, égale au rayon du petit corps, et le coefficient $nl - 1$ ou $\frac{4}{3}\pi r^3 l - 1$, qui donne le signe, est donc nécessairement positif. La courbe, dans le cas de corps formés dans des conditions analogues aux planètes et réalisant l'égalité (A), sera donc *toujours* une ellipse.

Dans l'autre cas, celui des comètes ou de l'inégalité (A''), pour lequel on a seulement $\mu = \frac{1}{2} n N V^2$, parce que la force d'aspiration est toujours alors la plus petite, il vient

$$\frac{2\mu}{l} - u^2 = \frac{n N V^2}{l} - u^2 \ldots \ldots (a'').$$

Sous cette forme générale, l'expression ne paraît être exclusive d'aucune des trois sections coniques; l'inégalité (A'') va seulement nous servir à préciser les cas où l'une des trois pourra se rencontrer.

La condition pour que la courbe puisse devenir une parabole serait $\dfrac{n N V^2}{l} - u^2 = 0$, ou si l'on veut $\dfrac{n N V^2}{l^2} = \dfrac{u^2}{l}$.

Or comme on a par hypothèse la condition $\dfrac{n N V^2}{l^2} < n u^2$, il faudrait donc que l'on eût aussi $\dfrac{u^2}{l} < n u^2$, ou $nl - 1 > 0$, relation identique à celle que nous avons trouvée pour le cas précédent et qui est toujours réalisée : la trajectoire des comètes peut donc être une parabole.

Pour l'hyperbole la condition est $\dfrac{n N V^2}{l^2} < \dfrac{u^2}{l}$, et comme le premier membre de cette inégalité est en outre assujetti à être moindre aussi qu'une autre quantité $n u^2$, il suffira qu'il soit moindre que la plus petite des deux; or la moindre des deux quantités $n u^2$ et $\dfrac{u^2}{l}$ est toujours la dernière, car cette inégalité se traduit encore par la condition $nl - 1 > 0$. Donc en vertu de la même condition l'hyperbole sera encore possible.

Quant à l'ellipse, elle est donnée par l'inégalité conditionnelle $\dfrac{n\mathrm{N}V^2}{l^2} > \dfrac{u^2}{l}$, à laquelle il faut joindre l'inégalité fonda-

mentale (A″) ou $\dfrac{n\mathrm{N}V^2}{l^2} < nu^2$. Or de la combinaison de ces

deux inégalités il résulte encore évidemment la même condition $nl - 1 > 0$, laquelle est toujours satisfaite.

Ainsi les trois courbes sont possibles ; résumons-en les conditions. Pour l'hyperbole il faut et suffit que l'on ait au péri-
hélie $\dfrac{n\mathrm{N}V^2}{l^2} < \dfrac{u^2}{l}$; pour la parabole $\dfrac{n\mathrm{N}V^2}{l^2} = \dfrac{u^2}{l}$; pour

l'ellipse $\dfrac{n\mathrm{N}V^2}{l^2} > \dfrac{u^2}{l}$. Or des trois conditions ainsi présentées résulte un moyen simple de reconnaître la nature de la
courbe décrite par une comète, d'après l'observation de son
périhélie. Pour qu'elle décrive une ellipse ou une hyperbole,
il faut et suffit que la quantité de force aspiratrice émanée du
soleil, que la comète peut absorber suivant son volume et sa
distance, soit *plus grande* ou *moindre* que le carré de sa vitesse
propre divisé par la distance périhélie ; pour qu'elle décrive
une parabole, il faut et suffit que ces deux quantités soient
égales.

Nous donnerons plus tard le moyen d'évaluer la quan-
tité $\mathrm{N}V^2$ d'où dépend la force aspirante du soleil, lorsque nous
aurons parlé de ce qu'en astronomie l'on nomme aujourd'hui
les *masses*. Bornons-nous à constater que dans notre théorie,
le volume d'une comète étant donné ainsi que sa vitesse et sa
distance périhélies, on pourra par des moyens simples reconnaître si elle décrit une parabole, une hyperbole ou une ellipse, si toutefois l'on peut surmonter la difficulté réelle, qui
sera d'apprécier exactement son volume ; car il s'agit ici du
volume imperméable à l'éther, et il est difficile de savoir si ce
volume se rapporte à la nébulosité tout entière ou seulement
au noyau central.

PROPOSITION XI.

La troisième loi de Kepler, savoir, que les carrés des temps des révolutions des planètes sont entre eux comme les cubes des grands axes de leurs orbites, loi qui dans la méthode ordinaire n'est autre chose qu'un fait d'observation, devient au contraire une conséquence rationnelle de la théorie de l'éther pour les systèmes de corps qui satisfont à l'égalité (A) de la Proposition IXe, lorsqu'au lieu de les supposer emportés dans l'espace d'un mouvement LINÉAIRE *égal et parallèle à celui de leur astre attirant, on les assujettit à la condition, effectivement réalisée dans la nature, de* CIRCULER *avec lui d'un mouvement* ANGULAIRE *égal autour d'un autre centre commun.*

On indique à ce sujet un principe propre à la théorie de l'éther, savoir, que la quantité d'attraction perçue par un satellite est proportionnée à la différence absolue entre sa vitesse linéaire et celle de son astre attirant autour du centre commun, quel que soit le signe de cette différence. Cette considération, qui sera féconde en résultats ultérieurs, conduit immédiatement à la véritable relation entre les vitesses moyennes, les volumes et la distance d'un astre et de son satellite, dans les conditions réelles du système planétaire.

Il est temps d'apporter aux formules des Propositions VII et IX une modification nécessaire et de parvenir, par une considération essentielle que nous avons passée jusqu'ici sous silence, à la vérification d'un des plus importants théorèmes de l'astronomie planétaire. L'égalité en effet que nous avons désignée par (A) dans ces propositions, si elle était conservée dans sa forme absolue, conduirait à la constance du produit v^2D^2 pour tous les satellites d'un même astre, résultat sensiblement différent de la troisième loi de Kepler, d'après laquelle c'est le produit $\frac{4\pi^2 a^3}{t^2}$, ou $v^2 a$ qui est constant, t indiquant le temps de la révolution et a le demi-grand axe de l'orbite.

C'est que pour simplifier les idées dans un premier aperçu, nous nous sommes placés dans une condition un peu différente de celle qui est réalisée dans le système planétaire. Pour n'avoir à considérer que la vitesse relative du satellite, nous l'avons supposé animé à chaque instant d'une vitesse pour ainsi dire latente, égale et parallèle à la vitesse absolue de l'astre central, qui devenait ainsi relativement fixe. Mais cette condition n'est point réalisée dans le système planétaire, peut-être même n'est-elle point réalisable. Chacun des systèmes de satellites que nous connaissons est emporté en effet, avec la planète dont il dépend, dans un mouvement de *circulation* autour du centre général, le soleil, et l'ensemble des planètes elles-mêmes est emporté avec le soleil, au moins est-il naturel de le penser, autour d'un autre centre commun que l'avenir fera sans doute connaître. La circulation en un mot parait être le caractère général des mouvements célestes. Or il est très-facile de comprendre qu'une double circulation ne peut laisser réaliser la condition d'une vitesse linéaire toujours égale entre un astre et son satellite relativement à leur centre commun. Prenons l'exemple d'une planète et de son satellite autour du soleil : aux oppositions, le satellite a plus de chemin à parcourir que la planète pour un même espacement *angulaire*, et pour le décrire dans le même temps il faut que sa vitesse linéaire soit plus grande ; aux conjonctions la vitesse solaire du satellite est moins grande que celle de la planète par la raison justement contraire ; ce n'est qu'aux quadratures que l'on peut attribuer à ces deux corps une vitesse égale de translation autour du soleil, car leurs rayons vecteurs solaires sont alors sensiblement égaux (*).

<hr>

(*) Nous n'entendons pas faire entrer ici en considération la différence de vitesse qui résulte de la variation de l'attraction solaire avec la distance : cela se rapporte au problème des perturbations ou des trois corps, et forme un sujet à part, que

Or dans les considérations auxquelles nous nous sommes livrés pour obtenir la persistance de la loi d'attraction réciproque au carré de la distance, la fixité relative de l'astre attirant était obtenue en décomposant la vitesse totale du satellite en deux parties dont l'une fût toujours égale à celle du premier astre ; mais nous venons de voir au contraire que dans le mouvement circulatoire simultané l'égalité des vitesses linéaires est impossible ; l'égalité n'existe que dans les vitesses *angulaires*. Il s'agit d'examiner quelle influence cette circonstance peut avoir sur les conditions de l'attraction : cette analyse se rattache à des considérations assez délicates, qui ont besoin d'être suivies avec quelque attention, parce qu'elles sortent complétement du point de vue ordinaire.

L'attraction a toujours été regardée, depuis Newton, comme une force pour ainsi dire métaphysique, qui dans l'exercice de son action n'admet ni le temps, ni l'espace, ni l'impénétrabilité. Il n'en est pas de même dans notre méthode ; l'aspiration qu'exerce un astre en mouvement sur les corps qui l'environnent est, dans la théorie de l'éther, un effet éminemment matériel, et successif comme le déplacement qui le produit. La quantité relative qui en est perçue par le satellite est donc une dépendance de la vitesse ; mais, et ceci est une remarque digne du plus grand intérêt, cette quantité d'aspiration perçue dans un temps donné n'est point proportionnée à la vitesse du corps attirant ni à celle du corps attiré ; elle est proportionnée à leur *différence* de vitesse autour du centre commun de circulation. Je m'explique.

A chaque déplacement linéaire de son diamètre, le corps attirant, la planète, envoie pour ainsi parler ses *ondes aspirantes* dans tout l'espace ; toutefois si le satellite, à part son mouvement

nous écartons en ce moment, pour nous maintenir dans les conditions élémentaires de l'astronomie. Nous y reviendrons un peu plus tard, à un point de vue de simplification ; mais quelque intérêt qu'il puisse avoir pour l'astronomie positive, ce sujet ne formerait ici qu'une complication inutile et presque étrangère à l'objet fondamental, lequel concerne la vitesse partielle que l'on peut *attribuer* au satellite pour que son astre attirant puisse être considéré comme relativement fixe dans l'ensemble du système.

relatif dans son orbite, se transportait autour du centre commun d'un mouvement égal et parallèle à celui de la planète, il ne percevrait jamais que les aspirations dirigées suivant la normale à la direction de ce mouvement, et par conséquent il percevrait dans des temps égaux des quantités d'ondes aspirantes toujours égales, en supposant la planète douée d'une vitesse sensiblement constante. Mais si, pour réaliser des déplacements *angulaires* égaux par rapport au centre commun, on doit imaginer que le satellite se transporte linéairement plus vite ou moins vite que la planète, il recueillera sur sa route non-seulement les aspirations normales au mouvement de celle-ci, mais encore d'autres aspirations voisines, parmi celles qui concourent simultanément vers la planète de tous les points de l'espace : car soit que sa vitesse soit moindre ou plus grande que celle de l'astre attirant, ces ondes aspirantes se déplacent alors relativement à lui ou bien il se déplace relativement à elles. D'où il est facile de conclure que la quantité d'aspiration perçue est ainsi toujours augmentée, et qu'elle est proportionnée à la différence de vitesse autour du centre commun, *quel que soit le signe de cette différence.*

Il s'agit maintenant d'apprécier l'influence de ce résultat sur le mouvement moyen du satellite, car c'est à ce moyen mouvement que s'applique le théorème de Kepler. L'inégalité de vitesse par rapport au centre commun passant, pendant la révolution totale du satellite autour de la planète, par deux valeurs nulles, les quadratures, et par deux maxima sensiblement égaux au signe près, ce qui ne change pas, ainsi qu'on vient de le voir, le sens positif de l'action, il est facile de reconnaître que la quantité d'attraction perçue moyennement par chaque satellite d'une même planète est proportionnée à la moitié de la différence maximum, ou de celle qui a lieu à l'opposition par exemple : condition qui traduite en calcul suffirait d'ailleurs pour comparer entre elles les attractions des divers satellites d'une même planète. Si l'on veut toutefois faire une comparaison plus étendue, où par exemple la vitesse du centre attirant soit susceptible de valeurs diverses, il faut rapporter cette différence de vitesse à celle de la planète prise pour unité, ou plutôt à son carré, qui est le véritable module de l'attraction.

Appliquons donc ces considérations et soit, à l'opposition par exemple, Δ le rayon vecteur de la planète, $\Delta + \delta$ celui du satellite, par rapport au soleil ; soit encore V la vitesse moyenne de la planète, u celle qui doit être attribuée au satellite pour un égal déplacement angulaire : il est évident que les vitesses u et V sont entre elles comme les rayons de courbure, que dans le cas actuel nous pouvons supposer se confondre sensiblement avec les rayons vecteurs, ce qui donne :

$$u : V :: \Delta + \delta : \Delta ;$$

d'où
$$\frac{u - V}{V^2} = \frac{\delta}{\Delta} \cdot \frac{1}{V} \cdots \cdots (^*)$$

Tel est le coefficient qui doit affecter la quantité d'attraction perçue dans l'unité de temps par chaque satellite, et par la moitié duquel il faut multiplier par conséquent l'expression $\frac{1}{2} n \frac{NV^2}{D^2}$ qui représentait cette quantité dans nos formules antérieures. L'égalité (A) des Propositions VII et IX devient alors :

$$\tfrac{1}{2} n v^2 = \tfrac{1}{2} \cdot \tfrac{1}{2} \, n \frac{NV^2}{D^2} \cdot \frac{\delta}{\Delta} \cdot \frac{1}{V} \cdot$$

Or il est facile de voir que dans les conditions de vitesse *moyenne* où nous sommes placés, et pour des excentricités trèsfaibles comme celles du système planétaire, le carré D^2 peut être pris pour celui de la distance moyenne du satellite à la planète, δ pour cette moyenne distance elle-même que nous nommerons a ; de sorte que si nous représentons aussi par une lettre analogue A la moyenne distance Δ de la planète au soleil, la relation des vitesses entre le satellite et la planète pourra être mise sous la forme

<hr>

$$v^2 a = \frac{1}{2} \frac{NV^2}{A} \cdot \frac{1}{V} \cdots (B),$$

équation dont le 1ᵉʳ membre représente la quantité $\dfrac{4\pi^2 a^3}{t^2}$,

t étant le temps de la révolution du satellite, et dont le second membre ne renferme que des quantités relatives à la planète, *qui seront par conséquent les mêmes quel que soit le satellite que l'on considère.* Ainsi le rapport $a^3 : t^2$ a une valeur constante pour tous les satellites d'un même astre : ce qui vérifie la 3ᵉ loi de Kepler.

Il est essentiel de remarquer que cette vérification s'applique seulement aux corps qui satisfont à l'égalité (A) de la Proposition IXᵉ, c'est-à-dire aux planètes et à leurs satellites.

COROLLAIRE. — Il résulte des considérations précédentes que l'équation (B) représente la vraie relation entre les vitesses *moyennes*, les volumes et la distance d'un astre et de son satellite, dans les conditions planétaires. Quand nous y aurons ajouté la modification relative à la force de rotation, nous aurons alors tous les éléments de ce problème général des vitesses et des volumes qui n'appartient qu'à la théorie de l'éther, et dont nous donnerons l'application dans la Section IIIᵉ de ce livre, en traitant des lois propres à cette théorie.

OBSERVATION. — Mais il ne faut point perdre de vue qu'il ne s'agit ici que de *moyens mouvements* et d'une manière particulière de concevoir la fixité de l'astre attirant par l'égalité des vitesses *angulaires* autour du centre commun. L'équation fondamentale (A′) de la Proposition IXᵉ n'en reste pas moins vraie en ce qui concerne les conditions de mouvement aux divers points de la trajectoire, dans le cas de fixité relative *réelle* produite par l'égalité des vitesses *linéaires* autour du soleil.; cette équation (A′) est donc la seule qui doive être employée dans les questions qui se rapportent aux éléments réels, obligatoires pour ainsi dire, du satellite, tels que la nature de la courbe, la densité, etc. ; ainsi les conclusions des Propositions VIIIᵉ et IXᵉ devront être maintenues, et nous trouverons bientôt d'autres applications de cette formule fondamentale en traitant de la densité des planètes et des comètes. La distinction entre les résul-

tats des deux conditions différentes de fixité, angulaire ou linéaire, fictive ou réelle, de l'astre attirant, est donc un point
très-important à établir; et nous appelons sur lui l'attention,
afin que l'on ne croie point nous trouver en contradiction avec
nous-mêmes dans les diverses parties de ce travail.

SCHOLIE.

Sur deux paradoxes du système newtonien.

Qu'il me soit permis de m'arrêter maintenant quelques instants sur ce que notre conviction, plus forte que le respect pour
de grands noms scientifiques, nous contraint de nommer deux
paradoxes de la théorie ordinaire de l'attraction.

On aura pu remarquer que dans notre méthode la 3e loi de
Kepler a une signification tout autre que dans la théorie admise depuis Newton; elle est liée en effet pour nous à cette
circonstance, passée inaperçue ou du moins restée sans usage
dans l'ancienne théorie, que l'astre attirant n'est point fixe,
mais se transporte au contraire dans l'espace, avec son satellite,
d'un mouvement *circulatoire* autour d'un autre centre commun.
Sous le rapport des principes elle ne signifie pour nous rien
de plus.

Dans le système de Newton il n'en est pas ainsi; la 3e loi de
Kepler, soit comme fait, soit comme principe, y prend une importance beaucoup plus grande, dont il n'est pas indifférent,
pour l'histoire même de l'esprit humain, d'approfondir la vraie
valeur.

Ayant trouvé que la force d'attraction, à l'unité de distance
du centre attirant, pouvait être représentée par la quantité
$\dfrac{4\pi^2 a^3}{t^2}$, qui est constante d'après la 3e loi de Kepler, Newton en
conclut immédiatement cette proposition, savoir : *que l'attraction à l'unité de distance est proportionnée à la quantité de
matière renfermée dans le corps attiré.* Rien de plus simple, et
en apparence rien de plus rigoureux que cette proposition ;
mais si l'on cherche, d'un esprit libre et impartial, à en mesu-

rer la véritable portée, elle ne nous semble plus qu'une dangereuse séduction pour l'esprit, parce qu'avec l'apparence de la vérité elle n'est point toute la vérité, et qu'elle mène ainsi à des conséquences d'une généralisation fautive. D'après un axiome de mécanique, toute force est proportionnée à la quantité de matière qu'elle met en mouvement; mais ce n'est certainement point cette vérité qu'a voulu établir Newton, car il n'aurait conclu que l'évidence : il entendait sans nul doute affirmer que l'attraction, à l'unité de distance, n'était proportionnée *qu'à la quantité matérielle*, et ne dépendait de nul autre élément. Or c'est là précisément supposer ce qui est en question. Quelle raison prouve en effet qu'aucun autre élément que la masse n'entre dans la mesure de la loi d'attraction, comme les volumes et les vitesses par exemple, et qu'une compensation particulière ne peut exister entre les actions de ces éléments, de manière à laisser à la loi de Kepler sa réalisation et par conséquent à la force d'attraction sa constance? Rien sans doute ne le prouve, car les résultats que nous venons d'exposer, quelle que soit d'ailleurs leur portée réelle, montrent au moins que les mêmes théorèmes astronomiques sont possibles en mettant en jeu d'autres éléments que la quantité de matière renfermée dans les corps; et il est clair d'après cela que le raisonnement de Newton, qui suppose à la quantité de matière l'influence unique dans la question, repose ainsi sur une base incomplète. Et cependant c'est sur cette seule considération qu'a été édifié presque tout le système théorique dans lequel, par une étrange tendance de l'esprit humain, on s'est habitué à personnifier pour ainsi dire le résultat de tous les grands travaux de Newton : subordonnant ainsi, sous la séduction d'une idée grande et simple, la réalité à l'hypothèse, la valeur positive aux dehors d'une brillante apparence. Certes la gloire et les travaux de Newton, les vérités qu'il a découvertes, sont au-dessus de l'éclat d'une hypothèse; être conduit à la croire moins vraie que brillante n'est point attaquer ce qu'il y a de véritablement grand dans ces travaux. Nul esprit en ce monde n'est inaccessible à l'abus d'une fausse généralisation, voilà seulement ce que l'on est conduit à s'avouer, lorsque l'on voit d'aussi beaux génies se laisser entraîner avec une parfaite conviction à ces séduisantes erreurs de la pensée.

Je veux donc librement épuiser ce sujet, et suivant pas à pas les conséquences tirées de cette première proposition, j'arrive à l'examen de l'autre paradoxe, qui forme comme la seconde colonne de l'hypothèse newtonienne. Pour donner une idée exacte de ce second principe, je ne puis faire mieux que d'en chercher le résumé dans un des plus beaux ouvrages de l'astronomie moderne et chez l'un des plus brillants soutiens de l'école de Newton. Voici comment Laplace, dans son *Exposition du système du monde*, Livre IV, Chapitre Ier, reproduit le raisonnement dont je veux parler.

« On a vu, dit-il, que si les planètes et les comètes étaient
« placées à la même distance du soleil, leurs poids vers cet as-
« tre seraient proportionnels à leurs masses ; or c'est une loi
« générale de la nature, que la réaction est égale et contraire
« à l'action ; tous ces corps *réagissent* donc sur le soleil, et *l'at-*
« *tirent* en raison de leurs masses ; *par conséquent ils sont doués*
« *d'une force attractive proportionnelle aux masses* et récipro-
« que au carré des distances. Par le même principe les satellites
« attirent les planètes et le soleil suivant la même loi ; cette pro-
« priété attractive est donc commune à tous les corps célestes. »

Que de choses confondues selon nous dans ce peu de mots, et combien les apparences tirées de l'application d'un système peuvent aveugler sur la rigueur de ses principes les esprits les plus clairvoyants ! Encore bien que la profonde conviction de l'illustre géomètre le mit fort au-dessus de ce qui pouvait ressembler à un subterfuge de rhéteur, le langage dans ces quelques lignes ne semble-t-il pas arrangé comme par un habile sophiste pour sauver par l'artifice des mots ce qu'il y a de hasardé dans les conclusions ? C'est qu'en effet cette sorte d'artifice involontaire était indispensable pour qu'un semblable raisonnement séduisit de tels esprits. Rien en général de plus décevant que l'abus des mots. *Réaction contraire à l'action*, c'est là en effet une loi, un axiome de mécanique ; mais par réaction il faut entendre ici *résistance*, et non point *réciprocité d'action* comme l'auteur le fait par une transition inaperçue ;

car ce serait substituer à l'inertie de la matière, qui fait la base de cet axiome, une véritable spontanéité. Les corps satellitaires du soleil *résistent* donc à l'attraction du soleil proportionnellement à leurs masses, mais ils ne l'attirent que proportionnellement à la sienne, action d'ailleurs très-petite et susceptible d'être négligée, ce qui a fait une des causes de l'erreur. Car il y a en réalité deux actions de la part du satellite, résistance et attraction, que l'on a bien à tort confondues en une seule et que le besoin du raisonnement a ici très-habilement groupées dans le mot ambigu de *réaction*. De ces deux effets le seul qui soit en réalité considéré, je veux dire la résistance à l'attraction du soleil, s'il s'agit de la terre par exemple, a bien rapport à la masse de la terre qui est mise en mouvement, mais elle peut n'en avoir aucun avec la masse, je veux dire avec la quantité de matière du corps attirant, le soleil, pas plus que la force musculaire que je développe en soulevant un corps pesant n'a de rapport nécessaire avec ma propre quantité de matière pesante. Les corps flottant à la surface de l'eau sont entraînés dans le sillage d'un navire : leur mouvement n'a cependant aucun rapport avec la masse même du vaisseau, il n'en a qu'avec son volume et sa vitesse, qui déterminent la grandeur du vide et la rapidité qu'emploie l'eau à le remplir. Il en est ainsi de l'attraction dans notre système ; elle est mesurée non point par la quantité de matière renfermée dans le corps attirant, mais par son volume et sa vitesse, ainsi que nous le prouverons dans la IIIe partie, en donnant pour chaque corps, en fonction de leur vitesse et de leur volume, la mesure exacte de cette force d'attraction, qu'une idée erronée avait fait nommer leur *masse* et qui jusqu'aujourd'hui n'avait eu qu'une valeur empirique et sans loi. Devant cette conclusion mathématique et cette épreuve matérielle des faits, qui montreront que dans la faculté attirante d'un corps central le volume et la vitesse sont tout et la quantité de matière rien, au moins explicitement, le raisonnement de la théorie newtonienne ne saurait avoir puissance ; nous n'avons pas cru devoir nous abstenir de montrer aussi, en l'analysant en lui-même, par quel côté il nous parait être vulnérable au point de vue philosophique.

PROPOSITION XII.

La troisième loi de Kepler n'existe point pour les co-
mètes; elles doivent revenir au périhélie, toutes choses
égales, plus rapidement que ne l'indiquerait cette loi.

Puisque les comètes réalisent toujours l'inégalité (A″) de la
Proposition IXe, symétrique de l'égalité (A′) qui a servi de base
à notre proposition dernière, il est facile de conclure, par les
mêmes raisonnements qui nous ont conduit à la 3e loi de Kepler
pour les planètes et leurs satellites, que si l'on désigne par C la
valeur constante de v^2a ou $\dfrac{4\pi^2a^3}{t^2}$ pour une planète dont a est le
grand axe, l'on aura pour la comète dont l'orbite aurait même
grand axe :

$$v^2a > C,$$

et par conséquent sa vitesse moyenne sera plus grande que si
elle satisfaisait avec les planètes à la 3e loi de Kepler.

Scholie. — Sans attribuer à cette proposition plus d'importance qu'elle n'en mérite, nous y trouvons une explication plus
efficace qu'aucune de celles que l'on a essayées pour rendre compte
de cette accélération constante des retours de la comète à courte
période, calculés cependant avec beaucoup de rigueur (*). Ce
phénomène avait résisté, ce nous semble, à toutes les explications compatibles avec la théorie habituelle.

PROPOSITION XIII.

La densité d'un corps planétaire est représentée, dans
la théorie de l'éther, par une fonction dont la valeur est
constante pour tous les points de la trajectoire qu'il dé-

(*) *Annuaire du Bureau des longitudes pour* 1832. Notice de M. Arago sur les
comètes.

crit ; et les densités des diverses planètes sont entre elles comme les paramètres de leurs orbites elliptiques, ou sensiblement comme les moyennes distances au soleil.

La Proposition VIIIe, qui traite du rapport de la force d'attraction avec la quantité de matière à mouvoir, a montré que lorsque l'on parvenait à la relation d'égalité (A′), ce qui est le cas des planètes, la densité de l'astre satellitaire, considéré comme seul mobile, était représentée par l'expression

$$\frac{2P}{n} = \rho . \cos^3 \gamma \ldots \ldots \ldots (K'),$$

dont les diverses lettres ont pour nous une signification déjà connue.

Cette expression est remarquable et conduit à un résultat important. D'abord la valeur de la densité $\dfrac{P}{n}$ y est indépendante de la vitesse ; mais il y a plus encore : si nous recherchons ce que représente dans les courbes du deuxième degré la quantité $\rho \cos^3 \gamma$, dont les deux éléments ρ et $\cos \gamma$ sont variables en chaque point, nous voyons que cette quantité elle-même est *constante* pour tous les points de la trajectoire et égale au demi-paramètre de la courbe (*), ou à $\dfrac{b^2}{a}$, a et b en étant les deux demi-axes.

Ce que nous appelons ici la densité est simplement la quantité de matière totale divisée par le volume ; c'est une valeur que l'expérience montre comme constante dans les planètes, car leur volume ne paraît pas varier sensiblement, et elles ne sont soumises à aucune déperdition notable de matière. Un résultat conforme à ce principe nous est donné ici avec beaucoup de

---

(*) Soit G la partie de la normale comprise entre la courbe et le grand axe, p le demi-paramètre, ρ et γ les mêmes valeurs que ci-dessus ; les propriétés connues de l'ellipse (voir particulièrement la *Géométrie analytique* de Francœur) fournissent les deux relations $p = \text{G} \cos \gamma$, et $\rho = \dfrac{\text{G}^3}{p^2}$; d'où nous tirons $\rho \cos^3 \gamma = p$.

bonheur par le calcul. Ainsi donc voici une qualité des corps sensiblement invariable de sa nature, leur densité, que notre méthode nous donne comme représentée, pour les planètes du moins et leurs satellites, par une quantité géométrique *constante* aussi en tous les points de la trajectoire, et ne variant ni avec la vitesse ni avec les coordonnées de la courbe. C'est là sans doute un précieux résultat; si maintenant l'on compare la même quantité dans les divers corps d'un même système, pour les diverses planètes par exemple, il va se présenter sous une forme non moins intéressante.

La quantité P n'a rien qui soit absolu lorsque l'on ne considère point (*) la vitesse; mais les résultats de la formule (K′) ou $\dfrac{2P}{n} = a\,(1 - e^2)$, e étant l'excentricité, sont susceptibles d'être appliqués à la comparaison des densités des diverses planètes, en tant qu'elles sont mesurées d'après une commune unité. Ces densités sont donc entre elles comme les paramètres des orbites; et ces paramètres étant représentés par $a\,(1 - e^2)$, il est facile de voir que les densités des planètes croissent sensiblement en proportion de leur distance moyenne au soleil.

SCHOLIE. — C'est là un résultat diamétralement opposé à celui de la théorie ordinaire, où l'on suppose les planètes d'autant moins denses qu'elles s'éloignent davantage du soleil; je dis qu'on le suppose, car ce résultat, invérifiable d'ailleurs, n'est dans la théorie newtonienne qu'un fait produit par le calcul des densités d'après cette idée systématique, que la quantité de matière de chaque corps est représentée par la force avec laquelle il attire ses satellites; idée que nous n'admettons aucunement, comme l'indique suffisamment le Scholie de la Proposition XIe, et comme cela ressortira encore mieux

---

(*) Cette quantité P est d'ailleurs déterminée, lorsque l'on donne les deux vitesses, par la formule de la Proposition VIIIe : $\dfrac{Pv^2}{\rho} = \tfrac{1}{2}\,n\,\dfrac{NV^2}{D^2}\cos\gamma$, ce qui, aux apsides, donne sensiblement $P = \tfrac{1}{2}\,n\,\dfrac{NV^2}{a\,v^2}$, v représentant ici la vitesse réelle si je puis m'exprimer ainsi, vitesse qui, nous l'avons vu, est à la vitesse relative conventionnelle ou angulaire en raison inverse de a. Ce qui montre d'une autre manière que la densité est proportionnelle à a.

de la suite de ce travail, lorsque l'harmonie sera bien établie par notre méthode entre ces diverses quantités, jusqu'ici sans liaison régulière entre elles, que l'on nomme force d'attraction, masse, quantité de matière, densité, distance, volumes et vitesses.

Nous nous sommes bornés à faire observer ici la coïncidence remarquable entre la constance réelle de la densité moyenne des corps planétaires et celle de son expression sur toute l'étendue de la trajectoire. Ce serait peut-être ici le lieu de signaler encore la liaison intime de ce résultat avec ce grand fait astronomique de l'invariabilité des grands axes des orbites planétaires, et avec les causes d'après lesquelles les perturbations dues à l'action mutuelle des divers astres du système n'agissent que sur leurs vitesses, en maintenant intacts les éléments principaux de leurs trajectoires elliptiques. Mais ces considérations seront mieux saisies lorsqu'elles seront réunies ci-après avec quelques propriétés comparatives des planètes et des comètes et avec les inductions qu'elles peuvent faire naître sur certaines conditions de leur origine. Poursuivons donc d'abord le détail de cette comparaison.

PROPOSITION XIV.

La densité des comètes, comparée à celle des planètes, est toujours dans un rapport moindre que le paramètre des orbites.

L'équation (K) de la Proposition VIIIe, qui est également vraie pour les comètes et pour les planètes, peut se mettre, par un très-simple artifice de calcul, sous la forme

$$\frac{2P}{n} = \frac{\frac{1}{2}nNV^2}{\frac{1}{2}nv^2 \cos^2\gamma . D^2} \, \rho \cos^3 \gamma;$$

or si l'on y tient compte de l'inégalité (A″) de la Proposition IXe, inégalité qui forme le caractère du mouvement des comètes, et d'après laquelle on a

$$\tfrac{1}{2}\,n\mathrm{N}\mathrm{V}^2 < \tfrac{1}{2}\,n v^2 \cos^2 \gamma \,.\mathrm{D}^2,$$

il est facile de voir que le coefficient de la quantité $\rho \cos^3\gamma$ (égale au demi-paramètre de l'orbite) est nécessairement moindre que l'unité ; le double de la densité est donc, pour les comètes, moindre que le demi-paramètre de leur orbite, et si l'on compare cette densité avec celle d'une planète à égalité de grand axe, on reconnaît dans la première une infériorité d'autant plus grande que l'orbite de la comète est proportionnellement plus allongée.

Scholie. — La faible densité des comètes est un fait bien connu en astronomie ; il est prouvé tant par leur diaphanéité que par la facilité avec laquelle elles cèdent aux attractions des corps célestes auprès desquels leur course vagabonde les fait passer : d'après ce dernier fait, il est certain qu'elles contiennent en général peu de matière, et comme elles·occupent un assez grand volume, il faut bien que leur densité soit peu considérable. Dans la théorie de l'éther, cette faiblesse de la densité, c'est-à-dire ce grand développement du volume par rapport à la quantité de matière, devient une particularité très-importante, d'où dérive une très-grande partie des propriétés singulières de ces astres errants ; il faut y joindre encore, suivant toute probabilité, la circonstance de leur formation à une grande distance du soleil. Toutes ces circonstances, avec les causes que nous croyons pouvoir leur attribuer, seront du reste bientôt discutées, et réunies d'ailleurs dans un Scholie général où nous nous proposons de rassembler les diverses inductions que notre méthode nous fournit sur ce qu'il peut y avoir de commun ou de dissemblable dans les propriétés et l'origine de ces deux classes de corps, les planètes et les comètes.

PROPOSITION XV.

En combinant avec la troisième loi de Kepler divers principes précédemment exposés, on reconnaît que pour les planètes et leurs satellites l'attraction exercée sur l'u-

nité de matière ne dépend d'aucun autre élément que du carré de la distance : ce qui explique rationnellement ce résultat, admis comme fait dans la théorie ordinaire, savoir, que toutes les planètes, si elles étaient placées à la même distance du soleil, en seraient attirées avec une force égale.

On a vu précédemment que quelle que soit la valeur de la force aspirante émanée de l'astre attirant et la quantité qui en est perçue dans l'unité de temps, ce qui caractérise les corps planétaires, c'est que la force régulatrice de leur impulsion est toujours mesurée par la quantité $\frac{1}{2}nv^2$, n étant le volume de l'astre attiré et v sa vitesse relative, que nous supposerons de plus être la vitesse *moyenne*, si nous voulons appliquer la troisième loi de Kepler. Soit P la quantité de matière contenue dans cet astre, la force d'attraction exercée sur son unité de matière sera $\frac{1}{2}\frac{nv^2}{P}$. Or $\frac{2P}{n}$ est le double de la densité, que nous avons montré (Proposition XIIIe) être sensiblement représenté par la moyenne distance a du satellite à son centre attirant. La force d'attraction moyenne sur l'unité de matière sera donc $\frac{v^2}{a}$; et si l'on tient compte de la troisième loi de Kepler, d'après laquelle v^2a est égal à une constante C, cette force d'attraction deviendra enfin égale à $\frac{C}{a^2}$; d'où il suit qu'à une même distance du soleil tous les corps planétaires doivent en être attirés moyennement avec une force égale.

SCHOLIE. — On conçoit maintenant l'influence véritable de la troisième loi de Kepler sur la constance de la force d'attraction : par la relation qu'elle fournit entre la distance et la vitesse, elle peut faire disparaître celle-ci et en affranchir l'expression de la force; par une autre relation propre à notre théorie la densité disparaît à son tour en fonction aussi de la distance; le volume du satellite disparaît avec la densité; la distance seule est donc maintenue dans l'expression de la force d'attraction qui agit sur l'unité de matière, et par conséquent à l'unité de distance toute agglomération de matière satisfaisant aux conditions planétaires sera attirée avec une force égale.

Ces quatre valeurs, la distance, la vitesse, la densité et la force d'attraction sont donc liées, dans notre méthode, par une solidarité complète, de telle sorte que de l'élimination de deux d'entre elles naît immédiatement le rapport des deux autres. Toutes ces relations seront du reste précisées dans le Livre IIIe, et nous en tirerons des conséquences propres au système et immédiatement vérifiables ; nous voulons seulement terminer ici par une observation d'un autre ordre.

La proposition qui nous occupe dérive de la troisième loi de Kepler, et celle - ci, comme nous l'avons vu, est liée à cette condition, que l'astre attirant soit doué lui-même d'un mouvement de *circulation* autour d'un centre particulier : il en résulte donc cette conséquence, que la force attractive de Newton, c'est-à-dire la force réciproque au carré de la distance et proportionnelle à la quantité de matière du corps attiré, que cette force, dis-je, découverte dans l'hypothèse de la fixité de l'astre attirant, le soleil, tire précisément son caractère principal de la condition que le soleil soit assujetti à circuler lui-même autour d'un centre particulier d'attraction. Car si cela n'était point et que le soleil se transportât seulement dans l'espace d'un mouvement rectiligne, la force d'attraction qu'il exerce sur l'unité de matière serait réciproque au cube de la distance moyenne et non à son carré, et la loi des vitesses planétaires non plus que celle de leurs perturbations n'auraient plus lieu de la même manière que l'indiquent l'expérience et le calcul.

PROPOSITION XVI.

A l'égard des comètes, la force d'attraction qui s'exerce sur leur unité de matière augmente dans une raison plus grande que ne diminue le carré de la distance ; ce qui peut servir, non moins que leur faible quantité de matière, à expliquer les faciles dérangements de leur cours.

Les comètes ne suivent pas, quant à l'attraction rapportée à l'unité de matière, la même loi que les planètes. Pour elles en effet la force régulatrice de l'attraction n'est plus $\frac{1}{2}nv^2$, elle est toujours égale à la force d'aspiration, qui d'après les considérations analysées dans la Proposition XIe prend ici la forme $\frac{1}{2}n\,\dfrac{NV^2}{Aa}$, ou $\frac{1}{2}n\,\dfrac{C}{a}$, en désignant par C toute la partie constante qui dépend des éléments solaires. Si donc P est la quantité de matière de la comète, la force d'attraction rapportée à l'unité de matière sera $\dfrac{n}{2P}\,\dfrac{C}{a}$. Or nous avons vu, par la Proposition XIV, que le double de la densité $\dfrac{2P}{n}$ est toujours moindre que le demi-paramètre $a\,(1-e^2)$. La force attractive sera donc plus grande que $\dfrac{C}{a^2\,(1-e^2)}$ et *à fortiori* que $\dfrac{C}{a}$. Et il est facile de voir que cet écart de la loi reconnue pour les planètes sera d'autant plus grand, que l'excentricité de l'orbite cométaire sera plus considérable.

Donc la force attractive exercée sur l'unité de matière, c'est-à-dire l'attraction effective, augmentera plus, pour les comètes, par le rapprochement du corps attirant, que ne diminuera le carré de la distance. Il est facile d'expliquer ainsi pourquoi ces astres sont si facilement dérangés de leur cours par leur approche des grands corps planétaires. Ce résultat peut être encore indiqué d'une autre manière : pour les comètes la force d'impulsion $\frac{1}{2}nv^2$, qui dépend de leur vitesse propre, étant toujours supérieure à la quantité d'aspiration qui émane du soleil, il leur en reste donc toujours une certaine portion disponible, à dépenser pour l'attraction des corps dont elles s'approcheront suffisamment. Nous trouverons l'application de ces résultats dans le Livre IIIe, lorsque nous montrerons pourquoi les comètes n'obéissent pas aux lois générales d'harmonie du système planétaire.

PROPOSITION XVII.

Pourquoi les orbites des comètes sont en général très-allongées, et pourquoi celles des planètes, douées au contraire d'une excentricité très-faible, affectent une forme presque circulaire.

La discussion où nous allons entrer pour la solution de ce problème pourrait sembler au premier abord être fondée sur de pures hypothèses, si l'étude déjà faite dans la Proposition IXe ne nous mettait à même d'en assurer les bases d'une manière incontestable. Ce que nous nous proposons en effet d'admettre, c'est que les corps analogues aux planètes et à leurs satellites, qui tous décrivent autour de leur centre d'attraction des ellipses très-peu excentriques, peuvent être considérés comme ayant pris leur mouvement dans une région voisine de cet astre et avec une tendance à s'en éloigner ; les corps analogues aux comètes au contraire, qui tous décrivent des courbes fort allongées, auraient pris leur mouvement originaire dans des régions lointaines et avec tendance à se rapprocher de l'astre central. Or si l'on étudie avec quelque attention les deux alternatives auxquelles, dans la Proposition IXe, nous avons ramené les conditions du mouvement originaire pour tous les genres de corps, on verra qu'elles se réduisent en définitive à ces deux cas uniques, dont nous venons d'indiquer les caractères particuliers ; et d'après les développements que nous avons donnés dans les diverses Propositions de cette Section ou que nous donnerons encore par la suite, il est impossible de résister à cette évidence, que si l'une de ces alternatives s'applique aux corps planétaires et renferme le principe général de leurs harmonies, l'autre doit s'appliquer à la classe des comètes et renfermer le principe des anomalies que présente ce genre particulier de corps. Raisonnons donc d'après ces bases, et nous en verrons ressortir les conditions qui distinguent les orbites de ces deux classes de corps satellitaires, relativement à leur excentricité.

En appelant toujours e l'excentricité de l'orbite, a le demi-grand axe, μ la force d'attraction à l'unité de distance, et c une constante égale au double de l'aire décrite par le rayon vecteur dans l'unité de temps, les considérations connues de mécanique, appliquées au mouvement curviligne d'un corps satellitaire quelconque, donnent la relation

$$c^2 = \mu a (1 - e^2)\ldots\ldots(h).$$

Si maintenant l'on nomme u et d la vitesse et la distance initiales, qui ont lieu, comme nous l'avons vu, à l'une des apsides de la courbe, on peut poser $c^2 = u^2 d^2$, et l'on a d'ailleurs $\mu = v^2 a$, v étant la vitesse moyenne du satellite.

Pour les comètes, formées loin du soleil, l'apside initiale est l'aphélie, et $d = a(1 + e)$; d'où l'on tire par la substitution de toutes les valeurs dans l'équation (h) :

$$\frac{u^2}{v^2} \cdot \frac{1 + e}{1 - e} = 1.$$

Or le corps étant au plus loin du soleil, le rapport de la vitesse initiale u à la vitesse moyenne v sera le plus petit possible, d'où il suit que $\dfrac{1 + e}{1 - e}$ prendra la plus grande valeur dont ce terme soit susceptible, ce qui nécessite que e atteigne le maximum de grandeur. Or quoique le demi-paramètre $a(1 - e^2)$ soit astreint pour les comètes à être toujours plus grand que la densité relative de l'astre, il est évident par le principe de la moindre action qu'il s'en rapprochera toujours le plus possible, et comme les densités des comètes relativement à celles des corps planétaires sont toujours très-faibles, il est certain que le demi-paramètre $a(1 - e^2)$ doit également être une petite valeur comparativement à celui d'une planète de même grand axe, ce qui demande que e soit relativement grand. Ainsi pour les comètes l'excentricité doit être la plus grande possible et les limites de cette grandeur peuvent être fort étendues. Voyons ce qui aura lieu au contraire pour les planètes.

Ce qui caractérise le mouvement originaire que nous attribuons aux planètes, c'est que leur impulsion vive nv^2 aurait été d'abord inférieure à la force aspirante du soleil $\dfrac{NV^2}{D^2}$, pour finir par lui être égale et y persister indéfiniment. Cela nécessite que la distance D, quoique croissante, reste un minimum, et le volume n un maximum au contraire, d'où il suit que la densité doit se conserver la moindre qu'il est possible. Or au point d'équilibre où nous considérons le corps parvenu, cette densité est représentée par le demi-paramètre $a(1 - e^2)$; la distance D, qui est ici le périhélie, étant égale à $a(1 - e)$ et devant être aussi un minimum, il faut que le rapport de ces deux quantités, ou $1 + e$, soit assujetti à la même condition, et que par conséquent l'excentricité e soit la plus petite que le permettent les conditions du problème. Une fois l'équilibre atteint entre les deux forces d'aspiration et d'impulsion, tout devient parfaitement déterminé et l'excentricité se trouve ainsi fixée dans la valeur minimum que nous venons de lui reconnaître C.Q.F.T.

SECTION II.

DE LA ROTATION DES CORPS CÉLESTES
ET DE SON INFLUENCE, SOIT SUR LA FIGURE DE CES CORPS,
SOIT SUR L'INTENSITÉ DE LEUR ATTRACTION.

Jusqu'ici nous avons considéré les corps célestes comme des agglomérations de parties matérielles maintenues à l'état de globes sphériques par la pression de l'éther qui naît de leur translation dans ce fluide, et transportées parallèlement à elles-mêmes, tandis que le centre du corps, par la combinaison de la force d'attraction avec une vitesse initiale, décrit sa courbe dans l'espace. Cette simplicité n'existe point dans la nature ; nous verrons même dans le livre suivant qu'elle ne saurait y exister. Tous les corps que nous voyons circuler dans l'espace sont doués d'une rotation sur eux-mêmes : les uns, comme les satellites des planètes, présentent cette loi remarquable, d'accomplir leur révolution sur eux-mêmes en un temps sensiblement égal à celui de leur circulation autour de l'astre attirant, de manière à présenter toujours à cet astre le même hémisphère; les autres, comme les planètes elles-mêmes, sont assujettis à des rotations d'énergies très-diverses et autour d'axes très-diversement inclinés sur le plan de leur orbite. Ce n'est pas ici le lieu d'expliquer ces lois et ces anomalies, il en sera question dans le livre suivant. Nous ne voulons nous occuper dans celui-ci que des effets généraux de la rotation dans la théorie de l'éther, de son influence sur la figure des corps et sur leur attraction, ainsi que sur les variations de la gravité à leur surface. Ce sont là déjà de grandes questions, et qui ont vivement excité l'attention des savants dans le siècle dernier, car elles se rattachent à la forme du globe terrestre, à sa mesure et à celle du temps. Mais ce sujet nous fournira des matériaux pour l'achèvement de questions plus difficiles encore, qui se rapportent aux harmonies planétaires. Il est donc nécessaire, avant de l'aborder, de poser d'une manière précise les principes qui devront nous guider dans sa recherche.

Notre manière d'analyser les mouvements des corps au milieu du fluide éthéré nous conduit à considérer les effets de leur rotation tout autrement qu'on ne l'a fait encore. Son mode d'action sera un peu plus complexe, les résultats plus simples.

La rotation des corps dans l'éther a deux effets fort distincts : l'un, c'est le seul qui ait été considéré jusqu'ici, n'est autre que celui de la force centrifuge appliquée aux molécules des corps, qui en sont animées comme d'une impulsion propre. Cette force agit sur toutes les parties du corps tournant, tant intérieures qu'extérieures, en raison de leur distance à l'axe, et tend à en écarter par conséquent plus puissamment celles de l'équateur. Son mode d'action du reste est bien connu, depuis Huyghens ; c'est un des plus simples de la géométrie ; mais ce n'est pas ici le plus important à considérer. Le second effet de la rotation, l'effet pour nous le plus caractéristique et peut-être aussi le plus puissant, c'est *l'action qu'exerce sur l'éther l'impulsion produite par le mouvement de la surface du corps;* et c'est en cela qu'une explication préalable est nécessaire.

Ce qui caractérise surtout les forces qui naissent de la rotation, c'est d'être moléculaires, individuelles pour ainsi dire aux particules des corps. Chacune de ces particules, quoique liée à l'ensemble du corps par la pression générale, extérieure, de l'éther, agit individuellement dans la rotation : chacune d'elles, une fois l'équilibre de figure établi, devient comme un petit corps indépendant, qui exécuterait sa révolution circulaire dans un plan perpendiculaire à l'axe des pôles. De là résulte pour les parties de la surface un genre d'action particulier. Chacune d'elles, dans sa révolution autour de l'axe, frappe l'éther d'une

certaine impulsion centrifuge, le déplace, et en le déplaçant
tend à former un vide, que l'éther affluant de tous les points de
l'espace, par un effet de tourbillon, tend aussi incessamment à
remplir, absolument comme nous avons vu que cela se passe
dans le mouvement de *translation* des grands corps. Par suite
de cet afflux général de l'éther, toute la surface du corps est
frappée d'un surcroît de pression ; l'impulsion produite dans le
fluide par la force centrifuge d'un seul élément a en effet sa
réaction sur tout le reste de la surface, mais avec cette particularité, que cet élément agissant comme un *centre* d'impulsion,
l'énergie de la réaction n'est plus sur chacune des parties de
cette surface qu'en raison réciproque du carré de leur distance
au point de départ du mouvement, c'est-à-dire à l'élément mo-
teur que l'on considère.

C'est donc un problème à part, tout à fait différent des considérations ordinaires, que celui de faire la somme de toutes
ces réactions, eu égard à la loi des distances, soit que l'on considère cette sommation comme totale et servant d'incrément à
l'attraction générale du corps, soit qu'on la considère partie
par partie et comme principe de la variation de pesanteur aux
diverses latitudes ou de la déformation du sphéroïde et de son
aplatissement vers les pôles.

C'est à l'ensemble de ces problèmes que ce livre sera particulièrement consacré. Il ne contient en réalité que trois questions, mais dont une est entièrement nouvelle et dont les deux
autres, depuis près de deux siècles, ont fortement exercé les
recherches des géomètres. Clairaut seul a composé sur elles un
volume tout entier, son bel ouvrage sur la Figure de la Terre.
Il y a loin sans doute de nos considérations simples et de nos
calculs presque élémentaires aux profonds et difficiles travaux
par lesquels Maclaurin, Clairaut, d'Alembert, Laplace et d'autres grands géomètres ont illustré ces questions, qui marquent
le rapport de la figure du globe avec la pesanteur. Si malgré
cette immense infériorité dans celui qui se fait ici l'organe d'une
opinion nouvelle, il a pu porter ses résultats à un point de
précision inespéré et à une concordance encore inconnue avec
les données expérimentales, il faudra en rapporter l'unique mé-

rite à ce que les vues qui servent de base au système ont sans doute une conformité plus grande avec les lois de la nature. Dans l'étude des lois naturelles en effet, la simplicité des résultats, la fécondité des vues, naît surtout de la vérité du principe, bien plutôt qu'elle ne dépend de ce que la méthode de calcul a de plus ingénieux ou de plus savant.

Nous devons annoncer en outre que des considérations particulières à notre système nous ont ramené au précieux principe de l'*homogénéité intérieure* des grands corps de la nature, principe que sa simplicité rendait si désirable et avait fait admettre à priori par Newton. Mais les résultats déduits de sa théorie, dans cette hypothèse, s'écartant beaucoup de ceux qui sont fournis par l'observation directe, il avait fallu abandonner ce principe pour suivre celui d'un accroissement progressif de densité de la surface au centre, accroissement selon nous peu justifié par la méthode même, puisqu'on sait que dans le système de l'attraction newtonienne une particule intérieure n'est nullement affectée par la pesanteur des couches qui sont au-dessus d'elle et n'est attirée que par la sphère intérieure sur la surface de laquelle elle se trouve. Ce qu'avait de plus fâcheux d'ailleurs cette hypothèse de la non-homogénéité, c'était non-seulement de compliquer démesurément les calculs par une généralisation tellement vaste qu'elle reste inabordable aux éruditions ordinaires, mais encore de laisser carrière ouverte à toutes les suppositions sur la loi de pesanteur à l'intérieur des corps, de laisser planer enfin sur cette grande question un vague indéfini, que les beaux calculs de Clairaut et de Laplace n'ont pas eu la puissance d'atténuer notablement.

Nous avons donc été heureux de pouvoir revenir à cette vue simple de l'homogénéité, qui avait guidé les premiers pas dans l'étude de la loi d'attraction : nos considérations en acquerront un avantage infini de simplicité et de philosophie. La manière dont nous avons envisagé cette propriété est du reste particulière, elle est nôtre : nous avons proposé de la désigner sous le nom d'*homogénéité sphéroïdale*, ou *concentrique*, qui explique assez bien notre conception. Ce qui est essentiel au reste, c'est la netteté qu'elle apporte dans les calculs, c'est la philosophie

des inductions qui l'ont amenée à notre esprit. Si toutefois après
en avoir pris connaissance il reste encore quelques doutes sur
ce principe, s'il semble encore à quelques esprits une hypothèse, et nous croyons que la précision des résultats, en ce qui
concerne les variations de la pesanteur et la loi de la distance
des planètes, ne permettront pas de lui donner ce caractère, ce
sera toujours, on ne peut du moins le contester, la plus simple
des hypothèses et celle qu'il est le plus désirable de voir concorder avec les résultats de l'observation. C'est par sa discussion que nous allons commencer ce livre, en établissant trois
lemmes liés entre eux étroitement, et que pour cela nous avons
réunis : car l'un d'entre eux ne sera utilisé que par la suite,
dans une question encore inabordée par la théorie, celle de la
loi des distances planétaires.

PROPOSITION XVIII.

LEMME 1er.

De l'homogénéité intérieure des grands corps.

*Dans la conjecture la plus naturelle que l'on puisse
former sur le rapport des densités aux pressions dans
une grande masse sphérique de particules matérielles
maintenues en agglomération par le simple effet d'une
pression superficielle générale, il y a lieu de conclure que
les corps célestes sont doués d'une espèce particulière
d'homogénéité, que nous proposerons de nommer sphéroïdale ou concentrique, et qui consiste en ce que, dans
leur intérieur, deux couches quelconques de même épaisseur renferment sensiblement la même quantité de matière.*

C'est une loi générale des corps fluides, c'est-à-dire de ceux
dont les particules ne sont pas liées entre elles par cette sorte
d'enchevêtrement qui produit le phénomène de la cohésion,

c'est, dis-je, une loi générale de ces corps, que *leur densité croît en proportion de la pression qu'ils supportent.* Une induction naturelle nous a conduits à étendre conjecturalement cette loi aux parties intérieures des grands corps de la nature ; et si cela est ainsi en effet, comme la précision des résultats ultérieurs nous paraît le démontrer, il en ressort immédiatement une propriété remarquable, très-précieuse par la simplicité de ses données, savoir l'homogénéité intérieure de ces grands corps. Nous allons essayer de justifier l'enchaînement de ces vues et de leurs conséquences.

On a vu, par le Scholie de la Proposition IVe, que la pression superficielle de l'éther, transmise de couche en couche dans l'intérieur des grands corps, augmente, de la surface vers le centre, en raison inverse du carré des rayons ; elle doit donc s'accroître dans la profondeur d'une manière excessive, et il y a lieu de penser que sous l'action de pareilles forces, toutes les résistances dont l'état connu des corps à la surface du globe peut nous donner l'idée, tendent à s'anéantir ; qu'en un mot, dans cet état nouveau, toutes les propriétés qui tiennent à l'enchevêtrement des particules, comme la cohésion, l'élasticité, etc., s'évanouissent nécessairement dans un écrasement général, comme on les voit s'évanouir souvent à la surface du globe sous nos faibles écrasements. Sous les forces dont l'homme peut disposer, nos matériaux solides les plus résistants se réduisent en poudre, dont les parties n'ont plus entre elles d'adhérence : nous pensons que sous les pressions incomparablement plus considérables que l'on peut concevoir dans l'intérieur des grands corps, les particules élémentaires elles-mêmes s'oblitèrent, brisent leurs angles, se divisent en fragments et en poussière ; et peut-être réalisent-elles ainsi dans les profondeurs de ces vastes laboratoires cette transmutation des atomes, rêve impuissant du génie humain.

Nous reviendrons sur ce sujet en traitant de la nature des corps et en faisant l'application de nos principes aux questions générales de la physique et de la chimie ; concluons-en seulement ici que triturés par ces forces puissantes et dégagés ainsi progressivement de leur cohésion, les atomes qui composent l'intérieur des corps célestes ont dû acquérir une sorte de fluidité poudreuse particulière; et la condensation ou la diminution des vides ne s'y opérant plus que par le brisement des parties, la réduction des angles, on peut admettre que cette condensation progressive des matériaux dans la profondeur y est *proportionnée* en grand, comme dans les fluides, *à la pression qu'ils supportent.*

D'après ce principe, les densités dans chaque couche seront donc, comme les pressions, en raison inverse des surfaces de ces couches; or, si on les suppose de même épaisseur, leurs volumes sont au contraire en raison directe de leurs surfaces : la quantité de matière, qui est le produit de la densité par le volume, sera donc la même dans toutes les couches d'égale épaisseur que renferme un corps céleste. C. Q. F. D.

Corollaire. — De cette sorte d'*homogénéité*, que nous proposons de nommer *concentrique* ou *sphéroïdale*, il résulte que dans un même secteur sphérique central, ou dans deux secteurs comprenant à partir du centre de figure un même espace angulaire, si l'on fait une division transversale en parties d'égales longueurs, chacune d'elles contiendra la même quantité de matière; et, en général, pour deux parties quelconques du secteur transversalement divisé, les quantités de matière seront proportionnelles aux longueurs des parties, comptées suivant le rayon de la sphère.

PROPOSITION XIX.

LEMME II.

Les mêmes conditions étant posées, on en déduit que la densité moyenne des corps célestes, supposés sphériques, doit être triple de la densité moléculaire de leur surface.

Pour évaluer la densité moyenne, dans les conditions que nous venons de poser, je chercherai la quantité de matière renfermée dans une couche d'épaisseur infiniment petite; je formerai l'intégrale de toutes ces quantités de matière pour le volume entier et je la diviserai par ce volume.

Soit R le rayon de la sphère, Δ la densité de la surface; choisissons une couche quelconque à une distance r du centre; le volume de la sphère intérieure, de rayon r, étant $\frac{4}{3}\pi r^3$, en différentiant cette expression nous aurons pour le volume de l'anneau infiniment petit qui envelopperait cette sphère, $4\pi r^2 dr$. D'autre part la densité de la couche que nous considérons est, par hypothèse, avec la densité de la surface, en raison réciproque des carrés des rayons; sa valeur est donc $\dfrac{\Delta R^2}{r^2}$, et la quantité de matière de la couche infiniment mince est le produit de ces deux nombres ou $4\pi\Delta R^2 dr$. De l'intégration de cette expression, entre les limites o et R, on déduit la quantité de matière totale $4\pi\Delta R^3$, laquelle étant divisée par le volume total de la sphère $\frac{4}{3}\pi R^3$, donne enfin pour la densité moyenne :

$$\Delta' = 3.\Delta$$

Elle est donc triple de la densité de la surface. C. Q. F. D.

OBSERVATION. — Il n'est pas hors de propos d'indiquer que ce que nous entendons par densité de la surface est la densité de ses *groupements moléculaires*, c'est-à-dire celle des molécules que nous nommons composées ou physiques. Cette densité moléculaire, sensiblement uniforme selon nous, résulte immédiatement de la pression exercée par l'éther sur les groupements de molécules en vertu des mouvements du globe, et c'est elle qui est incessamment combattue par l'action de la chaleur, ainsi que nous l'exposerons en son lieu.

PROPOSITION XX.

LEMME III.

L'état d'homogénéité dont on vient de traiter dans les deux propositions précédentes ne sera point troublé, dans les grands corps, par l'action de la chaleur, soit originaire, soit adventice.

Il n'entre point dans nos vues de faire intervenir ici le problème complexe de la transmission de la chaleur à travers des couches dont la densité varie suivant une loi donnée. Poursuivant surtout la simplicité dans les résultats et dans les moyens, nous supposerons l'équilibre de la chaleur établi dans l'ensemble du corps, et nous déduirons nos conclusions d'un principe uniquement philosophique, appliqué aux résultats connus de la physique expérimentale.

Une fort belle loi empirique, due aux recherches de Dulong et Petit, nous apprend que ce que l'on nomme la capacité des corps pour la chaleur est en raison réciproque du poids de leur atome, ou du moins d'un certain multiple simple de ce poids d'atome. Nous donnerons plus tard, dans la partie physique de l'ouvrage, notre explication de cette loi; mais ce qui résulte immédiatement de la loi elle-même, quelle que soit la manière d'en considérer les causes, c'est que la capacité des corps pour la chaleur, c'est-à-dire la quantité de chaleur qu'ils absorbent pour arriver à un même état thermométrique, est dans une dépendance absolue de leur quantité matérielle atomique.

Cela étant, il n'y a aucune raison pour que la chaleur originaire des particules qui se sont agglomérées pour former le grand corps ne produise pas le même effet sur toutes les couches, puisqu'elles renferment toutes la même quantité matérielle, réduite comme nous l'avons vu dans la Proposition XVIII, à la consistance purement atomistique.

Maintenant, une fois le corps formé, supposons qu'il soit enveloppé accidentellement des émanations d'une nouvelle source de chaleur; la quantité de cette chaleur absorbée à chaque instant par la surface se transmettra plus ou moins rapidement aux couches internes; mais dès que l'absorption superficielle deviendra uniforme, il est évident que chaque couche d'égale épaisseur étant aussi de semblable capacité, par suite de l'égale quantité matérielle qui y est contenue, doit être traversée de la même quantité calorifique en temps donné. Réciproquement et par la même raison le passage de cette chaleur ne peut troubler l'égalité matérielle de ces couches de semblable épaisseur; elle n'en modifie donc point l'homogénéité, telle que nous l'avons définie.

Scholie. — Nous n'avons eu en vue, dans les considérations précédentes, que de faire concevoir l'indépendance de ce principe de l'homogénéité, dont nous tirerons plus tard des conséquences importantes, vérifications du principe lui-même. Mais nous n'avons point prétendu nier l'influence de la chaleur sur la figure totale et sur la densité moyenne des corps célestes, influence qui formera au contraire l'une des bases de notre calcul dans le problème de la loi des distances. C'est à ce problème en effet, et en général, aux questions à traiter dans le Livre IIIe, que se rapporte la principale application des deux lemmes derniers ; nous n'avons pas voulu cependant séparer trois propositions liées si étroitement entre elles et dont la première nous sera immédiatement utile dans la seconde des Propositions qui vont suivre.

PROPOSITION XXI.

PROBLÈME.

Assigner les causes et la vraie valeur de l'augmentation de pesanteur, de l'équateur aux pôles de la terre.

La valeur de l'accroissement total se présente sous la forme très-simple $\frac{1}{2}\frac{\pi}{z}$, z étant le rapport de la gravité à la force centrifuge sur l'équateur : pour la Terre, l'application de cette formule conduit au chiffre de $\frac{1}{185}$ ou 0,0054, identique avec le résultat des observations du pendule.

Les variations progressives dans la longueur du pendule à secondes aux diverses latitudes indiquent clairement un accroissement de la pesanteur, de l'équateur aux pôles de la terre, et donnent la mesure rigoureuse de cette augmentation, que les plus récentes évaluations font égale dans sa totalité à 0,0054 ou $\frac{1}{185}$ de la pesanteur équatoriale, et indiquent de plus être proportionnée au carré du sinus de la latitude.

Dans la théorie de l'attraction newtonienne ce phénomène relève de deux causes : la force centrifuge d'une part, qui diminue la gravité équatoriale; de l'autre l'amoindrissement de la distance qui sépare les pôles du centre attirant, par suite de l'aplatissement du sphéroïde. L'ellipticité et l'accroissement de pesanteur sont donc liés, dans cette théorie, par une solidarité mutuelle très-étroite; et les recherches des géomètres appliquées à cette hypothèse de l'attraction particulaire n'ont pu avoir cet heureux résultat, de donner au problème de l'accroissement de pesanteur une solution immédiatement vérifiable par les indications incontestables du pendule et par conséquent indépendante de toutes les incertitudes qui s'attachent à la mesure directe des arcs du méridien. Les résultats numériques fournis par cette relation des deux problèmes forçant d'ailleurs de renoncer à la loi si simple de l'homogénéité, il a fallu recourir à diverses hypothèses plus ou moins arbitraires sur la distribution des densités dans l'intérieur du globe, et l'on n'a pu ainsi sauver une difficulté que par une incertitude.

La théorie de l'éther, au contraire, présente ici un caractère différent sous le rapport des causes et sous celui des résultats. Aux deux causes que nous venons de rappeler elle en ajoute une troisième, qui imprime précisément au phénomène son caractère distinctif et principal; cette cause, qui est l'impulsion produite dans l'éther par les forces centrifuges, ne dépend de l'aplatissement que d'une manière à peu près négligeable; elle est antérieure à toute déformation du corps tournant, et il arrive que par suite d'une compensation des forces qui naissent de cette déformation même, elle demeure seule pour donner à la formule sa vraie valeur, qui est précisément égale à celle que fournissent les observations du pendule. Cette précieuse vérification viendra du reste se présenter d'elle-même par le calcul, lorsque nous aurons fait connaître la nature et le mode d'action de ces forces particulières à la théorie de l'éther, et exposé les principes sur lesquels repose la solution qui lui est propre.

Nous avons expliqué déjà comment, dans le mouvement de rotation planétaire, chaque élément de la surface tournante imprimant à l'éther une certaine impulsion centrifuge, déter-

mine de toutes parts une réaction du fluide vers le vide formé
par ce déplacement incessant, absolument comme il arriverait
si cette partie de la surface était un petit corps indépendant, se
transportant dans l'espace d'un mouvement circulatoire autour
de l'axe de rotation. Cette réaction générale du fluide déterminée
par le mouvement d'un élément particulier du corps, se fera
donc sentir sur tout le reste de sa surface, comme pour le mouvement de translation, mais avec ce caractère particulier, que
l'énergie en sera *variable suivant la loi des distances de chaque
point à l'élément que l'on considère*, car celui-ci doit être re-
gardé comme un centre de mouvement individuel. C'est là un
caractère tout différent de la réaction du fluide déterminée par
la translation du corps entier, laquelle produit une pression
uniforme sur tous les points de la surface. La rotation ajoute,
comme on vient de le voir, à cette pression, mais elle y ajoute
d'une manière doublement inégale, dont le calcul peut évaluer
les variations locales, puisque la loi en est connue. Nous nous
proposons ici d'examiner quel est le surcroît de pression, et par
conséquent de gravité, imprimé par cette cause aux deux points
les plus distincts de la surface terrestre, c'est-à-dire à un élément du pôle et à un élément de l'équateur.

Il y a lieu de faire au préalable une observation importante, parce qu'elle nous permet de simplifier immédiatement
le problème : c'est que les petites forces considérées ici existent par elles-mêmes indépendamment de toute déformation
du corps sous l'empire de la rotation; que cette déformation
ne doit exercer sur leurs différences locales d'intensité qu'une
influence négligeable, et que par conséquent nous pouvons
sans inconvénient, dans l'étude de cette première action, conserver au corps la forme sphérique, d'où résultera pour le calcul une notable simplification. Il ne s'agit pas ici en effet des
variations d'une grande force comme la pesanteur totale, par
l'effet des diverses distances au centre de la terre; il ne s'agit
que des variations de petites forces, qui ne sont déjà que de
faibles fractions de la pesanteur : leurs différences par suite
de l'aplatissement pourraient donc être considérées comme du
second ordre et négligées comme telles, quand bien même

elles ne s'amoindriraient pas encore par l'influence des distances.

Cela-posé, j'aborde le problème, et je commence par rechercher le surcroît de pression que produit sur le *pôle* la somme des réactions qui dépendent des forces centrifuges de tous les points de la sphère.

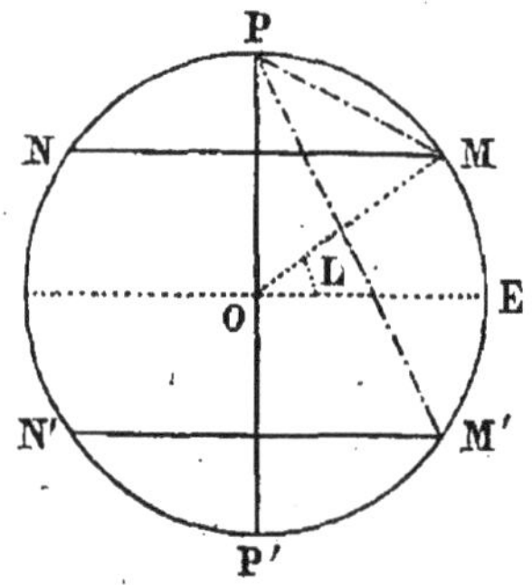

Soit PMEP'N un méridien de la terre supposée sphérique, et PP' l'axe polaire ; soit R la valeur du rayon, E la gravité à l'équateur agissant sur l'unité élémentaire de surface; soit aussi généralement $\frac{1}{z}$ le rapport de la force centrifuge à la gravité sur l'équateur, rapport égal pour la terre à $\frac{1}{289}$. Prenons un élément quelconque M placé à la latitude variable L, et soit dL l'arc infiniment petit qui forme cet élément. La force centrifuge qu'il tend à imprimer à l'éther dans son mouvement est $\frac{E}{z} \cos L$; et pour avoir l'impulsion produite par la zone entière, de hauteur infiniment petite, que décrit l'élément dans sa révolution, il faut multiplier cette force par la surface de l'anneau différentiel, qui est $2\pi . R \cos L . R dL$; ce qui donne pour la somme des forces émanées de toute la zone

$$2\pi R^2 \frac{E}{z} \cos^2 L . dL.$$

La réaction de pression que chacune de ces forces produira sur le pôle P est égale à la force même divisée par le carré de la distance. Or il est facile de voir que pour un parallèle MM situé dans l'hémisphère le plus voisin du pôle P, le carré de la distance, ou $\overline{PM}^2$, est égal à $R^2 \cos^2 L + R^2 (1 - \sin L)^2$; dans l'hémisphère le plus éloigné l'on a $\overline{PM'}^2 = R^2 \cos^2 L + R^2 (1 + \sin L)^2$. L'intégrale de toutes les réactions émanées des différents points de la sphère entière pourra donc être mise sous la forme

$$2\pi\,\frac{E}{z}\left\{\int_0^{\frac{\pi}{2}}\frac{\cos^2 L\,dL}{\cos^2 L+(1-\sin L)^2}+\int_0^{\frac{\pi}{2}}\frac{\cos^2 L\,dL}{\cos^2 L+(1+\sin L)^2}\right\},$$

qu'une transformation facile amène à l'expression

$$2\pi\,\frac{E}{z}\left\{\tfrac{1}{2}\int_0^{\frac{\pi}{2}}(1+\sin L)\,dL+\tfrac{1}{2}\int_0^{\frac{\pi}{2}}(1-\sin L)\,dL\right\}$$

ou enfin à

$$\frac{2\pi\,.\,E}{z}\int_0^{\frac{\pi}{2}}dL.$$

L'intégrale de la quantité sous le signe, entre les limites données, est égale à $\frac{1}{2}\pi$; ce qui donne par conséquent pour la pression totale sur le pôle :

$$P'=\frac{\pi^2 E}{z}.$$

Nous verrons bientôt sur quelle étendue de surface elle s'exerce ; évaluons la pression maintenant sur un élément de l'équateur. Ici le problème est plus complexe, car la distance de tous les points d'un même parallèle à l'élément équatorial que l'on considère n'est plus constante comme pour le pôle, et une double intégration est nécessaire ; cependant au moyen de quelques simplifications la solution va se présenter encore d'une manière assez facile.

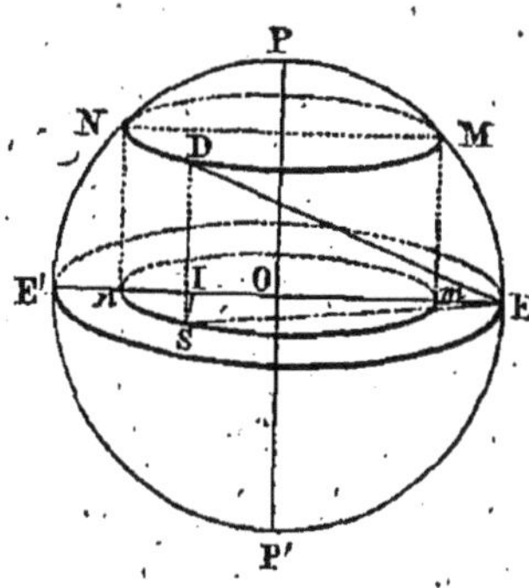

Soit E le point de l'équateur sur lequel on veut calculer la pression, et soit NDM la perspective du parallèle de latitude L, formé par la révolution de l'élément M dont nous évaluons l'impulsion centrifuge sur l'éther. La force centrifuge de chaque élément du parallèle étant toujours $\frac{E}{z}\cos L$, il faut diviser chacune de ces forces par le carré de la distance de son point d'application au point E, en faire la somme, et intégrer les impulsions de tous ces parallèles pour l'étendue de la sphère entière. Pour former la première intégration, projetons le parallèle NDM sur le plan de l'équateur, en nSm, et soit DE le type des distances au point équatorial; on aura $\overline{DE}^2 = \overline{DS}^2 + \overline{SE}^2$, c'est-à-dire que le carré de la distance est égal à une partie $\overline{DS}^2$ constante pour tous les points du parallèle, car elle représente le carré du sinus de la latitude ou $R^2 \sin^2 L$, plus au carré d'une ligne variable SE dont nous allons trouver l'expression pour tout le contour du cercle nSm. Supposons que l'équation de ce cercle soit rapportée à des coordonnées rectangulaires dont le point E soit l'origine, elle sera de la forme $r^2 = y^2 + (x - r - a)^2$, en appelant r le rayon du parallèle, et a la distance Em; d'où l'on déduit :

$$\overline{ES}^2 = y^2 + x^2 = r^2 - (r + a)^2 + 2(r + a)x,$$

d'ailleurs $r + a = R$ et $r = R \cos L$; donc enfin :

$$\overline{DE}^2 = R^2 \sin^2 L - R^2 (1 - \cos^2 L) + 2Rx = 2Rx.$$

Tel est le diviseur d'une quelconque des forces représentées par $\dfrac{E}{z} \cos L$; mais la sommation de cette série de valeurs à dénominateurs inégaux présenterait des difficultés peut-être inextricables, si l'on ne remarquait que ces valeurs étant très-petites, on ne fera point d'erreur sensible en négligeant leurs différences du second ordre et en prenant pour représenter toutes les forces qui dérivent d'un même parallèle la valeur de la force moyenne; ce que nous ferons en adoptant pour l'une quelconque d'entre elles le moyen diviseur. Or, les valeurs extrêmes de x sont $En = R (1 + \cos L)$ et $Em = R (1 - \cos L)$; la moyenne entre ces deux quantités est donc égale à R, et la moyenne valeur du diviseur $2Rx$ est $2R^2$. Elle est la même pour tous les parallèles, ce qu'il était facile de prévoir en se reportant aux propriétés de la figure sphérique.

Il résulte de là que si l'on multiplie l'impulsion, diminuée en raison inverse du carré de la distance, $\dfrac{E.\cos L}{2R^2 z}$, par l'étendue de la petite surface annulaire du parallèle $2\pi R^2 : \cos L.dL$, on aura exprimé, avec une approximation suffisamment exacte, le surcroît de pression qui est produit sur l'élément équatorial par les forces de ce parallèle. L'intégrale de cette expression, pour l'arc L, entre les limites 0 et $\frac{1}{2}\pi$ exprimera l'effet d'un hémisphère, et doublant, on aura pour l'effet de la sphère entière :

$$E' = \frac{2\pi E}{z} \int_0^{\frac{\pi}{2}} \cos^2 L \,.\, dL,$$

formule dont l'intégration est facile et donne pour résultat

$$E' = \tfrac{1}{2}\pi^2 \frac{E}{z}.$$

En rapprochant l'une de l'autre les deux valeurs très-simples et très-analogues de P' et de E', on peut donc obtenir la différence des pressions produites sur le pôle et sur l'équateur par l'effet des forces de rotation ; mais son expression peut et doit encore être simplifiée ici. En effet ce que nous avons représenté par E est la gravité équatoriale sur l'*unité* élémentaire de surface : or il est facile de voir que la symétrie des impulsions autour du pôle et l'arrangement circulaire des méridiens exigent que l'élément polaire, et par suite l'élément équatorial qui lui est comparé, aient un périmètre circulaire, condition également nécessaire pour l'équilibre intérieur des colonnes fluides, ainsi que nous le verrons dans la proposition suivante en traitant du rapport de grandeur des deux axes de figure. Il est nécessaire en outre que l'élément équatorial soit divisé en deux parties égales par la ligne de l'équateur : car si l'élément polaire doit faire équilibre à tous les éléments équatoriaux, l'élément équatorial de son côté doit faire équilibre à celui de chacun des pôles, ou, si l'on veut, cet équilibre doit se faire moitiés à moitiés. Le petit cercle dont nous parlons doit donc être rapporté a son rayon pour unité et non pas à son diamètre, et par conséquent sa surface est égale à π. Cela est nécessaire pour l'équilibre de figure. Mais ce n'est pas ainsi cependant que dans les expériences du pendule et dans toute autre on mesure l'action de la pesanteur ; on la mesure sur l'unité de surface, comme nous avons supposé mesurée la force E, qui nous sert de module. Pour comparer les forces P′ et E′ aux résultats de l'expérience et les rapporter à l'unité, il faut donc diviser leurs valeurs par π, et nous aurons ainsi sur l'unité de surface élémentaire

$$P' = \pi \frac{E}{z} ; \quad E' = \tfrac{1}{2}\pi \frac{E}{z} ;$$

d'où l'on déduira pour l'accroissement de pesanteur cherché :

$$\frac{P' - E'}{E} = \tfrac{1}{2}\frac{\pi}{z} = \tfrac{1}{2}\frac{\pi}{289}.$$

Il est fort remarquable que cette valeur, qui se présente ainsi sous une forme géométrique très-simple et d'une netteté singulière, est précisément égale à $\frac{1}{185}$ ou 0,0054, nombre que les variations du pendule donnent comme étant la mesure exacte de l'accroissement total de la pesanteur, de l'équateur au pôle. La précision de cet accord, sa formule simple, ne sauraient être un résultat purement fortuit ; il faut donc en conclure que l'impulsion produite dans l'éther par les forces centrifuges est la seule action déterminante dans le phénomène de l'accroissement de pesanteur ; et comme la mesure de ces impulsions est sensiblement indépendante de la déformation du corps, il faut donc qu'il y ait égalité, annulation réciproque entre les forces qui naissent de cette déformation et celles qui sont essentiellement liées à la sphéricité du corps tournant. C'est ce qui résultera en effet des calculs de la proposition suivante, où nous allons rechercher la proportion de grandeur entre les axes de la Terre ou de toute autre planète soumise à la rotation ; mais il est essentiel de voir dans cette espèce de théorème autre chose qu'un simple résultat de calcul. Il établit en effet une séparation très-nette, inconnue à la théorie newtonienne, entre les deux grandes questions de l'accroissement de pesanteur et de l'aplatissement ; il permet de comparer pour la première une formule directe et indépendante avec l'observation du pendule ; il servira aussi à renfermer dans une expression simple la valeur générale de l'aplatissement ; enfin nous nous en servirons subséquemment, dans les Propositions XXV et XXVI, pour trouver la loi de l'accroissement par latitude et la forme réelle de la courbe méridienne des corps tournants : je m'arrêterai donc sur cet objet particulier à cause de son importance, et j'essayerai dès maintenant de faire comprendre en quoi consiste cette compensation des forces qui dérivent spécialement de la forme.

La différence de pression que nous venons d'évaluer au pôle et à l'équateur dépend de forces d'impulsion agissant immédiatement sur l'éther, et qui préexistent à toute déformation ; si le corps était rigide et non susceptible de se déformer, ces pressions n'en agiraient pas moins : mais voyons ce qui arrivera lorsque le corps, cédant intérieurement aux forces centrifuges et à l'excès de pression polaire, s'affaissera aux pôles, et se renflera dans la région de l'équateur. Par ce rapprochement qu'éprouvent ainsi les pôles vers le centre de la Terre, la pesanteur générale, centrale, y augmentera en raison inverse du carré de la distance à ce centre, et cette augmentation viendrait ajouter un puissant élément de différence à celui que nous venons d'analyser, si elle n'était employée tout entière à contre-balancer une autre force équatoriale, dont nous n'avons point encore tenu compte et qui relève aussi en quelque façon de la forme générale du corps. Lorsqu'en effet nous avons calculé la pression produite sur l'élément polaire et sur l'élément équatorial dont la surface est π, nous n'avons mis en calcul que l'influence exercée sur eux à distance et nous n'avons pas dû tenir compte de la réaction produite par leur propre impulsion, annulée qu'elle était par la force centrifuge. Mais lorsque nous sommes passés de la surface π à l'unité élémentaire de surface, nous ne pouvions plus négliger l'action produite sur cette unité par l'impulsion des parties voisines, dont l'étendue est égale à $\pi - 1$. Or cette influence est fort dissemblable au pôle et à l'équateur : au pôle elle est presque nulle ; à l'équateur elle est au contraire considérable et égale à $\dfrac{\pi - 1}{z}$ E. C'est là une force existant par la nature des choses et intimement liée à la figure sphéroïdale du corps tournant ; mais c'est là aussi une force essentiellement secondaire, et qui ne doit point forcément avoir un effet matériel absolu, comme celui exercé sur l'éther par l'impulsion générale des éléments ; elle peut sans inconvénient rester latente par sa compensation réciproque avec une autre force : c'est donc elle qui entrera en balance avec l'accroissement de gravité polaire naissant du rapprochement vers le centre, lorsque le corps cédant aux forces centrifuges intérieures commencera à s'aplatir vers les pôles. Or il est naturel de penser, d'après le principe de la moindre action, que cette déformation progressive de la figure sphérique, liée par une dépendance mutuelle avec l'accroissement de pesanteur, doit s'opérer avec la plus grande sobriété de forces, et s'arrêter lorsque les forces nécessairement existantes sont exactement balancées par les forces nouvelles. Si l'on appelle a et b les deux demi-axes, M la puissance d'attraction générale du corps ou ce que l'on nomme improprement sa *masse*, $\dfrac{M}{b^2} - \dfrac{M}{a^2}$ est l'excès de pression de l'éther sur le pôle résultant de son plus grand rapprochement du centre, quantité sensiblement égale à $\dfrac{2(a-b)}{b} \cdot \dfrac{M}{a^2}$ (*) ou $\dfrac{2(a-b)}{b} E$, car $\dfrac{M}{a^2}$ est ce que nous avons représenté par E, la gravité équatoriale. Il est donc en définitive naturel de penser que la déformation sera parvenue à son terme lorsque cette force nouvelle équilibrera celle que nous avons vu exister nécessairement à l'équateur, ou lorsque l'on aura

$$\frac{2(a-b)}{b} E = \frac{\pi - 1}{z} E, \text{ ou }, \frac{a-b}{b} = \frac{\pi - 1}{2z} ;$$

ce qui par occasion nous donne une valeur de l'aplatissement lui-même, ou du moins une équation de condition à laquelle cette valeur doit satisfaire.

Deux conséquences importantes émaneraient donc de ce précieux principe que vient de nous fournir l'équilibre des forces de figure : l'une est de conduire comme on vient de le voir à la formule même de l'aplatissement et de fournir ainsi un moyen de contrôle pour cette question, que nous résoudrons tout à

(*) $\dfrac{M}{b^2} - \dfrac{M}{a^2} = \dfrac{M}{a^2}\left(\dfrac{a^2 - b^2}{b^2}\right) = \left\{\left(\dfrac{a-b}{b}\right)^2 + \dfrac{2(a-b)}{b}\right\} \dfrac{M}{a^2} ;$ la première fraction est négligeable par rapport à la seconde, et peut être supprimée.

l'heure directement ; l'autre, d'une importance selon nous beaucoup plus grande, est d'amener la séparation des deux problèmes de l'aplatissement et de l'accroissement de pesanteur, de rendre la solution de ce dernier comparable aux observations du pendule, et en annulant l'une par l'autre toutes les forces étrangères aux impulsions de l'éther que nous avons primitivement calculées, de consacrer enfin comme expression de la vérité la valeur si précise que nous avons trouvée précédemment :

$$\frac{P' - E'}{E} = \frac{\pi}{2} \cdot \frac{1}{289} = \frac{1}{185} = 0,0054 ;$$

résultat d'une précision parfaite auquel la théorie ordinaire n'avait pu parvenir, malgré les travaux de tant de grands géomètres : sans doute parce que son principe ne lui permettait point de parvenir à la véritable solution.

Tout ceci du reste ne peut être encore donné que comme aperçu et en quelque sorte comme une conjecture ; la proposition suivante va en consacrer la réalité.

PROPOSITION XXII.

PROBLÈME.

Trouver la formule de l'aplatissement terrestre, ou en général le rapport entre les deux axes d'une planète soumise à la rotation.

J'imagine, comme on le fait à l'ordinaire, un canal recourbé aboutissant au pôle et à l'équateur, et dont les deux branches se joignent à angle droit au centre de la terre, supposée à l'état fluide (*). Mais au lieu de supposer ces branches cylindriques, je leur donne la forme de secteurs, ou si l'on veut, celle de cônes touchant au centre par leur sommet et sous-tendant par leur base au pôle et à l'équateur l'unité élémentaire de surface ; de telle sorte qu'en vertu du théorème sur l'homogénéité intérieure

_____
(*) Ou du moins renfermant une couche fluide suffisamment épaisse, car on peut sans changer l'équilibre solidifier par la pensée une portion des canaux.

contenu dans la Proposition XVIII, si l'on subdivise ces deux branches en petites parties d'égales longueurs par des sections transversales, chacune de ces petites divisions contienne la même quantité de matière, ce qui réduira la question de masse à une question de longueurs.

Pour traiter le sujet dans toute sa généralité, la condition d'équilibre est que les quantités de mouvement totales imprimées aux molécules dans les deux canaux soient égales ; c'est-à-dire que si P indique la pression totale sur le pôle, E la pression totale sur l'équateur, a et b étant les deux demi-axes de l'équateur et du pôle ou les longueurs des canaux (longueurs qui représentent, comme nous venons de le voir, les quantités de matière elles-mêmes), on doit avoir la condition d'égalité

$$P b = E a \dots\dots (1).$$

Les pressions qui agissent extérieurement sur l'extrémité des canaux, nous les avons indiquées déjà dans la proposition précédente ; mais il s'agit d'évaluer de plus les forces centrifuges qui, animant individuellement les particules de la colonne équatoriale, viennent en déduction de la pression sur l'équateur. Supposons à cet effet que a est un nombre très-grand, et divisons la colonne équatoriale en ce nombre de parties : chacune d'elles sera animée d'une force centrifuge proportionnée à sa distance au centre (celle de l'équateur étant $\frac{1}{289} E$, ou plus généralement $\frac{E}{z}$), et la somme des quantités de mouvement produites par toutes les parties de la colonne, en sens inverse de la pression qui agit sur l'équateur, sera représentée par la suite

$$\frac{E}{289 . a} (1 + 2 + 3 + 4 + \dots\dots + a),$$

dont la sommation, par le calcul intégral aux différences finies, donne pour résultat $\frac{E}{289 . a} \cdot \frac{a}{2} (a + 1)$. Mais si l'on veut que la quantité a soit mise en évidence, il faut rendre l'analyse plus exacte encore, en supposant que chacune des petites divisions, au lieu d'être animée tout entière de la force centrifuge qui agit à son extrémité, est animée de celle qui agit à son point milieu, ce qui donnera la série

$$\frac{E}{289 \cdot a}\left(\tfrac{1}{2}+\tfrac{3}{2}+\tfrac{5}{2}+\tfrac{7}{2}+\dots+\frac{2(a-1)+1}{2}\right),$$

dont la somme est $\tfrac{1}{2}\dfrac{E}{289}a$. De sorte que la différence des quantités de mouvement qui agissent dans la colonne équatoriale est égale à $Ea\left(1-\frac{1}{2\times289}\right)$, ou plus généralement $Ea\left(1-\frac{1}{2z}\right)$, et l'équation d'équilibre deviendra

$$Pb = Ea\left(1-\frac{1}{2z}\right)\dots(2).$$

Pour en tirer le rapport des axes, il s'agit d'y remplacer P et E par leur valeur. Or si nous nous reportons aux données et aux observations finales de la proposition précédente, il est clair que l'on peut remplacer P par l'expression

$$\left(1+\frac{\pi}{2z}+\frac{2(a-b)}{b}-\frac{\pi-1}{z}\right)E,$$

en représentant par $\dfrac{2(a-b)}{b}E$ la différence de gravité résultant de la distance au centre, et en tenant compte de la pression complémentaire équatoriale $\dfrac{\pi-1}{z}E$ que fait naître, comme nous l'avons vu, l'usage de la surface élémentaire 1 au lieu de la surface élémentaire π, sur laquelle agissent réellement les forces d'après les nécessités de la figure sphéroïdale du corps. Toutes ces valeurs doivent entrer dans l'expression de P et non pas dans celle de E que nous avons prise pour unité de comparaison ; P n'est plus en effet pour nous que l'unité de force E, augmentée de la différence polaire.

Mais remarquons de plus qu'en évaluant à $\dfrac{\pi}{2z}E$ l'accroissement de gravité qu'apportent à l'équateur les forces de rotation, on a fait abstraction de la petite pression équatoriale $\dfrac{E}{z}$, effet de la réaction sur l'élément lui-même, mais qui était détruite par la force centrifuge qui agit à la surface de l'équateur. Or cette petite pression n'est détruite que pour l'élément superficiel, elle n'en doit pas moins être comptée comme agissant sur toute la colonne et portée en augmentation de la pression E à l'équateur, puisque dans la sommation des forces centrifuges nous tenons compte de la petite force qui lui est contraire. Cela tend à augmenter la valeur fondamentale de E, ou plutôt à diminuer la différence qui a servi à former, dans le premier membre, la valeur de P ; la force équatoriale y doit être représentée non plus par E seulement, mais par $\left(1 - \dfrac{1}{z}\right)$ E. Cela posé, l'équation (2) deviendra, en supprimant le signe E commun aux deux membres :

$$\left(1 - \frac{\pi}{2z} - \frac{1}{z} + \frac{2(a-b)}{b} - \frac{\pi-1}{z}\right)b = \left(1 - \frac{1}{2z}\right)a \ldots (3) ,$$

relation qui, par un facile artifice de calcul, donne pour la valeur de l'aplatissement rapportée à l'axe équatorial :

$$\frac{a-b}{a} = \frac{\pi-1}{2z+\pi} \ldots (4).$$

VÉRIFICATIONS. — Cette formule très-simple qui a, comme celle de l'accroissement de pesanteur, l'avantage de donner pour la solution du problème une mesure complétement indépendante, s'applique avec une précision très-satisfaisante aux deux aplatissements directement observables, ceux de Jupiter et de Saturne, et à l'aplatissement terrestre d'une manière suffisamment concordante avec la moyenne des ellipticités si variables que l'on peut déduire de la mesure des arcs de méridien.

Pour Jupiter, le rapport z de la gravité à la force centrifuge sous l'équateur est égal à 12,15 ; la formule donne donc pour l'aplatissement $\frac{1}{12.8}$, ou sensiblement $\frac{1}{13}$; or l'observation apprend que l'aplatissement de Jupiter est environ $\frac{1}{14}$.

Pour Saturne, $z = 5,56$; la formule donne à très-peu près $\frac{1}{7}$; or d'après des observations assez incertaines l'aplatissement de cette planète paraît être d'environ $\frac{1}{9}$: l'approximation semblera donc ici un peu plus éloignée ; elle l'est moins encore cependant que les données de la théorie ordinaire, qui ne fournissent que des limites ; on verra d'ailleurs plus loin que cet écart de l'observation pourrait bien n'être qu'apparent et tenir à une dépression polaire, invisible dans les profils : c'est ce qui paraîtra plus vraisemblable lorsque nous aurons traité de la courbure des surfaces tournantes (Proposition XXIVe), et montré qu'il existe suivant toute apparence une dépression aux pôles dans le cas des fortes rotations.

La rotation observée dans la planète Mars conduit à $z = 230$ ce qui donne $\frac{1}{216}$ pour l'aplatissement ; il serait difficile de le comparer à un résultat d'observation : car les observations qui donnent l'aplatissement de Mars sont plus qu'incertaines. Herschel a cru pouvoir conclure des siennes le rapport $\frac{1}{16}$; mais, comme Laplace le remarque, cette apparence est très-probablement produite par les phases très-sensibles de cette planète. Un aplatissement aussi considérable semblerait en effet très-peu en rapport, dans toute théorie, avec la valeur de la force centrifuge de Mars, déduite du temps de sa rotation ; et de plus, la comparaison semble montrer qu'il y a dans les rotations planétaires une sorte de progression en rapport avec les distances au soleil et le volume des planètes dont nous essayerons plus tard de montrer les causes : l'aplatissement $\frac{1}{216}$ répond bien à cette progression.

Quant à la Terre, où $z = 289$, l'aplatissement donné par la formule est de $\frac{1}{272}$; si l'on réfléchit aux ellipticités si diverses fournies par la mesure des arcs de méridien, et qui vont jusqu'à $\frac{1}{140}$, on jugera facilement qu'il reste autant de probabilité pour que le véritable nombre s'approche plutôt de $\frac{1}{272}$ que de $\frac{1}{305}$, chiffre adopté par Laplace et qui est d'ailleurs peu différent du nôtre. Le résultat de Laplace a été fourni à cet illustre géomètre par le calcul de l'action de l'équateur terrestre sur la lune et sa comparaison avec l'observation des inégalités lunaires : mais cette méthode, intimement liée à l'hypothèse de l'attraction moléculaire, est, au point de vue de l'aplatissement terrestre, entachée d'une sorte de pétition de principe. Car si cette hypothèse elle-même n'est pas exacte, l'action de l'équateur terrestre peut n'être point telle que l'indique la théorie ordinaire, ou n'être point liée à l'aplatissement de la même manière que l'indiquerait cette théorie (*).

(*) La précession des équinoxes et la nutation de l'axe de la terre dépendent aussi

Au reste les comparaisons précédentes montrent qu'en général ral notre formule donne des résultats un peu forts. Cela tient, nous le pensons, à ce que dans le premier membre de l'équation (3) la force E, qui affectait tous les termes, n'était pas pour tous exactement la même que dans le second membre ; ainsi elle était un peu moindre pour le terme $\dfrac{2(a-b)}{b}$ E, qui ne se rapporte guère qu'à la masse de translation ; en le rapportant à la masse totale nous l'avons donc quelque peu augmenté, et par conséquent avec lui la pression qui pèse sur le pôle. Ceci sera éclairci encore mieux dans le scholie suivant.

SCHOLIE.

Concordance des deux formules de l'aplatissement et de l'accroissement de pesanteur, et vérification du théorème sur l'équilibre des forces de figure.

Les considérations que nous avons exposées à la fin de la proposition précédente, au sujet de l'accroissement de pesanteur de l'équateur au pôle et sur l'équilibre des forces qui naissent de la forme du corps tournant, nous fournissent ici une autre sorte de vérification d'autant plus précieuse, qu'elle doit servir à confirmer la solution de l'important problème auquel nous nous reportons. Si en effet dans l'équation (3), qui nous a servi à calculer d'une manière exacte et complète l'aplatissement du sphéroïde, on introduit la condition de l'égalité des forces de figure telle que nous l'avons présentée dans la proposition précédente ou

$$\frac{2(a-b)}{b} = \frac{\pi - 1}{z} \dots (5),$$

de l'aplatissement terrestre, mais par un principe de calcul qui, se rattachant beaucoup plus étroitement aux lois générales de l'attraction des corps, n'est de nature à porter par lui-même ni atteinte ni confirmation à notre théorie. Il est remarquable toutefois qu'il indique pour l'aplatissement de la terre (Laplace, *Exposition du système du monde*, liv. IV, chap. IV) la limite $\frac{1}{247}$, beaucoup plus rapprochée de notre nombre $\frac{1}{272}$ que du chiffre $\frac{1}{303}$ qui a été adopté par Laplace d'après sa théorie de la lune.

cette équation (3) se réduit à la forme très-simple

$$\left(1 + \frac{\pi}{2z} - \frac{1}{z}\right)b = \left(1 - \frac{1}{2z}\right)a,$$

d'où l'on tire une valeur de l'aplatissement très-approchée de la précédente :

$$\frac{a - b}{a} = \frac{\pi - 1}{2z + \pi - 2} \dots (6).$$

L'égalité (5) elle-même fournit une valeur sensiblement identique

$$\frac{a - b}{a} = \frac{\pi - 1}{2z + \pi - 1} \dots (7).$$

Les différences légères qui existent entre les résultats de ces trois formules tiennent sans doute à une circonstance délicate, d'une importance peu considérable d'ailleurs, celle de savoir dans quel membre de l'équation l'on doit tenir compte de la petite pression $\frac{E}{z}$. Car si cette petite pression était portée dans le second membre de l'équation (3) débarrassée des forces de figure, elle devient

$$\left(1 + \frac{\pi}{2z}\right)b = \left(1 + \frac{1}{2z}\right)a;$$

d'où l'on tire, comme dans la valeur (4) :

$$\frac{a - b}{a} = \frac{\pi - 1}{2z + \pi}.$$

Quant à l'égalité (5), elle donnerait aussi une valeur égale, si l'on tenait compte de deux forces polaires que l'on a négligées pour la clarté du calcul et dont la somme est sensiblement égale à $\frac{2}{z^2}$, qu'il faudrait ajouter au premier membre de l'équation (5) : ce qui revient sensiblement à diminuer de $\frac{1}{z}$ les deux termes de la valeur (7), et par conséquent l'amène à devenir réellement identique en résultat avec notre expression (4).

Concluons donc que les trois valeurs de l'aplatissement sont réellement les mêmes, et sensiblement égales en résultat à la valeur (4) ou

$$\frac{a - b}{a} = \frac{\pi - \mathrm{I}}{2z + \pi}.$$

De là il y a lieu de conclure aussi l'égalité réelle entre les forces de figure, que de simples considérations philosophiques nous avaient fait préjuger dans la proposition précédente ; et par suite nous en conclurons la rigueur du chiffre de l'accroissement de pesanteur que nous avons trouvé et qui est rigoureusement conforme aux observations du pendule :

$$\frac{E' - P'}{E} = \tfrac{1}{2} \, \frac{\pi}{z} = 0,0054.$$

Ainsi donc de trois manières diverses nous arrivons à un même résultat, toutes trois concourant vers une expression simple à la fois et véridique de l'aplatissement planétaire. Et de la concomitance de ces trois résultats ne dépend pas seulement la solution du problème qui est ici en question, mais encore le dénoûment séparé d'une question demeurée jusqu'ici sans solution directe, à savoir, *l'accroissement de pesanteur de l'équateur au pôle*, dont la valeur trouve ici, comme nous l'avions promis, une pleine confirmation, et qui est ainsi résolue par notre méthode d'une manière indépendante, avec une précision et une simplicité inespérées.

PROPOSITION XXIII.

L'accroissement de pesanteur pour chaque parallèle, de l'équateur au pôle de la terre, suit la loi directe des carrés du sinus de la latitude.

La résolution du problème de l'accroissement de pesanteur ne serait pas complète si, se bornant à trouver sa quantité totale entre le pôle et l'équateur, on négligeait de rechercher la loi qu'il suit pour les diverses latitudes, loi que l'ensemble des observations du pendule porte à formuler avec une simplicité à laquelle il serait précieux que la théorie pût atteindre. Nous y sommes parvenus par une considération particulière qui ne nous satisfait pas complétement, parce qu'elle ressort plutôt d'une sorte d'induction d'analogie que d'un raisonnement rigoureux : nous allons néanmoins l'exposer, à cause de sa simplicité, et sinon comme une solution réelle et analytique du problème, du moins comme une assez heureuse vérification des données expérimentales.

Nous avons trouvé précédemment que la pression totale produite par l'action des forces de rotation à distance était pour le pôle $\pi^2 \dfrac{E}{z}$, à l'équateur $\dfrac{\pi^2}{2} \dfrac{E}{z}$, pression que la nécessité de la forme fait exercer sur une surface élémentaire égale à π. Je remarque que la moitié de l'élément équatorial étant située dans un hémisphère et la moitié dans l'autre, si l'on ne considérait comme faisant équilibre à la demi-colonne polaire que la zone équatoriale d'un seul hémisphère, ce qui semble admissible, l'élément de surface à l'équateur ne serait plus que $\dfrac{\pi}{2}$. Or si, dans une telle répartition de l'équilibre, nous appliquons la pression $\dfrac{\pi^2 E}{2z}$ à ce demi-élément seul, la pression sur l'unité de surface serait, à l'équateur comme au pôle, $\pi \dfrac{E}{z}$.

Transportons la même considération à un parallèle quelconque, les lois de l'analogie portent nécessairement à conclure que la pression sur l'unité de surface ainsi obtenue étant la même au pôle et à l'équateur, sera égale partout, et que par conséquent sa valeur, sur le parallèle de latitude L, sera toujours $\pi \dfrac{E}{z}$.

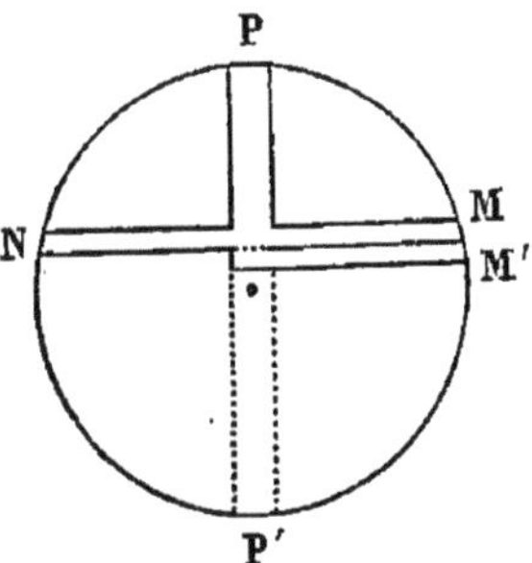

Mais il est facile de voir que dans cette manière de considérer l'équilibre des colonnes fluides, nous avons, pour chaque parallèle, substitué la pression des deux demi-éléments opposés M et N, du même méridien, à celle des deux demi-éléments voisins M et M', pour équivaloir à la pression exercée sur l'élément polaire P ; or cette circonstance est importante, attendu l'influence mutuelle des parties voisines dont ont est obligé de tenir compte en rapportant à *l'unité de surface* la pression exercée sur la surface élémentaire π, ainsi que nous l'avons indiqué dans la dernière partie de la Proposition XXI. Telle sera donc la cause qui viendra rompre l'uniformité de la pression à laquelle cette nouvelle considération paraissait nous conduire. Or son influence est facile à apprécier : il faut de cette pression uniforme retrancher l'effet d'un voisinage qui n'existe plus, c'est-à-dire, l'effet produit par le demi-élément M' que nous supprimons dans le nouveau calcul, et dont nous avions tenu compte en premier lieu dans ce que nous avions appelé l'équilibre des forces de figure. Cet effet n'est autre que l'impulsion centrifuge du demi-élément M' : à l'équateur il est égal à la force centrifuge équatoriale $\dfrac{E}{z}$ multipliée par la surface du demi-élément $\frac{1}{2}\pi$, c'est-à-dire à $\frac{1}{2}\pi\,\dfrac{E}{z}$, ce qui est parfaitement conforme à la réalité ; c'est en effet cette quantité qu'il faut retrancher de la pression polaire pour obtenir la vraie pression équatoriale. Nous appliquerons donc le même calcul à l'élément du parallèle de latitude L, mais avec une nécessaire modification. A cette latitude la force centrifuge est $\dfrac{E}{z}\cos L$; quant à la surface du demi-élément, sa grandeur sera moindre que pour l'équateur, attendu que nous considérons *l'ensemble* d'une zone faisant de toutes parts équilibre à la colonne polaire, et que chacune de ces zones doit être divisée comparativement au cercle équatorial en un nombre égal de parties ; que par conséquent la grandeur de chaque partie, ou élément utilement agissant dans cet ensemble, est avec l'élément équatorial dans le rapport du cosinus de la latitude au rayon de la sphère. La surface du demi-élément ne produira donc, comparativement à celui de l'équateur, qu'un effet égal à $\frac{1}{2}\pi\cos L$; multipliant par la force centrifuge du parallèle, on en conclura que la quantité à retrancher de la pression uniforme, pour la latitude L, est $\frac{1}{2}\dfrac{\pi}{z}E\cos^2 L$;

et mettant en regard les deux résultats, l'on aura ainsi :

Pression réelle sur l'unité de surface :

$$\text{à la latitude L...} \quad \frac{\pi}{z}E - \frac{1}{2}\frac{\pi}{z}E\cos^2 L,$$

$$\text{à l'équateur .....} \quad \frac{\pi}{z}E - \frac{1}{2}\frac{\pi}{z}E.$$

La différence est $\frac{1}{2}\frac{\pi}{z}E\,(1 - \cos^2 L)$, et par conséquent son rapport avec la gravité équatoriale E sera $\frac{1}{2}\frac{\pi}{z}\sin^2 L$. Il est donc égal à l'accroissement total de pesanteur entre l'équateur et le pôle, multiplié par le carré du sinus de la latitude. Ainsi les accroissements de la pesanteur, rapportés à la gravité équatoriale prise pour unité, sont proportionnés au carré du sinus, ou ce qui est la même chose, la diminution de la pesanteur à partir du pôle est proportionnée au carré du cosinus de la latitude : c'est en effet ce qui a été reconnu expérimentalement par l'ensemble des variations dans la longueur du pendule aux divers points du méridien terrestre.

L'induction par laquelle nous venons de parvenir à cette vérification n'a point sans doute la rigueur complète d'un raisonnement géométrique ; elle a l'avantage seulement de mener par une voie simple à un résultat conforme à la vérité, et de montrer que nos principes et notre méthode, sans être parvenus au point de perfection où pourrait les conduire une main plus savante, ne se refusent toutefois dès maintenant à aucune des grandes lois fournies par l'observation directe.

PROPOSITION XXIV.

PROBLÈME.

Trouver l'équation de la courbe méridienne des corps planétaires soumis à la rotation.

Cette courbe est formée de deux parties d'ellipse excentriquement placées et formant ainsi une dépression vers les pôles.

Nous ne pouvions non plus terminer ce qui se rapporte à la

question des corps tournants, sans appliquer notre méthode à
la recherche d'un problème qui semble en être la généralisation la plus complète, bien qu'il ne représente guère qu'une
question de pure curiosité : je veux parler de la forme totale
qui est affectée par ces corps, et de la nature de leur courbe
méridienne. Ce sujet, dans la théorie ordinaire, ressort d'une
analyse très-élevée, et ne paraît point même admettre de solution directe et absolue ; il est donc intéressant de voir si de
l'emploi de principes différents ne ressortira pas une notable
simplification, qui permette d'aborder de front le problème.

Les propositions antérieures montrent avec quelle facilité,
en même temps que justesse, le principe *de la moindre action*
peut s'appliquer à la recherche du rapport des axes et de l'accroissement total de pesanteur de l'équateur au pôle. Cela nous
a fait naître la pensée d'en faire une application semblable à
la recherche, plus difficile en apparence, de la courbure générale
du méridien. La première application une fois connue et vérifiée, celle-ci va devenir fort simple.

Le principe du calcul consiste à mettre en équilibre avec la
colonne équatoriale une colonne quelconque joignant le centre
à un des points de la surface ; et prenant pour inconnue la longueur même du rayon vecteur correspondant à chaque latitude,
parvenir ainsi à ce que l'on nomme *l'équation polaire* de la
courbe, pour la ramener de là au système des coordonnées ordinaires. Cela posé, nous nous servirons du théorème particulier
que nous avons signalé dans les propositions antérieures comme
se rattachant au principe de la moindre action, et que nous
avons trouvé si bien vérifié par la formule de l'aplatissement,
savoir, qu'il y a équilibre entre ce que nous avons nommé les
forces de figure, c'est-à-dire entre celles qui sont nécessitées par
la forme sphéroïdale du corps tournant et celles qui naissent de
sa déformation progressive sous l'influence de la rotation. Nous
avons vu en effet qu'il en était ainsi entre le pôle et l'équateur,
et pour justifier philosophiquement cette heureuse particularité, nous avons dit que la déformation du corps s'effectuant en
vertu des forces de rotation individuelles, jusqu'à un certain
point indépendantes de la forme, développe en même temps un

accroissement progressif de la gravité dans les parties polaires qu'elle rapproche du centre ; qu'en conséquence, par suite du principe de la moindre action, cette déformation doit s'arrêter dès que l'accroissement de gravité qu'elle fait naître est en équilibre avec la partie des forces de rotation qui tiennent à la forme générale, en ne laissant subsister que celles qui en sont en quelque sorte indépendantes et ne sont liées essentiellement qu'à la rotation même.

Nous étendrons maintenant ces principes à la déformation de toutes les parties de la surface et nous en déduirons le rapport de longueur des divers rayons vecteurs avec le rayon équatorial. Mais pour donner au problème une suffisante simplification, et même pour pouvoir le résoudre par ce moyen, il devient nécessaire d'adopter un principe, probablement rigoureux, mais au moins très-vraisemblable dans le cas ordinaire d'une rotation modérée, savoir, « qu'aux divers points de la surface tournante la partie de la force attractive qui dépend de la translation du corps dans l'espace est toujours proportionnée au carré de la distance au centre de figure, c'est-à-dire au carré du rayon vecteur, bien que la pression de l'éther agisse suivant la normale à la surface et non pas suivant le rayon. » Ce que nous avons dit de la transmission des mouvements dans l'éther rend ce principe très-facile à concevoir et complétement rationnel : car la diminution dans l'intensité des mouvements du fluide ayant lieu en proportion du nombre de molécules éthérées entre lesquelles l'impulsion est à chaque instant partagée, la loi de cette diminution doit par conséquent se rapporter partout au *centre de figure considéré comme centre d'une enveloppe sphérique.* Cette règle admise, la solution du problème par le principe de la moindre action va se présenter avec une grande simplicité.

Soit M le point variable du méridien, r la longueur du rayon vecteur OM, L l'angle de la latitude, a et b les demi-axes de l'équateur et du pôle, E la gravité équatoriale. On a vu précédemment qu'il y avait égalité entre l'excès de gravité polaire résultant de la diminution de distance au centre, ou $2\left(\dfrac{a-b}{b}\right)E,$

et la pression due aux forces centrifuges $(\pi - 1)\dfrac{E}{z}$, qui résulte pour l'équateur de la transformation de la surface élémentaire π en surface 1. Si nous étendons cette condition d'équilibre à une latitude quelconque L, comparée avec l'équateur, il y aura égalité entre l'accroissement de gravité $2\dfrac{(a-r)}{r}E$ et le produit de $\pi - 1$ par la différence des pressions, dues à la force centrifuge, qui agissent sur l'élément de l'équateur et celui de latitude L, où cette force est égale à $\dfrac{E}{z}\cos L$; d'où l'on déduit l'équation :

$$2\frac{(a-r)}{r} = \frac{\pi - 1}{z}(1 - \cos L).$$

Or on a déjà entre le pôle et l'équateur (Proposition XXI) :

$$2\frac{a-b}{b} = \frac{\pi - 1}{z};$$

on en conclut

$$\frac{a-r}{r} = \frac{a-b}{b}(1 - \cos L),$$

qui sera l'équation polaire de la courbe méridienne, les axes étant connus, comme on l'a vu précédemment, par le rapport de la gravité à la force centrifuge.

Cette équation rapportée aux coordonnées ordinaires, présente un assez intéressant résultat. Pour cette transformation l'on a $r = \sqrt{x^2 + y^2}$, et $\cos L = \dfrac{x}{r}$; d'où résulte l'équation nouvelle

$$a^2 y^2 + (2ab - b^2)x^2 - 2ab(a-b)x - a^2 b^2 = 0,$$

laquelle appartient à une *ellipse*. Mais ce qu'il y a de particulier, c'est que cette ellipse n'est pas rapportée à son centre : pour trouver la position du centre de cette courbe, il faut transporter l'origine des coordonnées, sur l'axe des x, c'est-à-dire sur l'axe de l'équateur, à une certaine distance du centre général de figure, distance égale à $\dfrac{a(a-b)}{2a-b}$.

En se contentant de ce degré d'approximation l'on voit donc

que la courbe méridienne est formée de deux parties d'ellipse, plus grandes chacune que moitié, et qui par conséquent viennent se joindre au pôle en une dépression ; ce qui du reste est confirmé par la grandeur du petit axe de l'ellipse, lequel dépasse la valeur de b, étant intermédiaire entre b et $\sqrt{2ab - b^2}$.

Tout cela n'est point de la dernière rigueur comme géométrie, mais une fois le principe d'équation admis (et il a été prouvé entre l'équateur et le pôle), les écarts de détail ne peuvent aller assez loin, à l'égard de rotations comme celles du système planétaire, pour détruire la partie caractéristique du résultat ; il n'y a aucun doute, d'ailleurs, qu'à l'égard de ces rotations, les carrés des aplatissements que nous avons négligés par rapport au double de leur première puissance, ne fussent en effet négligeables et propres à donner seulement des complications d'une médiocre importance, étrangères en quelque sorte à la question : car il est clair que pour des rotations modérées la surface tournante ne saurait être rencontrée par une droite en plus de deux points, excepté dans la dépression polaire ; et à ce sujet je dois faire remarquer que notre équation, quoiqu'en apparence du deuxième degré, est en réalité du quatrième par la double relation de signe des lignes trigonométriques avec les coordonnées, duplicité de relation qu'on peut traduire, si l'on veut, par le changement de centre des deux parties d'ellipse qui forment le méridien entier.

Il demeurera donc constant que le méridien des planètes soumises à la rotation a une courbure sensiblement ellipsoïdale, mais que le solide entier n'est point cependant tout à fait un ellipsoïde de révolution ; qu'il est engendré par une ellipse excentrique à l'axe et par conséquent laissant autour du pôle une partie aplanie ou même déprimée, d'autant plus étendue que la rotation est plus considérable ; pour des rotations très-énergiques, le corps tournant doit prendre une figure discoïde, ou même une figure approchant de celle du tore. C'est là le trait caractéristique, particulier à notre théorie, et tout à fait différent des résultats ordinaires : je ne sais s'il sera jamais donné de le vérifier expérimentalement.

PROPOSITION XXV.

*Étant donné le rapport de la gravité à la force centri-
fuge sur l'équateur d'un corps tournant, estimer quelle
quantité la rotation ajoute à sa force attractive ; en d'autres termes, estimer l'influence de la rotation sur ce que
l'on appelle aujourd'hui la masse attirante du corps.*

Après les deux sujets, d'un ordre en quelque sorte spé-
culatif, dont nous venons de nous occuper, nous terminerons
ce livre par une question d'une valeur plus positive et dont
nous aurons à faire des applications assez importantes dans le
livre suivant. Il s'agit de calculer en quelle proportion les forces nées de la rotation entrent dans la mesure de la puissance
attractive d'un corps tournant.

Tous les éléments de cette question sont contenus dans les
propositions relatives à l'accroissement de pesanteur de l'équateur au pôle ; elle y est pour ainsi dire entièrement renfermée.
Car il ne s'agit de rien autre que d'évaluer la somme des réactions exercées par l'éther sur la surface du corps en vertu des
forces de rotation, et le rapport de cette somme à la masse
ou puissance attractive générale.

Or on a vu que la pression produite à distance par la réaction de toutes les forces centrifuges était sur l'unité de surface,
à l'équateur, $\dfrac{\pi}{2}\dfrac{E}{z}$, E étant toujours la gravité équatoriale et z
le rapport de cette force à la force centrifuge. On sait de
plus que l'excès de gravité polaire est égal à la même quantité
$\dfrac{\pi}{2}\dfrac{E}{z}$, et que sur les divers parallèles il est proportionné au
carré du sinus de la latitude ou exprimé par $\dfrac{\pi}{2}\dfrac{E}{z}\sin^2 L$.

Ainsi sur un parallèle quelconque, de latitude L, la pres-
sion produite par les forces centrifuges est $\dfrac{\pi}{2}\dfrac{E}{z}(1 + \sin^2 L)$;

si l'on multiplie cette pression par la surface annulaire du parallèle, $2\pi R^2 \cos L dL$, la somme cherchée dépendra de l'intégration suivante

$$\frac{2\pi^2 R^2 E}{z} \int_0^{\frac{\pi}{2}} (1 + \sin^2 L) \cos L dL.$$

Elle sera donc égale à $\dfrac{2\pi^2 R^2}{z} \left(1 + \dfrac{1}{3} \right) E$. Soit M la masse générale du corps, sa puissance attractive à l'unité de distance ; on aura $E = \dfrac{M}{4\pi R^2}$ et l'expression précédente sera égale à

$$\frac{2}{3}\frac{\pi}{z} \cdot M ;$$

par conséquent le rapport de l'attraction produite par les forces centrifuges à l'attraction générale du corps est représenté par le nombre

$$\frac{2}{3}\frac{\pi}{z} ;$$

et il n'est pas difficile de voir que si l'on avait tenu compte de l'inégalité des axes, α et $\mathcal{C}$, le résultat eût été

$$\frac{2}{3}\frac{\mathcal{C}}{\alpha}\frac{\pi}{z}.$$

Tel sera l'effet produit par la somme des forces de rotation comparées à l'attraction générale du corps ; il faudra seulement observer, dans l'application, que le point de départ de ces forces est à la surface du corps, tandis que celui de l'attraction générale est au centre, et il sera nécessaire de les ramener à la même distance. Cette circonstance est importante, nous la rappellerons en son lieu.

Scholie. Il était essentiel, dans cette question, de faire entrer non pas les simples forces centrifuges de chaque point, mais bien la concentration sur chacun d'eux des réactions dues à toutes les autres forces centrifuges de la surface, en tenant compte de la déperdition par la distance. Il n'est pas même sans intérèt de calculer quelle serait la valeur comparative de la somme des forces centrifuges si l'on n'avait pas égard à ces deux considérations. En se rappelant que dans toute courbe le cosinus de l'angle fait par la normale avec l'axe des x est égal à $\dfrac{y'}{\sqrt{1 + y'^2}}$, y' étant la dérivée de la courbe; que d'autre part l'arc élémentaire dL équivaut à $dx\sqrt{1 + y'^2}$; et enfin en appelant F la force centrifuge équatoriale, il n'est pas difficile de voir que la somme de toutes les forces centrifuges superficielles, considérées à leur point d'application, mais composées suivant la normale en ce point, dépend de l'intégrale $\dfrac{F}{a}\displaystyle\int 2\pi x^2 y'\,dx$, et que la quantité sous le signe, qui peut être mise sous la forme $2\pi\displaystyle\int x^2\,dy$, prise entre les limites convenables, n'est autre que le double du volume entier du corps. On en peut déduire ce théorème assez intéressant :

Quelle que soit la forme exacte qu'affecte une masse fluide sphéroïdale tournant autour d'un axe et parvenue à son équilibre de figure, la somme de toutes les forces centrifuges superficielles, estimées normalement à la surface, est à la force centrifuge équatoriale comme le double du volume entier du corps est au rayon de l'équateur.

D'où l'on conclura, d'après les mèmes transformations que précédemment, que si le volume est ellipsoïdal par exemple, la somme de toutes les forces centrifuges considérées seules à seules est représentée par l'expression

$$\frac{2}{3}\,\frac{6}{\alpha}\,\frac{M}{z};$$

c'est-à-dire qu'elle est environ trois fois moindre que la quantité réelle d'attraction produite par les forces centrifuges, laquelle demeure égale à

$$\frac{2}{3}\,\frac{\pi}{z}\,\frac{6}{\alpha}\cdot M.$$

SECTION III.

DES HARMONIES DU SYSTÈME PLANÉTAIRE EXPLIQUÉES PAR LA MÉTHODE NOUVELLE, ET DES LOIS ASTRONOMIQUES QUI LUI SONT PROPRES.

Ce serait peu que la théorie de l'éther expliquât aussi bien que toute autre les phénomènes antérieurement expliqués et qu'elle s'adaptât parfaitement aux lois connues, si elle n'apportait avec elle aucun caractère nouveau qui lui fût propre, et si elle ne fondait la réalité de ses données sur l'établissement de quelques lois qu'elle seule eût pu découvrir et vérifier. C'est là en effet le seul caractère par lequel un système nouveau, s'élevant à l'état de vérité utile, peut sortir du domaine des conjectures et de l'hypothèse. Ce caractère ne manquera pas ici.

Ce qui forme le trait distinctif de la théorie de l'éther et qui ne saurait appartenir qu'à elle, c'est de faire entrer les vitesses dans l'expression de la force d'attraction, et, ce qui était peut-être plus inattendu, d'y faire entrer non-seulement la vitesse du corps attirant ou celle du satellite, mais en quelque sorte de les y faire entrer toutes deux, de les lier en un mot mutuellement par une équation de condition d'où dépend l'équilibre des mouvements et sa persistance indéfinie. C'est donc là surtout, comme on peut le penser, que la méthode nouvelle doit chercher ses principes caractéristiques, ses lois particulières ; c'est là qu'elle doit trouver ses plus puissants éléments de vérification. Mais en cela ne se bornent point ses avantages ; le champ s'élargit devant elle, et il n'est pour ainsi dire aucune loi d'harmonie dans les phénomènes planétaires à laquelle elle n'atteigne pour y porter quelque chose de la clarté et de l'efficacité qui lui sont propres.

Certes, en suivant dans toute sa rigueur mathématique et dans toute son apparente généralité la théorie de Newton, qui suppose, au moins comme possible, la fixité absolue de l'astre attirant, on n'eût jamais imaginé que la vitesse propre de ce prétendu corps fixe pût être liée par une mutuelle dépendance avec celle qu'il imprime à son satellite, relation qui forme cependant pour nous le principe de véritables lois. Avec les idées de cet ancien système, qui ne reconnaissait qu'à la quantité seule de matière une influence directe sur la faculté attractive des corps (et qui pour cela l'avait caractérisée du nom significatif de *masse*), ne sera-t-on pas surpris de voir ces *masses* des corps attirants, qui jusqu'ici n'avaient été que des nombres empiriques, résultats de l'observation des mouvements satellitaires, être aujourd'hui parfaitement déterminées par la vitesse et le volume du corps attirant lui-même, sans aucun rapport absolu avec sa quantité matérielle et sans qu'il soit nécessaire d'observer aucun satellite? Que pensera-t-on encore lorsque l'on aura pu par la méthode nouvelle calculer avec une parfaite exactitude l'espace que parcourent les graves dans la première seconde de leur chute, d'après les seules données de la vitesse de la Terre et de son rayon, sans connaître ni le rapport de sa masse à celle du Soleil ni le mouvement de la Lune? Et ne sera-ce point aussi un résultat assez digne d'intérêt que de voir la densité des satellites, liée déjà par sa constance avec une propriété de l'ellipse, demeurer en rapport simple avec les axes des orbites; et de là naître, par la connaissance des causes qui président à l'établissement de la densité elle-même, de là naître, dis-je, cette loi des distances planétaires, l'une des plus curieuses que l'observation nous ait apprises, mais dont il n'était pas donné à la théorie ancienne d'entreprendre même la recherche.

Ce n'est là toutefois qu'une partie des harmonies que la nouvelle loi s'assimile et qu'elle explique; nous n'avons pas en vue d'en exposer ici l'argument général. Contentons-nous de les rattacher sommairement, par voie de dépendance, à trois principes caractéristiques de la théorie : 1° la relation étroite de l'attraction avec la vitesse et le volume des corps ; 2° l'influence de la force de rotation sur l'intensité de l'attraction et sur ses variations locales ; 3° le rapport de la densité des corps avec leur distance moyenne au centre attirant, et celui de la densité elle-même avec la pression superficielle de l'éther.

Du premier de ces principes, le plus important sans contredit, je vais déduire immédiatement trois lois nouvelles, trois transformations diverses d'une même vue théorique, mais toutes trois également caractéristiques, également frappantes par la précision avec laquelle elles se vérifient. Ce sera là l'épreuve la plus absolue, la plus irréfragable de la théorie de l'éther appliquée aux lois de l'attraction. Nous entrerons ensuite dans la recherche des différentes causes d'harmonies planétaires, moins frappantes peut-être comme éléments de vérification, mais non moins dignes d'intérêt au point de vue des lois générales de la nature.

PROPOSITION XXVI.

LOI DES MASSES PLANÉTAIRES.

Ce que l'on appelle improprement en astronomie la Masse des corps célestes, et qui exprime la quantité de force attractive exercée par chacun d'eux, est essentiellement lié, dans la théorie de l'éther, avec les éléments observables propres aux corps attirants eux-mêmes : cette valeur est égale, en principe, au produit du volume de l'astre attirant par le carré de sa vitesse, nombre qu'il faut modifier toutefois suivant une certaine loi par le rapport des rayons aux distances et par la rotation. On en indique la formule exacte et on la vérifie par sa comparaison avec les masses de toutes les planètes complétement observables.

L'origine de la *force attractive* des corps étant dans la quan tité de mouvement qu'ils impriment à l'éther en le déplaçant, il est facile de voir qu'en principe la mesure de cette force doit résider dans cette même quantité de mouvement, que nous avons vue être représentée par le volume du corps multiplié par le carré de sa vitesse, ou par l'expression NV^2, qui joue d'ailleurs un si grand rôle dans toutes nos équations de condition, soit qu'elle s'applique au volume et à la vitesse du corps attirant, soit qu'elle s'applique à ceux de son satellite. Ayant donc reconnu tout d'abord que cette expression devait entrer comme partie principale dans la valeur de ce que l'on nomme les *masses* des planètes, nous avons compris aussitôt qu'il y avait là un fait nouveau, pouvant s'énoncer sous forme de loi, facile à vérifier par l'observation, et susceptible de former ainsi pour la réalité de notre système une sorte d'épreuve caractéristique. L'expérience est venue pleinement confirmer cette prévision : car si l'on forme en effet pour toutes les planètes ce produit du volume par le carré de la vitesse, en prenant les valeurs de l'une d'elles, la Terre par exemple, pour unités, on trouve depuis Mercure (*) jusqu'à Saturne une série bien suivie, sensiblement concordante avec celle des masses planétaires fournies par l'astronomie. Mais ce n'eût point été assez d'une approxi-

---

(*) Il est assez curieux que Laplace ait fait usage, pour déterminer la masse de Mercure, de la loi même que nous énonçons ici, qu'il avait empiriquement observée, mais sous une forme toute différente, et en réalité fictive. « La masse de Mercure, dit-il dans son *Exposition du système du monde*, a été déterminée par son volume, en supposant les densités de cette planète et de la Terre réciproques à leurs moyennes distances du Soleil : hypothèse à la vérité fort précaire, mais qui satisfait assez bien aux densités respectives de la Terre, de Jupiter et de Saturne. » Or il n'est pas difficile de voir pourquoi les densités, calculées d'après le procédé de la théorie ordinaire, satisfaisaient en effet à notre loi. Soient P,P′, les masses (quantités de matière) de deux planètes, N,N′ leurs volumes; la relation signalée par Laplace entre leurs densités et leurs distances A,A′ au Soleil, ou $\frac{P}{N} : \frac{P'}{N'} :: A' : A$, revient à $N'AP' = NA'P$; et comme, d'après la 3ᵉ loi de Kepler, $V^2A = V'^2A'$, il s'ensuit que $N'V'^2P = NV^2P'$, ou que $P : P' :: NV^2 : N'V'^2$. La loi observée par Laplace est donc une dérivation de la nôtre ; elle est du reste purement empirique et reposant sur des données fictives et invérifiables, car la mesure de la densité est une pure abstraction, qui varie selon l'hypothèse; tandis que notre loi, fondée sur des causes et sur le raisonnement, est de plus d'une vérification facile et incontestable, puisqu'elle ne fait intervenir que des éléments d'observation, savoir, le volume et la vitesse.

mation; il fallait pousser plus loin les recherches. Or la comparaison des résultats du calcul avec les données de l'observation montre que la formule, pour arriver à une exactitude complète, a besoin d'être modifiée suivant une certaine loi qui dépend du rapport de la distance solaire au rayon de la planète, et que de plus on ait égard à la rotation. Pour bien concevoir la première de ces corrections, il faut se reporter aux considérations qui nous ont amenés à l'établissement de la 3e loi de Kepler (Proposition XIe).

Le calcul appliqué par Newton au mouvement elliptique des planètes a montré que la force constante qui solliciterait tous ces corps, supposés placés à l'unité de distance du Soleil, était représentée par l'expression $\dfrac{4\pi^2 a^3}{t^2}$, a étant la distance moyenne et t le temps de la révolution entière pour chacun d'eux, rapportés aux mêmes éléments de l'un quelconque d'entre eux pris pour unités. Or c'est précisément cette expression, ou son égale $v^2 a$, dont nous avons indiqué dans la Proposition XIe la véritable valeur, en fonction des éléments relatifs à l'astre attirant lui-même; elle n'est pas absolument égale au produit NV^2, mais à une modification de ce produit qui dépend de la distance A de l'astre attirant à son propre centre de circulation. Cette formule, dans laquelle nous avons avec intention laissé subsister l'expression caractéristique NV^2, nous donne :

$$v^2 a = \tfrac{1}{2} \frac{NV^2}{A} \frac{1}{V} \dots\dots(B).$$

Cela posé, considérons successivement chaque planète comme centre de mouvement; $v^2 a$ sera la quantité de force attirante exercée sur chacun des satellites qu'elle a ou qu'elle pourrait avoir en circulation autour d'elle; ce produit, en y donnant à v et a les valeurs particulières à l'un quelconque de ces satellites, représentera donc pour nous, comme dans l'astronomie, la masse de la planète elle-même : sa valeur est le terme de comparaison que nous cherchons. Elle est donnée par le second membre de la formule (B), où les quantités N, V, A, expriment d'autre part le volume de la planète, sa vitesse propre et sa distance au Soleil. Les éléments de l'une d'elles, de la Terre, seront pris pour unités, car l'on sait que dans tout ceci il n'est question que de rapports. En astronomie on rapporte généralement les masses des planètes à celle du Soleil : nous les rapportons à celle de la Terre, ce qui est exactement la même chose pour le but que nous nous proposons. Si maintenant l'on examine la marche du problème, il est facile de voir que notre manière d'opérer est la reproduction fidèle de ce que l'on fait en astronomie pour calculer la masse des planètes accompagnées de satellites. Seulement nous donnons une forme et une valeur *calculée* à ce produit v^2a, que l'astronomie ordinaire ne peut connaître que par l'observation directe du mouvement des satellites; et il en résulte de plus cette particularité, que notre formule est applicable aussi bien aux planètes qui en sont dépourvues qu'à celles qui en ont un ou plusieurs.

Mais il est une remarque essentielle à faire. La formule (B) donne seulement la relation entre la vitesse du satellite et celle de son astre attirant, et l'on ne peut en déduire autre chose qu'un rapport de vitesses; elle convient en un mot à un système entier de satellites dont toutes les vitesses v seraient rapportées à celle de l'astre central, V, et l'unité de longueur au rayon de ce même astre. Chaque planète venant ici jouer à son tour le rôle d'astre central, l'unité des vitesses et celle des longueurs changent donc aussi à chaque fois; pour faire exprimer cette particularité à la formule et pour y introduire le rapport des vitesses, il faut diviser les deux membres par V^2; si l'on observe de plus que pour les diverses planètes le produit V^2A est une constante que l'on peut supprimer puisqu'il ne s'agit que de rapports entre leurs masses, et si l'on substitue à l'expression des distances leur rapport au rayon R de la planète, unité réelle de mesure, on arrive facilement à la valeur de la masse

$$M = NV^2 \sqrt{\frac{A}{R}}.$$

Examinons maintenant l'influence de la rotation. Nous avons vu dans la Proposition XXV le rapport de son action totale à celle de la masse générale M ; la valeur de cette action doit s'ajouter au second membre de l'équation précédente, qui doit être la somme des deux forces attractives résultant de la translation et de la rotation. Il est essentiel d'observer de plus que la quantité de mouvement imprimée à l'éther par la rotation est assujettie exactement aux mêmes modifications et aux mêmes relations que la quantité de mouvement NV^2 provenant de la translation; elle subira donc le même coefficient, et il faudrait d'après cela poser

$$M = NV^2 \sqrt{\frac{A}{R}} + \frac{2}{3}\frac{\pi}{z}\frac{6}{\alpha} \cdot M \cdot \sqrt{\frac{A}{R}}.$$

Mais remarquons encore que la masse M doit être considérée comme rapportée au centre de la planète, tandis que la rotation a son point de départ à la surface de ce corps, ce qui produit une différence d'action d'autant plus grande que le carré du rayon est plus grand par rapport à celui de la distance au Soleil, si l'on considère l'attraction sur le Soleil. Il faut donc, pour avoir le vrai rapport des effets, multiplier pour chaque planète le terme relatif à la rotation par $\frac{R^2}{A^2}$, et l'on aura enfin pour la valeur relative de la masse astronomique des planètes :

$$M = \frac{NV^2 \sqrt{\dfrac{A}{R}}}{1 - \dfrac{2}{3}\dfrac{\pi}{z}\dfrac{6}{\alpha}\dfrac{R}{A}\sqrt{\dfrac{R}{A}}} \ldots\ldots\ldots (C).$$

On voit par l'inspection de cette valeur qu'il y a une sorte de compensation entre les effets produits par la distance sur la masse de translation et sur celle de rotation; mais cette compensation n'est qu'apparente, et nous verrons bientôt, dans l'application, que l'effet de la distance a été d'amplifier notablement la masse réelle, dans la manière usitée de l'évaluer, lorsqu'elle a été calculée d'après le mouvement des satellites. Cela tient à cette circonstance que nous venons de signaler, savoir, que la force de rotation agit à la surface de la planète, non à son centre; et comme la distance des planètes au Soleil croît beaucoup plus que celle qui les sépare de leurs satellites, il s'ensuit que l'effet de la rotation des planètes supérieures sur leurs satellites augmente plus que proportionnellement à son action sur le Soleil même. Malheureusement cette modification ne s'appliquerait avec quelque intérêt qu'aux planètes très-éloignées dont la rotation nous est inconnue, telles qu'Uranus et Neptune, et dont la masse n'a pas été calculée d'ailleurs d'après des moyens très-variés. Au reste nous formerons de ces planètes une section à part, pour éviter le contraste de leur incertitude avec l'ensemble parfait de vérifications que présentent les planètes exactement observables.

VÉRIFICATIONS. — Nous appliquerons donc d'abord la formule (C) à toutes planètes dont la figure et les mouvements sont complétement connus et nous en réunirons l'ensemble dans le tableau suivant, où nous avons placé d'abord dans les premières colonnes les données principales qui doivent servir au calcul de notre formule, telles qu'elles résultent des observations les plus récentes et les plus authentiques : dans les deux dernières colonnes nous avons mis en regard la valeur de la *masse* calculée d'après cette formule (*) et celle que fournit empiriquement l'astronomie ordinaire soit par le calcul des perturbations, soit par le mouvement des satellites.

PLANÈTES.	VOLUME.	CARRÉ de la vitesse.	RAPPORT de la gravité à la force centrifuge à l'équateur.	DISTANCE au Soleil rapportée à celle de la Terre.	RAYON, celui de la Terre étant 1.	MASSE calculée par la formule (C).	MASSE astronomique.
Mercure..........	0,064	2,60	»	0,39	0,40	0,17	0,17
Vénus...........	0,957	1,36	314,00	0,72	0,98	0,90	0,88
La Terre........	1,000	1,00	289,00	1,00	1,00	1,00	1,00
Mars...........	0,140	0,65	216,00	1,52	0,52	0,14	0,14
Jupiter.........	1414,200	0,193	12,15	5,20	11,22	340,00	338,00
Saturne..........	734,800	0,102	5,56	9,54	9,02	102,88|	101,06

(*) Il faut observer, dans la vérification de nos chiffres, que nous avons tenu compte de la force de rotation terrestre, ce qui augmente d'environ 8 millièmes l'unité de masse ; et pour lui conserver sa valeur 1, les masses des planètes supé-

Il serait difficile d'imaginer dans un pareil genre d'études une *série* de nombres plus parfaitement concordants. Les masses des planètes, dans la théorie ordinaire, ne sont liées à aucune des propriétés visibles ou calculables du corps attirant ; leur diversité n'est soumise à aucune loi. Notre théorie a une précision toute différente ; elle montre la loi, elle la mesure et la vérifie par les propriétés visibles et saisissables des corps, vérification qui s'étend d'ailleurs sur une série de nombres considérable. Elle trouve donc en ceci une véritable démonstration.

Uranus et Neptune. — Il manque toutefois à la série précédente les deux planètes les plus éloignées du Soleil, et le plus récemment découvertes, Uranus et Neptune ; nous nous sommes en effet abstenus de les joindre à l'ensemble, à cause des incertitudes qu'elles présentent encore. La rotation de ces planètes n'est pas connue, et il est bien probable cependant, si la loi de progression observée dans les rotations des planètes inférieures se continue, qu'elles en ont une, et très-énergique. Or nous avons tout à l'heure essayé de faire voir que l'influence de la rotation sur la masse (calculée d'après le mouvement des satellites) croissait singulièrement avec la distance. De plus, le volume de ces astres est calculé d'après l'observation de leur diamètre, de sorte que chaque erreur d'observation est élevée au cube par le calcul du volume, et si l'on considère que le diamètre de Neptune ne sous-tend à l'observation pas plus de 2 secondes, on comprendra par cette seule incertitude combien une vérification absolue de la formule serait aujourd'hui difficile pour les deux planètes extrêmes. Cette réserve faite, nous dirons que pour Uranus, en prenant pour volume le chiffre 82 adopté dans l'Annuaire du Bureau des longitudes et calculé sur un rayon égal à 4,34, et en observant de plus que la vitesse est 0,22 et la distance au Soleil 19,18, on reconnaît que calculée d'après la formule, mais sans l'accroissement relatif à la rotation, la masse serait de 8,33. Or la masse attribuée à Uranus par l'astronomie, d'après le mouvement de ses satellites, est

---

rieures ont dû être proportionnellement diminuées, diminution du reste très-peu sensible, puisqu'elle ne va pas à un centième de leur masse totale.

d'environ 14 ; l'écart est donc à peu près des deux cinquièmes.
Il serait parfaitement de nature à être comblé par l'influence de
la rotation, et une rotation semblable à celle de Saturne, par
exemple, suffirait à cela pleinement, si le terme relatif à la rotation n'avait, dans la formule (C), un coefficient qui en diminue
beaucoup la valeur lorsque décroît le rayon de la planète et que
sa distance au Soleil augmente : aussi devons-nous appliquer
ici les observations que nous venons d'exposer un peu plus haut
sur l'insuffisance de ce coefficient pour les grandes distances,
eu égard au mode en usage pour calculer les masses des planètes, lequel consiste en général dans l'observation du mouvement de leurs satellites. La distance absolue du premier satellite
au centre de la planète augmentant dans une proportion
moindre que la distance de ce centre au Soleil, lorsque l'on
passe d'une planète à l'autre, l'action excentrique de la rotation
doit avoir proportionnellement plus d'influence sur le mouvement satellitaire que sur l'attraction à l'égard du Soleil ou à
l'égard des autres planètes du système. On va voir en effet que
la divergence de Neptune est plus grande encore que celle de
Saturne : en se servant du volume 112, du rayon 4,8 et de
la vitesse 0,16, la formule (C), sans y faire entrer la rotation,
donne pour sa masse le nombre 7,38, au lieu de 24 qui est
donné par l'observation du satellite. En admettant même une
assez forte erreur sur le diamètre observé et en tenant compte
d'une rotation probable, de la manière qu'indique la formule,
il serait difficile de faire concorder les deux chiffres. Nous persistons à croire que l'observation du mouvement des satellites
ne donne pas un mode exactement comparable pour trouver les
masses solaires des planètes à rotations énergiques, sauf pour
Jupiter et Saturne par une compensation que nous allons indiquer ; nous pensons que pour suivre les variations du mode
de calcul adopté en astronomie il faut dans la formule (C) augmenter l'effet de la rotation proportionnellement au rapport de
la distance au Soleil avec celle qui sépare la planète de son premier satellite. En prenant Jupiter comme type, il est facile de
voir que ce rapport est absolument le même pour Saturne, ce
qui nous explique la parfaite concordance des vérifications de

ces deux planètes; mais il est quadruple pour Uranus, dont le premier satellite est exactement à la même distance du centre de l'astre que celui de Jupiter, et pour Neptune il serait beaucoup plus considérable. On comprend donc qu'avec cette modification, le calcul de la formule (C), si l'on parvient à connaître les rotations d'Uranus et de Neptune, puisse devenir tout à fait concordant avec celui de la masse astronomique. On voit aussi qu'une considération semblable pourra trouver sa place dans le calcul des perturbations, et qu'elle est de nature peut-être à y expliquer plusieurs apparentes anomalies.

Concluons que la concordance de notre formule avec les masses astronomiques, qui est parfaite jusques et y compris Saturne, serait de nature à devenir parfaite aussi pour Uranus et Neptune, si les observations ultérieures pouvaient nous renseigner sur la rotation de ces deux planètes. Nous trouvons donc là pour nos vues une série de vérifications qu'il était difficile d'espérer plus complète; et ce seul théorème pourrait être pour elles une véritable démonstration. Les deux propositions suivantes vont ajouter presque surabondamment à cette épreuve.

COROLLAIRE.

Sur le rapport de la masse des planètes à leur volume.

En considérant la loi des masses dans sa plus grande simplicité, c'est-à-dire en admettant la relation $M = NV^2$, et en tenant compte de la troisième loi de Kepler, d'après laquelle le carré de la vitesse V^2 multiplié par la distance moyenne A donne un produit constant C pour toutes les planètes d'un même système, on déduirait $\dfrac{M}{N} = \dfrac{C}{A}$, c'est-à-dire que le rapport de la masse (ou force attirante) au volume doit aller généralement en diminuant à mesure que la distance augmente, résultat dont il est facile de vérifier la réalité.

PROPOSITION XXVII.

PROBLÈME DES VITESSES PLANÉTAIRES.

Trouver le rapport entre la vitesse d'un astre attirant et celle de son satellite. Vérifications de la formule pour toutes les planètes entourées de corps satellitaires.

La question que nous traitons ici, et qui a une relation assez intime avec la précédente, est encore une de celles dont la théorie ordinaire ne peut faire entrevoir la solution : comment imaginer en effet comme but et solution d'un problème général la vitesse de l'astre attirant, dans une théorie qui prend pour point de départ sa fixité? Pour nous au contraire ce problème se rattache aux principes les plus fondamentaux de la théorie.

La solution que nous donnons de cette question résulte de la même formule que nous venons d'employer précédemment, et qu'a fournie la Proposition XIe, savoir :

$$v^2 a = \tfrac{1}{2} \frac{N V^2}{A} \frac{1}{V} \ldots (B).$$

Si nous l'appliquons aux satellites des diverses planètes par exemple, A sera la distance moyenne de la planète au Soleil, N son volume et V sa vitesse, v étant la vitesse de l'un quelconque de ses satellites et a la distance de ce satellite à la planète.

Cette formule n'est pas immédiatement applicable sous le point de vue du rapport des vitesses, car elle n'est point homogène entre elles. Puisqu'en effet, dans l'établissement de la formule, V est pris pour unité relativement à toute la série des vitesses satellitaires v, il est clair que nous supprimons ainsi le diviseur V du second membre pour établir l'homogénéité : l'erreur que nous apportons de cette sorte est en raison inverse de la vitesse ou en raison directe de la racine carrée de la distance au Soleil, puisque $V^2 A$ est une constante. D'après cette transformation et avec cette réserve, l'équation (A) devient

$$\frac{v^2}{V^2} = \tfrac{1}{2} \frac{N}{A a}.$$

Soit R le rayon de la planète, Δ et δ le rapport des distances A et a avec ce rayon, on aura par suite

$$\frac{v^2}{V^2} = \frac{\frac{2}{3}\pi R}{\Delta \delta}.$$

Cette formule est, on le voit, indépendante du rayon du satellite ; mais elle dépend de sa densité, qui y entre implicitement par la distance a ou δ.

Pour l'appliquer et pour réparer l'erreur apparente que nous avons commise, il faut considérer que l'unité étant ici la vitesse V, il faudra substituer au rayon R le rapport $\frac{R}{V}$ du rayon à cette unité, et tous deux pourront alors être exprimés suivant l'unité commune de mesure, le mètre par exemple ; quant à Δ et δ, ce sont des rapports abstraits qui ne demandent pas de transformation ; et l'on aura enfin en exprimant tout en mètres :

$$\frac{v^2}{V^2} = \frac{\frac{2}{3}\pi \frac{R}{V}}{\Delta . \delta} \ldots \ldots (D).$$

Telle est la formule que nous emploierons pour la Terre, dont la rotation n'a qu'un effet insignifiant et dont nous prenons la vitesse V pour unité réelle relativement à toutes les vitesses planétaires.

Quant aux planètes supérieures, nous avons vu déjà qu'il fallait diviser la valeur ainsi obtenue par le rapport U de leur vitesse à celle de la Terre, pour tenir compte du diviseur V que nous avons supprimé, et du changement d'unité. Il faut aussi tenir compte de la rotation : nous le ferons comme dans les considérations qui ont conduit à la formule (C) de la proposition précédente ; et ayant égard à ce que la rotation a son point de départ sur la surface de la planète et non à son centre, nous multiplierons de même par $\frac{R'^2}{A'^2}$ le terme relatif à cette rotation, R' et A' indiquant le rayon et la distance solaire de la planète rapportés à ceux de la Terre pris pour unités. Mais si l'on remarque que le rapport Δ, égal à $\dfrac{A'}{R'}$, est resté au dénominateur du second membre et a été pris par conséquent pour diviseur commun de tous les termes de l'équation, il faudra réduire le coefficient du terme relatif à la rotation à $\dfrac{R'}{A'}$, et l'on aura pour la formule définitive

$$\frac{v^2}{V^2} = \frac{\frac{2}{3}\pi\dfrac{R}{V}}{\Delta\delta\left(1 - \frac{2}{3}\dfrac{\pi}{z}\dfrac{6}{\alpha}\dfrac{R'}{A'}\right)} \cdot \frac{1}{U} \ \cdots\cdots \ (E).$$

Telle sera la formule convenable aux planètes supérieures. Entrons maintenant dans les applications.

La Terre. — Ici nous appliquons la formule (D) dans sa simplicité. En prenant la seconde pour unité de temps, on a $V = 9720$ mètres, et à 45° de latitude le rayon $R = 6366407$ mètres ; d'où $\dfrac{R}{V} = 654{,}98$. D'ailleurs $\Delta = 23852$ et $\delta = 60$. D'où l'on tire pour le rapport de la vitesse de la Lune à celle de la Terre

$$\frac{v^2}{V^2} = \frac{1368{,}90}{1431120} = 0{,}000956 \ ;$$

ce qui donne, en ajoutant $\frac{1}{140}$ pour l'influence due à la rotation

$$\frac{v^2}{V^2} = 0{,}00096 \ \text{ et } \ v = 0{,}031 \cdot V \ ;$$

résultat qui approche beaucoup de 0,034, vitesse réelle de la Lune comparée à celle de la Terre. On aurait un rapport encore plus approché, si l'on pouvait tenir exactement compte de l'influence du diviseur V que nous avons supprimé ; mais force nous est de choisir une unité, un terme de comparaison parmi les planètes, et nous nous sommes arrêtés à la Terre.

Jupiter. — Prenons pour type des satellites de Jupiter le plus rapproché de cet astre, celui pour lequel $\delta = 6$; la vitesse de chacun des autres satellites étant liée d'ailleurs à celle du premier par la troisième loi de Kepler, cette seule vérification emportera toutes les autres. La vitesse de translation de Jupiter par seconde est $V = 4276$ mètres; son rayon comparé à celui de la Terre est $11,56$; d'où

$$\frac{R}{V} = 17231,50 \quad \text{et} \quad \Delta = 23852 \times \frac{5,20}{11,56}.$$

Nous avons à appliquer ici la formule (E); en y portant les valeurs précédentes et de plus $z = 12,15$; $A' = 5,20$; $R' = 11,56$; $U = 0,44$; on obtient

$$\frac{v^2}{V^2} = \frac{2,09 \times 17231,50 \times 11,56}{23852 \times 5,20 \times 0,44} \times \frac{85,05}{57,88} = 1,8650;$$

d'où l'on tire

$$\frac{v}{V} = 1,368.$$

Or le rapport réel des vitesses, donné par l'observation astronomique, entre Jupiter et son premier satellite est

$$v = 1,377 . V.$$

La vérification est donc aussi parfaite que possible; elle va l'être également pour Saturne.

Saturne. — Nous avons encore comme précédemment à appliquer la formule (E), et si nous choisissons toujours le premier satellite, on aura $\delta = 3,35$; d'ailleurs $\dfrac{R}{V} = \dfrac{961 \times 6366407}{0,32 \times 9720}$ $= 19672,4$; $U = 0,32$; et en observant que $\dfrac{R'}{A'}$ est sensiblement égal à l'unité, on déduira facilement de la formule (E) la valeur suivante :

$$\frac{v^2}{V^2} = \frac{0,52}{0,32} \times \frac{4}{3} = 2,16.$$

d'où l'on conclut :

$$\frac{v}{V} = 1,46.$$

Or l'observation réelle du mouvement moyen du satellite placé à la distance $3,35$ de la planète donne pour le rapport des vitesses :

$$\frac{v}{V} = 1,45,$$

nombre identique à moins d'un centième près avec celui qui est fourni par notre formule. On ne pouvait espérer une vérification plus absolue. Elle est du même ordre et de la même approximation que celle qui concerne Jupiter.

Uranus. — Nous ne saurions être aussi heureux pour Uranus, car un élément essentiel nous manque, la connaissance de sa rotation. Nous pouvons voir seulement quel degré d'importance il faudrait lui donner pour arriver à une vérification complète. En admettant pour cette planète le diamètre 4,34, celui de la Terre étant 1, on trouve ici $\frac{R}{V} = 12935$; et comme pour le premier satellite $\delta = 13,12$, on en déduit, en divisant le rapport par la vitesse 0,22 d'Uranus relativement à la Terre,

$$\frac{v^2}{V^2} = \frac{2,09 \times 12935 \times 4,34}{13,12 \times 23852 \times 19,18 \times 0,22} = 0,10.$$

Ce qui correspondrait à $v = 0,32 . V$, en ne tenant point compte de la rotation qui est inconnue. Or le rapport réel, fourni par l'observation, entre la vitesse d'Uranus et celle de son premier satellite est 0,63 ; il y a donc encore ici un écart assez considérable, correspondant à celui qu'a présenté pour Uranus notre loi sur les masses ; nous en conclurons, comme dans la proposition précédente, qu'Uranus est doué d'une rotation sans doute très-énergique, et qu'en outre, l'effet de cette rotation dans la question qui nous occupe augmente aussi beaucoup avec la distance au Soleil et avec la grandeur du rayon de la planète. Mais la série des vérifications est assez étendue pour que nous n'ayons pas trop à regretter les données dont l'absence nous empêche d'arriver ici à une concordance aussi absolue que dans les trois cas, ou pour mieux dire, dans les douze cas précédents.

Il n'en faut pas moins conclure que partout où l'observation permet de compléter les données, la vitesse d'un astre attirant peut se déduire avec une très-grande exactitude, par nos formules et notre théorie, de la vitesse et de la distance de son satellite. C'est là un résultat, je le répète, qui ne peut être expliqué par la théorie newtonienne, où l'attraction ne dépend que de la quantité matérielle renfermée dans les corps ; il ne peut appartenir qu'à une méthode où le mouvement même du corps *attirant* est une condition de l'attraction et sa vitesse le régulateur même de cette force. Dans cette question, comme dans la précédente, réside donc un des fondements les plus certains de la théorie de l'éther.

SCHOLIE.

Sur la recherche de la vitesse du Soleil. — Au lieu de supposer connue la vitesse V dans notre formule, et d'en chercher le rapport avec la vitesse v du satellite, nous aurions pu nous proposer de trouver le chiffre même de cette vitesse V, la valeur de v en mètres étant donnée. Notre formule (C) transformée dans ce but donnerait en effet la valeur

$$V = \frac{v^2 \delta . \Delta}{\frac{2}{3} \pi R},$$

qui s'applique en effet exactement au mouvement de la Terre comparé à celui de la Lune.

Nous avons donc pu espérer un instant que cette formule nous conduirait à évaluer au moins approximativement une quantité dont la connaissance serait fort précieuse, mais qui est restée jusqu'ici hors de la portée des recherches et des conjectures : je veux parler de la vitesse même du Soleil. Malheureusement cette recherche paraît devoir rester infructueuse au moins dans sa complète exactitude. Car dans cette formule, la vitesse V et la distance Δ, également inconnues, restent solidaires l'une de l'autre, leur rapport seul peut être obtenu, et tant que l'observation n'aura pas fait connaître l'une des deux, la valeur de l'autre demeurera enveloppée d'incertitude. Si encore l'on connaissait seulement le rapport de la masse du Soleil à celle de l'astre central autour duquel il circule, cette donnée suffirait, par sa combinaison avec la formule précédente, pour nous faire connaître la vitesse que nous cherchons, puisque ce rapport est celui de $v^2\delta$ à $V^2\Delta$: mais cette masse nous est également inconnue, et il n'y a point lieu d'espérer qu'elle cesse de l'être sans observations astronomiques nouvelles.

Ainsi la formule qui nous a donné si exactement les vitesses des planètes au moyen des vitesses de leurs satellites ne saurait servir à nous donner la vitesse du Soleil. Une voie d'approximation nous restait cependant et nous reste encore ouverte, c'est de calculer la vitesse du Soleil en fonction non point de la vitesse moyenne du satellite dans son orbite, telle que la fournissent la troisième loi de Kepler et la Proposition XIe, mais en fonction de sa vitesse relative calculée d'après le mouvement linéaire, telle que la suppose la formule (A) des Propositions VIIe et IXe. Cette vitesse et son emploi dans la formule n'ont point de réalité absolue, il est vrai, puisque les données qui servent de base sont certainement différentes des faits ; cependant si nous l'appliquons au rapport des vitesses de la Lune et de la Terre, elle donne un résultat sensiblement voisin de la vérité. En effet, en adoptant les mêmes notations que ci-dessus, nous tirons de cette formule

$$\frac{V}{v} = \frac{\delta}{2\sqrt{R}},$$

et si nous prenons le rayon R pour unité,

$$V = \frac{\delta}{2}.v \ldots (F).$$

Or il arrive que cette formule réussit singulièrement bien pour la Lune, à l'égard de laquelle on a $\delta = 60$, d'où $V = 30.v$, ce qui est exact à deux centièmes près de la valeur totale. A la vérité l'exactitude ne se soutient plus pour les planètes supérieures, même en tenant compte de la rotation, et cela ne pouvait être autrement d'après la troisième loi de Kepler. Le résultat serait bon néanmoins si l'on substituait à δ sa racine carrée ; la formule satisferait alors aux vitesses des satellites de Jupiter et de Saturne.

Si nous appliquons à la vitesse du Soleil la formule (F), d'abord dans son état réel, puis en y substituant $\sqrt{\delta}$, nous pourrons donc espérer avoir en quelque manière deux limites de probabilité pour la valeur que nous cherchons. Malheureusement ces limites sont assez éloignées l'une de l'autre, car suivant l'une la vitesse du Soleil serait égale à 108 fois celle de la Terre ou à plus de 250 lieues par seconde, et suivant l'autre elle ne serait égale qu'à huit vitesses terrestres ou moins de 20 lieues par seconde. On doit reconnaître néanmoins que la première valeur est probablement plus rapprochée de la vérité que la seconde, en raison de la faible influence de la rotation du Soleil ; et ce qui nous paraît en définitive le plus digne de créance, c'est que cet astre aurait une vitesse égale à soixante ou quatre-vingts fois celle de notre globe, ou environ 200 lieues de 4000 mètres par seconde.

Je ferais peu de cas de ce résultat, et c'est là même une question que son incertitude et l'absence complète de vérifications possibles nous eussent engagés sans doute à passer sous silence, si elle n'était liée assez intimement à une autre question de principe dont il sera parlé au commencement des considérations sur la physique, et à laquelle s'attacherait un intérêt tout particulier, celui de la connaissance du véritable espacement entre les particules du fluide éthéré. A l'égard de cette question nouvelle, tout l'intérêt de celle que nous venons de traiter se résume dans le résultat suivant, que nous posons à cet effet comme un jalon pour l'avenir, savoir : « que, suivant les probabilités les plus plausibles, la vitesse du Soleil *peut* atteindre à un million de mètres par seconde. »

Plus tard, lorsque nous traiterons, dans le livre IIIᵉ, de l'espacement moyen des particules de l'éther, nous examinerons quelles pourraient être les conséquences de cette donnée.

PROPOSITION XXVIII.

LOI DES GRAVES. — INTENSITÉ DE LA PESANTEUR TERRESTRE.

La quantité dont les corps graves, à la surface du globe, tombent dans la première seconde de leur chute, est égale au carré de la vitesse de la Terre divisé par trois fois son rayon. Vérification de cette formule d'après les données connues de l'observation.

Mesurer la chute des graves sans connaître ni la masse de la Terre, ni le mouvement de la Lune, ni aucun des éléments ordinaires de l'attraction terrestre, mais en employant seulement les éléments propres au mouvement de la Terre elle-même et à sa figure, c'est-à-dire sa vitesse et son rayon, c'est encore là une de ces questions qu'il n'était donné qu'à la théorie de l'éther de pouvoir aborder.

Soit p la quantité de matière renfermée dans le corps grave, n son volume imperméable, c'est-à-dire la somme des volumes de ses molécules physiques ; soit aussi N le volume de la Terre, R son rayon, V sa vitesse de translation ; la pression exercée par l'éther sur l'unité de surface terrestre, en ne tenant point compte de la rotation, est représentée par $\dfrac{NV^2}{4\pi R^2}$ ou $\frac{1}{3} RV^2$. Le corps grave, qui est situé à une distance du centre sensiblement égale à R, car la différence est absolument négligeable, et qui, au moment où commence sa chute, fait réellement partie de la surface terrestre, le corps grave participe lui-même à cet effet de l'éther. Cette force, qui était d'abord la pression exercée sur lui, devient aussi, dès qu'il n'est plus soutenu, la force aspirante qui s'exerce à la partie inférieure de chacune de ses particules ; et l'attraction qu'il subit sera représentée par la quantité de cette force aspirante que son demi-volume imperméable peut absorber ; c'est là ce qui déterminera son mouvement. D'autre part, cherchons une mesure différente de la force effective : ce sera ce que l'on nomme en mécanique la quantité de mouvement réelle développée par le corps qui tombe, c'est-à-dire la quantité de matière multipliée par la vitesse. Ici le mouvement a lieu directement dans le sens de l'attraction, nous n'avons donc plus à considérer, comme dans le problème de la Proposition VIIIe, la vitesse centrifuge ; ce sera la vitesse directe v, qui agit elle-même dans la direction du centre attirant. La quantité de mouvement produit par la force d'attraction sera donc représentée simplement par pv. Et remarquons en outre qu'il ne s'agit pas ici de la vitesse acquise au bout de la première seconde, mais de la vitesse réelle pendant cet espace de temps, c'est-à-dire que v représente réellement l'espace e parcouru par le corps dans la première seconde de sa chute, ou la quantité que nous cherchons. Pour ôter toute équivoque, donnons-lui immédiatement cette valeur ; les considérations précédentes conduisent donc à l'équation :

$$pe = \frac{n}{2} \cdot \tfrac{1}{3} \, \mathrm{RV}^2, \quad \text{ou} \quad \frac{2p}{n} \, e = \tfrac{1}{3} \, \mathrm{RV}^2.$$

Mais $\dfrac{2p}{n}$ est le double de la densité moléculaire (*) du corps qui tombe : si nous le considérons maintenant comme un satellite de la Terre, emporté avec elle dans tous ses mouvements, mais avec cette condition, que son impulsion vive propre est toujours égale à la force aspirante du globe, condition effectivement réalisée, puisqu'au moment de la chute l'aspiration et la pression sont égales, nous savons alors, par les Propositions VIII et XIII, que le double de sa densité est indépendant de la vitesse et égal à la moyenne distance au centre, qui est ici le rayon R. Cela sera encore évident d'une autre manière, car les densités des molécules physiques ou constituantes étant, comme on l'a vu, proportionnées à la pression de l'éther, laquelle est elle-même proportionnée au rapport du volume à la surface, c'est-à-dire au rayon de la Terre, il est certain que la densité et le rayon doivent disparaître ainsi de la formule par leur mutuelle dépendance. Ce dernier toutefois va reparaître dans l'application ; en effet, dans cette formule les vitesses sont naturellement

---

(*) Voir, au sujet des densités, les éclaircissements qui seront donnés dans le livre IIIe, à l'article *Chaleur*, Ve Principe.

comptées en fonction du rayon terrestre pris pour unité ; pour les évaluer en mètres, il faut diviser ces deux vitesses V et e par le rapport R du rayon terrestre au mètre, ce qui donne enfin

$$\frac{e}{R} = \frac{1}{3}\frac{V^2}{R^2}, \quad \text{ou} \quad e = \frac{1}{3}\frac{V^2}{R},$$

égalité dans laquelle les quantités V, R et l'espace e cherché peuvent tous trois être exprimés en mètres ou en toute autre commune unité.

La conversion en chiffres de cette formule si simple donne un résultat d'une précision vraiment remarquable ; car en y substituant les valeurs V $= 9722$ mètres, vitesse de translation de la Terre dans une seconde, et R $= 6376850$ mètres, rayon équatorial de la Terre, on trouve

$$e = \frac{94517284}{19130550} = 4^m,9406 \; ;$$

nombre qui se réduit, si l'on tient compte de l'effet retardateur de la force centrifuge, à $e = 4^m,9063$: c'est là l'espace parcouru par les graves dans la première seconde de leur chute.

Ce que l'on nomme l'*intensité de la pesanteur* à la surface de la Terre, ou le nombre important désigné par g en mécanique, est le double de cet espace ; on aura donc à l'équateur :

$$g = 9^m,8126.$$

Or la valeur attribuée à g par la discussion des observations directes du pendule donne à l'équateur

$$g = 9^m,7802,$$

ce qui ne diffère pas de notre nombre de plus de trois millièmes de la valeur totale. Il serait difficile, dans un pareil genre de comparaison, de rencontrer une concordance plus frappante.

Encore n'avons-nous opéré que sur la vitesse moyenne ; or notre méthode nous fait voir qu'il doit exister une certaine différence entre l'intensité de la pesanteur terrestre en été, où la vitesse de la Terre est la moins considérable, et en hiver, où elle est là plus forte. C'est là une base d'épreuve expérimentale, dont le pendule pourrait donner raison, et que peut-être entreprendrons-nous à nos loisirs.

PROPOSITION XXIX.

DE LA LOI D'UNITÉ DANS LES PLANS DES ORBITES PLANÉTAIRES.

On fait voir que les satellites d'un astre soumis à la rotation, quelle que soit leur position primitive dans l'espace, seront toujours nécessairement amenés, par la voie du temps, à circuler dans le plan même de son équateur; et que par conséquent cette circulation dans un plan unique, caractère de tous les systèmes de satellites, ne dérive pas d'une circonstance particulière d'origine, mais d'une loi générale de la nature.

L'axe de rotation d'un corps céleste viendrait-il à changer par un de ces accidents que la loi des probabilités doit faire regarder comme possibles, sous l'action d'un choc par exemple, tous ses satellites, déviant peu à peu de leur ancienne orbite, viendraient, au bout d'un temps suffisant, se ranger dans le plan du nouvel équateur pour y exécuter dès lors leur circulation indéfinie.

La grande et importante loi que nous énonçons ici est une dérivation directe, et des plus simples, de la théorie que nous avons exposée ; elle dérive particulièrement des considérations qui dans le cours du Livre précédent nous ont conduits au chiffre de l'accroissement de pesanteur de l'équateur au pôle de la Terre.

Les causes de cet accroissement de pesanteur ne sont pas pour nous en effet, comme dans la théorie de Newton, particulières à la surface du globe et à la liaison de cette surface avec la masse des particules intérieures : elles résident surtout pour nous dans une action externe, qui a l'éther pour instrument, et qui est susceptible par conséquent de s'étendre à toute distance. La réaction générale de l'éther, conséquence de l'impulsion produite localement par les forces centrifuges, se fera donc sentir aussi à la distance où circule le satellite et s'exercera sur la surface de ce satellite même, avec l'atténuation toutefois des distances, comme nous l'avons indiqué déjà en cherchant dans quelle proportion les effets de la rotation ajoutent à la faculté attirante totale de l'astre tournant (Proposition XXVe). Mais voici ce que cette action a de particulier relativement à l'objet qui nous occupe.

Si l'on imagine une sphère idéale décrite autour de l'astre attirant avec la distance D du satellite pour rayon, et dans laquelle par conséquent le centre de ce satellite lui-même serait enveloppé, il est certain que les effets attractifs de la rotation dus à l'éther se feront sentir aux divers points de la surface de la sphère idéale absolument de la même manière que sur la surface de l'astre tournant, je veux dire dans le même rapport d'intensités suivant la position de ces divers points, puisque ce rapport est indépendant de la grandeur du rayon. Ainsi sur l'unité de surface au pôle de cette sphère idéale, la réaction de l'éther due aux forces centrifuges sera sensiblement $\dfrac{\pi}{z}\dfrac{E}{D^2}$, E indiquant toujours la gravité équatoriale du corps tournant ; à l'équateur de la même sphère, et sur la même unité superficielle, la réaction sera $\dfrac{\pi}{2z}\dfrac{E}{D^2}$, et aux différentes latitudes L l'accroissement de gravité sera toujours représenté par $\dfrac{\pi}{2z}\sin^2 L$.

Cela posé, examinons ce qui aura lieu sur la surface d'un satellite placé en dehors du plan équatorial. Divisons par la pensée ce satellite en deux hémisphères (comme nous l'avons fait en traitant de l'attraction) par un plan perpendiculaire à la ligne des deux centres. Dans l'un quelconque de ces hémisphères, l'inférieur par exemple, tout sera symétrique par rapport à la ligne des centres en ce qui concerne l'attraction générale produite par la *translation* de l'astre attirant ; c'est ce qui fait que cette attraction se résume en une force de centre à centre. Mais relativement à l'attraction qui résulte de la rotation, les choses ne sont plus les mêmes ; la symétrie est détruite, au moins relativement à la ligne des centres : car les parties de la surface du satellite situées du côté le plus éloigné du grand plan équatorial de la sphère éprouvent une réaction plus forte que celles qui en sont le plus voisines ; il y aura donc dans cette réaction due aux forces centrifuges une partie commune à tous les points du satellite, qui se composera suivant la ligne des centres, et d'autre part un excès pour les parties les plus éloignées du grand plan équatorial sur celles qui en sont plus rapprochées, excès dont la sommation donnera une résultante sinon absolument normale à ce plan équatorial, du moins tendant certainement à en rapprocher le corps. La valeur de cette petite force n'est pas ce qui nous importe ici, et il ne serait point difficile de la calculer (*) ; mais ce qui importe, c'est l'existence constante de cette force, qui tend à rapprocher du plan équatorial de rotation tout satellite dont l'orbite s'en écarterait : car si petite qu'elle soit, il suffit qu'elle agisse d'une manière continue et toujours dans le même sens, pour que l'on soit certain qu'avec la suite des temps le satellite doit être nécessairement amené à exécuter indéfiniment sa trajectoire dans le plan même de l'équateur de rotation.

SCHOLIE. — C'est là un grand résultat. Dans un ouvrage antérieur de quelques années, cherchant aussi des causes réelles et efficaces aux grands faits de l'histoire géologique, j'ai été conduit à rapporter, comme principe général, l'origine de ce que l'on nomme les Révolutions du globe à une série de déplacements brusques dans l'axe de rotation terrestre ; et partant de ce principe, j'en ai déduit la loi des phénomènes, le mode de formation des montagnes et des vallées, leur classement par ordre d'âges, la destruction et le renouvellement des races, la mutation périodique des climats. Une objection sérieuse toutefois, la seule peut-être, pouvait être faite à ce système ; c'était la circulation harmonique des satellites dans l'équateur de leur astre attirant : car ce phénomène général semblait relier partout

---

(*) En faisant intervenir la loi du carré des sinus, et s'appuyant sur les données de la Proposition XXV, on verra que cette force qui pousse le corps vers le plan équatorial est sensiblemement égale à $\dfrac{4\pi}{3z}\dfrac{r^2}{D^3}\dfrac{\Delta}{r}$. M , en appelant r le rayon du satellite, D sa distance au centre attirant, et Δ sa distance droite au plan équatorial en question ; z est toujours le rapport de la gravité à la force centrifuge sur l'équateur du corps tournant, M sa puissance attractive totale.

l'origine des satellites à la dernière rotation de leur astre, à sa rotation actuelle. Je ne m'étais point dissimulé la gravité de cet obstacle ; mais dominée par la puissance des faits, notre conviction n'én avait point été ébranlée, et nous cherchions seulement à y échapper par des conjectures. Moins jeune, et par conséquent moins hardi, peut-être eussions-nous été arrêté par cette difficulté, étrangère d'ailleurs aux parties positives du système ; mais alors nous crûmes devoir passer outre, en attribuant à une loi de la nature encore inconnue la généralité du phénomène que nous ne savions pas expliquer ; et cela fut heureux ainsi, car toutes les vérités ne viennent pas au jour en même temps, et il serait fâcheux que les idées nouvelles, lorsqu'elles reposent sur des bases rationnelles d'ailleurs, fussent sacrifiées à l'imperfection d'un détail. Aujourd'hui l'obstacle tombe de lui-même ; la théorie de l'éther, en nous révélant les vraies causes de la loi, la transforme, d'obstacle qu'elle était, en un argument favorable ; car elle nous permet d'établir cette proposition fondamentale :

« *La rotation d'un corps céleste viendrait-elle à changer accidentellement, sous l'action d'un choc par exemple, tous ses satellites, déviant peu à peu de leur ancienne orbite, arriveraient toujours, par la voie du temps, à circuler uniformément dans le plan de son nouvel équateur.* »

La seconde des propositions qui vont suivre, en révélant les causes d'une autre loi générale des satellites et remplissant ainsi une importante lacune dans l'étude des harmonies planétaires, viendra donner encore une nouvelle et précieuse sanction à notre système de géologie. Mais auparavant il est à propos de dire quelques mots sur les comètes et sur l'apparente exception qu'elles présentent à la loi que nous venons d'indiquer.

PROPOSITION XXX.

Pourquoi les comètes ne circulent point comme les planètes dans le plan de l'équateur du Soleil.

La raison de cette apparente anomalie est simple : c'est que

soumises, comme les faits le prouvent et d'après les causes que nous avons données, à des attractions très-multipliées et très-puissantes, les comètes n'ont point le temps d'obéir complétement à la force de transport vers le plan équatorial que nous avons précédemment signalée. Sans doute cette force agit sur elles, mais à peine a-t-elle agi un certain laps de temps et produit un effet un peu sensible sur la position de leur orbite, que par des approches nouvelles de nouvelles attractions se développent, et voilà la comète encore une fois lancée vers d'autres régions de l'espace.

Je ne dis point toutefois que l'effet complet de la force équatoriale n'a pu jamais avoir lieu sur des comètes et qu'il n'aura plus lieu dans l'avenir : s'il a eu lieu, il n'est pas étonnant que la trace n'en existe plus, car il est bien probable qu'une semblable position de l'orbite d'une comète un peu considérable aurait dû être le signal d'une ère de révolutions dans le système planétaire. Des chocs inévitables, des rotations déviées, la comète elle-même sans doute brisée en éclats dans ces rencontres, tel devrait être l'effet probable d'une telle occurrence, qui rentre d'ailleurs parfaitement dans les prévisions de nos vues géologiques. Mais quittons là ces conjectures, et hâtons-nous d'arriver à l'explication positive d'une autre grande loi.

PROPOSITION XXXI.

LOI DE LA ROTATION DES SATELLITES.

Lorsque le satellite d'un corps planétaire n'a été soumis à aucun accident qui ait dérangé son mouvement primitif, il est assujetti, par la nature des choses et par la loi même de l'attraction, à tourner sur lui-même dans un temps précisément égal à celui de sa révolution autour de la planète ; de telle manière qu'il présente toujours à celle-ci la même face, le même hémisphère.

La loi dont nous voulons traiter ici, depuis longtemps reconnue pour la Lune, a été vérifiée aussi sur tous les autres satellites planétaires dont la rotation est observable. Il y a quelques années, dans nos Études sur l'histoire de la Terre, nous signalions à l'attention des savants cette loi générale des satellites, que nous étions porté à considérer dès lors comme la manière d'être originaire, comme la loi fondamentale résultant des principes mêmes de l'attraction. Mais nous en ignorions les causes. Aujourd'hui la théorie nous les fait connaître, et nous allons essayer de les exposer.

Dans le mode d'attraction que nous avons conçu, l'on ne saurait imaginer un mouvement de translation circulatoire qui ne soit en même temps accompagné de rotation. Le corps du satellite en effet, à quelque point de la circulation qu'on le considère, peut toujours être supposé divisé en deux parties, l'une plus, l'autre moins rapprochée de l'astre attirant que le centre de figure. La surface de chacun de ces hémisphères, quoique liée au mouvement du centre par la pression superficielle générale, a toutefois aussi son action en quelque sorte individuelle relativement à l'attraction de l'astre central ; car les diverses parties qui composent cette surface sont des quantités de matière à mouvoir, sur lesquelles l'éther a immédiatement son action et qui sont individuellement sollicitées à lui obéir. Si nous considérons séparément les parties de cette surface les plus éloignées de l'astre attirant et les plus rapprochées, elles doivent donc tendre à agir jusqu'à un certain point comme satellites distincts et à remplir, chacune pour sa part, autant que faire se pourra, les conditions de la troisième loi de Kepler. Or d'après cette loi, les distances au centre attirant n'étant point les mêmes, les vitesses doivent donc tendre à être différentes aussi et réciproques à la racine carrée de ces distances. De la différence entre les vitesses de deux points opposés il n'est pas difficile de conclure la nécessité d'une rotation ; mais pour en découvrir la loi il n'est pas sans intérêt d'entrer plus à fond dans cette étude des tendances individuelles de chaque partie de la surface du satellite.

Prenons pour exemple la Lune avec la Terre. Soient T, L, les centres de la Terre et de la Lune, et supposons une section faite dans ces deux corps par un plan bicentral. La ligne des centres TL, suffisamment prolongée, rencontrera en deux points P et P' la section lunaire. Imaginons maintenant diverses lignes mm', nn', menées du centre de la Terre aux points symétriques m, n de cette section, lignes qui, vu l'éloignement, approcheront du parallélisme ; il s'agit de considérer d'abord quelle différence d'attraction la Terre pourra exercer sur les divers points m et m', n et n', P et P', considérés individuellement.

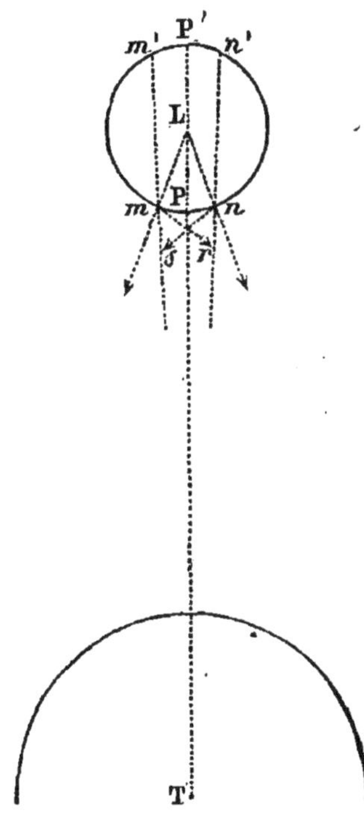

Soit A l'attraction exercée par la Terre sur l'élément P de la surface lunaire, A' l'attraction exercée sur P'. Il est clair, d'après tout ce que nous avons vu dans les principes généraux, qu'au moment d'équilibre final des vitesses, ces deux actions attractives sont représentées par l'impulsion vive de chacune de ces petites parties, de même que l'attraction du corps entier est représentée par son impulsion vive. Si donc on leur suppose même volume, ces actions seront entre elles comme les carrés de leurs vitesses v et v'. Mais d'autre part si nous appelons D et D' leurs distances au centre de la Terre, on aura d'après la troisième loi de Kepler $v^2 D = v'^2 D'$, d'où l'on tire :

$$A : A' :: D' : D ;$$

d'où enfin

$$A - A' : D' - D :: \frac{A + A'}{2} : \frac{D' + D}{2}.$$

Le troisième terme de cette proportion exprime sensiblement l'attraction qui serait exercée sur une quantité égale de matière placée au centre du satellite, le quatrième terme est la distance des deux centres, qui représente en effet précisément cette attraction ; la différence $A - A'$ des deux attractions exercées sur les éléments P et P' est donc de son côté représentée par la différence des distances $D' - D$, c'est-à-dire par le diamètre de la Lune.

· Comme cette force agit suivant la normale en P, et que ce point est retenu en liaison avec le centre de la Lune par la pression de l'éther, elle n'a donc point d'effet ici pour la rotation; mais il n'en est pas de même pour les forces semblables agissant aux points symétriques m et n. Ce que nous venons de voir montre en effet que ces forces, ou plutôt ces différences de forces attractives, sont représentées par les cordes mm', nn', et par conséquent, qu'elles seront égales deux à deux pour des points symétriquement placés. Or la force en m, qui agit dans la direction mT, n'est plus comme celle en P normale à la surface de la Lune, et puisque le point m est maintenu en liaison avec le centre lunaire par une pression normale bien supérieure à celles dont il est question ici, il est de toute nécessité que la force mT se décompose en deux autres, l'une agissant suivant la normale Lm, qui est vaincue par la pression générale, et l'autre tangente au disque de la Lune, qui tend par conséquent à faire tourner cet astre dans la direction mr.

Mais voici ce qu'il y a de particulier dans ce résultat : c'est que pour toute force mr, qui tend à faire tourner la Lune dans un sens, il en existe toujours une autre égale, provenant du point symétrique n, et qui tend à faire tourner le disque de la Lune dans un sens directement opposé : de sorte que de l'équilibre de ces deux actions résultera l'immobilité relative des points m et n par rapport à la ligne TL et à l'hémisphère terrestre.

Or comme cet équilibre des forces telles que mr et ns a lieu *par suite* du mouvement même du corps et *pendant* ce mouvement, il s'ensuit que le diamètre de la Lune perpendiculaire à la ligne des centres LT restera indéfiniment dans la même position par rapport à la terre, et que par conséquent la lune tournera toujours vers elle la même face, le même hémisphère. C. Q. F. D.

Observation. Ce qui forme le caractère de cette démonstration, ce qui fait qu'il y a démonstration, c'est que l'équilibre des forces de rotation qui conserve la symétrie des points m et n par rapport à la ligne des centres, a lieu *comme condition du mouvement même et pendant ce mouvement,* puisque l'attraction tout entière et la loi de Kepler sont des conséquences de la vitesse du satellite et sont réglées par elle. La symétrie des deux hémisphères lunaires ne persiste que parce que le mouvement et la vitesse entrent dans la mesure de l'attraction, et réciproquement le mouvement ne peut exister sans cette symétrie : c'est ce qui forme les causes de la loi. Dans la théorie de Newton il n'en est pas ainsi : l'attraction y est indépendante du mouvement, et au lieu d'être réglée par lui elle le détermine seule au contraire; de sorte que la symétrie des forces par suite de laquelle toute l'action est rapportée au centre, cette symétrie n'existe que pour un moment et une position donnés; dans le moment et la position qui suivront, la symétrie n'existera plus de la même manière. Aussi la rotation synchronique des satellites n'a-t-elle point de place dans cette théorie, et si l'on a cherché à l'expliquer ce n'a été qu'en supposant une déformation originaire de ces corps, hypothèse très-précaire qui préjugerait une grave question d'origines, et qui n'a pas été confirmée d'ailleurs par l'observation astronomique. Il y a donc encore ici une différence précieuse pour notre théorie, laquelle érige en loi générale une rotation des satellites synchronique de leur révolution. Ajoutons encore quelques mots.

Le mouvement de rotation des planètes, celui de la Terre en particulier, est d'une uniformité parfaite, et ne paraît être affecté d'aucune sorte de perturbation; car la durée moyenne du jour, par exemple, se maintient absolument constante. Il n'en est pas de même de la Lune et des divers satellites, dont la rotation est d'une durée égale à celle de leur révolution. La révolution de la Lune est assujettie à des inégalités très-considérables; or, puisqu'elle nous présente toujours la même face, il faut que son mouvement de rotation suive absolument les mêmes inégalités, ce qui est complétement différent de l'uniformité affectée par celui de la terre et des planètes. On a cherché à expliquer, il est vrai, ce phénomène par cette même hypothèse d'un allongement dans celui des axes de la Lune qui est dirigé vers le centre de la Terre, hypothèse dont nous avons déjà parlé et qui est due à Newton. Mais dans ce cas la neutralisation des forces qui agissent à chaque instant sur ce grand axe ne pourrait guère se faire sans des oscillations considérables que l'observation n'a point fait cependant reconnaître. Et puis on se demandera toujours pourquoi la Terre et les planètes ne jouissent pas aussi bien que la Lune de cet allongement originaire de l'axe et pourquoi les inégalités de leur mouvement de transport dans l'espace ne troublent pas l'uniformité de leur rotation.

Dans la théorie de l'éther toutes ces particularités s'expliquent au contraire à l'égard de la Lune de la manière la plus naturelle par la loi générale, qui étant applicable à toutes les attractions exercées sur la Lune, rend son mouvement de rotation solidaire de toutes les perturbations qui peuvent affecter son mouvement de transport. Dans le corollaire suivant, nous allons déduire une autre conséquence beaucoup plus importante du défaut de parité entre la rotation des planètes et celle de leurs satellites.

COROLLAIRE. De ce que la condition du mouvement primitif des corps planétaires est que leur rotation sur eux-mêmes soit synchronique de leur révolution autour du Soleil et surtout de ce qu'elle s'exécute autour d'un axe perpendiculaire au plan de l'orbite, il s'ensuit nécessairement que les rotations actuelles, qui diffèrent beaucoup de ces rotations primitives par la durée et par la direction, ont dû être causées par des troubles ultérieurs : supposition que l'étude des grands faits de la géologie nous avait déjà conduits à admettre pour la Terre. Quant à l'intensité de la rotation, nous verrons toutefois par les Propositions XXXIV et XXXV que suivant une cause particulière elle n'est point assujettie pour les diverses planètes à la même loi que pour les satellites, et par conséquent cette circonstance pourrait ne rien prouver à l'égard de la nécessité d'une perturbation, d'un choc par exemple : mais les différentes inclinaisons des plans équatoriaux des planètes sur celui de l'écliptique démontrent, ce nous semble, cette nécessité d'une manière irrécusable. Il nous suffirait d'ailleurs que la possibilité n'en fût pas contestée, d'après les faits, d'une manière victorieuse.

PROPOSITION XXXII.

SUR LA THÉORIE DES MARÉES.

La véritable cause du phénomène des marées réside moins dans un exhaussement vertical des eaux de la mer sous l'attraction directe de la Lune et du Soleil, comme l'admet aujourd'hui la théorie, que dans un mouvement horizontal périodique de ces eaux déterminé par l'action des mêmes astres, mouvement dirigé d'occident vers l'orient et que la rotation du globe rend deux fois récurrent dans l'intervalle d'un jour lunaire : d'où il suit que les marées doivent être et sont en effet beaucoup plus fortes sur les côtes occidentales des continents que sur leurs côtes orientales.

Causes et discussion de cette loi. Explication générale du phénomène des marées, de ses retards horaires et de ses variations géographiques.

De l'influence de la Lune sur les mouvements de l'atmosphère.

Une des plus intéressantes conséquences du théorème précédent, et l'une des plus inattendues peut-être dans l'état actuel des idées, se rapporte au mouvement périodique des mers, au phénomène des marées. La théorie aujourd'hui accréditée, quoique très-satisfaisante à certains égards et répondant très-heureusement à certaines coïncidences de temps, reste cependant fort au-dessous de la réalité des faits soit sous le rapport des intensités, soit sous le rapport des retards horaires, soit enfin sous celui des conditions locales ; et c'est répondre à un véritable besoin de la science que d'introduire un nouveau principe qui puisse mettre tous les détails de cette importante théorie en harmonie complète avec les faits. Nous allons faire connaître les données nouvelles fournies à ce sujet par notre méthode, en commençant ce rapide exposé non point par l'analyse de l'action du Soleil, qui est seule donnée ordinairement parce qu'elle est de beaucoup la plus facile à concevoir dans l'ancienne théorie, mais par l'action beaucoup plus importante de l'attraction lunaire. Toutes les deux d'ailleurs, nous le verrons successivement, conduisent au même principe et à la même loi de mouvement ; et ces deux influences serviront à se contrôler l'une l'autre au point de vue de la réalité des explications (*).

Action de la Lune. Si la Lune, au lieu de se mouvoir autour de la Terre, l'entraînait au contraire à circuler autour d'elle

(*) Ce livre n'est pas un traité d'astronomie, ce n'est que l'exposé d'un système ; nous ne décrivons point, nous assignons des causes. Aussi supposerons-nous connus du lecteur tous les faits relatifs aux marées et leur explication dans le système newtonien. Nous croyons cependant devoir rappeler ici les principales données expérimentales de cet important problème.

1° La mer s'élève et s'abaisse, ou si l'on veut, s'avance et se retire deux fois à intervalles égaux entre deux retours consécutifs de la Lune au méridien supérieur ; de telle sorte que si la pleine mer a lieu, pour un jour donné, à midi vrai, elle aura encore lieu 22 minutes après minuit et reviendra 44 minutes après le midi du jour suivant, en retard comme la Lune d'environ trois quarts d'heure sur le mouvement apparent du Soleil. La première observation de cette concordance entre les marées et le cours de la Lune combiné avec la rotation de la Terre, paraît être due à Descartes.

2° Le Soleil exerce aussi son influence sur les marées : elles sont plus fortes aux syzygies, c'est-à-dire lors du passage simultané des deux astres au méridien supérieur ou inférieur, et elles sont plus faibles aux quadratures.

3° La pleine mer ordinaire n'a point lieu à l'instant du passage de la Lune au méridien, mais environ trois heures après dans les ports situés en mer libre ; pour les ports situés dans des positions particulières, par exemple à l'entrée d'un détroit ou au fond d'un canal, ce retard se modifie, quoique demeurant constant pour chaque port. L'intervalle de temps dont la pleine mer suit le passage de la Lune au méridien, lors de la nouvelle Lune, est une quantité fixe pour chacun d'eux, que l'on nomme *établissement du port.*

Aux syzygies et aux quadratures, l'influence du Soleil amène un autre genre de retard ; la marée maximum, comme la marée minimum, n'ont lieu qu'à la 3ᵉ marée qui suit celle de la syzygie ou de la quadrature. *Cette loi est la même pour tous les ports.*

4° La basse mer est d'autant plus basse que la pleine mer précédente a été plus élevée : ce sont en effet les deux parties d'une même oscillation. Les deux marées d'un même jour n'ont d'autre différence d'ailleurs que celle de la croissance ou de la décroissance générale.

5° La hauteur de la mer augmente lorsque diminue la distance du Soleil ou de la Lune à la Terre ; elle est généralement, par rapport à chacun des deux astres, en raison inverse du cube de la distance. Elle varie aussi en raison de leur déclinaison, ce qui influe sur la décroissance ou l'augmentation des marées aux solstices et aux équinoxes, et produit aussi, surtout vers les solstices, une petite variation dans les deux marées du même jour, en sens inverse pour le solstice d'hiver et celui d'été.

par suite d'une attraction suffisamment puissante, la Terre
alors, devenue satellite à son tour, tendrait à prendre, d'après
le théorème précédent, un mouvement de rotation sur elle-
même de durée égale à cette révolution fictive. Rien de cela
n'existe en réalité, puisque la Terre ne décrit pas d'orbite autour de la Lune : mais ce serait une erreur de croire néanmoins
qu'il ne doive résulter en ce genre aucune particularité du
mouvement réciproque de la Lune et de la Terre. La Terre en
effet n'est point fixe dans l'espace, et elle éprouve par rapport
à la Lune un déplacement *relatif* incessant; cela suffit pour que
les parties mobiles de sa surface, telles que l'eau des mers,
soient en réalité attirées sans cesse par la Lune quoique avec
une très-faible force, et puissent être considérées à chaque instant comme des satellites individuels de cet astre.

Or tous ces points de la surface terrestre sont inégalement
distants du centre de la Lune, ils tendront donc à prendre des
vitesses inégales dans le mouvement circulatoire qui serait dû
à cette attraction; et si l'on se reporte à nos raisonnements de
la proposition précédente, on verra sans peine que pour des
mers suffisamment étendues, les composantes horizontales qui
résultent de l'ensemble de ces forces tendent à produire à chaque instant dans l'eau de ces mers un mouvement général de
déplacement dont la vitesse serait telle, que s'il était assez
puissant pour faire mouvoir autour de son axe la totalité du
globe, il lui imprimerait une rotation égale en durée à celle
de la révolution de la Lune, ou de 27 jours et un tiers.

Cette force de rotation, uniquement superficielle d'ailleurs
et limitée aux parties perméables au fluide éthéré, ne saurait,
on le conçoit, avoir d'effet sensible sur les parties solides de
l'écorce du globe, qui font corps avec lui; elle ne peut imprimer son action qu'à ses parties mobiles, à l'eau des mers. Mais
alors elle change complétement de caractère relativement aux
conclusions de la Proposition précédente : suffisamment puissante, elle aurait eu un effet général et unique pour tout le
globe; ici, elle n'a plus qu'un effet individuel pour chaque
particule d'eau, et d'intensité très-inégale selon la position de
cette particule. Je m'explique.

Nous avons vu (Proposition précédente) que si l'on mène du centre L de la Lune diverses lignes telles que Lst, qui coupent en deux points la surface de la Terre, la force lunaire qui tend à écarter l'un de l'autre ces deux points opposés s et t est proportionnée à la différence des distances Lt, Ls, ou à la corde st qui les sépare. Cette force, si l'on en compare l'intensité sur les diverses parties du disque terrestre, aura donc un

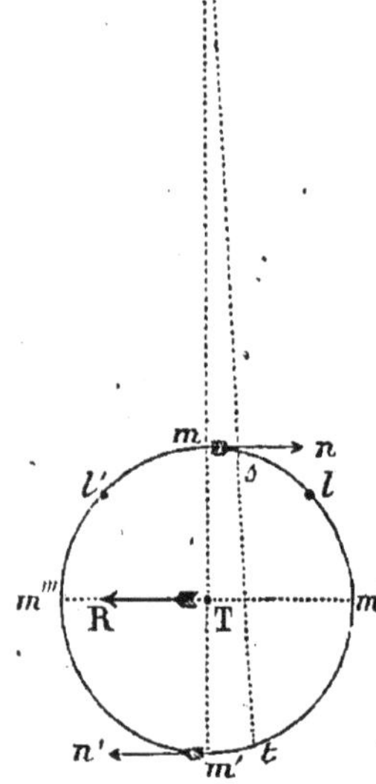

maximum pour les points m et m', qui sont en conjonction et en opposition avec la Lune ; elle sera nulle pour les points m'' et m''' qui sont en quadrature et dont la distance à la Lune est sensiblement égale à celle du centre T : pour un mouvement trèspetit les points m'' et m''' tendront en effet à conserver par rapport à la Lune la vitesse moyenne, celle du centre. Ainsi les forces d'écartement qui tendent à éloigner du centre de la Terre les diverses parties de la surface sont assujetties à deux maxima, pour les points le plus rapproché et le plus éloigné, et à deux minima pour les points moyens. Les composantes horizontales de ces forces, c'est-à-dire les composantes tangentielles à la surface du globe, sont donc variables aussi, quoique leurs points de maximum et de minimum ne soient pas, comme nous le verrons, exactement les mêmes.

Cela posé, combinons ces effets avec la rotation diurne de la Terre. Dans l'intervalle d'un jour lunaire, c'est-à-dire entre deux retours de la Lune au zénith d'un lieu donné m, le point m passera par les quatre positions m, m'', m', m''', et subira par conséquent les deux alternatives de maxima et minima dans les forces qui tendent à donner aux eaux l'impulsion hors de leur position d'équilibre : ainsi donc pendant six heures environ, l'eau d'un lieu donné doit tendre à se mouvoir par rapport à la partie solide de la surface du globe ; pendant les six heures suivantes elle doit tendre à revenir à sa position première, pour recommencer ensuite le même déplacement : c'est là le caractère principal du phénomène des marées. Cherchons maintenant le sens et la direction de ce déplacement des eaux.

A la différence de la théorie ordinaire, le déplacement en hauteur, provenant des composantes verticales de l'attraction lunaire, n'a pour nous qu'une très-faible valeur relativement à la grandeur du phénomène, et mériterait à peine d'être compté. Il n'est pas difficile de voir par de simples proportions et en partant de ce principe, que les attractions relatives de la Lune pour des quantités matérielles semblables placées en m et T sont entre elles en raison inverse des distances, il n'est pas difficile de voir, dis-je, que la différence de ces attractions, ou la force soulevante directe du point m, est à la gravité comme 1 est au cube du rapport de la distance Lm au rayon terrestre, multiplié par le rapport des masses de la Terre et de la Lune, ou sensiblement comme 1 est à la quatrième puissance de 60, c'est-à-dire comme 1 est à 12960000. D'autre part la composante verticale de l'attraction lunaire qui tend à pousser le point de quadrature m'' vers le centre de la Terre est aussi sensiblement dans le même rapport de 1 à la quatrième puissance de 60. Si donc nous imaginons un canal recourbé aboutissant par ses deux embouchures aux points m et m'', les choses se passeront comme si le point m était soulevé par une force double, ou qui fût à la gravité dans le rapport de 1 à 6480000. En comparant maintenant, comme l'a fait Newton, cette force soulevante à la force centrifuge de l'équateur terrestre, qui étant la 289e partie de la gravité, augmente de 21000 mètres environ le rayon de l'équateur comparativement à celui des pôles, on verrait qu'il doit en résulter à peine un exhaussement de $0^m,92$, ou de 2 pieds 9 pouces environ, dans des mers suffisamment étendues. Encore pensons-nous qu'il y a ici exagération, car on ne saurait absolument comparer l'exhaussement de mers peu profondes à l'accroissement de tout le rayon terrestre.

Quoi qu'il en soit, il y a trop loin de ces 2 pieds 9 pouces aux marées de 40 et 50 pieds de Bristol, Brest, Saint-Malo, et des côtes occidentales de l'Inde et de l'Amérique, pour accorder aux forces verticales une importance considérable dans le phénomène des marées.

Les composantes horizontales (*) de l'attraction lunaire, particulières à notre théorie, ont un caractère différent et une importance, à notre avis, beaucoup plus grande. Si faibles qu'elles
soient en effet, comme elles n'agissent que pour le glissement,
et à la façon, par exemple, d'une sphère que l'on ferait rouler
sur un plan, elles n'ont autre chose à vaincre que l'inertie même
de la masse des eaux, elles n'ont pas à vaincre leur pesanteur,
et d'autre part, comme elles s'appliquent à une immense étendue
et à une immense quantité de matière, elles ont toute la puissance de ces grandes masses, et s'il se présente un obstacle à la
marche horizontale des eaux, tel qu'une côte escarpée ou le
resserrement d'un étroit passage, cette quantité de mouvement
s'accumulant en avant de lui doit y amonceler flot sur flot, et
peut porter ainsi localement la hauteur des eaux marines à cette
mesure si élevée que présentent certains points du globe, certaines côtes continentales, dont nous allons apprendre à déterminer bientôt la position. Pour y parvenir, considérons quelle
doit être la nature et la direction de ces forces horizontales.

Nous avons vu par la Proposition précédente qu'en tenant
compte de toutes les forces horizontales symétriquement contrastantes qui résultent de la décomposition des attractions lunaires et
qui agissent tangentiellement à la surface du globe, elles doivent
se réduire deux à deux à une résultante dont la direction est
constante pour chacun des deux hémisphères, mais de sens
contraires dans chacun d'eux, de telle sorte que si le déplacement du centre du globe par rapport à celui de la Lune a lieu
dans la direction TR, les environs du point m tendent à se
transporter dans la direction mn, et ceux du point m' dans la
direction $m'n'$; car c'est ainsi que la Terre tendrait à exécuter

(*) Il ne faut point perdre de vue que les forces horizontales dont il est question
sont tout à fait propres à notre théorie, et ne pourraient exister dans aucune autre
fondée sur un principe différent. Dans la théorie de Newton, où l'attraction est une
qualité absolue, indépendante du temps, toutes les forces horizontales se détrui-
raient deux à deux, en vertu de la symétrie de figure; pour nous au contraire
qui plaçons dans le mouvement lui-même la cause de l'attraction, i résulte de cet
équilibre des forces horizontales *pendant le mouvement*, une rotation égale à ce
mouvement même, ainsi que cela est expliqué avec détail dans la Proposition qui
précède.

sa rotation sur elle-même si elle circulait autour de son satellite. Examinons d'après cela quelle sera la direction de ce mouvement pour les diverses parties de la Terre, en l'estimant non plus d'une manière absolue dans l'espace, mais relativement au déplacement de notre hémisphère et aux orientations adoptées par l'usage : nous allons voir qu'il a lieu partout *de l'occident à l'orient.*

Pour qu'on le conçoive clairement, il est bon de faire remarquer que ce que nous appelons orient et occident n'a rien d'absolu que par rapport à la surface terrestre, et que lorsque la Terre a exécuté la moitié de son tour sur elle-même, la direction vraie de l'orient à l'occident pour l'un de ses points, pour celui que nous habitons par exemple, change de sens réel dans l'espace après cette demi-révolution, quoiqu'elle conserve sa dénomination et son sens relatif par rapport à nous. En d'autres termes notre orient et notre occident changent, du jour à la nuit, de position absolue dans l'espace.

Cela posé, reportons-nous à la figure, et supposons que la translation du centre de la Lune ait lieu suivant la direction LE ; cela équivaut à un déplacement relatif du centre de la Terre suivant la direction contraire TR. On doit en conclure que la tendance à la rotation, ou le mouvement tangentiel imprimé aux eaux de la mer, a lieu en m suivant le sens mn semblable à LE, et en m' suivant le sens $m'n'$ contraire à LE d'une manière absolue. Or le mouvement propre de la Lune a lieu de l'occident à l'orient lorsqu'elle est au-dessus de notre horizon ; l'impulsion mn sera donc aussi dirigée vers l'orient. Et lorsqu'après une demi-révolution le point m sera venu en m', il est facile de voir que la ligne $m'n'$, quoique de sens contraire d'une manière absolue, sera toujours dirigée, par rapport à la surface terrestre environnante, de l'occident à l'orient.

Ainsi c'est vers les côtes occidentales des continents que viendra battre le flot périodiquement récurrent des marées lunaires ; c'est le long de ces côtes qu'il tendra à s'amonceler suivant sa plus grande hauteur. Nous reviendrons sur ces effets après avoir traité de l'action du Soleil, que nous trouverons semblable et semblablement dirigée ; mais nous ne devons pas aller plus avant sans signaler une circonstance très-digne d'intérêt dans les variations d'amplitude de ces forces horizontales dont notre méthode introduit la considération dans la théorie des marées.

Le maximum des forces horizontales n'a point lieu du tout aux mêmes points que celui des forces verticales. Au point m en effet la composante horizontale est nulle ; elle est nulle aussi aux points m'' et m''', puisque nous avons vu qu'ils n'étaient pas plus attirés par la Lune que le centre T, à cause de la similitude de leur vitesse. Les points où l'amplitude de ces forces horizontales est la plus grande sont les octants, c'est-à-dire les points tels que l, placés à 45° des quadratures. Si donc, comme nous le pensons, ce sont les forces horizontales qui ont l'influence de beaucoup dominante dans le phénomène des marées, l'ascendance de ce phénomène pendant un quart du tour de la Terre ne sera pas entre les points m''' et m par exemple, mais entre les points l' et l ; et le maximum d'effet au lieu d'être en m, c'est-à-dire lors du passage de l'astre au méridien, n'aura lieu qu'un huitième de tour plus tard, c'est-à-dire trois heures après ce passage. Cette circonstance est importante ; nous en retrouverons bientôt l'application. Analysons maintenant l'action solaire.

Action du Soleil. — L'influence du Soleil sur le mouvement périodique des mers est du même ordre que celle de la Lune, et nous trouverons qu'elle agit dans la même direction. Ici seulement ce n'est pas un simple mouvement relatif de la Terre par rapport au centre attirant qui provoque cette action : la Terre se transporte réellement autour du Soleil, et d'après cela, si sa surface était formée de parties solides, elle devrait prendre en réalité, comme nous l'avons vu par la Proposition XXXI, un mouvement de rotation sur elle-même d'une durée égale à celle de sa révolution solaire, ou de 365 jours. Ce petit mouvement existe-t-il en réalité, et n'a-t-il échappé jusqu'ici à l'observation que par sa composition incessante avec la rotation beaucoup plus rapide que la Terre possède en vertu d'une tout autre cause, en vertu sans doute d'une impulsion accidentelle ? Ou bien plutôt, attendu l'immense développement des mers à l'équateur, la force dont nous parlons, qui n'a d'influence sur la rotation générale du globe que par son action sur les parties solides de la surface terrestre, ne trouve-t-elle pas à exercer un effet sensible? Ce serait, je pense, une question assez difficile à résoudre, quoique la grande constance observée dans la durée du jour moyen nous porte vers la seconde alternative ; mais il serait ici superflu de chercher à l'approfondir, et avec d'autant plus de raison qu'une action exercée ainsi sur l'ensemble du globe n'altère point les rapports qui dérivent des quantités variables d'attraction exercées sur les parties fluides de la surface en vertu de leurs différentes positions par suite de la rotation absolue et diurne. Ce sont ces rapports seulement que nous étudions pour le Soleil comme nous l'avons fait à l'égard de l'attraction lunaire, et que nous verrons se résumer en une action semblable, dans ses phases du moins et dans sa direction, sinon dans son intensité.

Ici comme précédemment en effet, la différence de vitesse des particules diversement placées les constitue en état différent d'attraction par rapport à l'astre central, et tend ainsi plus ou moins à les écarter du centre du globe, soit en les rapprochant soit en les éloignant relativement du Soleil ; en combinant cette variation d'effets avec la rotation diurne de la Terre, il est facile de voir comme par la Lune, que de six heures en six heures un même point doit passer par le maximum et le minimum d'impulsion, et subir ainsi deux alternatives contraires dans la durée d'un jour. Les maxima pour les composantes verticales de ces impulsions, considérées comme forces soulevantes, sont à l'opposition et à la conjonction ; ceux des composantes horizontales sont un peu différemment placés, ils sont aux octants, ainsi que nous avons vu à l'égard de la Lune, et cette remarque trouvera tout à l'heure un emploi important.

La valeur de la force solaire verticale, dans son maximum, n'est pas difficile à calculer ; elle est à la gravité comme 1 est au cube du rapport de la distance solaire au rayon terrestre, multiplié par le rapport de la masse de la Terre à celle du Soleil, ou environ comme 1 est à 39000000. La force verticale qui agit d'autre part sur le point placé aux quadratures étant sensiblement la même, mais en sens contraire, la force soulevante maximum exercée sur les points placés dans le méridien du Soleil sera en définitive le double de ce que nous venons d'évaluer : elle sera donc à la gravité dans le rapport de 1 à 19500000. C'est précisément le tiers de la force soulevante que nous avons trouvée pour la Lune ; l'attraction du Soleil tendra donc à faire monter l'eau de la mer, aux points placés en opposition ou en conjonction avec lui, de 11 pouces au plus (*) ; elle tendra à la faire baisser d'autant aux points situés en quadrature. C'est donc un effet fort petit relativement à la hauteur des grandes marées de nos côtes ; aussi sommes-nous porté, comme pour la Lune, à attribuer une action beaucoup plus forte aux composantes horizontales.

Quant à ces dernières forces, en appliquant à l'influence solaire les principes de la Proposition précédente, ainsi que nous l'avons fait pour la Lune, il sera très-facile de voir qu'elles doivent se combiner deux à deux symétriquement et tendre à imprimer aux eaux, dans chaque période d'impulsion, un mouvement circulatoire autour du globe, dont la vitesse, proportionnée au temps de la révolution terrestre autour du Soleil et de même sens que le mouvement apparent de cet astre lorsqu'il passe au méridien supérieur, tendrait à leur faire parcourir le pourtour entier du globe en 365 jours, ou environ 4500^m par heure, vitesse toutefois que les frottements, les obstacles et la force même d'inertie empêchent à beaucoup près d'atteindre. Cherchons maintenant la *direction* de ce mouvement tangentiel pour tous les points de la Terre.

Il faut nous souvenir à cet effet de ce que nous avons dit déjà sur la signification des termes *orient* et *occident*, qui n'est relative qu'aux parties de la surface terrestre et pour une position donnée de notre hémisphère ; nous allons du reste rendre nos vues sensibles par une figure.

Soit S le Soleil, T la Terre, L et L′ les deux positions de la Lune

---

(*) Nous donnons ici le résultat de notre méthode. Suivant Newton, la force soulevante du Soleil serait de 2 pieds environ, et celle de la Lune de 8 pieds ; suivant Bernouilli, la force de la Lune serait de 7 pieds seulement. Il est évident qu'au point de vue des effets connus, ces résultats ne sont pas moins insignifiants que ceux de nos forces verticales seules.

en syzygies, et soient figurées par des lignes circulaires l'orbite
de la Terre et celle de la Lune. Lorsque l'on dit que le mouvement
de translation de la Lune a lieu dans le même sens que celui de
la Terre, et de l'occident à l'orient, il faut entendre que ces mouvements ont la même direction dans les arcs dont la concavité

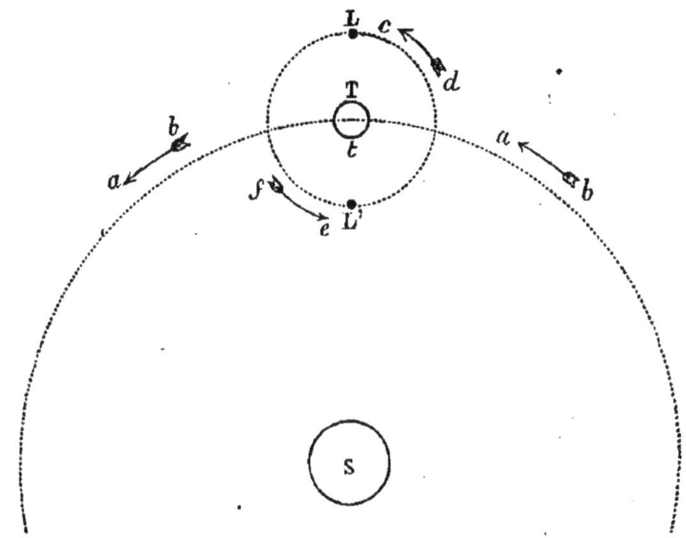

est parallèle et tournée vers le Soleil; de telle sorte que les directions des chemins parcourus par la Terre et par la Lune soient
représentées par les flèches *ab*, *cd*, les points *a* et *c* indiquant
l'orient, *b* et *d* le couchant. Dans la partie de l'orbite de la Lune
située du côté du Soleil, la direction du mouvement désignée
par la flèche *ef* sera contraire d'une manière absolue à celui de
la flèche *cd*, bien qu'elle soit toujours de l'occident à l'orient
par rapport à l'hémisphère terrestre *t*, au-dessus duquel la Lune
se trouve lorsqu'elle décrit cette portion. Cela posé, comparons
les actions du Soleil et de la Lune à la conjonction par exemple,
ou dans les positions S et L' : le mouvement relatif de la Terre
a lieu alors dans le même sens par rapport aux deux astres, et
le transport horizontal des eaux doit donc être dirigé, comme
nous l'avons montré pour la Lune, de l'occident à l'orient. A
l'opposition, ou pour les positions S et L, le mouvement relatif
de la Terre est dissemblable, car il est de l'occident à l'orient à
l'égard du Soleil et de l'orient à l'occident à l'égard de la Lune;
mais il faut remarquer que ces deux orientations se rapportent
à des hémisphères de la Terre différents, en d'autres termes le

point de la surface terrestre le plus voisin de la Lune est au contraire le plus éloigné du Soleil, et réciproquement, ce qui renverse complétement les mouvements à la surface du globe : ces deux renversements des directions s'annulent donc réciproquement, et le mouvement horizontal des eaux de la mer est donc encore dans ce cas pour le Soleil ce qu'il est à l'égard de la Lune, c'est-à-dire dirigé de l'occident vers l'orient.

Résumé des deux actions. — Concluons donc que, suivant notre théorie, l'attraction de la Lune et celle du Soleil donnent lieu chacune à un mouvement périodique semblable dans les eaux de la mer ; mouvement dont la période ascendante revient à chaque demi-jour lunaire ou solaire, selon l'astre attirant. Cette impulsion ascendante des eaux a, pour chaque moment, une composante verticale qui tend à les soulever directement, et une composante horizontale qui tend à les faire glisser sur la surface du globe. Le maximúm des composantes verticales a lieu au moment du passage de l'astre au méridien ; la valeur en est pour la Lune d'environ $0^m,92$ ou 2 pieds 9 pouces ; pour le Soleil elle est trois fois moindre, ou de 11 pouces au plus.

Quant aux composantes horizontales, qui ont de beaucoup l'action la plus puissante (et qui sont particulières à notre méthode parce qu'elles ne peuvent exister qu'en vertu de ce que l'attraction est une condition du mouvement même des corps), leur maximum n'est plus au passage de la Lune et du Soleil par le méridien ; il a lieu lors de ce passage, pour des points placés à l'octant, c'est-à-dire séparés du méridien solaire ou lunaire de la 8e partie de la circonférence ; *la direction de ces forces horizontales est d'ailleurs la même pour les deux astres, et toujours de l'occident à l'orient :* d'où il suit que c'est sur les côtes occidentales des continents et dans les canaux ou passages ouvrant leur resserrement vers cette orientation, que doit venir s'amonceler, avec toute l'énergie des grandes masses, le flot ascendant produit par l'accumulation des eaux transportées des contrées lointaines ; sur les côtes orientales l'action des marées produite par le retour de l'oscillation, et divisée sur de grands espaces au lieu de se concentrer comme la précédente, devra se faire sentir avec une force beaucoup moins grande.

C'est ce que nous trouverons vérifié en effet à un degré remarquable par l'examen des hauteurs relatives de marées sur l'ensemble du globe, dont nous donnerons le résumé dans le Scholie de la présente Proposition ; en ce moment nous ne voulons point ralentir par ces vérifications, quelque importantes qu'elles soient, l'analyse théorique : car nous avons hâte de traiter la question du rapport d'énergie entre les actions solaire et lunaire, et d'expliquer la loi du retard des marées, sujet non moins caractéristique pour notre théorie que celui de la direction des forces. Mais auparavant une remarque est nécessaire sur la différence des forces d'attraction exercées par le Soleil et surtout par la Lune sur les parties de mer situées dans le méridien supérieur ou inférieur, afin de montrer par quelle sorte de compensation cette différence parvient à s'effacer dans les intensités des deux marées d'un même jour : remarque importante, parce qu'elle tient à un sujet que nous présenterons, dans le même Scholie, comme une objection des plus graves à la théorie admise jusqu'aujourd'hui.

Sur les causes de l'égalité entre les deux marées d'un même jour. — Si nous considérons les attractions verticales du Soleil et de la Lune, dont nous avons évalué les effets en un soulèvement de 1 pied pour le premier astre et de 3 pieds pour le second, il est facile de voir que l'effort de cette attraction pour soulever vers l'astre la partie de la mer qui est immédiatement au-dessous de lui, est plus puissant que pour élever dans le sens opposé celle qui en est la plus éloignée, à cause de l'accroissement de la distance. Il devrait donc en résulter une certaine inégalité entre les deux marées d'un même jour, et c'est là en effet une difficulté puissante qui a été objectée à la théorie de Newton par des partisans même des principes fondamentaux de cette théorie. Mais il y a plus encore selon nous, relativement surtout à la Lune : le raisonnement en effet dont nous nous sommes servis, et qui est celui de la théorie de Newton, pour expliquer le soulèvement vertical des parties de mer les plus éloignées de l'astre, consiste à admettre que cette partie de mer a moins de tendance à se rapprocher de l'astre attirant que le centre de la Terre. Mais il naît ici une grande difficulté, c'est que pour déterminer ainsi un mouvement relatif des eaux, il faudrait que le centre de la Terre eût une tendance au moins implicite à se rapprocher en effet de l'astre attirant, qu'il éprouvât au moins quelque mouvement sous son action : or c'est ce qui n'a point lieu, au moins relativement à la Lune, sous l'action de laquelle le centre de la Terre ne se déplace aucunement ; et par conséquent l'on est fondé à dire qu'il n'y a aucune force soulevante exercée par la Lune sur les parties de mer les plus éloignées d'elle à un instant donné. Nous le croyons ainsi en réalité, comme nous aurons lieu de le montrer ultérieurement en revenant sur ce point avec plus de détails ; et il en résulterait par conséquent une inégalité encore plus considérable entre les deux marées d'un même jour, inégalité qui n'est pas cependant confirmée par l'observation. C'est là une objection sérieuse pour l'ancienne théorie : ce n'en sera pas une pour la nôtre ; car elle trouve dans une inégalité contraire et équivalente des forces horizontales une compensation au défaut d'harmonie que nous venons de signaler dans les forces de soulèvement vertical. Je vais expliquer cette assertion.

Pour que les conditions de la rotation fictive à laquelle nous avons vu qu'équivalait l'action des forces horizontales, soient réalisées, il faut supposer qu'un même axe de la Terre, incessamment dévié, passe à chaque instant par le centre de la Lune : il est donc évident que dans ce mouvement, le point de la surface du globe le plus éloigné du centre lunaire doit décrire un arc plus grand que le plus rapproché ; il se mouvra donc aussi avec une vitesse plus grande, et c'est là le principe de compensation dont nous parlons ; car le soulèvement vertical direct n'existant point ici comme dans l'autre partie de la Terre, son effet sera remplacé par une vitesse horizontale des eaux plus considérable. La différence des déplacements des deux points extrêmes sera proportionnée d'ailleurs au rapport du diamètre de la Terre à la distance de la Terre à la Lune ; et de plus, l'effet produit sur les eaux étant aussi une dépendance de la masse de la Lune divisée par le carré de la distance, on conçoit que l'excès de déplacement horizontal dont nous parlons soit assujetti aux mêmes lois que l'exhaussement vertical direct que nous avons vu proportionné aux mêmes éléments (c'est-à-dire au rapport des masses divisé par le cube de la distance), et puisse lui servir de compensation absolue. Il pourra donc n'y avoir en général d'autre différence entre les deux marées d'un même jour que celles qui dépendent de la déclinaison de l'astre attirant ; et dans le calcul qui va suivre nous pourrons évaluer les forces soit verticales soit horizontales, comme si elles existaient égales dans les deux parties de mer opposées.

Du rapport d'intensité entre les effets du Soleil et ceux de la Lune.—Nous venons de voir déjà que la force soulevante verticale de la Lune est triple de celle du Soleil, et que les hauteurs maxima auxquelles ils peuvent porter l'eau par cette attraction directe sont respectivement de 3 pieds environ et de 1 pied ; il s'agit maintenant de reconnaître quel sera le rapport d'effet des forces de transport horizontal. Nous ne savons point d'autre moyen de l'évaluer que de mesurer les vitesses horizontales que tend à imprimer aux eaux chacun des deux astres en vertu de son propre mouvement relatif ; il nous paraît naturel de penser qu'en un lieu donné les hauteurs auxquelles elles parviendront par ces deux efforts sont sensiblement proportionnées à ces vitesses, lesquelles déterminent la quantité d'eau accumulée en un lieu donné dans un même temps. Or les vitesses dont nous parlons sont, à une latitude donnée, celles que prendrait un point situé à cette latitude, si la Terre exécutait sa rotation sur elle-même dans un temps égal soit à sa révolution autour du Soleil soit à la révolution qu'exécute la Lune autour d'elle. Il est facile de voir qu'à l'équateur ce mouvement ferait parcourir aux eaux $1^m,25$ par seconde sous l'action du Soleil, et $16^m,80$ sous celle de la Lune, nombres dont le rapport est de 1 à 13 environ.

C'est ce rapport surtout qu'il faut considérer, et non pas la valeur absolue de la vitesse, car il est clair qu'attendu les résistances opposées à la marche des eaux soit par la masse des mers elle-même, soit par l'obstacle des côtes, le frottement du lit, le resserrement des passages, cette vitesse, qui à notre latitude se réduit d'ailleurs aux trois quarts de sa valeur équatoriale, sera très-loin d'être atteinte dans aucun cas. Le rapport de 13 à 1 est même sans doute trop considérable, car les résistances sont en général plus que proportionnées aux vitesses, et elles doivent agir plus fortement sur la vitesse des eaux qui dépend du mouvement de la Lune, que sur celle qui dépend du Soleil. Il y aurait aussi lieu de tenir compte des masses des deux astres attirants, dans leur rapport avec la distance et avec le rayon de la Terre : car si elles ne tendent pas à faire dépasser aux eaux la vitesse limite, elles peuvent agir plus ou moins efficacement pour leur faire surmonter les obstacles et les résistances : sous ce rapport encore l'action solaire est bien plus forte, en raison de la prépondérance de masse.

Quoi qu'il en soit nous allons voir cependant que le rapport de 13 à 1, quoiqu'un peu trop fort, ne s'éloigne pas encore notablement de celui que nous présentent les effets combinés du Soleil et de la Lune, dans ceux de nos ports où les observations ont été les plus précises.

Aux syzygies l'effet produit sur la mer est dû à la somme des actions de la Lune et du Soleil ; aux quadratures il est produit par la différence de ces actions : si les forces sont dans le rapport de 13 à 1, les hauteurs de marée syzygie et quadrature doivent donc être dans le rapport de 14 à 12 ou de 7 à 6. Mais il faut y ajouter, en proportion de son importance, l'effet produit par les actions verticales directes, que nous avons vu être de 3 pieds et 1 pied ; leur somme et leur différence sont 4 pieds et 2 pieds : or sur 7 à 8 mètres, qui forment l'élévation totale de la marée à Brest, la proportion de la somme de ces soulèvements verticaux à celle des exhaussements par suite des actions horizontales est environ de 1 à 5 ; notre rapport de 7 à 6 devra donc être modifié par l'addition d'un cinquième pour l'un et d'un dixième pour l'autre, ce qui nous donnera enfin pour le rapport des hauteurs aux syzygies et aux quadratures celui de 8,40 à 6,60, ou de 7 à 5,50.

Or on peut voir par les relevés des observations, qu'à Brest, aux équinoxes de mars, la valeur ordinaire des marées syzygies est de $7^m,30$ environ au-dessus de la basse mer consécutive, c'est-à-dire au-dessus du niveau de la plus basse mer, tandis que la hauteur des marées des quadratures au-dessus du même niveau est d'environ 5 mètres juste : le rapport de ces hauteurs ne s'éloigne pas beaucoup de celui que nous venons de trouver. Il s'en rapprocherait tout à fait si tenant compte de ce que les résistances sont plus que proportionnées aux vitesses, nous réduisions à une moindre quantité le rapport de 13 à 1 qui nous a servi de base ; il nous suffirait de le réduire à la valeur de 10 à 1.

On remarquera sans doute que notre manière d'évaluer les hauteurs des marées n'est pas la même que celle dont il a été fait usage par les géomètres newtoniens et en particulier par Laplace. Dans leur méthode en effet, où il n'est question que d'une oscillation du fluide dans la verticale, on a dû rapporter toutes les hauteurs pour un même lieu au niveau moyen entre les hautes et basses mers consécutives, niveau sensiblement constant dans un lieu donné parce que d'après la nature de ces oscillations mêmes, l'abaissement est d'autant plus grand que l'élévation l'a été davantage. Mais pour nous ici, il ne s'agit que de la quantité d'eau apportée en un lieu donné dans un temps donné aussi ; la grandeur des oscillations n'a donc pas pour nous d'intérêt, nous savons que les deux parties en seront toujours dans une mutuelle dépendance : ce qui nous importe c'est la quantité d'eau apportée, c'est par conséquent son élévation au-dessus d'un niveau fixe, au-dessus du niveau le plus bas.

On voit donc enfin, d'après cette discussion, que notre méthode nous met à même de trouver *a priori* et avec une exactitude suffisante le rapport d'intensités que la théorie de Newton ne permet pas de déduire autrement que de l'observation des mêmes faits qui servent seulement à vérifier la nôtre. Il est bien vrai que pour déterminer l'exhaussement vertical direct nous nous servons, nous aussi, de la masse de la Lune; mais cet exhaussement n'est en général qu'une très-petite partie du phénomène, lequel réside surtout dans le transport horizontal des eaux, et c'est là ce qui forme le résultat nouveau et caractéristique de notre théorie.

Nous allons l'appuyer du reste par une vérification beaucoup plus importante. Notre méthode nous donne en effet cet autre avantage considérable, de pouvoir expliquer d'une manière

nette et précise le retard régulier des marées sur le passage de
la Lune au méridien et d'en donner la mesure exacte, soit pour
les marées ordinaires, soit pour celles des syzygies et quadratures. C'est encore au mouvement horizontal des eaux que nous
sommes redevables de cet éclaircissement si nécessaire, ainsi
que nous allons le montrer.

Explication du retard régulier des marées et sa mesure. —
Euler raconte d'une manière assez piquante, dans ses Lettres à
une princesse d'Allemagne, ouvrage où la science emprunte
tant de charme à une ingénieuse philosophie, Euler y raconte,
dis-je, avec sa piquante bonhomie le résultat de la discussion
entre le système de Newton et celui de Descartes pour l'explication du phénomène des marées. Descartes qui, à l'honneur de
la philosophie française, avait constaté le premier d'une manière systématique la relation entre ce phénomène et les mouvements de la Lune, en attribuait la provenance à la pression de
cet astre sur notre atmosphère ; Newton l'expliquait au contraire
par l'attraction directe de la Lune. L'expérience devait donc
prononcer, et donner raison à l'un ou à l'autre de ces deux
philosophes, selon que la mer serait basse ou qu'elle serait
haute lors du passage de la Lune au zénith de chaque lieu. Mais
un résultat inattendu vint se présenter aux observateurs : lors du
passage de la Lune au méridien, les eaux n'étaient ni hautes ni
basses, elles atteignaient précisément alors la hauteur moyenne.

L'expérience montre en effet que l'heure de la pleine mer
ordinaire ne coïncide pas avec le passage de la Lune au méridien,
mais qu'elle le suit d'environ trois heures (*), dans les ports
situés en mer libre. Dans les syzygies et les quadratures il
existe une autre sorte de retard beaucoup plus considérable,
car la marée maximum ou la marée minimum n'arrive qu'environ un jour et demi ou trois marées après celle de la syzygie

---

(*) Il faut bien faire attention à cette circonstance, que le retard de 3 heures
n'a lieu que pour les ports *en mer libre*, car pour ceux qui sont situés à l'extrémité
d'un chenal comme Bordeaux, Bristol, ou dans un resserrement comme Calais,
Dunkerqué, etc., le retard de la pleine mer peut augmenter beaucoup par les
résistances au mouvement horizontal, et c'est ce qui fait varier ce que l'on nomme
l'*établissement du port*, nombre fixe d'ailleurs pour chaque lieu.

ou de la quadrature. « Ce phénomène s'observe à peu près également dans tous les ports de France, dit Laplace, quoique les heures des marées y soient fort différentes ainsi que leurs hauteurs. » Mais cela n'a pas lieu seulement pour ces ports, cela a lieu pour tous les ports du globe, et cette règle est universellement admise dans tous les calculs de marées. C'est donc là une loi générale, tout aussi générale et aussi régulière que celle du retard des marées lunaires habituelles ; et comme ces deux circonstances n'ont jamais été suffisamment expliquées, c'est là encore une grande objection contre l'exactitude complète des théories émises jusqu'à ce jour.

Dans la théorie de Newton, l'on a cherché à justifier vaguement tous ces retards par l'inertie de la matière et par les résistances locales (*) ; mais puisque dans cette théorie l'attraction agit sur toutes les particules à la fois, l'inertie de chacune d'elles est vaincue dans un même instant par la force même, et tout devrait être au contraire instantané ici comme en ce qui concerne généralement les phénomènes d'attraction ; quant aux résistances, où pourrait-on les placer lorsque l'on réduit tout au balancement vertical de canaux fluides ? Il n'y a alors en effet ni frottements ni obstacles étrangers, et tout doit se passer dans le fluide même, sans considération des roches qui l'enclavent et du lit qui le contient, les frottements et les résistances d'un fond de mer ne pouvant s'exercer, par rapport à un mouvement des eaux, que sur la composante horizontale de ce mouvement. Enfin, et c'est là sans doute pour cette théorie l'argument le plus difficile à écarter, comment expliquera-t-on que le retard qui est de trois heures seulement pour les marées ordinaires, devienne de quarante heures, lorsque vient s'ajouter ou se retrancher à l'action de la lune la petite force solaire qui n'en est tout au plus que la cinquième partie ? Comment expliquer aussi que le retard soit le même aux quadratures, lorsqu'au lieu de venir en accroissement comme dans les syzygies, la force so-

---

(*) Newton avait essayé aussi une explication fondée sur le mouvement de rotation de la Terre ; mais Laplace (*Exposition du système du monde*, livre IV, chapitre XI) déclare son raisonnement peu satisfaisant et son résultat contraire à une rigoureuse analyse.

laire vient en différence? Ces deux effets sont évidemment contradictoires l'un de l'autre et hors de proportion avec les forces auxquelles on prétend les rattacher.

Notre méthode, qui fait intervenir des actions différentes, indiquera sans peine la cause de ces retards ; elle fera plus, elle en marquera la loi et l'exacte mesure. Pour nous en effet, qui plaçons l'influence principale dans les forces horizontales, le maximum d'action n'existe pas au moment où la Lune passe au méridien ; car alors, si la force verticale de soulèvement est bien à son maximum, la composante horizontale est fort éloignée au contraire de sa plus grande valeur, puisqu'elle est nulle; aux points de quadrature elle est aussi très-peu considérable. C'est à l'octant, c'est-à-dire au point intermédiaire entre la conjonction et la quadrature, qu'est le maximum des forces horizontales ; c'est entre les deux octants qui comprennent le méridien du lieu, que ces forces agiront d'une manière efficace, et il est facile de voir qu'un point situé actuellement sous la Lune n'aura acquis sa plus grande somme d'impulsions que lorsqu'il sera parvenu à l'octant qui suivra le passage de la Lune à ce méridien, c'est-à-dire après un intervalle égal au huitième de la rotation diurne de la Terre augmenté du mouvement de la Lune : le maximum d'effet aura donc lieu trois heures et quelques minutes après ce passage, comme l'expérience le confirme.

Le grand retard des marées maxima aux syzygies s'expliquera d'une manière aussi nette et beaucoup plus frappante encore, parce qu'elle ressort d'un rapport numérique entre le cours de la Lune et celui du Soleil, et qu'elle fait intervenir ainsi les lois de la géométrie dans un phénomène laissé jusqu'ici à tout le vague des causes purement locales. Pour le Soleil en effet le maximum des forces horizontales est aussi à l'octant ; or la vitesse du Soleil par rapport à la terre étant fort différente de celle de la Lune, il en résulte que lorsque ces deux astres passent ensemble au méridien d'un lieu, le passage de ce lieu par les octants ne se fera point pour les deux astres à la fois, et les points de maximum d'impulsion solaire et lunaire ne coïncideront point pour lui. En un mot c'est la coïncidence des octants qui détermine celle des deux maxima, et il s'agit simplement de chercher de combien de temps cette coïncidence des octants suivra celle du passage simultané des deux astres au méridien. Or la Lune, entre deux retours en conjonction, pour un même lieu, rencontre le Soleil dans les huit octants ; l'intervalle cherché serait donc le huitième du temps de la révolution de la Lune ; mais comme les deux syzygies font le même effet par rapport aux marées et qu'il est indifférent que la rencontre ait lieu en opposition ou en conjonction, il est évident que le nombre des rencontres efficaces sera ainsi doublé, et qu'il faut prendre le seizième, non le huitième, du temps de la révolution lunaire. Je dis de plus que ce sera la révolution sidérale et non la révolution synodique de la Lune qu'il faut considérer ici, car son action étant beaucoup plus considérable que celle du Soleil, ce seront toujours ses positions par rapport à la terre qui régleront les intervalles, la coïncidence du Soleil pouvant rester seulement approximative. Ainsi c'est le seizième de 27 jours et un tiers qui mesurera le retard des marées aux syzygies : le retard sera donc de $1^j,71$, c'est-à-dire de 40 heures et demie en moyenne. Or, ce résultat s'accorde parfaitement avec l'observation, qui constate que le maximum de hauteur des eaux a lieu à la troisième marée qui suit le passage des deux astres au méridien, c'est-à-dire après un intervalle de 36 heures augmenté du mouvement de la Lune $1^h,8'$ et du retard de la première marée, en un mot au bout de 40 heures et un quart à partir du passage au méridien, si ce retard de la marée ordinaire est de $3^h 6'$.

On trouvera une telle exactitude bien frappante, si l'on réfléchit surtout combien avait fait peu la théorie de Newton pour expliquer la loi de ces deux retards, loi tellement marquante cependant, qu'elle change pour ainsi dire complétement le caractère numérique du phénomène. L'illustre géomètre Laplace, qui a donné au point de vue de l'analyse une si belle étude de la question des marées, fait une juste critique, dans son *Exposition du système du monde,* des moyens employés par Newton, Bernouilli et d'autres savants ses prédécesseurs, pour la justification de ce phénomène des retards ; mais l'insuffisance des résultats obtenus par ses propres efforts montre bien que le défaut fondamental réside dans la théorie elle-même. Ce qui est remarquable toutefois, c'est que la ressource empirique mise en usage par ce géomètre non pour expliquer, je pense, mais pour traduire en quelque sorte les faits et les grouper dans une idée méthodique, consiste à transformer le mouvement vertical des mers indiqué par sa théorie *en un mouvement horizontal de transmission*, hypothèse qui n'est pas, comme nos impulsions horizontales, justifiée par la théorie même et qui d'ailleurs n'a point ici son caractère de régularité et de loi : mais le besoin des faits suggérait déjà au savant géomètre ce sentiment, que les résistances opposées à des déplacements horizontaux étaient les seules qui pussent faire concevoir le défaut de proportion des retards lunaire et solaire. On va voir toutefois combien il est éloigné encore de la loi des phénomènes. « Les heures des marées à Brest, dit-il en effet en résumant, sont donc les mêmes qu'à l'extrémité d'un canal qui communiquerait avec la mer, en concevant qu'à son embouchure les marées partielles ont lieu à l'instant même du passage des astres au méridien, et qu'elles emploient un jour et demi à parvenir à son extrémité, supposée de 18358″ plus orientale que son embouchure. En général l'observation et la théorie m'ont conduit à regarder chacun de nos ports de France, relativement aux marées, comme l'extrémité d'un canal à l'embouchure duquel les marées partielles ont lieu à l'instant même du passage des astres au méridien et se transmettent *dans un jour et demi* à son extrémité, supposée plus orientale que son embouchure *d'une quantité très-différente pour les différents ports*. »

Ainsi donc voilà le dernier mot de la théorie de Newton et de ses commentateurs relativement aux retards des marées : supposer les différents ports placés au loin *dans l'intérieur des terres*, à l'extrémité de canaux de longueur *très-diverses*, où cependant les marées maxima se transmettraient dans un *même* intervalle de temps! Est-ce donc à de semblables vues, lorsqu'il s'agit d'expliquer une loi, que les grands géomètres qui ont travaillé d'une manière si brillante à développer la théorie de Newton eussent dû arrêter l'effort de leur esprit ; et la science n'eût-elle point gagné à un plus franc aveu de l'insuffisance des principes en cette matière?

Mais quittons enfin ce sujet et terminons ce long exposé de la théories des marées par un autre détail nécessaire pour compléter l'accord de notre méthode avec les faits.

Variation des marées avec les distances du Soleil et de la Lune et avec leurs déclinaisons. — L'expérience a montré que les marées augmentent avec le diamètre apparent de la Lune et du Soleil, et elle a vérifié ce résultat du calcul newtonien, que l'augmentation des hauteurs est réciproque au cube des distances pour deux positions différentes du même astre. Cela n'est point difficile à expliquer dans la théorie que nous exposons : en ce qui concerne en effet les soulèvements verticaux directs, nous avons vu que la force qui les détermine est à la gravité comme 1 est au cube de la distance multiplié par la masse de la Terre rapportée à celle de l'astre attirant. Or, la gravité et la masse restant les mêmes, la force soulevante sera donc réciproque au cube de la distance. Quant aux impulsions horizontales, il est naturel d'appliquer ici la remarque que nous avons faite sur l'influence des masses, et de concevoir que l'impulsion imprimée aux eaux dépend non-seulement de la vitesse mais encore de la masse de chacun des astres attirants, je veux dire de la masse divisée par le carré de la distance. Or, d'après le principe des aires, la vitesse pour un même astre est sensiblement inverse du rayon vecteur ou de la distance à chaque instant ; c'est donc encore le cube de la distance qui sera en raison réciproque de la force développée par l'astre dans ses différentes positions et par conséquent de la hauteur des marées.

Les mêmes principes s'emploieraient pour faire concorder comme dans l'ancienne théorie les phénomènes produits par la déclinaison des deux astres aux lois fournies par l'observation : nous ne voulons pas toutefois nous laisser ralentir par ce genre de détails, que le cadre de cet ouvrage se refuse pour ainsi dire à embrasser : nous reporterons le lecteur aux traités spéciaux sur la matière, nous contentant d'avoir exposé des principes propres à l'explication des phénomènes généraux considérés sous leur caractère de lois.

SCHOLIE.

La théorie de Newton sur les marées, que sa rare précision sous certains points de vue et sa liaison avec la grande loi de l'attraction rendaient si remarquable pour l'époque où elle a été produite, est cependant défectueuse à plusieurs égards.

En premier lieu, elle est insuffisante en ce qui concerne les questions de quantité et d'énergie des forces, car elle n'atteint, pour le plus grand exhaussement vertical des eaux, qu'au chiffre de 10 pieds environ ; et comme tout repose dans cette théorie sur le balancement vertical et l'équilibre de canaux fluides, elle ne laisse aucun moyen réellement rationnel d'expliquer les élévations quatre et cinq fois plus grandes que l'on observe en bien des ports ; pas plus que l'on n'expliquerait que par des causes accidentelles la mer s'élevât en certains points sous forme de hautes montagnes au-dessus du niveau général régulier que lui donnent les lois de la pesanteur combinées avec les forces centrifuges dues à la rotation du globe : car ces deux genres d'action sont, dans la théorie de Newton, d'un ordre absolument semblable (*).

Dans la difficulté d'expliquer ces surélévations et les anomalies tant des diverses mers que des divers ports de la même mer, elle attribue beaucoup aux *causes locales :* mais elle ne saurait définir ces causes locales, car il faudrait le plus souvent attribuer des effets inverses à des circonstances semblables, expliquer par exemple d'après les mêmes raisons l'exhaussement prodigieux des eaux dans le canal de Bristol et l'absence de marées sur les côtes de la Méditerranée.

Cette théorie indique en outre que les plus grandes marées devraient exister dans les mers les plus étendues : et cependant

---

(*) Dans sa théorie, Newton assimile les résultats de l'attraction lunaire aux effets que produit la force centrifuge du globe sur la pesanteur, et cette assimilation sert entièrement de base à son calcul : or, l'effet de cette force centrifuge sur les eaux marines ne produit aucune irrégularité *locale* dans leur niveau ; elle n'y produit qu'un effet général et continu. Pourquoi donc en serait-il autrement de l'attraction lunaire?

l'observation n'en découvre aucune dans les îles de l'océan Pacifique, la plus étendue de toutes les mers.

Elle conduit à une inégalité considérable entre les deux marées lunaires d'un même jour; et lorsque Laplace, convaincu d'une telle conséquence, a voulu effacer par le calcul cette inégalité qui n'existe point dans la nature, il a dû former des suppositions complétement éloignées de l'état réel des choses, savoir, que la terre est entièrement couverte d'eau et que ces eaux ont une profondeur constante.

Elle n'explique point enfin les retards des marées dans les mers libres, phénomène auquel cependant sa régularité bien certaine ne permet pas de refuser le caractère de *loi*.

Ce ne seraient là cependant encore que des objections de détail : mais il en est une beaucoup plus grave, qui à notre sens serait de nature à détruire dans sa base même le principe du raisonnement newtonien, en montrant que dans ce système il ne devrait exister par jour en chaque lieu qu'une seule marée lunaire, celle qui a lieu lors du passage de la lune au méridien supérieur. J'ai déjà dit un mot de cette inévitable conséquence, lorsque j'ai voulu faire voir comment notre méthode parvient elle-même à s'en affranchir; son évidence est d'ailleurs telle pour nous, qu'il nous paraîtrait comme impossible que nous eussions été le premier à la faire connaître, si nous ne savions que l'autorité d'un système établi, et la précision rigoureuse de certains résultats accessoires, sont de nature à expliquer bien des entraînements dans les meilleurs esprits. Quoi qu'il en soit, me défiant de ma propre analyse, je veux choisir l'énoncé du raisonnement fondamental de la théorie que je combats dans l'un des plus clairs commentateurs du système newtonien, Euler ou Laplace : arrêtons-nous à l'expression plus rapide de ce dernier écrivain.

« Une molécule de la mer placée au-dessous du soleil, dit ce savant astronome (*), en est plus attirée que le centre de la terre ; elle tend ainsi à se séparer de sa surface ; mais elle y est retenue par sa pesanteur que cette tendance diminue. Un demi-jour après, cette molécule se trouve en opposition avec le soleil, qui l'attire alors plus faiblement que le centre de la terre : *la surface du globe tend donc à s'en séparer ;* mais la pesanteur de la molécule l'y retient attachée ; cette force est donc encore diminuée par l'attraction solaire, etc. » Les mêmes conclusions sont appliquées implicitement à l'attraction de la lune.

Or il est facile de voir, ce nous semble, que pour l'efficacité de la seconde partie de ce raisonnement il est nécessaire que le centre de la terre tende à se déplacer *réellement* sous l'action de l'astre attirant : car s'il n'en était pas ainsi, et que le centre de la terre demeurât absolument fixe sous cette action, trop faible pour entrer comme composante efficace dans ses mouvements, alors l'effet relatif de l'attraction sur ce centre devrait être considéré comme nul, comme détruit par la résistance de la masse entière du globe, tandis qu'il demeurerait sensible pour les molécules de la mer en raison de leur mobilité individuelle ; de là diminution plus forte de la pesanteur pour la molécule la plus rapprochée ; mais au contraire la molécule la plus éloignée de l'astre attirant, loin d'éprouver par le mouvement relatif du centre un soulèvement fictif, éprouverait au contraire un surcroît de pesanteur et une tendance à s'abaisser. En effet l'immobilité du centre de la terre annulant virtuellement l'attraction qu'il éprouve de la part de l'astre, celle qu'éprouve la molécule mobile reste seule agissante ; et comme par la nature de sa direction elle agit dans le sens même de la pesanteur, il est évident qu'elle doit tendre à rapprocher cette molécule du centre de la terre, loin de la soulever.

Or c'est précisément ce qui a lieu pour la lune, à l'attraction de laquelle le centre de la terre ne saurait obéir, à cause de la prépondérance de sa masse. La terre, à la vérité, éprouve bien à chaque instant un déplacement relatif à l'égard de la lune, produit par la différence de vitesse des deux astres autour du soleil : mais ce mouvement ne dépend en aucune manière de l'attrac-

mais déjà il avait été désavoué par eux et par Daniel Bernouilli comme n'étant pas complétement rigoureux.

tion lunaire qui n'y entre point comme force composante et qui reste réellement sans action sensible pour faire mouvoir le centre de la terre. Cela étant, il est clair, d'après ce que nous venons de faire voir, que bien loin de soulever les eaux qui sont situées à son opposition, l'attraction de la lune devrait tendre au contraire à les faire baisser ; et il ne saurait y avoir ainsi dans un jour qu'une seule marée lunaire, lors du passage de l'astre au méridien supérieur.

Si je ne m'abuse étrangement sur la rigueur de cette conséquence, il y en aurait assez pour prouver sans retour l'insuffisance de la théorie de Newton en ce qui concerne le phénomène des marées. On a vu quelques pages plus haut comment notre méthode au contraire parvient à écarter cet obstacle par la considération des forces horizontales qui lui sont propres, et comment par la différence des vitesses imprimées à chaque instant par ces forces dans l'hémisphère terrestre le plus voisin et le plus éloigné de la lune, les deux marées d'un même jour peuvent devenir sensiblement équivalentes. On a vu encore comment le retard régulier des marées prend pour nous le caractère d'une véritable loi, que la considération des mêmes forces explique complétement et par la plus simple géométrie.

Portons maintenant plus avant cette vérification et donnons à nos principes la sanction la plus générale, en montrant que dans ces impulsions horizontales, qui suivant notre système tendent à transporter périodiquement la masse des eaux de l'occident vers l'orient à chaque quart de jour lunaire, que dans ces impulsions, dis-je, réside la solution du problème général des hauteurs de marées sur l'ensemble du globe : hauteurs dont la diversité n'avait encore été soumise à aucune loi, n'avait encore reconnu d'autre principe que cette vague dénomination de *causes locales*, triste ressource des théories incomplètes et qui doit tendre à disparaître de la science à mesure que la vérité se développe et que les causes réelles se font connaître.

Ayant eu occasion, pendant un voyage en Amérique, de séjourner dans l'isthme de Panama, je remarquai avec étonnement que sur la côte de l'Atlantique, dans les petits havres de

Chagres et de Porto-Bello, les marées étaient presque insensibles, tandis qu'à Panama même, dans un des golfes les plus tranquilles de l'univers, les marées s'élèvent à plus de sept mètres, couvrant et délaissant une plage immense dans leur mouvement diurne de va-et-vient. Et cependant les ports de Chagres et de Panama ne sont pas distants l'un de l'autre de plus de 12 lieues à vol d'oiseau ; tous deux sont situés sur de grandes mers, l'un dans le golfe du Mexique, l'autre dans celui de Panama, et les circonstances absolues paraissent ainsi être complétement identiques. Mais l'un de ces ports est placé sur la côte *occidentale* de l'Amérique ; l'autre est situé sur la côte *orientale* du même continent : cette circonstance, qui alors n'éveillait en notre esprit aucune idée particulière et précise, y fut toutefois le principe d'un travail auquel vinrent peu à peu se rattacher, comme à un centre de groupement, les principaux résultats de la théorie que nous venons d'exposer. C'est là en effet le point du globe peut-être où le contraste dont nous parlons s'offre le plus frappant sur l'espace le plus resserré ; c'est là pour nous la représentation la plus éloquente de ce principe que notre théorie fait connaitre, et que nous trouverons vérifié sur l'ensemble du globe, savoir : « *que les côtes occidentales des continents, ainsi que les passages dont l'ouverture est tournée vers l'occident, doivent être, toutes circonstances égales, soumises à des marées beaucoup plus fortes que les côtes orientales.* »

La raison en est simple : c'est que le flot apporté chaque douze heures par le mouvement périodique des mers ayant son impulsion dirigée de l'occident à l'orient, doit concentrer sur les côtes qui lui sont opposées, c'est-à-dire sur les côtes occidentales, la somme de ses efforts. En vertu de la rotation terrestre et par suite de la propagation du mouvement lui-même dans les eaux, chaque nouvelle zone mise en action ajoute à l'effort premier contre les mêmes côtes et augmente progressivement la masse d'eau qui s'accumule contre elles : il y a donc ici concentration des eaux et des efforts sur un espace limité. Dans le mouvement inverse, c'est-à-dire dans le retour des eaux à leur position première, l'effort se divise au contraire en refluant des côtes sur la grande masse des mers; et quoique la position première, naturelle, doive être dépassée en sens inverse, comme il arrive dans tous les genres d'oscillation, on conçoit que l'effort concentré et direct doive donner lieu à des hauteurs d'accumulation sensiblement plus grandes que celui qui est produit par le retour et qui est caractérisé au contraire par la diffusion des forces.

Dans les mers très-étendues et embrassant plus d'un quart de la circonférence, comme dans l'océan Pacifique, il se passe un autre phénomène, qui doit tendre encore à affaiblir les marées dans la partie occidentale de ces mers et surtout dans leur partie centrale. Lorsque en effet dans ces régions les eaux devraient commencer à monter, elles éprouvent déjà dans leur extrémité orientale la période descendante, et ces deux impulsions inverses tendent ainsi à s'annuler, par le choc, à leur point de rencontre, c'est-à-dire vers la partie centrale, et à rendre par là même moins sensible le retour de l'oscillation à la partie occidentale de ces mers. C'est par une raison de ce genre que nous expliquons l'absence des marées dans les îles de la mer du Sud, où nous persistons à dire que suivant la théorie de Newton elles devraient être le plus considérables.

Le relevé général des hauteurs de marées sur les diverses côtes du globe concorde parfaitement avec les vues que nous venons d'exposer. Si partant du centre de l'Amérique, où nous avons trouvé un si grand contraste entre les deux côtes voisines, nous suivons vers le nord et le sud les côtes orientale et occidentale de ce vaste continent, si bien disposé pour une telle étude, nous voyons un semblable contraste se prolonger sur toute leur étendue.

En premier lieu, le long du golfe du Mexique, dans les Antilles et sur une grande partie de la côte des États-Unis, les marées sont presque insensibles, les plus fortes ne dépassent pas 2 pieds et demi; elles ne se relèvent un peu qu'à New-York, où les plus grandes hauteurs vont à 6 pieds et demi, et à Boston où elles atteignent 14 pieds, sans doute en raison de la position de ces ports au voisinage de l'obstacle qu'oppose à la marche orientale des eaux le coude formé par la Nouvelle-

Écosse et le banc de Terre-Neuve. Dans l'Amérique méridionale nous trouvons aussi de très-faibles marées sur la côte orientale, tout le long du littoral du Brésil : car à Pernambuco, à la baie de Todos-os-Santos, dans celle d'Espiritu-Santo, dans le canal de Saint-Sébastien, les marées varient seulement de 3 à 6 pieds, d'après les observations de M. l'amiral Roussin ; et si elles s'élèvent un peu plus haut en quelques endroits, comme 12 pieds à Rio-Janeiro et 16 pieds à l'île de Maranham, non loin de l'embouchure du fleuve des Amazones, il est facile de voir que la courbure du littoral en ces points est éminemment propre, comme nous l'avons vu pour Boston, à former résistance au flot venu de l'occident ; circonstance à laquelle il est essentiel d'ajouter celle du cours même du fleuve.

Si nous suivons maintenant au contraire la côte occidentale de l'Amérique, nous voyons la mer s'élever dans les différents ports, tels que Valparaiso, le Callao, Guayaquil, Panama, Realejo, Acapulco, Monterey et San-Francisco de Californie, à des hauteurs générales de 5, 6, 7 et 8 mètres, comparables par conséquent à celles de nos côtes de France sur l'Atlantique, et quinze à vingt fois supérieures à celles de la côte américaine orientale.

En Europe un seul terme seulement de la comparaison est possible, puisque nous manquons de côtes orientales sur une grande mer : mais sur nos côtes occidentales la mer s'élève à des hauteurs considérables, comprises généralement pour les divers ports de l'Atlantique entre 4 et 8 mètres, et qui pour quelques-uns vont jusqu'à 10 et 11 mètres. Rien ne saurait mieux confirmer nos vues que ces marées exceptionnelles : car ces ports où la marée s'élève à de si grandes hauteurs sont ceux précisément qui, situés au fond de golfes ouverts du côté de l'occident, comme Saint-Malo, Granville, Bristol, ou à l'entrée occidentale d'un resserrement comme Dieppe et Boulogne à l'entrée de la Manche et du Pas-de-Calais, sont plus favorables que tous autres à l'accumulation du flot venu de l'occident vers l'orient. Au débouché de la Manche dans la mer du Nord au contraire, où un élargissement oriental a lieu, les hauteurs des marées vont sensiblement en décroissant, depuis

Calais et Dunkerque jusqu'à Amsterdam et aux ports extrèmes de la Hollande, où elles n'atteignent guère que 2 pieds et demi.

La forte élévation des marées de la côte de France se poursuit sur les côtes occidentales de l'Espagne et du Portugal (quoiqu'en s'affaiblissant un peu, soit à cause des vents alizés, soit par une autre raison que nous dirons au sujet de la Méditerranée), et sur les côtes occidentales de l'Afrique; dans toutes ces contrées elle se soutient à des hauteurs de 3, 4 et 5 mètres (*); au tournant du cap de Bonne-Espérance, où l'obstacle commence à s'évanouir, la hauteur des marées n'est déjà plus que de 2 mètres, et enfin si l'on passe sur la côte orientale de l'Afrique, à l'île de Madagascar, la marée tombe tout à fait et ne s'élève pas au delà de 3 pieds.

En Asie, malgré les accidents qui découpent les côtes d'une manière si peu régulière, nous trouverons encore une série remarquable. Peu de contrées du globe présentent des marées aussi hautes que celles du port de Pégu, sur la côte occidentale de la terre de Siam, dans le golfe du Bengale, port dont les grandes marées sont citées par Newton : or sa position est absolument analogue à celle de Saint-Malo, Avranches et Granville dans la baie de Cancale, relativement au flot venu de l'occident. Si l'on suit au reste dans toute sa continuité l'ensemble des côtes de ce même golfe du Bengale, on y trouvera, dans un espace restreint, un parfait résumé de toutes les conclusions de notre théorie. A l'extrémité en effet de la côte qu'il tourne vers l'orient, c'est-à-dire à Ceylan et à la côte de Coromandel, les marées sont extrêmement faibles, elles ne s'élèvent qu'à 2 pieds; au Bengale proprement dit, aux bouches du Gange, elles vont à 9 pieds dans les petites eaux et à 13 pieds dans les grandes eaux, et l'on peut remarquer ici l'accroissement progressif dû,

---

(*) Il n'y a d'exception que pour les embouchures des rivières Sénégal et Gambie, où la force du courant annule en partie la vitesse du flot de marée venu de l'occident, et la rejette sur les côtes voisines : la marée ne s'élève à ces embouchures que de 3 à 6 pieds. Mais elle se relève sur les côtes voisines, car au cap Blanc (Sahara), dans les Bissagos et les îles de Loss, près Sierra-Leone, la marée monte à 12 ordinairement et à 16 pieds dans les syzygies, d'après les observations de l'amiral Roussin et du commodore Owen.

comme pour Boston et Rio-Janeiro, à la forme tournante de la côte, peut-être aussi à l'obstacle produit par le courant du fleuve ; enfin si nous passons tout à fait sur l'autre versant du golfe, celui qui est tourné vers l'occident, nous trouvons les hautes marées de Pégu, que nous avons déjà citées précédemment.

L'autre côte occidentale de l'Indoustan présente aussi de fortes hauteurs d'eau : à Bombay et à Surate, la mer s'élève à 18 pieds comme à Brest et à Panama ; tandis qu'à la côte opposée, celle d'Arabie, elle ne s'élève qu'à 3 et 6 pieds.

Si maintenant nous passons vers la côte la plus orientale de l'Asie, nous trouvons qu'à Malacca, à l'entrée de la mer de Chine, la hauteur de la mer est, comme au cap de Bonne-Espérance, de 6 pieds seulement ; et à Macao, dans une position d'ailleurs peu favorable, elle ne monte de même qu'à 7 pieds.

Nous trouvons enfin la même faible hauteur au port Jackson, à la partie orientale de la Nouvelle-Hollande.

Il est donc vrai de dire que notre théorie, par ses forces horizontales périodiquement dirigées de l'occident vers l'orient, et par le rapport de ces forces avec la disposition des côtes qu'elles viennent frapper, donne la loi générale des hauteurs de marées sur l'ensemble de la Terre.

J'ajouterai quelques mots au sujet de la Méditerranée. Cette mer communique, bien que par un détroit, avec l'océan Atlantique, et l'on ne voit réellement pas pourquoi dans la théorie de Newton, où il ne s'agit que de l'équilibre des fluides, cette mer n'aurait point aussi de hautes marées. La raison en est beaucoup plus claire dès le premier abord dans notre théorie, car il serait difficile de ne point remarquer que le resserrement de Gibraltar doit opposer un obstacle puissant au flot horizontal de marée venu de l'occident, comme on a vu que cela avait lieu pour la Manche dans notre comparaison entre les marées de Calais et celles d'Amsterdam. Mais ici l'on peut ajouter peut-être encore une circonstance particulière. L'étendue de la Méditerranée est fort petite relativement à celle de l'Océan, et d'après le rapport géométrique des contours aux contenances qui y sont renfermées, la surface d'évaporation est beaucoup moins considérable sur la première de ces deux mers, relativement au circuit des côtes qui les enclavent. Il est donc bien probable que la Méditerranée, qui reçoit les eaux descendues de tant de contrées montagneuses et dans laquelle viennent affluer tant de grands fleuves, tels que le Danube, le Don, le Dniéper, le Pô, le Rhône, l'Èbre, le Nil, doit avoir nécessairement un trop-plein d'eau, qu'elle tend à déverser dans l'océan Atlantique par le détroit de Gibraltar. Le flot des marées venu de l'occident se trouvera donc, à son entrée dans ce détroit, en présence d'un courant incessant, dirigé dans un sens exactement contraire au sien, et il en sera par conséquent repoussé, ou du moins annulé en grande partie : phénomène analogue à celui qui produit la barre des rivières débouchant dans l'Atlantique, par la neutralisation périodique de la vitesse du courant. C'est ainsi que l'on peut concevoir que les eaux de la Méditerranée ne soient pas soumises à une cause d'élévation et d'abaissement plus grande que celle qui résulte de l'action verticale exercée par la lune et le soleil, et qui, vu l'étendue, peut se limiter à 2 et 3 pieds, comme on le voit en effet à Venise, à Tunis, au détroit d'Euripe et en Syrie.

Je sais que l'on a mis en avant une opinion contraire à celle que nous émettons, en se fondant sur ce que de toutes les côtes voisines du détroit de Gibraltar il paraît exister un courant dirigé vers ce détroit ; on a cru même pouvoir admettre, d'après le résultat d'un nivellement des Pyrénées, qu'il existe une faible supériorité de niveau de l'Océan sur la Méditerranée. Ce dernier résultat, supposé réel, n'étonnera point du reste si l'on pense à l'énergique impulsion des marées qui se brisent contre le rétrécissement de Gibraltar. La pente des eaux méditerranéennes est évidemment continue, et comme échelonnée, depuis les limites orientales de cette mer jusqu'à son déversement ; elle doit donc être complétement dissimulée pour l'observation ; mais de plus, à ce point de déversement doit exister comme dans toutes les chutes d'eau un remous puissant, qui d'une part fait remonter la mer au-dessus de son niveau réel et d'autre part doit déterminer de toutes les côtes voisines une apparence de courants superficiels produits par la même cause de remous et convergeant vers le détroit. Tous ces résultats ont donc entre eux une liaison rationnelle et ne sont pas pour nous une objection.

Nous avons achevé d'expliquer tout ce qui a rapport au phénomène des marées considéré dans ses lois générales et dans ses apparentes variations : qu'il me soit permis maintenant d'étendre encore par la pensée les mêmes principes à un autre phénomène de même espèce, qui jusqu'ici a tenu la science comme en suspens et qui, par défaut d'explications satisfaisantes, semble la mettre en combat incessant avec les données de l'expérience populaire : je veux parler des mouvements périodiques de l'atmosphère et de l'influence de la lune sur les variations du temps.

Cette influence a été niée, je le sais, par des savants du plus grand esprit, mais qui peut-être un peu trop pénétrés de l'omnipotence des théories admises, leur ont sacrifié avec une facilité peut-être un peu trop grande les croyances vulgaires. L'influence existe, nous le croyons, car la voix de l'expérience populaire, consacrée par le temps, a une force contre laquelle aucun raisonnement ne saurait selon nous complétement prévaloir. Rien n'empêchera en effet le cultivateur de compter pour les changements de temps sur les moments de la pleine ou de la nouvelle lune ; rien n'empêchera le marin de redouter les vents des équinoxes correspondant comme les grandes marées avec le retour des syzygies. Il y a là une vérité séculaire trop bien établie dans les esprits pour ne pas résister à toutes les négations.

Il est bien vrai que la théorie newtonienne, au moyen de ses oscillations verticales, ne saurait être efficace pour l'explication de tous ces faits ; mais il n'en sera pas de même de celle que nous exposons, qui peut et doit appliquer aux mouvements atmosphériques ses forces horizontales, si importantes dans le phénomène des marées. Ces forces agissant périodiquement deux fois par jour dans une même direction, de l'occident à l'orient, transporteront à la fois dans cette direction de grandes masses de fluide atmosphérique, et de là, suivant toute probabilité pour nous, une des causes principales des variations diurnes barométriques ; avec cette différence toutefois à établir entre ce phénomène et celui des marées, qu'à l'égard de l'atmosphère la chaleur d'insolation ayant une grande influence sur les mouvements de ce fluide, il pourra se faire que la périodicité des marées atmosphériques se trouve réglée sur la durée du jour solaire plutôt que sur le cours de la lune ; et c'est en effet ce que l'on observe, car à l'équateur par exemple le minimum diurne du baromètre a lieu très-régulièrement à 9 heures 23 minutes du matin et à 10 heures 23 minutes du soir, les minima ayant lieu à 4 heures et demie du matin et à 4 heures du soir ; et d'après la remarque de M. de Humboldt, la marche du baromètre pourrait dans cette contrée indiquer presque exactement les heures du jour. Les rôles seraient donc ici renversés et l'influence de la lune ne serait plus ici qu'une cause perturbatrice des mouvements réguliers de l'atmosphère causés par l'action du soleil, comme celle-ci était, quant aux marées, perturbatrice de l'action lunaire. C'est du reste ainsi que l'influence de la lune est généralement entendue, puisque c'est particulièrement dans les syzygies qu'elle lui est attribuée. Quant aux chocs atmosphériques, aux vents, aux pluies et aux tempêtes, qui sont les résultats des deux actions, voici les réflexions que l'on peut présenter à ce sujet.

La décroissance de la température, de l'équateur au pôle, doit produire sans nul doute un courant incessant, et sans doute aussi des contre-courants, dans la direction des méridiens terrestres. D'autre part la résistance au mouvement de rotation du globe, et les forces horizontales auxquelles nous attribuons le phénomène des marées, forment aussi une série d'impulsions pour l'atmosphère, qui agissent dans une direction toute différente. Les dispositions locales, qui font varier en divers points la température et les résistances, ajoutent encore des modifications particulières à ces éléments contrastants. Les vents dominants en chaque lieu ne sont autres que les résultantes de tous ces mouvements atmosphériques composés tangentiellement à la surface de la terre : si l'un d'eux vient à s'accroître ou à diminuer, la résultante est infléchie, le vent change de direction et de force. Or parmi les éléments dont nous venons de parler il en est un, celui qui dépend de la température, qui est assujetti à de beaucoup plus grandes conditions de constance ; ou du moins ses variations importantes affectent de longues périodes qui sont celles des saisons, tandis que l'impulsion qui se rattache aux marées suit les changements beaucoup plus rapides qui dépendent des positions relatives du soleil et de la lune. On comprendra facilement qu'à ces positions relatives diverses, telles que syzygies, quadratures, équinoxes et solstices, correspondent des énergies d'impulsion différentes, et qu'à ces points de maximum ou de minimum répondent par conséquent des inflexions plus ou moins brusques dans la direction de la résultante des mouvements atmosphériques, c'est-à-dire du vent, et des différences aussi dans son énergie. Ces inflexions, combinées avec les obstacles naturels, peuvent aller jusqu'au choc de deux directions plus ou moins contraires, cause d'accumulation atmosphérique locale et par conséquent d'un abaissement accidentel du baromètre ; des mêmes effets naissent aussi, comme l'on sait, les pluies ; et nous montrerons un peu plus tard comment nous concevons que peuvent en naître les orages, la grêle, le tonnerre et tous ces phénomènes exceptionnels qui forment l'accompagnement et le caractère des tempêtes atmosphériques.

PROPOSITION XXXIII.

Sur la constance des grands axes et des moyens mouvements planétaires, liée à la constance des densités, et sur les causes du mouvement propre des orbites. Mesure, par un principe simple, du déplacement de la ligne des apsides et application de cette mesure à la Lune et aux satellites de Jupiter. Pourquoi les inégalités des trois premiers satellites de Jupiter se confondent, dans les éclipses, en une seule et même période.

Les principes qui nous ont conduit à la vérification de la troisième loi de Kepler et aux deux propositions que nous venons de traiter, auraient des conséquences inépuisables, si le temps et les forces ne manquaient à cette recherche. Peut-être un jour, si les forces de notre esprit ne restent pas au-dessous d'une telle entreprise, essayerons-nous de poursuivre ces conséquences jusque dans les détails du problème général des perturbations planétaires, en recherchant ce que nos principes pourraient apporter de simplicité plus grande dans ces difficiles questions, demeurées par les principes uniquement newtoniens tellement épineuses, que les efforts des plus grands géomètres du siècle dernier et du nôtre n'ont pas été sans nécessité pour les résoudre et en tirer l'application. Mais le champ que nous nous sommes ouvert est déjà bien vaste, et ce serait trop en ce moment pour nos efforts. Contentons-nous de jeter un jalon dans cette voie en indiquant encore l'application de notre méthode aux causes d'un des faits principaux de la physique céleste et à la mesure des lois particulières qui s'y rattachent : je veux parler de la constance des axes des orbites et des moyens mouvements planétaires, et de la cause qui transporte aux orbites eux-mêmes les déplacements qui sans une cause spéciale eussent dû affecter la direction même du mouvement des corps satellitaires autour de leur centre particulier de circulation.

Pourquoi ni les perturbations dues à l'attraction des autres astres, ni surtout celles qui sont dues à l'attraction inégale du centre commun, n'ont-elles d'action sur les plus grandes ou les moindres élongations d'un satellite, non plus que sur son moyen mouvement; et pourquoi l'orbite elle-même, agissant comme une pièce rigide et non plus comme une ligne idéale, obéit-elle par son propre déplacement à l'action de ces forces perturbatrices?

Sans doute de savants, d'admirables calculs ont vérifié qu'il pouvait en être ainsi dans les principes uniquement newto-niens; mais la raison philosophique, la cause véritable et nécessaire de cette transformation des forces, a-t-elle été jamais donnée dans ce système? Nous ne le pensons point; et nous essayerons d'indiquer cette cause selon nos vues.

Déjà, par les considérations qui nous ont conduit à la troi-

sième loi de Kepler, nous avons justifié de la constance des moyens
mouvements en ce qui concerne les attractions du centre commun, celle du soleil par exemple s'il s'agit du mouvement de
la lune : car c'est de cette *circulation* même autour d'un centre
commun que nous avons conclu les conditions de la constance
du rapport entre les axes des orbites et les temps des révolutions, qui constitue la troisième loi de Kepler ; et il est clair
qu'une série de moyens mouvements liés ainsi par une grande
loi, doit présenter des conditions de stabilité sous l'action de
la cause même qui produit la constance du rapport. Il n'est pas
difficile non plus de se convaincre que les mêmes principes sont
applicables à toute action troublante qui agit progressivement
sur le contour entier de l'orbite des corps troublés, et c'est là
le cas général pour notre système planétaire, où les perturbations importantes procèdent presque toujours de l'extérieur
vers le centre du système, d'après la gradation des masses.

Mais ces raisons ne nous satisferaient pas complétement, car
la troisième loi de Kepler et les considérations qui nous y ont
conduit sont liées à une division pour ainsi dire arbitraire des
vitesses du satellite autour de son centre particulier d'attraction et autour du centre commun. Il est une autre cause de stabilité des moyens mouvements, qui est liée d'une manière
beaucoup plus directe avec les principes fondamentaux du système, et plus fortement dépendante de la nature des choses :
je veux parler de leur liaison avec la *densité* des corps, dont
nous avons trouvé, par les Propositions VIII et XIII, que la valeur est liée elle-même par une loi des plus simples avec les
paramètres des orbites ou sensiblement avec les moyennes
distances.

On concevra sans peine qu'il soit beaucoup plus facile pour
un corps de modifier la vitesse de son mouvement que de
transformer sa densité, laquelle tient à l'arrangement général
de ses particules intérieures. La conservation de la densité assure donc celle des moyennes distances ; et celle-ci par la troisième loi de Kepler assure à son tour la persistance des moyens
mouvements (*).

(*) Il est visible que la rigueur de ces lois est solidaire du peu de valeur et du

Ainsi tout se lie dans ce système et les phénomènes s'y déduisent l'un de l'autre par une rigoureuse dépendance. C'est par la nécessité d'une constance dans sa densité moyenne, que chaque corps de l'ensemble planétaire conservera autour de son centre de circulation la forme et les dimensions de son orbite, et c'est comme conséquence des mêmes nécessités que pour obéir aux perturbations de la vitesse, l'orbite lui-même paraîtra se mouvoir, soit en déviant l'inclinaison de son plan autour de la ligne des nœuds, soit en faisant décrire à sa ligne des apsides une aire plane autour du foyer fixe de la courbe.

Cela posé, ces mêmes considérations nous donnent le moyen de porter plus avant notre analyse, et nous allons montrer quelle ressource peut encore offrir notre méthode pour mesurer approximativement d'une manière simple la valeur de ce déplacement nécessaire de la ligne des apsides et pour en faire reconnaître la loi.

Il faut nous reporter à cet effet aux considérations de la Proposition XIᵉ lesquelles nous ont servi à l'établissement de la troisième loi de Kepler. Nous avons dit alors : la vitesse absolue d'un satellite se divisera pour nous en deux parties, savoir, sa vitesse de circulation simultanée autour du centre commun et sa vitesse particulière autour de son centre propre d'attraction. Pour tout ramener à des lois régulières et établir la fixité relative du centre attirant par rapport à son satellite, nous avons supposé que tous deux se transportaient à chaque instant d'un mouvement *angulaire* égal autour du centre commun ; et de la relation qui en résultait, nous avons déduit les conditions et les lois du mouvement moyen du satellite dans son orbite particulière. Il s'agit maintenant de reprendre les conditions de ce mouvement simultané lui-même, et d'exa-

peu de variation des excentricités ; pour les comètes la densité et l'excentricité varient à la fois dans des limites fort étendues, et les lois dont nous parlons n'existent pas pour ces corps. On pourrait objecter les petites variations de l'excentricité des planètes à nos vues sur la constance de leur densité ; mais nous ferons remarquer qu'il s'agit ici de rapports entre les densités des corps d'un même système, et qu'il ne s'agit pas de mettre en ligne de compte la variation de chaque excentricité, mais les rapports mutuels de leurs variations, ce qui tend à en atténuer au moins singulièrement l'importance, et peut-être à l'annuler complétement.

miner si son mode d'égalité arbitrairement choisi est précisément compatible avec la constance du moyen mouvement du satellite : l'analyse des conditions nécessaires pour cette concordance nous révélera la loi du déplacement de l'orbite en longitude et nous donnera la mesure du mouvement de la ligne des apsides.

Il est clair que si le satellite exécutait sa révolution autour de son centre particulier dans un intervalle de temps qui fût en rapport exact avec le temps de la révolution de celui-ci autour du centre commun, à chacune de ces révolutions l'orbite retrouverait la position exacte qu'elle occupait, et le satellite, après avoir été doué pendant la révolution entière d'une vitesse angulaire à chaque instant égale à celle de la planète, pourrait recommencer identiquement le même mouvement à partir du même point de départ. Mais il n'en est pas généralement ainsi, et du défaut de ce rapport exact nous allons voir naître la cause et la mesure du déplacement apparent de la ligne des apsides. Pour fixer les idées, faisons l'application immédiate de ce calcul à la lune, en cherchant la période du mouvement entier de son apogée, ou l'intervalle de temps au bout duquel il revient à sa position première dans l'orbite de la terre après un tour complet.

La lune fait sa révolution sidérale autour de la terre en 27^j, 3216610, nombre qui n'est pas contenu d'une manière exacte dans 365^j,2563830, temps de la révolution sidérale de la terre autour du soleil. Le quotient approximatif est 13,37. Cherchons le nombre entier le plus rapproché de celui-ci qui soit contenu un nombre exact de fois dans 365^j,2563830 ; c'est 12, qui sans y être contenu d'une manière absolument exacte, le divise toutefois exactement jusqu'à la quatrième décimale. Le quotient est 30^j,4380319, dont la différence avec la durée de la révolution réelle de la lune 27^j,3216610, est 3^j,1163709. Pour arriver au rapport exact des vitesses, un point de l'orbite lunaire, l'apogée par exemple, doit donc paraître rétrograder à chaque révolution des $\frac{3}{27}$ ou plus exactement des $\frac{3.1163709}{27.3216610}$ de son orbite. Soit $\dfrac{1}{m}$ cette fraction aussi approchée que possible ; pendant la révolution entière de la terre l'apogée aura marché des $\frac{12}{m}$ de l'orbite. Au bout de combien de révolutions terrestres cette quantité sera-t-elle un nombre exact de révolutions lunaires? Évidemment au bout d'un nombre m de révolutions, s'il n'y a point de commun diviseur entre les deux termes du rapport. C'est donc après un nombre d'années marquées par

$$m = \frac{27,3216610}{3,1163909} = 8^{\text{ans}},767140 = 3202^{\text{j}},25 \,,$$

que l'apogée de la lune sera revenu à sa position première pour un même point de l'orbite terrestre.

Or la période du mouvement des apsides lunaires est donnée par l'observation comme égale à 3232^{j}, 58; le nombre que nous avons trouvé par une considération aussi simple n'en est donc pas différent d'un centième de la quantité totale. Observons même que si l'on ajoutait à notre chiffre l'une des 12 révolutions lunaires annuelles pour compenser les dernières inégalités que le défaut d'une division exacte nous a empêché d'atteindre, c'est-à-dire 30^{j}, 43, on obtiendrait le nombre de 3232^{j}, 68, presque identique avec celui de l'observation, et n'en différant pas d'un dixième de jour sur neuf ans.

Voilà donc trouvé, par une des plus simples considérations qui se puissent former, et pour ainsi dire sans calcul, ce chiffre du mouvement de l'apogée lunaire pour lequel, dans le système newtonien, tant de savants efforts d'analyse ont été faits, et dont l'erreur primitive avait porté même un instant Clairaut à nier l'unité de la loi d'attraction entre les différents corps célestes.

La simplicité que nous trouvons ici dans les calculs doit être rapportée d'ailleurs uniquement à la rectitude plus grande des principes qui servent de fondement à la méthode, et nous avons voulu donner surtout les résultats de cette analyse comme un nouvel appui pour l'établissement de ces principes. Avant d'en continuer l'application aux satellites de Jupiter, il est à propos de traduire ce très-simple calcul en signes algébriques, parce que nous trouverons occasion d'en conclure un intéressant théorème, qui concerne les rapports singuliers de coïncidence présentés par les retards des éclipses des trois premiers de ces satellites, et qui les expliquera très-facilement. Soient T et t les temps des révolutions d'une planète autour du soleil et d'un satellite autour de la planète ; t n'étant pas un diviseur exact de T, nous avons cherché le quotient exact τ le plus rapproché possible, et le rapport $t : t - \tau$ nous a donné le coefficient du temps de la période, que l'on peut rapporter d'ailleurs soit à la révolution de la planète, soit à celle du satellite lui-même. Cherchons maintenant la condition pour que ce coefficient de la période soit égal pour un second satellite, dont les temps correspondants à t et τ seraient t' et τ'. Cette condition est que

$$\frac{t}{t - \tau} = \frac{t'}{t' - \tau'},$$

d'où l'on tire la proportion

$$t : t' :: \tau : \tau',$$

et l'on voit facilement que cette condition sera satisfaite lorsque t sera un multiple exact de t', car alors les nombres approximateurs τ et τ' seront aussi les mêmes multiples l'un de l'autre. Or c'est ce qui a lieu pour les trois premiers satellites de Jupiter, dont les temps de révolutions sont entre eux dans le rapport des nombres 1, 2 et 4. *Les mouvements de la ligne des apsides des trois premiers satellites de Jupiter, rapportés au cours même de la planète, doivent donc se confondre en une seule et même période, comme le montre l'observation.* Calculons maintenant la valeur de cette période.

Le temps de la révolution de Jupiter est T $= 4332^j,6$, et l'on a pour son premier satellite $t = 1^j,7691$, pour le troisième $t' = 7^j,154$; mais pour que ce temps fût rigoureusement quadruple du premier, il faudrait qu'il fût égal à $7^j,06$, et c'est ce que nous supposerons. Il est facile de voir que l'on doit faire ici $\tau = 1^j,8$, ce qui est la 2407ᵉ partie de T ; τ' deviendra égal à $7^j,22$ qui est la 600ᵉ partie du même nombre 4332,6 ; et dans les deux cas l'on aura

$$\frac{t}{t - \tau} = \frac{t'}{t' - \tau'} = 57,06;$$

on aurait de même une valeur égale pour le deuxième satellite. Appliquons maintenant ce nombre à la révolution des satellites eux-mêmes autour de la planète. A chaque révolution de $7^j,22$ autour de la planète, le périjove du troisième satellite devra rétrograder de $\frac{1}{57}$ de son orbite; il rétrogradera donc de son orbite entière dans un temps 57 fois plus grand; d'où il suit que pour avoir le temps absolu du mouvement du périjove, il faut multiplier $7^j,22$ par $57,06$, ce qui donne pour le temps de la période environ 412 jours. Pour le premier satellite on aurait trouvé un temps quatre fois moindre, ou 103 jours. Ses retours absolus se confondront donc de quatre en quatre avec ceux du troisième satellite, et le temps de cette période commune, 412^j, ne diffère que d'un vingtième de celui qui est fourni par les observations des éclipses des satellites de Jupiter, lequel est de $437^j,68$. Or nous n'avons point tenu compte de l'action mutuelle des satellites l'un sur l'autre, qui d'après les beaux calculs de Laplace doit amener forcément les nombres à l'égalité, pourvu qu'à l'origine ils aient été peu dissemblables; et de plus nous avons supposé que l'incertitude des temps des révolutions portait entièrement sur le troisième satellite, ce qui tend à affaiblir le chiffre de la période. Il nous eût été facile, en prenant la moyenne des suppositions, d'amener le coefficient $57,06$ à la valeur 60, et alors le temps de la période du troisième satellite prendrait la valeur $433^j,2$, qui est beaucoup plus approchée et d'ailleurs dans un rapport simple, celui du dixième, avec le temps de la révolution de Jupiter : il s'ensuit que si l'on rapporte les inégalités des satellites aux positions de Jupiter dans son orbite propre, comme nous l'avons fait pour la lune, et comme cela est nécessaire dans les éclipses, c'est la période commune 433 jours, dont le rapport avec le tour entier de Jupiter est le plus étroit, qui réglera le retard des éclipses, ainsi que l'indique l'observation.

Il faut voir dans les œuvres de Laplace quelle attention ce célèbre géomètre a donnée à ces rapports de coïncidence des inégalités des trois premiers satellites de Jupiter, et à quels savants calculs il s'est livré dans le but de faire voir seulement que l'action mutuelle des satellites doit faire tendre ces mouvements au rapport d'égalité pourvu qu'il n'en ait pas été très-différent dans l'origine ; et cela toutefois sans établir pourquoi à l'origine il en aurait été ainsi : il faut voir, dis-je, à quels savants efforts l'étude de ces questions a porté l'un des plus illustres commentateurs de la théorie de Newton, pour comprendre quel intérêt peut s'attacher ici aux clartés fondamentales et aux conditions d'extrême simplicité apportées par la méthode nouvelle.

Dans la proposition qui va suivre nous avancerons d'un pas de plus dans les causes des rapports dont nous venons de parler, en indiquant les principes d'après lesquels on peut calculer la loi des distances et par conséquent celle des temps des révolutions des corps planétaires.

PROPOSITION XXXIV.

Loi de la distance des planètes.

Les distances des planètes au soleil suivent une loi éminemment remarquable, non-seulement parce qu'elle est loi et qu'elle a une forme simple et précise, mais encore parce qu'elle se reproduit sous une forme sensiblement identique pour les divers systèmes de satellites planétaires, et qu'elle prend ainsi un caractère de haute généralité, dont la théorie ne saurait plus négliger de tenir compte. Elle est connue sous le nom de *Loi de Bode*, du nom d'un de ses observateurs, et consiste en ce que si aux différents termes qui forment la progression suivante

$$0, \ 3, \ 6, \ 12, \ 24, \ 48, \ 96, \ 192, \ 384$$

on ajoute 4, distance de la planète Mercure au Soleil, celle de la Terre étant 10, la série des nombres qui en résultent exprimera avec une certaine approximation celle des distances de toutes les planètes au Soleil, lesquelles sont en effet d'après l'observation, et en y comprenant la nouvelle planète Neptune :

Mercure,	Vénus,	la Terre,	Mars,	Petites Planètes,	Jupiter,	Saturne,	Uranus,	Neptune.
3,87;	7,23;	10;	15,24;	23 à 30;	52;	95,4;	192;	300,4.

La lacune qui existait, dans cette série, entre Mars et Jupiter, lorsque la loi fut observée, a été remplie depuis lors par l'ensemble des petites planètes découvertes successivement depuis un demi-siècle, et que l'on conjecture, non sans quelque vraisemblance, être les débris d'un seul et unique corps planétaire accidentellement détruit. Quant à la planète Neptune, quoique la loi de Bode ait été sans nul doute d'une très-grande utilité à M. Leverrier pour la première approximation de sa distance, il est visible qu'elle ne satisfait pas à cette loi dans toute sa rigueur, car celle-ci indiquerait une distance de 388, au lieu du nombre 300 que l'on considère aujourd'hui comme la distance réelle de Neptune au Soleil. Les deux planètes précédentes, Saturne et Uranus, diffèrent aussi d'une manière sensible des distances calculées, et il y a lieu de conclure d'après cela que la loi empirique de Bode ne s'applique pas avec une exactitude absolue à l'expression réelle des faits.

Quoi qu'il en soit du reste de la loi elle-même, il n'en est pas moins certain qu'il y a une *loi* en effet, et que cette loi est générale, car elle se reproduit sinon avec identité, du moins avec une évidente concordance pour tous les systèmes de satellites que nous connaissons. L'attraction, telle qu'elle est considérée dans la méthode de Newton, non-seulement n'explique point cette loi, mais elle ne peut donner aucun moyen de rechercher son explication : car elle n'admet de liaison aucune entre la puissance d'attraction de chaque corps céleste et sa vitesse, ni par conséquent entre les propriétés essentielles de ces corps et leur distance au centre attirant, laquelle est en rapport constant avec cette vitesse. Cette indépendance même est un des principes fondamentaux de la théorie ; la loi des distances ne saurait donc y trouver son explication.

La théorie du fluide éthéré nous a paru présenter au contraire un principe propre à l'explication de cette loi ; et le résultat de cette recherche répondant à nos efforts, nous a permis de calculer, par une formule uniquement rationnelle, la série des distances planétaires avec une exactitude sensiblement plus grande que celle même de la loi empirique de Bode. Elle nous a fourni de plus une vérification précieuse dans la série concordante des excentricités planétaires.

Le principe dont nous voulons parler est celui d'après lequel la densité des corps planétaires est liée par une proportionnalité directe avec leur distance au centre de circulation (Propositions VIII et XIII). Comme nous avons d'ailleurs, d'après le lemme énoncé dans la Proposition XIX, un autre rapport simple entre la densité moyenne des grands corps et celle de leur surface, et que notre théorie nous fournit les éléments propres à évaluer cette densité de la surface elle-même, qui dépend à la fois de la pression de l'éther et de la chaleur, on concevra sans peine que nous puissions trouver dans ces rapports, et dans les propriétés des nombres qui s'y rattachent, un principe de loi entre les distances et un moyen de les évaluer. C'est ce que nous allons essayer de faire voir.

Nous savons, par la Proposition XIIIe, que dans la théorie de l'éther les densités moyennes Δ des grands corps d'un même système sont liées entre elles par la formule très-simple

$$2\Delta = a(\mathrm{1} - e^2) \ldots\ldots (\mathrm{G}),$$

a étant le demi-grand axe de l'orbite, e l'excentricité. D'autre part la Proposition XIX nous apprend que cette densité moyenne des grands corps est triple de celle de leur surface ; et c'est d'après cette propriété que nous allons rechercher une autre expression de la densité Δ, ou de la distance moyenne du satellite à son centre de circulation.

La densité moléculaire δ de la surface d'un corps planétaire, dans son rapport avec celle des autres astres du même système, dépend en premier lieu de la pression de l'éther que ce corps déplace, et en second lieu de la chaleur qu'il possède ou qu'il reçoit. La pression de l'éther sur l'unité de surface d'un corps de rayon r et de vitesse v est égale en principe (Proposition V^e) au volume multiplié par le carré de la vitesse, et divisé par la surface, ou à $\frac{1}{3} rv^2$; si la densité générale ne dépendait donc que de la pression de l'éther elle serait le triple du nombre précédent, c'est-à-dire égale à rv^2, ou à $\dfrac{cr}{a}$, en tenant compte de la troisième loi de Kepler, d'après laquelle le produit v^2a est égal à une quantité constante c. Mais d'autre part, puisque nous considérons la densité générale du corps, nous devons tenir compte de la chaleur qui y est contenue dès l'origine et qui distend ses molécules intérieures. Or cette chaleur originaire étant évidemment en quantité proportionnée à la quantité même de matière sur laquelle elle agit, nous pouvons raisonnablement admettre qu'elle agit d'une manière semblable sur chacun des grands corps, et que par conséquent elle influe sur leurs densités en proportion de la dilatation cubique pour des sphères de même nature, ou proportionnellement à trois fois le rayon. Cet effet étant inverse de celui de la pression, la densité qui résultera de ces deux causes aura donc une valeur égale à

$$\frac{cr}{3ra}, \quad \text{ou simplement} \quad \frac{c}{3a},$$

valeur indépendante du rayon.

Il y a maintenant une autre cause qui vient à chaque instant diminuer l'effet de la pression superficielle et par conséquent la moyenne densité : c'est l'action de la chaleur extérieure qui y pénètre incessamment par la surface, et particulièrement celle de la chaleur solaire. La chaleur solaire agit sur chaque corps avec une énergie particulière que nous désignerons par le coefficient c' ; pour les corps d'un même système, comme pour les planètes par exemple, l'effet de cette chaleur est en raison inverse du carré de la distance de chacun d'eux au centre de rayonnement, le Soleil, ce qui fait que le coefficient c' est variable pour chacun d'eux, ce dont nous tiendrons compte ultérieurement : examinons d'abord l'effet général de cette chaleur relativement à l'intérieur du corps. La chaleur rayonnante dont nous parlons est perçue par la surface de la planète en quantité proportionnelle à l'étendue de cette surface multipliée par la densité atomique δ des parties extérieures ; la quantité perçue sera donc proportionnée à $4\pi r^2 \delta c'$. En se répandant à l'intérieur du corps (*), elle y agit sur l'unité

<hr>

(*) On pourrait prétendre avec raison que la chaleur solaire ne pénètre pas en réalité dans l'intérieur des grands corps, et qu'elle n'agit que sur leur surface, à

matérielle en raison inverse de la quantité de matière totale, c'est-à-dire du volume total $\frac{4}{3}\pi r^3$ multiplié par la densité moyenne 3δ; elle y produit de plus une dilatation cubique proportionnée à $3r$; de sorte que par la combinaison de toutes ces quantités, l'effet de la chaleur rayonnante sur l'unité matérielle restera égale à $3c'$. Il est soustractif de la densité moyenne, qui sera par conséquent donnée en dernière analyse par la formule

$$\Delta = \frac{c}{3a} - 3c' \ldots\ldots (\text{H}).$$

Combinons maintenant les équations (H) et (G) de manière à en éliminer la densité Δ, et il viendra cette équation nouvelle ne renfermant que la distance :

$$a^2(1 - e^2) + 6\,c'a - \frac{2c}{3} = 0 \ldots\ldots (\text{L}).$$

On voit que cette équation finale où la distance est renfermée ne dépend en aucune manière du rayon des corps, et l'on concevra déjà d'après cela que la distance puisse être assujettie à une loi uniforme et régulière, malgré la complète irrégularité des diamètres planétaires. Mais cette loi, que l'on conçoit déjà comme possible, un principe particulier est encore nécessaire pour la découvrir.

L'équation (L), qui ne renferme plus parmi les données du problème que la distance a, donnerait pour cette quantité une valeur complétement déterminée, si les coefficients qu'elle contient n'étaient point variables eux-mêmes; or, sans parler de l'excentricité e, dont les variations sont néanmoins trop faibles pour influer notablement sur la valeur des distances, nous avons le coefficient c', indiquant l'énergie de la chaleur, et qui varie avec la distance même : en ce qui concerne la chaleur solaire, qui doit être considérée comme ayant ici la principale influence, la valeur de ce coefficient serait en raison inverse du

cause de l'excès de température intérieure ; mais on se tromperait si l'on voulait inférer de là qu'elle n'exerce aucune action sur toute la masse des particules intérieures : elle agit sur cette masse entière au contraire, en arrêtant l'effluve du refroidissement intérieur, dont la loi et l'énergie seraient tout autres si cette chaleur externe incessante n'existait point.

carré des distances au centre de rayonnement. Il s'agira donc de combiner les variations simultanées de c' et de a (ainsi que celles de e qui serviront de tempérament), de manière à satisfaire aux conditions exigées par l'équation (L). C'est dans l'analyse de ces conditions que viendra se placer le principe particulier que nous avons fait prévoir quelques lignes plus haut et qui dépend, comme nous allons essayer de le montrer, de considérations philosophiques appliquées aux lois connues de la combinaison des atomes.

La distance, ainsi que nous l'avons vu, est une *densité;* ou du moins le rapport des distances, que nous cherchons, est représenté dans la théorie par un rapport de densités. Or les corps se composent d'atomes, et l'on sait que d'après les lois expérimentales de la philosophie chimique, les atomes se combinent entre eux en *proportions définies* et suivant des rapports simples. Les causes de cette propriété, assez indifférentes ici, seront éclaircies par la suite de cet ouvrage; elles résident, selon nous, dans l'influence de la forme des atomes sur les lois de leur combinaison; mais quelles que soient d'ailleurs ces causes, il n'y a nul doute qu'elles ne doivent continuer leur action, qui est absolue, sous tous les degrés de pression, et que cette action ne soit comparable dans les divers corps planétaires. Il s'ensuit que les densités atomiques des grands corps, telles que nous les avons considérées, doivent être aussi entre elles dans un certain rapport défini, et sinon dans un rapport de nombres entiers simples, du moins dans un rapport de nombres commensurables. Voici la conséquence immédiate de ce principe.

On tire de l'équation (L), en la résolvant, la valeur

$$a = \frac{-3c' + \sqrt{9c'^2 + \frac{2}{3}c(1 - e^2)}}{1 - e^2} \dots (L');$$

or pour que la distance a soit représentée par un nombre commensurable, il faut que la quantité sous le signe radical soit égale à un carré parfait n^2, et si l'on fait de plus $n^2 = c'^2 m^2$, ce qui est toujours possible, n n'étant pas nécessairement un nombre entier, on en tirera la condition :

$$(m^2 - 9)\, c'^2 = \frac{2}{3}\, c(1 - e^2) \ldots (\text{M}),$$

et l'équation (L), ou sa conséquence (L'), ne deviendra plus qu'une relation entre les deux indéterminées a et m, cette dernière étant assujettie seulement aux conditions de la relation auxiliaire (M).

Examinons maintenant les conditions présentées par cette équation (M) pour la valeur des indéterminées. J'observe d'abord que c est une constante égale à v^2a ; or la distance a étant, d'après la relation (G), égale au double d'une densité, est nécessairement un nombre pair ; nous ne pouvons donc point lui donner ici une valeur égale à l'unité, mais au moins égale au nombre 2 ; l'unité de vitesse v sera nécessairement du même ordre, et aussi égale à 2, il s'ensuit que v^2a, ou c, est un nombre au moins égal à 8, et que le facteur $2c$ qui entre dans nos équations aura au moins pour valeur 16, qui est la quatrième puissance de 2. D'autre part le nombre variable c' doit être mis sous la forme $\dfrac{\text{K}}{\bar{a}^2}$, K pouvant être une constante ou varier suivant une certaine loi qui nous indiquera l'influence des causes que nous avons négligées ; on aura donc, en substituant ces diverses expressions dans l'équation (M), la relation suivante entre m et a :

$$3(m^2 - 9) = \frac{16a^4}{\text{K}^2}\, (1 - e^2) \ldots (\text{P}).$$

C'est dans cette équation de condition que résidera particulièrement la loi des distances, dont la série réelle ne pourra être donnée d'ailleurs évidemment que par une sorte d'interpolation et de tâtonnement. Si nous faisons abstraction pour un instant du facteur $(1 - e^2)$, on voit que pour toutes les valeurs de m admissibles, le nombre $3\,(m^2 - 9)$ doit être égal à un multiple de 16 qui soit une quatrième puissance exacte divisée par un carré parfait ; cette quatrième puissance est celle précisément du nombre dont nous cherchons la série, de la *distance* planétaire ; mais on peut observer que si la valeur de K devait croître dans un rapport convenable avec celle de la distance, cette quatrième puissance pourrait se réduire à un carré parfait.

Quant au coefficient indéterminé $(1 - e^2)$, dont les variations ne s'éloignent jamais beaucoup de l'unité, il peut être considéré comme ayant fonction de régulariser les différences inévitables dans une semblable coïncidence de nombres, et nous verrons qu'il répond parfaitement à cette vue ; mais nous en faisons abstraction pour un instant, afin de ne point inutilement compliquer la recherche des nombres principaux.

Pour traduire en une série de valeurs la relation ainsi simplifiée, on remarquera d'abord qu'il existe un premier nombre $m = 5$, dont le carré satisfait à la condition principale $m^2 - 9 = 16$, et que l'on peut approprier à une première valeur de a et de K combinées de telle manière que $a^4 (1 - e^2)$ soit égal à $3K^2$. Il n'est pas difficile de voir qu'en posant $a = 4$ et $K = 9$, cette nouvelle condition auxiliaire sera remplie, pourvu que la valeur de $1 - e^2$ soit égale à $0,949$, ce qui est sensiblement conforme à l'excentricité de Mercure, car pour cette planète on a $1 - e^2 = 0,957$, nombre extrèmement voisin de celui qui nous est ici nécessaire. L'opportunité de ce premier résultat et la nécessité de la division par 16, qui forme le trait le plus saillant de la condition (P), nous ont conduit à essayer pour la série des valeurs de l'indéterminée m une suite de nombres composés de deux parties dont la première fût invariablement égale à 5 et la seconde un multiple convenable de 8. Il fallait, comme condition la plus simple, que le résultat de la valeur $3 (m^2 - 9)$ fût tel que le coefficient de 16 formât un carré parfait, à une très-petite différence près qui pût être régularisée par le multiplicateur $1 - e^2$, toujours très-peu différent de l'unité : il est facile de voir qu'après les premières distances qui donnent lieu à un certain artifice de calcul, la racine de ce carré parfait donnera à la fois la valeur de la distance a et celle de K ; celle du coefficient d'excentricité $1 - e^2$ sera aussi par là même déterminée, ce qui est une vérification extrèmement précieuse pour la concordance réelle de notre série avec les distances planétaires. La réalisation de cet essai, dont le détail est consigné dans la note ci-jointe (*), nous a

(*) Je ne crois pas entrer dans un détail oiseux et inutile en donnant ici la suite des résultats qui correspondent aux diverses valeurs de m que l'on peut essayer ;

montré en effet que ces valeurs du coefficient ainsi formé, pour être suffisamment approchées et pour donner une excentricité conforme à celles des planètes, se réduisaient à un petit nombre, de plus en plus largement espacées, et qui dériveraient de la série des valeurs de m :

$$m = 5, \quad 5+8, \quad 5+16, \quad 5+32, \quad 5+48 \text{ ou } 64, \quad 5+112, \quad 5+224, \quad 5+404, \quad 5+688.$$

Les valeurs correspondantes des distances sont les suivantes :

$$a = 4, \quad 7, \quad 10, \quad 16, \quad 23 \text{ à } 30, \quad 51, \quad 97, \quad 192, \quad 300,1.$$

Il est facile de voir que cette série de nombres, rationnellement déduits d'un principe théorique, forme une approximation des distances réelles beaucoup plus étroite que ne la donne l'énoncé même de la loi empirique de Bode ; et il ne nous eût pas été difficile, en poussant à un degré de plus le calcul, d'obtenir une identité presque parfaite. Cette précision est d'autant plus digne d'être remarquée, qu'elle implique la concordance des excentricités propres à notre formule avec les excentricités réelles des orbites planétaires ; de sorte que ces deux ordres de quantités, les excentricités et les distances planétaires, dont la valeur n'est soumise dans l'ancienne loi à aucune règle ni relation, sont enchaînées par notre théorie dans une mutuelle dépendance, en rapport avec l'observation réelle : ce qui nous paraît être une des manifestations les plus claires de la réalité des principes qui ont servi de base à la méthode.

Ce sujet des excentricités nous conduit à une observation essentielle pour l'intelligence du calcul présenté dans la note ci-contre, et pour montrer d'après quelles considérations nous sommes parvenu à une approximation aussi avancée du chiffre de chacune des distances planétaires. L'excentricité des orbites planétaires n'est pas une quantité qui puisse dépendre uniquement de la loi des distances : cette quantité a aussi sa nécessité

ce sera mettre le lecteur à même d'apprécier sans travail le degré de précision avec lequel le calcul amène aux différents termes de notre série des distances, et la netteté avec laquelle s'établit la concordance pour chacun des neuf corps planétaires, soit relativement à ces distances mêmes, sujet principal du calcul, soit relativement aux excentricités, dont la valeur est liée avec le degré de l'approximation. Il faut observer, pour l'intelligence de ce tableau, que les nombres de la 3ᵉ colonne devant être multipliés par $1 - e^2$ pour reproduire ceux de la seconde, il a fallu prendre partout les carrés supérieurs à la valeur approchée qui forme cette seconde

propre, sa limite de valeur particulière, qui dépend des vitesses originaires et de toutes les lois de l'attraction précédem-

colonne. J'ai marqué d'un astérisque les lignes qui répondent exactement aux conditions de l'équation (P).

Valeurs de m essayées.	Valeur de $\frac{3(m^2-9)}{16}$	Carré parfait le plus approché représentant $\frac{a^4}{K^2}$	Valeur correspondante de a ou de la distance planétaire.	Valeur nécessaire du coefficient K.	Valeur de $1-e^2$ nécessaire pour l'approximation complète.	Valeur réelle de $1-e^2$ d'après les véritables excentricités des planètes.
Mercure. *5	5	$\frac{256}{81}$	4	9	0,9492	0,95797
Vénus. *5+8	30	$\frac{2401}{80}$	7	8,94	0,99958	0,99995
La Terre. *5+16	81	$\frac{10000}{123,4}$	10	11,11	0,99954	0,99971
5+24	156	169	13	»	»	»
Mars. *5+32	255	256	16	16	0,9960	0,99131
Petites *5+48	525	529	23	23	0,9924	»
planètes. *5+56	696	729	27	»	»	»
*5+64	891	900	30	30	0,9900	»
5+80	1353	1369	37	»	»	»
5+96	1894	1936	44	»	»	»
Jupiter. *5+112	2565	2601	51	51	0,9861	0,99768
5+128	3315	3364	58	»	»	»
5+144	4161	4225	65	»	»	»
5+192	6912	7056	84	»	»	»
5+208	8505	8649	93	»	»	»
Saturne. *5+224	9408	9409	97	97	0,9998	0,99686
5+256	12771	12996	114	»	»	»
5+288	16095	16129	127	»	»	»
5+320	19803	19881	141	»	»	»
5+368	26085	26244	162	»	»	»
5+384	28371	28561	169	»	»	»
5+400	30753	30976	176	»	»	»
5+432	35805	36481	192	»	»	»
Uranus. *5+464	36441	36481	192	192	0,99890	0,99782
5+480	44103	44521	211	»	»	»
5+496	47061	48400	220	»	»	»
5+512	50115	50176	224	»	»	»
5+544	56511	56644	238	»	»	»
5+576	64491	64516	254	»	»	»
5+608	70455	70756	266	»	»	»
5+640	78003	78400	280	»	»	»
5+672	85835	86336	294	»	»	»
Neptune. *5+688	90045	90060,01	300,1	300,1	0,99983	0,99992
5+704	94251	94310,40	307,1	»	»	»
5+720	98553	98689	317	»	»	»
5+800	121503	124881	349	»	»	»
5+896	152211	152881	391	»	»	»
*5+928	163215	163216	404	404	0,999997	»
5+960	174603	174724	418	»	»	»
5+1024	198531	198916	446	»	»	»

ment énoncées, d'après lesquelles chaque planète est astreinte à décrire autour du Soleil une orbite *elliptique*. On ne peut dire que cette quantité de l'excentricité soit absolument déterminée par avance et antérieurement à la distance elle-même, car il y a ici solidarité réciproque ; mais d'une part elle est astreinte à demeurer dans de certaines limites d'exiguïté, et de l'autre elle est astreinte aussi à une condition d'*existence*, je veux dire qu'il n'est point possible de supposer que l'excentricité devienne jamais absolument nulle. C'est ce qui fait qu'à l'égard de la Terre, par exemple, troisième terme de la série, ayant trouvé pour la valeur du coefficient un carré parfait 81, qui aurait pu nous donner exactement pour a la valeur 9, nous n'avons pu nous y arrêter, parce qu'il aurait fallu supposer une excentricité nulle, et que les conditions du mouvement avaient dû s'opposer à ce qu'il en fût ainsi. Si, comme nous le pensons, les corps planétaires en s'éloignant du Soleil ont augmenté progressivement leur distance jusqu'à ce que les conditions compatibles à la fois avec leur densité et avec les lois de leur mouvement pussent avoir lieu en concordance, il a dû s'opérer une sorte de tempérament entre la distance moyenne et l'excentricité, de manière à ce que s'établit le paramètre le plus convenable à l'état permanent de la densité du corps ; il est probable aussi que le résultat de ce tempérament a été d'accommoder le mouvement final à la valeur la moins forte possible de l'excentricité, et c'est pourquoi nous voyons les valeurs convenables de m se fixer là où le coefficient est le plus rapproché d'un carré parfait et où par conséquent la valeur du nombre approximateur $1 - e^2$ est la plus rapprochée de l'unité. Mais ce nombre $1 - e^2$ ne saurait atteindre jusqu'à cette limite où l'excentricité s'annulerait complétement : c'est ce qui fait que la distance de la Terre n'a pu se fixer, comme nous venons de le dire, au nombre 9 ; en conséquence nous avons donc dû pousser plus loin nos essais et nous avons vu qu'avec la valeur 10 pour cette distance (*) et une valeur de K convenable

(*) Il est presque superflu de faire observer que cette coïncidence absolue des mêmes chiffres que ceux qui servent à la mesure usuelle des distances planétaires tient à la similitude du point de départ que nous avons pris pour arriver à une con-

à l'établissement d'un carré parfait, le nombre approximateur $1 - e^2$ prend une valeur 0,99954, extrêmement rapprochée de la valeur réelle 0,99971. Pour les autres planètes, à l'égard desquelles la même circonstance d'un carré absolument parfait ne se présente plus, le chiffre exact de la distance se règle en général sur la valeur de $1 - e^2$ la plus rapprochée de l'unité, en prenant nécessairement le carré parfait au-dessus et non au-dessous de la valeur du coefficient; et l'on trouve précisément que ces excentricités concordent avec les excentricités réelles des planètes, comme les distances ainsi calculées concordent avec les distances réelles.

Sur la progression des valeurs du coefficient K *et sur la croissance des rotations planétaires.* — J'arrive maintenant à une circonstance d'un ordre différent, qui prend à nos yeux une importance toute particulière et fort imprévue : je veux parler de la progression des valeurs du coefficient K et de la signification que peut avoir ce résultat particulier du calcul. Au premier abord, et avant de faire les essais, on pourrait croire que les valeurs de ce coefficient doivent avoir quelque chose d'indéterminé, mais il n'en est rien : les convenances de nombres entraînent non-seulement la série des valeurs de a et de $1 - e^2$, mais encore celles de K. Or si la chaleur solaire à laquelle ce coefficient a été rapporté, agissait seule pour diminuer la densité superficielle des planètes, il est clair que la valeur de ce chiffre devrait être sensiblement constante, puisqu'il représenterait l'énergie absolue de cette chaleur, abstraction faite de sa variation par l'effet de la distance. Mais nous voyons au contraire, par le fait du calcul, qu'il doit absolument varier, et qu'il varie d'ailleurs suivant une loi simple, puisqu'à partir de la quatrième distance il devient égal à la distance même et croît avec elle d'une manière continue. D'après ce résultat, il suivrait que la valeur $\dfrac{K}{a^2}$ du coefficient c'

---

cordance frappante pour les yeux. Au lieu de prendre la distance terrestre pour unité, il est bien évident que nous aurions pu prendre celle de toute autre planète sans que les rapports de nombres en fussent changés. Mais une fois le point de départ choisi, tout devient parfaitement déterminé.

se réduirait à $\dfrac{1}{a}$, et que la chaleur, en se répandant dans l'espace, devrait diminuer en raison inverse de la simple distance et non de son carré, ce qui est inadmissible.

Il faut donc de toute nécessité qu'il existe une autre force croissante à mesure que décroît la chaleur, agissant d'ailleurs dans le même sens, et qui puisse être supposée entrer comme partie intégrante dans la valeur du coefficient K, de manière à compenser par sa croissance le décroissement de la chaleur solaire, en réalité trop considérable pour que les conditions de la formule puissent en être satisfaites.

Or cette force existe en effet, nous la connaissions, et si nous avions omis d'en tenir compte, c'était surtout pour ne point compliquer par une cause accessoire, en apparence irrégulière, la recherche déjà difficile de relations ayant le caractère d'une loi. Cette force est celle de la *rotation*, qui, par son action directe sur le volume du corps et par la tendance qu'elle donne aux particules à s'éloigner de son centre, tend réellement à en diminuer la densité moyenne. Nous avons vu à la vérité dans le livre précédent, que le volume d'un corps étant donné, l'impulsion produite sur l'éther par les forces centrifuges en augmentait la faculté attractive, et par conséquent la gravité superficielle; mais il n'en est pas moins vrai que quand il s'agit de former ce volume et de parvenir avec une quantité fixe de matière à la densité finale, la force de rotation propre à toutes les molécules n'ait une influence directement contraire à la condensation, et n'agisse dans le même sens que la chaleur. Le défaut de constance du coefficient K concorde bien avec la nécessité de cette action, quant aux planètes (auxquelles seules il faut se borner ici, car nous verrons que pour les satellites le résultat est différent); mais en même temps la variation de cette valeur va nous révéler une loi curieuse, et par là nous expliquer encore un de ces nombreux phénomènes d'harmonies planétaires dont la cause échappait nécessairement à l'ancienne théorie. Nous n'en donnerons ici qu'un aperçu, car la loi dont nous voulons parler fera l'objet d'une proposition particulière.

La chaleur solaire, que nous avons considérée seule comme

formant la base du coefficient c' dans l'égalité (H), décroit réellement, quant aux planètes, en raison inverse du carré des distances ; et comme nous avons posé $c' = \dfrac{K \cdot}{a^2}$, le coefficient K, cela est clair, devrait avoir une valeur constante pour toutes les planètes, ou du moins très-légèrement variable, si la chaleur y entrait seule : or nous voyons au contraire qu'il augmente aussi rapidement que la distance, et qu'il porte ainsi le dernier terme de l'égalité (H) à croître, non plus en raison inverse de a^2, mais en raison inverse de a. Ainsi que nous venons de le montrer, c'est à la rotation que l'on doit attribuer la totalité de cette différence croissante : il y a donc lieu d'en conclure immédiatement ce résultat, vérifié en effet par l'observation, savoir, *que le rapport de la rotation des planètes à la gravité sur leur surface doit croître fortement avec leur distance au soleil :* principe qui sera développé, et dont la loi sera mesurée dans la proposition qui va suivre.

Différence de résultat relativement aux satellites des planètes. — Le résultat sera tout autre relativement aux satellites des planètes, car l'influence de la chaleur du soleil s'y fait sentir d'une manière toute différente. En raison de la petitesse des distances qui les séparent du centre de la planète, comparées à celles qui les séparent du soleil, la chaleur de cet astre doit agir sur chacun des corps du même système satellitaire *avec une intensité sensiblement uniforme*, et par conséquent le coefficient c' qui se rapporte à l'influence de cette chaleur sur chacune des petites distances, doit avoir une valeur à peu près *constante*.

Or, nous avons vu, par le calcul d'approximation de la loi des distances, que le coefficient c' doit varier au contraire en raison de a ; il faut donc que la rotation produise à elle seule cet effet de décroissance dans la force d'expansion qui n'est point produit par la chaleur. Il est nécessaire de conclure en conséquence *que les rotations des satellites d'un même système doivent décroître à mesure qu'augmente leur distance à la planète autour de laquelle ils circulent :* principe absolument inverse de celui des rotations planétaires, et qui s'accorde d'ailleurs parfaitement avec celui de la rotation et de la révolution synchroniques, que l'observation a constaté en fait pour les satellites des planètes, et dont nous avons donné la raison théorique dans la Proposition XXXI. On voit ici que la destruction ou le maintien de cette loi fondamentale des vitesses de rotation tient à la prédominance de la chaleur dégagée par le centre de circulation, comme cela a lieu pour le soleil à l'égard des planètes, ou à la prédominance de la chaleur qui est dégagée par un centre étranger et éloigné, comme cela a lieu pour les satellites à l'égard de la chaleur du soleil.

Il faut remarquer de plus que le soleil envoie des quantités de chaleur inégales aux différents systèmes de satellites, et que la quantité c', sensiblement constante pour tous les corps d'un même système, décroît pour le système entier en raison inverse du carré de la distance solaire de la planète qui en forme le centre et le pivot. Pour réduire donc la loi des distances, quant aux satellites, aux mêmes principes et au même calcul que celle des distances des planètes, il faut retrancher à tous les termes du même système satellitaire une quantité commune dont la valeur croît d'un système à l'autre avec la distance de la planète centrale au soleil. Ce serait trop néanmoins que d'espérer parvenir par une voie aussi simple, pour la loi des distances de chaque système de satellites, à une approximation aussi complète que celle de la loi des distances planétaires : il y a ici en effet une action complexe, car d'une part il n'est pas exact de supposer absolument constant pour tous les termes le coefficient c' qui indique l'énergie de la chaleur solaire ; d'autre part, le mouvement de la planète elle-même, comme nous le dirons en traitant des lois physiques, est aussi pour ses satellites une certaine source de chaleur, qui apporte par conséquent à la loi des densités ou des distances sa petite part de complication. Pour rechercher le rapport exact de toutes ces causes, il faudrait y consacrer un temps et un travail que leur importance ne nous paraît point demander en ce moment : car nous avons trouvé la loi, nous l'avons vérifiée pour les planètes, et nous avons indiqué la cause de la modification principale à exécuter pour y ramener les distances des satellites, laquelle consiste (*) à re-

(*) Il est facile de reconnaître qu'en retranchant une très-petite quantité aux dis-

trancher de toute la série un nombre constant, croissant pour chaque système avec la distance au soleil. Ce résultat a de quoi nous suffire.

Nous reviendrons maintenant aux planètes, et terminerons par deux observations conjecturales que nous suggère l'examen général du calcul consigné dans la note de la page 220.

Observations sur les petites planètes situées entre Mars et Jupiter. — Et d'abord, si l'on examine les interpolations placées entre la ligne qui est attribuée à Mars et celle de Jupiter, on voit que les approximations les moins éloignées d'un carré exact se partagent entre trois nombres correspondant aux distances approximatives 23, 27 et 30, et donnant lieu, à cause de la nature même de cette approximation, à des valeurs assez considérables de l'excentricité, comme cela a lieu en général pour les petites planètes comprises en réalité dans cet intervalle, que l'on a découvertes successivement depuis un demi-siècle. Comme les distances de ces petites planètes au soleil sont en effet groupées autour des trois nombres 23, 27 et 30, et que leurs excentricités sont très-fortes, il nous semble qu'il pourrait n'être point nécessaire de recourir à leur égard aux hypothèses que l'on a formées sur le brisement d'une seule et même planète qui aurait été située dans l'intervalle entre Mars et Jupiter. Un certain nombre de petits corps peuvent s'être naturellement trouvés dans des conditions propres à approcher plus ou moins de ces distances principales, ou bien si l'on croit toujours devoir supposer un choc, on peut admettre que deux ou trois astres circulant dans des orbes très-voisins, peut-être entrelacés, et d'ailleurs assez fortement excentriques, ont dû présenter de grandes chances de rencontre entre eux, sans que l'on soit d'ailleurs

tances des satellites de Jupiter comptées en rayons de cette planète, on obtient un résultat très-rapproché de la série 7, 10, 16, 31, dont le rapport avec celle des planètes est évident; pour celles de Saturne, comptées aussi en rayons de la planète, si l'on retranche 2,15, on trouve la suite 4, 7, 10, 16, 24, 72, 207 ; et enfin si l'on retranche 9,50 aux distances des satellites d'Uranus, on obtient une série peu éloignée de 4, 7, 10, 14, 37, 82, où les plus grands écarts ont lieu, comme pour la précédente, dans les distances les plus considérables, celles pour lesquelles la décroissance de la chaleur solaire est en effet la plus sensible relativement à la distance totale de la planète au soleil.

obligé de supposer l'arrivée d'un corps étranger comme instrument du choc. Les petites planètes pourraient être le résultat de ces brisements.

Sur la possibilité d'une dixième planète, au delà de l'orbe de Neptune, à la distance de 40,4. — En second lieu, si n'arrêtant point nos investigations au calcul qui nous a donné la distance de la planète Neptune, nous poussons nos essais plus loin encore, nous trouvons une autre distance assez rapprochée de celle-ci, et égale à un peu plus de 40 fois celle de la terre, qui fournit une approximation très-resserrée et qui conviendrait par conséquent à une planète ayant une excentricité extrêmement faible. Comme nous voyons que partout c'est la condition d'une excentricité très-faible qui semble avoir fixé chacune des planètes à la position qu'elle occupe, il y a selon nous une certaine probabilité pour que cette nouvelle distance ait été aussi occupée. S'il existe au delà de l'orbe de Neptune quelque planète encore inconnue, il y a fort à penser qu'elle puisse être à cette place. Nous n'entendons certes rien préjuger sur une question qu'il ne nous est point donné d'approfondir aujourd'hui par nous-même. Mais si dans un temps plus ou moins éloigné il venait à être reconnu que l'influence de la planète Neptune ne suffit pas pour expliquer les perturbations d'Uranus, ou que les perturbations de Neptune lui-même accusent l'influence d'un autre astre, nous croyons devoir signaler cette donnée, non comme pouvant servir de point de départ à une recherche expérimentale, car c'est la position en longitude qui serait alors la seule réellement importante, mais nous la signalons surtout comme une nouvelle épreuve pour nos principes, dans le cas où une recherche expérimentale ou calculée amènerait à une découverte nouvelle de ce genre.

PROPOSITION XXXV.

On montre que la rotation des planètes, dans son rapport avec la gravité à leur surface, doit croître en même temps que leur distance au soleil, et l'on indique la loi de cet accroissement. — Diverses conséquences de ce principe.

Nous avons vu dans la précédente proposition, par les principes qui nous ont conduit à la loi des distances planétaires, que pour réaliser les conditions imposées par la nature des choses dans la fixation de ces distances, il fallait nécessairement supposer, ou que la chaleur diminue dans une progression moins grande que celle du carré de la distance, ce qui n'est pas admissible, ou bien que la force de rotation, qui peut remplacer jusqu'à un certain degré l'effet de la chaleur, doit croître avec cette distance relativement à la gravité superficielle, principal régulateur de la densité.

Ce principe une fois établi, il s'agissait de trouver par la théorie la loi de cet accroissement et de la comparer aux faits connus, afin de relier ce phénomène de la rotation des planètes, supposé jusqu'ici sans règle ni mesure, avec la loi même des distances, et soumettre ainsi à un contrôle réciproque ces deux grandes questions. Nous allons donner à cet égard le résultat de notre recherche.

L'influence de la chaleur et celle de la rotation réunies étaient représentées, dans l'égalité (H) de la proposition précédente, par le terme $3c'$, soustractif de la densité, et dans le calcul des distances la quantité c', mise d'abord sous la forme $\dfrac{K}{a^2}$, se trouvait transformée en $\dfrac{1}{a}$, le coefficient K devenant lui-même égal à la distance a. La différence de ces deux expressions, ou $\dfrac{1}{a} - \dfrac{K}{a^2}$, doit donc mesurer l'effet produit par la rotation seule; on voit qu'il est sensiblement proportionné à $\dfrac{1}{a}$, si K est un nombre suffisamment petit par rapport aux autres éléments de la question, chose évidente d'ailleurs, puisque K n'indique plus ici que l'intensité absolue de la chaleur, qui est toujours une quantité très-petite à l'égard de la pression de l'éther.

C'est cette pression de l'éther sur la surface du corps, ou en d'autres termes la gravité sur cette surface, qui étant le principe déterminant de la densité, doit servir de mesure et en quelque sorte d'unité dans l'évaluation de toutes les forces qui ont ici quelque influence. Il y a donc lieu de considérer le rapport de la force centrifuge à cette pression superficielle, rapport que dans le Livre IIe nous avons désigné par $\dfrac{1}{z}$. Si ce rapport était le même pour toutes les planètes, il ne ferait que soustraire un terme commun à leurs densités respectives, et par conséquent n'influerait pas sur la loi des distances d'une manière essentielle. C'est l'accroissement de ce rapport qui influe en réalité sur la loi et qui peut, en compensant le décroissement de la chaleur, amener à la valeur convenable le coefficient soustractif c'. Le rapport dont il est question étant pour la terre $\frac{1}{289}$, son accroissement pour une planète quelconque sera $\dfrac{1}{z} - \dfrac{1}{289}$ ou $\dfrac{289 - z}{289 \cdot z}$. Telle est la partie principale de la fonction de z que nous avons à égaler à la différence des deux valeurs que prend, pour la terre ou pour une planète quelconque, la quantité $\dfrac{a - K}{a^2}$, destinée à compenser la décroissance trop rapide de la chaleur.

Observons maintenant que la force centrifuge n'agit pas seulement sur la surface des corps planétaires, comme nous l'avons admis pour la chaleur solaire dans notre formule des distances ; elle agit sur toutes les molécules du corps en proportion de leur distance à l'axe de rotation. Si l'on forme, comme dans la Proposition XXIIe, la somme de toutes les forces de cette espèce qui agissent dans la longueur d'une colonne aboutissant du centre à la surface, et qui y sous-tendrait l'unité superficielle, cette somme sera égale, pour l'équateur, à $\frac{1}{2}\dfrac{r}{z}$, et pour une latitude quelconque L, à $\frac{1}{2}\dfrac{r}{z} \cos L$; en vertu de la similitude de forme sphéroïdale qui identifie la variation des latitudes, on peut donc établir que dans toutes les planètes l'influence de la force centrifuge sera sensiblement proportionnée au rayon, et il faudra multiplier par r l'expression précédemment trouvée. Maintenant, pour avoir l'excédant réel de la force de rotation d'une planète sur celle de la terre, il faut multiplier en outre le même nombre par la pression superficielle de l'éther sur la planète, qui est le module du rapport et que nous avons vue être égale à $\frac{1}{3}\frac{cr}{a}$; si nous observons de plus que l'effet produit se dissémine sur le volume entier du corps, il faudra encore diviser l'expression par ce volume ou par le cube du rayon. Il viendra donc enfin pour l'influence de la rotation, ou du moins pour le nombre proportionnel à l'accroissement de cette influence :

$$\frac{c}{4\pi.ar} \times \frac{289-z}{289.z} \ldots (m).$$

Nous avons vu d'autre part que l'effet absolu de la rotation rendu nécessaire par la nature de la question des distances, est mesuré pour la même planète par la quantité $\frac{1}{a} - \frac{K}{a^2}$ ou $\frac{a-K}{a^2}$; pour la terre, dont la distance au soleil est prise pour unité, la même quantité se réduira à $1 - K$. Si nous formons la différence de ces deux valeurs pour correspondre à la différence des rotations que nous venons d'évaluer, il vient

$$\frac{(K-1)a^2+a-K}{a^2},$$

expression qu'il s'agit d'égaler à la fonction (m). On en tire, en réunissant sous la lettre N l'ensemble des coefficients constants :

$$N \cdot \frac{289-z}{rz} = (K-1)a + 1 - \frac{K}{a} \ldots (n).$$

Le dernier terme du second membre étant, suivant toute apparence, d'une médiocre grandeur relativement aux deux autres, on voit qu'en définitive la fonction du premier membre qui exprime l'accroissement de la force centrifuge de la planète sur celle du globe est sensiblement proportionnée à la distance au soleil multipliée par le rayon de la planète.

Vérifications. — C'est là un résultat rendu sous une forme assez simple pour former loi, et qu'il s'agit de vérifier sur les planètes dont la rotation est connue. La valeur de z est 230 pour la planète Mars ; pour Jupiter 12,15 ; pour Saturne 5,56. Les rayons de ces astres, en fonction du rayon terrestre, sont respectivement 0,52 ; 11,22 ; 9,02. On en déduit pour le premier membre de la relation (n), abstraction faite du coefficient constant, les trois nombres

MARS.	JUPITER.	SATURNE.	
0,49 ;	2,05 ;	5,40	$\ldots (p)$,

qui sont sensiblement en proportion avec les distances réelles

1,52 ;	5,20 ;	9,54	$\ldots (d)$.

Certes ce n'est point là un rapport géométrique exact ; mais la formule (n) n'indique pas non plus ce rapport absolu, que nous énonçons seulement ici pour présenter un terme de com-paraison simple. Nous ne pouvons en effet avoir la vérification exacte de cette formule sans connaître la valeur de K, considéré comme coefficient uniquement relatif à la chaleur. Nous avons vu dans la question des distances que pour une distance terrestre égale à 1, il était lui-même égal à 1,1 ; que pour les planètes inférieures il est égal à 0,9 ; mais cela nous apprend peu de chose, car sous cette forme il englobe les valeurs relatives à la chaleur et à la rotation tout à la fois. Il est certain que le nombre K, en tant que relatif à la chaleur seule, est très-petit ; cela étant, le premier terme du 2e membre $(K - 1)a$ deviendrait négatif, et il est facile de voir, d'après les nombres des deux lignes (p) et (d), qu'il y a tel degré de petitesse où la formule (n) se vérifierait avec toute l'exactitude désirable.

Énoncé de la loi. — En résumé, si nous voulions indiquer la loi des rotations planétaires d'une manière simple sans être absolument rigoureuse, nous dirions *que l'accroissement du rapport de la force centrifuge à la gravité sur l'équateur de chaque planète supérieure à la terre est sensiblement proportionné au produit de son rayon par sa distance au soleil, le rayon et la distance de la terre étant pris pour unités.*

Pour avoir la loi sous une forme plus exacte, mais en même

temps plus vague, il faudrait dire : *que l'accroissement du rapport de la force centrifuge à la gravité est proportionné au produit du rayon de la planète par l'unité diminuée d'une petite fraction de la distance*, ce qui pourrait s'écrire ainsi

$$\frac{1}{z} - \frac{1}{289} = Nr\left(1 - \frac{m}{n}a\right),$$

$\dfrac{m}{n}$ étant une petite fraction qui dépend du rapport entre l'effet absolu de la chaleur et celui qui est dû à la pression de l'éther.

Quant aux satellites des planètes, nous avons montré dans la précédente proposition pourquoi la loi de leurs rotations est tout à fait différente de celles des planètes elles-mêmes.

Corollaire I. — En poursuivant jusqu'aux planètes Uranus et Neptune la loi que nous indiquons ici, on reconnaîtra de nouveau la convenance de cette supposition que nous avons été amené à faire dans les Propositions XXVI et XXVII, d'une très-puissante rotation de ces deux astres. Pour Uranus, en effet, le rapport z ne serait plus égal qu'à 3,30, et pour Neptune il ne s'élèverait guère au-dessus de 2,25 : valeurs qui conviennent du reste parfaitement à la vérification de nos lois des masses et des vitesses indiquées dans ces mêmes propositions. C'est là un point de concordance dans les diverses parties de notre système, qu'il n'est pas sans intérêt de constater.

Corollaire II. — Il se présente ici une particularité assez curieuse. Nous avons vu qne les distances des planètes au soleil étaient indépendantes de leur rayon ; mais les rayons eux-mêmes sont avec le rapport de la gravité superficielle à la rotation dans une mutuelle dépendance, une fois la loi des distances satisfaite ; et le produit de ces deux quantités est lié lui-même avec la distance ainsi que nous venons de le faire voir. De telle sorte que pour une planète d'un volume donné il est telle position où le rapport z de la gravité à la force centrifuge serait égal à 1, et alors les particules situées sur l'équateur de cette planète étant en équilibre entre la force de gravitation vers son centre et la force de rotation qui les en éloigne, ne pèseraient plus vers le centre de la planète ; la moindre force , celle d'une chaleur plus qu'ordinaire, par exemple, suffirait pour les en détacher. Toutefois, le volume se réduisant dans ce cas par le fait même, la rotation se réduirait aussi, et le tempérament nécessaire se reproduirait entre les deux quantités pour les parties demeurées attachées à la surface de l'astre.

Formation d'anneaux analogues à celui de Saturne. — La conséquence d'un phénomène semblable pourrait être la formation d'un anneau analogue à celui de Saturne, par la solidification, dans une région plus élevée au-dessus de la planète, et par conséquent plus froide, des matières liquides ou gazeuses détachées de sa surface par l'action combinée de la force centrifuge et de la chaleur. Le même effet, du reste, peut avoir, d'après le même principe, une grande variété de causes accidentelles, et il n'est pas absolument nécessaire, pour qu'il ait lieu, que le rapport z soit égal à l'unité ; il suffit qu'il ait une valeur très-faible, ou que la rotation de la planète soit relativement forte. C'est en effet sur un principe semblable que nous avons fondé, il y a quelques années déjà, dans nos *Études sur l'histoire de la Terre*, une explication conjecturale du singulier phénomène astronomique de l'anneau de Saturne.

SCHOLIE.

Sur l'hypothèse des chocs astronomiques et sur la cause générale de concordance dans le sens des rotations planétaires.

Comme les rotations des corps planétaires n'ont point lieu autour d'axes perpendiculaires au plan de leurs orbites, mais qu'elles ont lieu au contraire autour d'axes très-diversement inclinés, on ne saurait connaître avec certitude à quelle cause est dû en général un phénomène affectant une telle série d'anomales directions. Ayant été amené nous-même, par l'analyse des faits géologiques, à concevoir que le globe terrestre ait été soumis à un certain nombre de changements brusques dans sa rotation, nous avons été forcément conduit à la pensée de changements semblables pour les autres corps planétaires. Sans rien préjuger du reste d'une manière absolue sur la cause im-

médiate de ces changements, celle qui paraît du moins la plus
probable, celle qui se présente le plus facilement à l'esprit,
c'est la supposition des *chocs*.

Mais dans une telle hypothèse il était assez difficile de comprendre comment les planètes les plus considérables en volume
étaient précisément soumises à la plus forte rotation. La proposition actuelle éclaircit cette difficulté ; elle la transforme même
en une loi nécessaire. Le rapport de la force centrifuge à la gravité superficielle des planètes croît en effet nécessairement avec
le rayon et la distance au soleil ; il suffit donc que la masse
choquante ait eu seulement le pouvoir d'imprimer à la rotation
de la planète une direction nouvelle, et quelle que fût la force
intrinsèque de cette impulsion, la rotation qui en résultait a dû
se mettre d'elle-même en harmonie avec la loi. Cette hypothèse
des chocs est ainsi affranchie d'une de ses plus grandes difficultés ; et l'on pourra, par la même raison, concevoir qu'il ne
soit plus nécessaire de recourir par la pensée à des masses cho-
quantes d'une grandeur tout à fait insolite, pour que les rotations de planètes aussi considérables que Saturne et Jupiter
puissent trouver leur cause dans ce principe des chocs, qui forme
de toutes les suppositions la plus naturelle à l'esprit, et aussi
la plus convenable, soit à la soudaineté des révolutions géologiques que nous leur avons attribuées à l'égard de la Terre, soit
à la diversité complète des directions qu'affecte le mouvement
de rotation dans toutes les autres planètes du système. Ajoutons
enfin que cette force de rotation additionnelle, propre à la loi
même du mouvement, étant une composante toujours dirigée
dans le plan de l'orbite et dans un sens concordant avec la translation de l'astre, on peut encore expliquer de cette manière
pourquoi les rotations des planètes, quoique affectant des inclinaisons diverses sur le plan de l'écliptique, se coordonnent
cependant à une direction dominante, qui est celle du transport
général de tout le système. Ainsi se vérifie encore par les principes de la théorie de l'éther cette loi de concordance générale
dans le sens des rotations planétaires, dernière loi d'harmonie
à expliquer parmi les faits connus de l'astronomie.

PROPOSITION XXXVI.

Sur l'existence et le mouvement possibles d'un centre général de la circulation des astres.

Nous avons promis, dans la Proposition 1re, de nous occuper d'un sujet, il est vrai purement conjectural, mais qu'il n'est pas tout à fait inutile d'aborder, même conjecturalement, si l'on tient à se former une idée complétement rationnelle de l'ordonnancement astronomique. Cette question est celle de savoir si dans une théorie qui donne le mouvement comme une condition nécessaire de l'attraction des corps les uns pour les autres, on peut concevoir qu'il existe un centre général autour duquel l'ensemble de tous les astres effectuerait sa circulation, et quel pourrait être le mouvement de ce centre pour associer une attraction puissante avec une sorte de *fixité*, ou du moins avec un mouvement restreint dans d'étroites limites d'étendue.

Ainsi que je l'ai déjà fait entendre, la condition la plus nécessaire pour qu'un corps puisse remplir un rôle semblable, est d'abord un immense volume : car la force d'attraction est proportionnée à cet élément, et si faible que soit la vitesse, pourvu que le mouvement existe, la grandeur du volume peut jusqu'à un certain degré suppléer au défaut de rapidité. Si l'on y joint une énergique rotation, qui est aussi, comme nous l'avons vu, un principe d'attraction entre les astres, on réduira encore la quantité obligatoire dans la rapidité de translation.

Supposer maintenant ce vaste corps central formé *d'un seul bloc de matière* et n'ayant pas besoin par conséquent d'une pression de l'éther pour maintenir la cohésion de ses parties, ce ne serait point sans doute dépasser les limites du vraisemblable, car c'est là chose facile à la toute-puissance créatrice ; et l'on pourrait parvenir ainsi à faire concevoir une fixité absolue du centre même. Mais quelque simple qu'elle pût être, ce serait là une supposition, et il est bon, autant que cela se peut, de s'en abstenir. Nous dirons donc que si l'on veut renoncer à l'idée d'une fixité absolue du centre, on peut assez facilement s'affranchir de cette hypothèse d'un corps central formé d'un seul bloc : il est facile en effet de concevoir pour ce corps un mouvement équilibré, d'une médiocre étendue, qui, sans lui faire parcourir un grand espace, puisse suffire à déterminer l'attraction et à produire aussi sur sa surface une pression suffisante du fluide éthéré. Car si les corps célestes qui circulent autour de cet astre central sont attirés par lui, ils l'attirent également, chacun dans la proportion de son volume et du carré de sa vitesse, divisés par le carré de la distance. Or, si pour une position donnée de tous ces astres il est possible de concevoir un équilibre parfait du corps central, il serait difficile d'admettre que cet équilibre d'attractions se maintînt dans les mouvements incessants des diverses parties de cet ensemble. Il résultera donc évidemment de la variation de position de tous ces corps attirants un déplacement de l'astre central : mais il n'est pas difficile d'imaginer qu'il puisse avoir lieu dans une courbe fermée, parcourue avec une certaine périodicité régulière.

Pour fixer les idées, imaginons que l'ensemble des corps attirants qui circulent autour de l'astre central se divise en deux groupes principaux exerçant une quantité d'attraction à peu près égale, et dont le plus rapproché accomplisse sa circulation en un temps moitié moindre que l'autre. Il est évident que si l'on part de la conjonction, et que les deux groupes marchent dans le même sens, l'astre central, sous l'influence de la double attraction, aura effectué le quart de sa course à la première quadrature, la moitié à la première opposition lorsque le groupe le plus rapproché sera revenu à sa position première, les trois quarts à la seconde quadrature, et enfin sa course entière lorsque les deux groupes seront revenus à la conjonction. S'ils marchaient en sens inverse, le même résultat s'obtiendrait au moyen d'une courbe en forme de 8 ; et il est clair que cette combinaison de mouvements, que j'ai donnée seulement comme exemple, peut se diversifier à l'infini.

Ainsi donc, par deux modes distincts et, dans l'un de ces modes, d'une quantité de manières très-variée, l'on peut concevoir que le mouvement d'un corps central puisse produire une attraction suffisante à la circulation de tous les astres , sans un déplacement fort étendu de son propre centre. C'est là ce qu'il nous suffit pleinement d'avoir constaté ; car dans une pareille matière nous n'avons à chercher que des éléments de possibilité et non des éléments de certitude.

SCHOLIE GÉNÉRAL.

Nous avons terminé, au moins dans leurs parties essentielles, les applications de la théorie de l'éther aux lois de l'astronomie : jetons maintenant un rapide coup d'œil en arrière pour en embrasser l'ensemble et remonter à quelques idées d'origine.

Nous voyons tous les corps célestes pour lesquels le soleil est un centre de circulation, corps que la théorie de l'attraction confondait tous dans une loi commune, se diviser pour nous en deux classes distinctes, différentes par les propriétés de leur mouvement et différentes aussi, suivant toute apparence, par les conditions de leur origine ; ce sont les comètes d'une part et les corps planétaires de l'autre. Les premiers, si l'on fait abstraction de leur cours elliptique, par lequel ils se rapprochent jusqu'à un certain degré des lois planétaires, ne présentent dans les autres éléments de leur mouvement aucune sorte de régularité ; les autres au contraire, les planètes et leurs satellites, présentent sous divers rapports une série de lois régulières, lois dont quelques-unes, auparavant inconnues, sont révélées par la théorie de l'éther et dont quelques autres, auparavant connues mais inexpliquées, sont par elle expliquées rationnellement.

Parmi les premières de ces lois, parmi celles qui sont propres à la théorie nouvelle, nous trouvons surtout deux types caractéristiques : l'un donne l'expression de la force attirante d'un corps céleste en fonction de son volume et de sa vitesse ; l'autre exprime la relation numérique entre la vitesse d'un corps attirant et celle de son satellite, et comprend comme cas particulier l'intensité de la pesanteur des graves à la surface de la terre en fonction de la vitesse et du rayon terrestres. Parmi les secondes propriétés, beaucoup plus nombreuses, nous voyons d'abord la troisième loi de Kepler, sur le rapport des vitesses moyennes aux grands axes des orbites, s'expliquer par la double circulation ; la force attirante déterminée par le mouvement de rotation nous montre ensuite comme une loi nécessaire et générale la circulation des corps satellitaires dans un plan unique, qui est l'équateur même de leur astre attirant ; la rotation des satellites dans un temps égal à celui de leur révolution, et l'application plus importante peut-être des mêmes causes à la théorie des marées, viennent ressortir ensuite avec une non moindre simplicité des principes fondamentaux de la théorie ; par la considération des densités planétaires et de la chaleur décroissante du soleil elle détermine enfin et le principe de la constance des grands axes des orbites et la loi même de la distance solaire des planètes, avec les conséquences qui en dérivent relativement à l'accélération des rotations planétaires suivant l'accroissement de ces distances.

Toutes ces propriétés harmoniques sont inhérentes à la qualité planétaire, comme l'irrégularité des comètes tient à une qualité propre de ces corps : toutes étant liées d'ailleurs à une équation de condition qui existe par le fait même du mouvement originaire, sont donc originaires aussi ; elles nous permettent de remonter ainsi, par voie conjecturale il est vrai, mais par une conjecture appuyée sur les plus grandes conditions de vraisemblance, au caractère primordial de ce mouvement et par suite au trait principal de la différence d'origine entre ces deux natures de corps célestes, les comètes et les corps planétaires.

Buffon, nous avons eu occasion de le rappeler, avait imaginé qu'un astre errant, en tombant sur le soleil, avait pu détacher de cet astre, et d'un seul coup, une certaine quantité de matière en fusion : ce jet de substance incandescente, bientôt divisée en globules, aurait selon lui formé le rudiment de tous les corps planétaires, qui, obéissant ainsi à une force de projection unique, auraient été déterminés par ce fait à circuler tous dans un même plan. Mais les détails et le principe même de cette solution étaient demeurés inapplicables dans l'état actuel de la science, et comme elle était sujette à une objection assez sérieuse dans le système de l'attraction newtonienne, elle paraissait avoir dès longtemps perdu toute créance parmi les savants. Entraîné cependant nous-même, il y a quelques années, à porter dans l'astronomie des vues assez analogues, que l'étude de la géologie nous avait suggérées, et que nous avons désignées dans nos *Études sur l'histoire de la terre*, sous le nom de *Principe des chocs en astronomie*, nous avions été amené alors à proposer au système de Buffon une modification peu importante en elle-même, mais qui tendait toutefois à le rendre plus facilement acceptable : c'étaient selon nous les débris du corps choquant lui-même qui rebondissant sur l'astre choqué après l'anéantissement de toute leur vitesse, auraient pu former ainsi l'ensemble des corps planétaires. Mais en admettant même cette modification, il n'en restait pas moins une série de difficultés très-sérieuses, par suite desquelles ce système ingénieux, tout séduisant qu'il fût pour l'imagination, ne pouvait résister à une réflexion impartiale.

Aujourd'hui, nous pouvons le dire avec assurance, l'état de la question a totalement changé par suite des nouveaux principes exposés dans ce livre : les conséquences que nous avons déduites de la théorie de l'éther à l'égard du mouvement des planètes viennent rendre une nouvelle force, non pas précisément au système de Buffon dans toute sa plénitude, mais au principe du moins conçu par ce grand naturaliste, au principe du *choc*. Non-seulement en effet ces conséquences de la théorie de l'éther font évanouir des difficultés ou font concevoir des vraisemblances, mais elles établissent, à notre sens, sous certains rapports, de véritables démonstrations. En premier lieu puisque dans la théorie de l'éther le mouvement elliptique des planètes n'existe point dès l'origine et ne s'établit qu'au bout d'un certain temps et sous certaines conditions, cette théorie fait donc tout naturellement concevoir qu'un corps choquant devenu satellite ne doive pas repasser indéfiniment au point de départ de son mouvement, c'est-à-dire revenir à chaque révolution toucher de nouveau l'astre qu'il avait choqué : résultat inappréciable au point de vue des possibilités géométriques.

En second lieu, nous avons vu par les Propositions IX et XVII qu'une des conditions pour parvenir à l'équation d'où dérivent toutes les propriétés harmoniques des planètes, était que ces corps eussent pris leur mouvement premier à une faible distance du soleil et avec tendance à s'écarter de cet astre. Or cette condition n'est-elle pas essentiellement réalisée par la conception d'un choc ?

Ainsi donc l'idée mère de Buffon est rendue possible par la théorie de l'éther et de plus elle réalise une des conditions obligatoires de cette théorie. Il est toutefois remarquable que l'objet principal pour lequel cette idée systématique avait été imaginée s'efface précisément comme but d'explication, en raison d'une autre facilité que vient apporter notre méthode, d'un principe d'harmonie qu'elle consacre. N'avons-nous pas montré en effet, dans la Proposition XXIX, que quelle que fût la position première de l'orbite d'un satellite autour de son astre attirant, cette orbite serait toujours amenée, par la force attractive due à la rotation de cet astre, à se ranger dans le plan de son équateur ? Par conséquent il serait donc bien inutile de supposer que le choc imaginé par Buffon ait produit une action *unique*, que toutes les planètes enfin aient été formées d'un seul coup.

C'est là en effet un des éminents caractères de la théorie nouvelle, que la précision avec laquelle toutes les propriétés harmoniques des corps planétaires y dérivent pour ainsi dire avec nécessité d'un seul principe, d'un seul fait originaire. Qu'un corps errant vienne à tomber sur le soleil : s'il rejaillit après avoir perdu d'abord une partie de sa vitesse, il se trouvera, suivant toute apparence, dans ce que nous avons appelé les *conditions planétaires :* sa route est alors tracée par la force des choses, sa place marquée dans l'ensemble des distances et son excentricité fixée par le fait même ; au bout d'une période de temps suffisante il est amené à circuler indéfiniment dans le plan de l'écliptique, et enfin l'intensité même de sa rotation se trouve ainsi déterminée. Qu'un choc ait lieu au contraire dans des régions plus ou moins éloignées de l'astre central, le corps choquant ou les débris du corps choqué ne pourront acquérir par cela seul les qualités planétaires et demeureront à l'état d'astres errants, de comètes.

Nous n'entendons point dire ici toutefois qu'un choc sur le soleil soit le seul mode auquel on puisse attribuer la formation des corps planétaires ; nous ne citons ici ce mode que comme le cas le plus tranché, comme celui aussi qui était indiqué par des idées anciennement émises ; mais il peut en exister beaucoup d'autres, même parmi les causes naturelles, et indépendamment des actes spéciaux de la volonté divine, qu'il faut bien compter aussi, car toutes les causes naturelles ne sont qu'une pure émanation de cette volonté. Quelle que soit du reste la cause qui ait agi, et soit qu'elle ait eu pour effet de produire un corps planétaire ou de lancer dans l'espace une comète (*), notre but

(*) Afin de compléter l'étude des causes, en ce qui concerne les propriétés des divers ordres de corps célestes, nous ne pouvons nous abstenir de reproduire ici les vues que nous avons émises, il y a quelques années, dans nos *Études sur l'histoire de la terre,* pour expliquer par une *rotation rapide,* acquise dans les chocs, les apparences singulières présentées par les comètes. Comme il y a peu de chance pour que les astronomes aillent chercher la trace de ces idées dans un livre de géologie, devenu rare d'ailleurs aujourd'hui, nous croyons devoir les transcrire ici dans leur développement.

« S'il est vrai, disions-nous, et le calcul ne permet point d'en douter, que pendant l'immense durée des âges ces astres errants aient été pour les planètes les instruments de chocs multipliés, la vitesse de rotation qu'ils ont acquise eux-mêmes de ces chocs a dû être incomparablement plus grande, en raison de la différence des masses. Une comète, par exemple, dont le rayon équatorial serait d'environ 200 lieues, la masse $\frac{1}{300}$ de celle de la Terre ; et qui rencontrerait notre planète avec une différence de vitesse de 12.000 lieues par jour, acquerrait, en supposant même que la direction du choc ne passât qu'à une lieue de son centre de gravité, acquerrait une vitesse de rotation de 36.000 lieues par jour à son équateur. Le temps de sa révolution totale ne serait que de $\frac{3}{4}$ d'heure. La pesanteur y devant être d'ailleurs dix fois moindre que sur la terre, il est facile de voir qu'à l'équateur du petit astre la force centrifuge deviendrait quinze fois plus puissante que la gravité. En vertu donc de cette force tout le liquide, tant intérieur qu'extérieur, doit s'échapper suivant la tangente, en même temps que tous les fragments solides détachés, et ne laisser qu'un noyau d'un rayon tel, qu'à son équateur la pesanteur soit égale à la force centrifuge : rayon qui, dans le cas actuel, serait de 70 lieues, mais qui peut devenir extrêmement petit. Quant aux molécules liquides lancées dans l'espace, les résistances mutuelles modifiant peu à peu les trajectoires symétriques qu'elles tendraient à décrire, elles devront former en définitive à une certaine distance du noyau une sorte d'anneau satellitaire, une enveloppe ellipsoïdale, douée d'un mou·

a été de montrer que toutes les particularités du mouvement définitif de l'astre ainsi formé sont renfermées dans une condition très-simple, déterminée pour ainsi dire dès l'origine et par la nature même de son mouvement premier, ainsi que nous l'avons spécialement indiqué dans la Proposition IXe.

vement de circulation propre, comme l'anneau de Saturne, autour de l'axe même du noyau. Cette enveloppe, très-aplatie dans le sens de l'axe, aurait la forme d'un disque creux; sa section méridienne serait comprise entre deux ellipses, ayant même petit axe, et dont l'extérieure serait d'autant plus allongée par rapport à l'ellipse interne, que l'épaisseur de l'anneau serait plus grande. En supposant que par l'éloignement du soleil cette enveloppe se solidifie et se contracte, sa forme générale ne doit pas changer, mais seulement sa vitesse de circulation.

« Maintenant, à l'approche du soleil, non-seulement cet anneau reprendra l'état liquide; mais il se résoudra au moins partiellement en vapeurs. Or comme d'après la nature du mouvement la force centrifuge, à la surface de l'anneau, fait déjà équilibre à la pesanteur, la force expansive de ces vapeurs les rejettera tout d'abord hors de l'attraction du noyau, les laissant pour un moment indépendantes, soumises seulement à l'attraction solaire et à l'impulsion générale. Mais comme l'attraction exercée par le soleil sur les vapeurs de l'hémisphère le plus éloigné est moindre que celle qu'il exerce sur le centre de la comète elle-même, à cause de la différence des distances, elles ralentiront leur marche en même temps qu'elles agrandiront leur trajectoire autour du soleil : elles seront ainsi laissées en arrière par la comète et s'écarteront progressivement de son chemin, de telle sorte que les plus éloignées se trouvent le plus en dehors de la route qu'elle a parcourue. Ainsi concevra-t-on que ces astres puissent conduire à leur suite une traînée de matière toujours dirigée à l'opposite du soleil et vers la partie de leur orbite qu'ils viennent de parcourir. La lumière du soleil réfléchie par cette traînée de vapeurs et par l'enveloppe elle-même suffira certainement pour produire le pâle éclat de la chevelure et de la queue; cherchons maintenant quelle pourra être l'origine de l'éclat plus vif du point lumineux central. Il provient, selon nous, de la concentration des rayons solaires réfractés à travers l'anneau liquide, comme à travers une vaste lentille optique.

« Il ne faut point perdre de vue, en effet, et c'est là un point délicat, que la courbure extérieure de l'enveloppe fluide est plus prononcée que sa courbure interne, et que par conséquent cet anneau, lorsqu'il tournera vers le soleil sa convexité équatoriale, doit produire par rapport aux rayons solaires l'effet d'un ménisque convergent, propre à la concentration de la lumière en un foyer réel. Le noyau intérieur de la comète, plus ou moins rapproché de ce foyer, qui s'éloigne peu du centre des ellipses méridiennes, recevra donc une quantité considérable de rayons et sera illuminée d'un vif éclat. La position du foyer par rapport à ce noyau solide, selon la position de l'anneau et sa forme, peut rendre compte d'ailleurs de ces secteurs lumineux ou obscurs que l'on aperçoit ordinairement dans la partie de la nébulosité qui est tournée vers le soleil.

« Ainsi s'expliqueraient, par le seul fait d'une rotation énergique dans les comètes, toutes les apparences caractéristiques de ces astres singuliers : ces conséquences, qui dérivent immédiatement des faits terrestres, nous paraissent donc mériter l'attention des astronomes. » *Études sur l'histoire de la Terre,* chap. XII.

Ces avantages de notre méthode ne nous frappent et ne nous sont précieux que sous un point de vue, c'est qu'une telle précision est une garantie de la *vérité* du système. Contribuer à l'établissement de la vérité dans les principes des sciences naturelles, et travailler suivant nos forces à fonder ces principes sur des bases réelles et incontestables, est en effet l'ambition qui suffit à nos vœux. Des idées justes, dans une matière aussi grave, sont toujours préférables à des idées étendues : mais ici, et c'est là un des inappréciables avantages de la méthode, la portée des vues est ce qui peut surtout en assurer la justesse.

Il ne manquera point peut-être de ces esprits chagrins et craintifs, à qui la précision même des résultats d'un système dans l'explication des harmonies naturelles apparaît comme le signal d'un danger. Il semble à ces sortes d'esprits que chercher à simplifier les rouages par lesquels s'exerce sur ce monde l'action providentielle, ou chercher à préciser les moyens par lesquels s'est révélée, dans la durée des âges, la volonté créatrice, c'est par là même s'éloigner d'une saine idée de Dieu et de sa puissance, pour s'approcher de celle d'un aveugle hasard qui aurait présidé, au moins pour quelque part, à l'ordonnancement général des choses de la nature. Mais ce serait là raisonner étroitement. Simplifier les causes secondes n'est pas amoindrir en effet la main qui les a produites et combinées ; c'est donner au contraire une plus haute idée de sa puissance. Et dégager l'ordre matériel inerte de cet effort continu en quelque sorte, auquel on enchaînait la volonté divine en faisant de cette volonté une loi de la nature, ce n'est point lui contester la force qui pourrait anéantir ou troubler toutes choses comme elle les a créées. N'est-ce point se rapprocher au contraire de la pensée empreinte dans le texte de nos livres sacrés, qui concentrant pour ainsi dire l'action divine, en ce qui concerne la nature purement matérielle, dans le fait même de la création, nous montre le *repos* du septième jour, et n'a rien de plus sublime que ces mots : « Dieu dit que la lumière soit, et la lumière fut. »

La beauté et la grandeur, dans l'ordre purement matériel dont nous avons traité dans cet ouvrage, résident surtout pour nous dans la simplicité des rouages moteurs ; si cette inertie réelle que consacre notre système tend d'ailleurs à faire descendre de son rang, parmi les choses de la création , la matière purement inorganique, la nature organisée en prend ainsi plus d'importance, à mesure que se concentre sur elle l'action providentielle, à l'exclusion de cette nature inerte qui ne sert plus, pour ainsi parler, que de support et de théâtre à son développement : c'est le piédestal où se posera le chef-d'œuvre du statuaire. Si en effet ce monde uniquement matériel n'est qu'un jet instantané de la volonté créatrice , c'est sur nous, êtres vivants et pensants , êtres animés d'un souffle immatériel, que s'étend donc l'unique soin de sa providence ; et conformément à la légende sacrée , c'est donc pour nous que tout a été fait. Mais que ce sentiment, loin d'élever notre orgueil, ramène au contraire notre esprit vers une saine idée de notre faible nature : car ce qui fait ici notre supériorité morale témoigne en même temps de notre dépendance et de notre petitesse dans la main de Dieu. Que le spectacle de ces grandes œuvres de la création matérielle , abaissant notre esprit dans une mystique admiration, nous inspire donc seulement cette pensée, de chercher à nous rendre moins indignes de la main qui a déployé tant de merveilles non - seulement au profit de notre développement physique, mais aussi pour l'élévation de notre âme et de notre intelligence.

LIVRE III.

DES LOIS DE LA PHYSIQUE.

Jusqu'ici nous avons étudié l'action des corps en mouvemement sur l'éther supposé au repos, et nous en avons déduit les conditions de l'attraction à distance et les lois de l'astronomie. Il nous reste à considérer maintenant l'action de l'éther en mouvement lui-même soit sur ses propres particules, soit sur les particules dont sont formés les corps : c'est ce qui constituera les lois de la physique.

Les corps dont nous entendons parler ici, c'est-à-dire ceux que nous voyons répandus autour de nous sur la surface du globe, ne sont plus, comme les grands corps dont nous avons traité dans les livres précédents, imperméables au fluide éthéré. Ce fluide traverse au contraire librement leurs pores ; il est de plus enclavé aussi dans les vides et interstices formés par le groupement de leurs particules, qui sans cela s'affaisseraient l'une sur l'autre par la pression de l'éther extérieur. Les particules simples des corps sont donc soumises à deux actions différentes, l'une du dehors, l'autre du dedans, deux mouvements du fluide entre lesquels elles doivent elles-mêmes servir d'intermédiaire. En appliquant à cet état de choses les principes les plus généraux de la mécanique rationnelle, combinés avec ceux que déjà nous avons fait connaître dans les livres précédents, nous avons pu ainsi rattacher à une cause unique, qui n'est autre que le mouvement de l'éther, les lois diverses qui constituent l'ensemble de la physique générale : c'est ce qui formera le sujet de ce troisième livre et aussi du livre suivant. Mais avant que d'entrer dans le détail de cette étude, il convient de donner un premier aperçu des relations de notre principe fondamental avec les lois que nous voulons expliquer.

Il n'est point de repos absolu pour les corps que nous connaissons : ceux que nous voyons reposer immobiles sur la surface de la terre se meuvent avec elle, en réalité, d'un double mouvement dans l'espace. Les particules des corps se trouvent donc ainsi à l'égard de l'éther dans un état d'agitation continu et régulier ; et par les mêmes causes que nous avons indiquées dans les deux livres précédents, ces particules, considérées isolément et comme de petits corps nageant dans le fluide, s'attireront donc réciproquement et tendront à adhérer l'une à l'autre. C'est là un fait des plus considérables qui pussent se présenter comme conséquence de notre méthode, car il assigne une cause naturelle et régulière à cette *attraction moléculaire* que l'ancienne théorie, sans lui chercher de causes, avait donnée comme raison première et générale de tous les grands mouvements des corps. Elle ne sera pour nous qu'une conséquence particulière du mouvement terrestre.

Mais notre méthode ajoute encore à cette conséquence un point de vue nouveau, dont on ne verra il est vrai l'application complète que dans le livre quatrième, mais que nous devons néanmoins indiquer ici en principe, à cause de sa grande importance dans l'étude des propriétés des corps : cette considération est celle de l'influence que doit exercer, dans ce nouveau mode d'attraction moléculaire que nous signalons, la *forme* des particules élémentaires.

La forme de ces particules en effet n'est plus pour nous invariablement sphérique comme celle des grands corps de la nature, qui sont le résultat de groupements ; les molécules simples, dernières et indivises parties de la matière, peuvent affecter au contraire les figures les plus diverses : c'est du moins la possibilité qu'il faut admettre lorsque l'on veut embrasser dans ses vues l'hypothèse la plus générale, ou plutôt s'affranchir en réalité de toute hypothèse, sur la question des origines et sur les voies premières de la Providence.

La variation des formes toutefois, quelque grande qu'elle puisse être, a, dans le nombre des types dominants, des limites fixées par les lois mêmes de la géométrie, surtout en ce qui concerne le nombre et la disposition des angles, partie la plus caractéristique à l'égard du phénomène d'attraction. Et en effet, c'est en appliquant au problème de la combinaison des atomes cette considération de la figure géométrique des corps prise dans son acception la plus large et la plus variée, mais seulement avec une nécessaire limitation des types, telle qu'elle est indiquée par la géométrie, que nous sommes parvenu à expliquer par une voie strictement rationnelle les principes généraux de la combinaison des atomes, savoir, en premier lieu la loi même de l'*affinité*, ses degrés et ses antagonismes ; en second lieu celle des *proportions définies* qu'affectent les combinaisons atomiques ; et les principes enfin sur lesquels reposent toutes ces propriétés distinctives ou similaires d'où dépend le classement général des diverses natures de corps, au point de vue de la philosophie chimique.

Mais ces questions que nous avons dû citer ici à cause de leur importance comme principe, ces questions forment un sujet à part et seront la matière d'un livre distinct : qu'il nous suffise ici d'avoir constaté et fait concevoir ce premier fait de l'*attraction mutuelle des particules* modifiée par leur forme, propriété universelle comme la pesanteur, et constante d'ailleurs dans ses rapports parce qu'elle tient à deux causes constantes aussi dans leur action, savoir, le mouvement de la Terre et la figure des particules premières ; propriété par conséquent très-distincte de ces modifications éphémères dont la cause est étrangère aux particules elles-mêmes et dont nous allons rechercher les origines dans le livre actuel, spécialement consacré à la Physique proprement dite. Un mot d'abord sur les causes immédiates de cet ordre nouveau de modifications.

Nous venons de signaler la cause régulière et permanente d'où résulte un mouvement relatif entre les particules des corps et celles de l'éther : elle n'est autre que le mouvement général du globe et tient par conséquent au déplacement propre et continu des particules des corps, emportées avec les corps eux-mêmes dans le déplacement terrestre. Mais il est une autre cause très-différente de mouvement relatif entre l'éther et les particules, c'est celle qui dépend de l'agitation du fluide lui-même par rapport aux corps considérés comme au repos. Cette agitation peut relever de diverses origines que nous aurons à rechercher et analyser dans ce livre : ce seront, par exemple, certaines vibrations communiquées au fluide par les mouvements des astres autres que la terre et aussi par ceux de la terre elle-même ; ce seront encore les frottements des corps l'un contre l'autre, leurs changements d'état, ou enfin les diverses combinaisons des particules entre elles, combinaisons qui ont pour résultat une modification dans les intervalles relatifs de ces atomes. Ces différents modes d'action se présenteront à notre examen chacun en son lieu et seront exposés successivement, suivant l'ordre de leur rapport avec les faits, dans le courant du livre ; nous n'avons voulu en donner ici qu'un très-vague aperçu. L'essentiel à considérer en ce moment, c'est que ces agitations partielles de l'éther, obéissant au principe admis en mécanique de la superposition des petits mouvements, et se groupant ensemble sans se nuire, pourront coexister d'une manière distincte avec l'agitation normale et permanente qui résulte du mouvement de la Terre. Mais en même temps les effets de celle-ci pourront en être singulièrement modifiés. L'intensité de ces petits mouvements de l'éther peut être en effet dans certains cas comparable à celle de l'attraction qui tend à unir les particules en vertu du déplacement terrestre ; ils pourront donc en modifier la position relative et l'équilibre ; et d'autre part ces particules elles-mêmes, réagissant sur le fluide, pourront en modifier les vibrations.

C'est dans le jeu de ces diverses forces que consisteront en général les lois de la Physique ; mais en considérant ces lois dans leur détail, nous y verrons chaque classe importante de phénomènes se rattacher à un principe particulier, et souvent à une cause spéciale. Cette cause sera toujours rationnelle, suivant l'obligation que nous nous sommes imposée, c'est-à-dire qu'elle ne sera basée que sur les principes connus de la mécanique et sur les propriétés incontestables des corps, savoir, l'impénétrabilité et l'inertie.

Nous commencerons par la *lumière*, parce qu'elle ne résulte en quelque sorte que de l'action de l'éther sur lui-même, et nous lui assignerons une cause qui n'avait pas encore été considérée, quoiqu'elle soit de toutes peut-être, dans l'état actuel de la science, la plus naturelle et nous devrions dire la plus nécessaire. Puis viendront, dans leur ordre d'examen successif, les autres propriétés des corps, telles que la chaleur et ses effets, la cohésion, la capillarité, l'électricité, le magnétisme, suivant que les particularités de leur origine les relieront plus ou moins directement entre elles et avec nos nouveaux points de vue. Ce n'est pas encore ici le lieu d'indiquer la liaison générale de toutes ces lois ; cette liaison apparaîtra d'ailleurs d'elle-même à mesure que sera connu dans sa véritable nature le principe particulier sur lequel chacune d'elles est fondée.

DE LA LUMIÈRE.

PRINCIPE GÉNÉRAL.

La lumière du Soleil est l'effet du frottement tangentiel exercé sur l'éther par la surface de cet astre, dans son double mouvement de rotation sur lui-même et de translation dans l'espace ; et le phénomène de la division de cette lumière en sept couleurs principales est lié géométriquement aux lois de la rotation d'un corps sphérique.

J'indiquerai d'abord, par quelques réflexions sur la nature du phénomène lumineux, la convenance du principe que nous venons d'énoncer ; une induction géométrique nouvelle, concordante avec les données expérimentales, conduira ensuite à sa véritable démonstration.

Descartes le premier, et après lui Huyghens, ont attribué le phénomène de la lumière aux vibrations d'un fluide particulier répandu dans tout l'espace, auquel on a donné le nom d'Éther. Cette induction, dédaignée de Newton, qui, par un effort de génie plus brillant dans ses moyens que philosophique dans son principe, y substituait sa théorie du rayonnement direct combiné avec la loi d'attraction ; cette induction, dis-je, reprise depuis par Euler, ne fut portée qu'à une époque récente au plus haut point de clarté et de précision, par des recherches et des découvertes auxquelles le docteur Young, Malus, Fresnel, MM. Arago, Brewster, ont pris la part la plus active, ainsi que j'ai déjà eu occasion de le rappeler. Ces belles études ont prouvé d'une manière incontestable l'existence du fluide et de ses vibrations comme cause immédiate du phénomène lumineux.

Mais nuls travaux n'ont fait entrer plus profondément la science dans la nature intime de la question et dans l'essence même du phénomène que les recherches géométriques dues à Fresnel. Dans ses immortels calculs sur la polarisation, ce savant, dont la France peut à juste titre s'enorgueillir, a découvert et démontré la véritable nature du mouvement lumineux de l'éther, et tracé d'une manière certaine la marche des vibrations de ce fluide dans la production de la lumière. Il a prouvé en effet, par la double voie du calcul et de l'expérience, que les vibrations lumineuses, au lieu d'être, comme celles du son dans l'air, parallèles à la ligne de propagation, sont au contraire perpendiculaires à cette ligne et qu'elles s'exécutent *dans le plan même de l'onde,* c'est-à-dire que chacun de ces petits mouvements a lieu à chaque instant sur une surface sphérique ayant pour centre le point de départ du rayonnement (*).

(*) Ce beau principe a pour base fondamentale une expérience faite par MM. Fresnel et Arago, d'après laquelle deux rayons polarisés à angle droit n'interfèrent pas entre eux et ne produisent pas le phénomène des franges alternativement obscures et brillantes. On en conclut, à l'aide du calcul, la nullité de la composante du

Ce théorème est de l'importance la plus grande au point de vue des causes. La lumière, en se propageant du soleil à nous, ne cesse pas de vibrer perpendiculairement à la ligne de propagation émanant du centre de cet astre : ces vibrations sont donc, à leur point de départ, tangentes à la surface du soleil, et elles résultent par conséquent d'une cause première tangente aussi à cette surface.

Or parmi les causes régulières qui peuvent agir *tangentiellement à la surface du soleil*, en est-il d'une conception plus naturelle, plus nécessaire, que le frottement; en est-il de plus simple dans ses lois, de plus constante et de plus uniforme dans ses effets? Depuis plusieurs milliers d'années, si l'on consulte l'histoire de l'homme, et depuis des périodes de temps infiniment plus étendues si l'on consulte les archives géologiques et l'organisation des anciens êtres, l'intensité de la lumière solaire n'a point subi de variation appréciable. A quelle cause plus immuable que le frottement pourrait-on attribuer ce phénomène? En est-il de plus inaccessible aux déperditions et aux changements? Seule en effet elle porte ce caractère, d'être complétement inépuisable dans son action, pourvu que le mouvement qui lui donne naissance ne perde point de son intensité, condition qui est ici réalisée. Qu'on en fasse la recherche, peut-être même ne saurait on trouver une seule autre cause qui, variable ou non dans son intensité, puisse satisfaire à cette loi géométrique, d'être partout et constamment tangente à la surface du soleil. Une action chimique analogue à la combustion serait d'un effet complétement différent sous ce rapport; elle serait du reste sujette à la déperdition, à l'épuisement. Le frottement de la surface du soleil contre l'éther, cause d'ailleurs réelle et obligatoire de mouvement dans ce fluide, et dont il serait toujours nécessaire de tenir compte une fois l'existence de l'éther

mouvement vibratoire qui serait perpendiculaire au plan de l'onde. Et comme les lois de la double réfraction montrent que tout faisceau de lumière naturelle est susceptible de se décomposer en deux rayons polarisés à angle droit, égaux chacun à la moitié de son intensité, il s'ensuit que la lumière naturelle elle-même n'a aucune composante dans le sens de sa propagation. On ne peut faire un plus ingénieux usage de l'expérience et du calcul. Voir les *Annales de physique et de chimie,* tome XVII.

démontrée, cette cause reste donc en définitive la seule qui satisfasse pleinement à toutes ces conditions, d'être à la fois simple, rationnelle, invariable, et conforme enfin dans ses effets avec la loi de mouvement moléculaire révélée par l'étude géométrique du phénomène lumineux, savoir, d'être tangente à la surface du soleil.

Mais qu'est-ce dans les sciences qu'une induction de cette nature, c'est-à-dire purement philosophique? Rien qu'un fil conducteur vers des recherches géométriques ou expérimentales, seul moyen de réelle conviction : car la vérité ne peut se fonder sur des conjectures. Aussi ces simples vues que la réflexion amenait dans notre esprit n'eussent-elles point peut-être mérité même d'être citées, si elles ne nous avaient conduit, par voie d'induction géométrique, vers une vérification réelle; vérification qui porte en outre ce caractère, de renfermer la solution d'un problème fondamental demeuré jusqu'ici rebelle à toute explication : je veux parler de l'existence des *couleurs* et de la décomposition de la lumière blanche du soleil en sept teintes principales. Nous allons rapidement exposer la suite de ces considérations et comparer leurs résultats aux données que l'observation a fournies.

Le soleil a deux mouvements, l'un de translation dans l'espace, l'autre de rotation sur lui-même : faisons pour un instant abstraction du premier, qui dans le frottement d'un corps sphérique doit avoir une action sensiblement uniforme en énergie; mais arrêtons notre réflexion sur le second des deux effets, sur le frottement de *rotation*.

Lorsqu'un corps sphérique pressé par un fluide tourne sur lui-même, la pression effective, toujours normale à la surface réelle, n'est presque nulle part, à cause des aspérités de l'écorce solide ou des mouvements de l'écorce liquide, n'est presque nulle part absolument normale à la surface de la sphère idéale enveloppante : il y a donc toujours un *frottement*, et j'entends ici par frottement une composante de la force centrifuge qui tende à chasser tangentiellement au mouvement général les particules du fluide. Mais une telle force agit d'une manière très-diverse aux différents points du méridien de ce corps tournant : elle décroît nécessairement en énergie de son équateur vers ses pôles. A l'équateur en effet le frottement est dans toute sa force, et la zone équatoriale tend à imprimer au déplacement tangentiel des particules du fluide sa plus grande intensité; à l'extrémité polaire au contraire le frottement est nul, et entre ces deux points, l'équateur et le pôle, son énergie va décroissant comme le rayon des parallèles ou comme le cosinus de la latitude. Or n'était-il pas rationnel de penser que si les vibrations lumineuses sont dues à un phénomène de ce genre, chaque zone infiniment étroite de surface parallèle à l'équateur doit imprimer aux molécules vibrantes, en temps donné, des étendues de déplacement et par conséquent de *longueurs d'ondulations* différentes, proportionnées au cosinus de la latitude moyenne de chaque zone ? Ce serait donc déjà une cause suffisamment vraisemblable de la décroissance insensiblement progressive des longueurs d'ondulations dans toute l'étendue du spectre solaire, qui a été démontrée par les expériences de la physique moderne ; et le principe de la superposition des petits mouvements dans les fluides fait facilement concevoir que la lumière blanche puisse être formée par l'ensemble de tous ces effets d'intensités diverses, résultat d'ailleurs clairement indiqué par toute la théorie de la lumière et confirmé par les faits de l'acoustique.

Ainsi cette première vue déjà répondait bien pour nous à deux résultats fort importants de l'expérience moderne, savoir : en premier lieu, que la lumière du soleil se subdivise en une *infinité* de rayons différents (*) ; et en second lieu, qu'à chacune de ces parties de la lumière blanche correspond une longueur d'ondulation particulière, progressivement décroissante suivant l'ordre des teintes dans le spectre, depuis la couleur rouge jusqu'au violet. Ainsi notre conjecture géométrique donnait une raison d'être, une base rationnelle à deux grands faits déjà, qui dans les théories actuelles n'avaient trouvé encore aucune

---

(*) Cela est montré expérimentalement par l'impossibilité de séparer en zones distinctes les diverses couleurs du spectre.

explication. Ce n'était pas encore là toutefois l'épreuve d'une vérification calculée : voici comment nous sommes parvenu à en concevoir la possibilité et à en obtenir la réalisation.

Rien, ce semble, n'avait encore été dit dans les théories antérieures pour expliquer par des voies rationnelles la cause physique qui peut produire le phénomène des couleurs; cette division d'une sensation unique, celle de la lumière blanche, en une *infinité* de principes divers, les rayons colorés, et d'autre part le groupement de ces agents de la lumière du soleil en un nombre *limité* d'effets distincts, savoir, les sept ou huit couleurs principales du spectre solaire : voilà deux ordres de problèmes aussi peu abordés l'un que l'autre dans les théories ordinaires. Les sept couleurs, considérées individuellement, ne forment pas une partie essentielle et immuable de la lumière en général : car les lumières artificielles ne les renferment ni en même nombre ni en ordre égal à celle du soleil. Considérées comme phénomène, elles semblent en outre consister surtout dans le rapport des faits naturels avec notre organisation; car il n'est pas rare de rencontrer des hommes qui sans être privés d'une vue claire et distincte, ne perçoivent pas toutefois le phénomène des couleurs ou ne le perçoivent qu'incomplétement, comme il en est pour qui les accords musicaux ne forment qu'un véritable bruit.

Partant de cette donnée et poursuivant toujours les conséquences de notre induction géométrique, nous cherchâmes à nous expliquer par elle non point les causes de la perception ou du sentiment des couleurs, problème organique qu'il n'était pas en notre pouvoir de découvrir, mais nous recherchâmes les causes géométriques d'après lesquelles, au milieu du nombre *infini* des vibrations colorantes qui composent l'effet de la lumière blanche, huit sensations particulièrement distinctes viennent seules affecter notre vision. Pour arriver à la solution de ce problème et par lui à une évaluation réellement numérique, voici comment nous avons raisonné.

De même que l'ouïe, le sens de la vue doit être particulièrement sensible à la perception des *rapports*. Puisque la sensation produite sur cet organe par l'infinie variété des rayons colorés, inégalement vibrants, qui composent la lumière blanche, se résume pour nous en un nombre *limité* de sensations, il y a lieu de penser que ce résultat est dû à ce que dans cette variété infinie de vibrations inégales il n'existe qu'un nombre limité de *rapports simples*, faciles à percevoir et à comparer ; et c'est à la recherche géométrique de ces rapports, soit en nombre, soit en grandeur, que nous avons donné notre attention, afin de pouvoir les mettre en parallèle avec les données expérimentales. Si le phénomène de la lumière solaire résultait en effet des lois de la rotation d'un corps sphérique, et s'il était vrai que l'inégalité dans les longueurs d'ondulation des diverses parties composantes de cette lumière est liée à la décroissance du rayon des zones révolvantes, depuis l'équateur jusqu'au pôle du soleil, il y avait lieu de se poser cette question : « Combien, dans le nombre infini des rayons de parallèles qui peuvent se tracer sur un méridien sphérique, en est-il qui soient en rapport simple entre eux et avec le rayon de l'équateur? Le nombre de ces rayons trouvé, quelle est la valeur relative de chacun d'eux ? » Telle est en effet la question que nous avons considérée et dont nous allons montrer le résultat.

La série des rayons de parallèles n'étant autre que celle des cosinus de la latitude, lesquels sont liés avec le rayon de l'équateur par la formule fondamentale

$$\sin^2 L + \cos^2 L = R^2,$$

il est clair que le nombre des valeurs conjuguées du cosinus et du sinus commensurables avec le rayon est extrêmement limité : à vrai dire, il n'en existe arithmétiquement qu'une seule combinaison, et nous l'indiquerons tout à l'heure en appréciant son importance ; mais il en est quelques autres qui peuvent s'obtenir par des constructions géométriques, et qui sans être complétement commensurables, sont cependant en rapport linéaire réel et simple. J'ai recherché ces valeurs, et en les réunissant toutes, je n'en ai trouvé que sept, plus le rayon de l'équateur lui-même, c'est-à-dire un nombre égal à celui des couleurs distinctes du spectre solaire, qui satisfassent à des conditions suffisantes de précision et de simplicité. Voici du reste (car nous avons encore à exposer la véritable épreuve numérique), voici la série de ces valeurs, distribuées en quatre groupes, dans lesquels le sinus et le cosinus peuvent, comme l'on sait, mutuellement s'échanger.

Le premier et le plus remarquable de ces groupes est donné par l'égalité

$$9 + 16 = 25,$$

dont nous avons déjà trouvé l'application dans la loi de la distance des planètes et que nous retrouverons encore dans l'acoustique : équation remarquable en ce qu'elle est la seule qui puisse satisfaire à la condition trigonométrique fondamentale en nombres arithmétiquement commensurables ; elle répond à deux cosinus conjugués qui sont entre eux et avec le rayon de l'équateur dans le rapport des nombres consécutifs 3, 4 et 5 ou $\frac{3}{5}$, $\frac{4}{5}$ et 1.

Parmi les valeurs qui peuvent être obtenues géométriquement, on distingue d'abord une valeur unique, celle du cosinus de 45°, côté du triangle rectangle isocèle dont le rayon de la sphère formerait l'hypoténuse : la mesure de ce côté est $\frac{1}{2}\sqrt{2}$, celle du rayon étant prise pour unité. Un autre groupe est donné par la moitié du triangle équilatéral dont le côté serait égal au rayon de l'équateur ou à l'unité : des deux côtés de l'angle droit l'un a pour valeur $\frac{1}{2}$, l'autre $\frac{1}{2}\sqrt{3}$. Un troisième groupe enfin est donné par le triangle rectangle dont un des côtés est le tiers de l'hypoténuse prise pour unité : ici la valeur numérique des deux côtés de l'angle droit est $\frac{1}{3}$ et $\frac{2}{3}\sqrt{2}$.

Ce qui caractérise ces sept lignes représentées par les nombres $\frac{1}{3}$, $\frac{1}{2}$, $\frac{3}{5}$, $\frac{1}{2}\sqrt{2}$, $\frac{4}{5}$, $\frac{1}{2}\sqrt{3}$ et $\frac{2}{3}\sqrt{2}$, dont quatre sont des fractions très-simples, ce qui les caractérise, c'est que non-seulement leurs longueurs mêmes, (qui joueraient un si grand rôle dans l'optique si elles représentent en effet les longueurs d'ondulation des diverses teintes), mais encore les carrés de ces longueurs, qui représentent réellement pour nous l'intensité de la sensation, sont mutuellement dans un rapport géométrique net et facile, par l'intermédiaire d'un module commun, qui est le rayon de l'équateur. Sans doute il existe d'autres fractions en rapport simple avec l'unité, comme $\frac{2}{3}$, $\frac{3}{4}$, et plusieurs autres, mais si l'on attribue au cosinus de la latitude une de ces valeurs dans l'équation trigonométrique fondamentale

$$\sin^2 L + \cos^2 L = 1,$$

la valeur conjuguée qui en résultera ne présentera plus, sous le rapport numérique ou sous celui de la géométrie, la même condition de précision et de simplicité [que les précédentes (*).

La propriété qui appartient à cette équation trigonométrique de former le lien général entre les longueurs d'ondulation utilement distinctes, dans le frottement de rotation d'un corps sphérique, et d'en embrasser tous les rapports essentiels, cette propriété forme en effet un trait éminemment caractéristique dans l'ordre de vues tracé par notre méthode ; c'est par cette propriété, ainsi qu'on le comprendra mieux à la suite des Corollaires I, II et III, qu'est particulièrement constituée cette faculté des diverses parties composantes de la lumière solaire de se fondre, soit toutes ensemble soit deux à deux, dans une sensation unique. Mais sans nous appesantir sur ce résultat, qui ne saurait avoir son développement que par l'étude progressive des faits, nous allons poursuivre en ce moment notre vérification fondamentale.

En résumé, voilà donc sept valeurs liées entre elles et avec le rayon de la sphère par un rapport net et facile, et qui proportionnées aux forces de frottement qui s'exercent le long d'un méridien du corps tournant, peuvent représenter ainsi la série des longueurs de vibration essentiellement distinctes qui résultent d'un semblable frottement. Si nous les identifions à la série des couleurs naturelles, des couleurs du spectre solaire, en représentant par l'unité ou par le rayon de la sphère

---

(*) Les valeurs $\frac{1}{4}$, $\frac{2}{3}$, $\frac{3}{4}$, auraient respectivement pour conjuguées $\frac{1}{4}\sqrt{15}$, $\frac{1}{3}\sqrt{5}$, $\frac{1}{4}\sqrt{7}$, qui sont loin de présenter pour nous des conditions de perception distincte et diffèrent beaucoup de la simplicité géométrique des premières. Au reste rien n'empêche que ces fractions isolées ne représentent des nuances secondaires comme le vert bleuâtre pour $\frac{2}{3}$, le vert jaunâtre pour $\frac{3}{4}$, mais ces nuances secondaires se confondent à nos yeux dans les plus distinctes, comme nous le montrerons mieux à la fin du corollaire 1er.

la couleur rouge, qui se distingue de toutes les autres par sa
puissance et sa position, nous aurons la succession suivante :

$$
\begin{array}{lll}
\text{Violet} & \tfrac{1}{3} \ldots \text{ou} & 0{,}33 \\
\text{Indigo} & \tfrac{1}{2} & 0{,}50 \\
\text{Bleu} & \tfrac{3}{5} & 0{,}60 \\
\text{Vert} & \tfrac{1}{2}\sqrt{2} & 0{,}70 \\
\text{Jaune} & \tfrac{4}{5} & 0{,}80 \\
\text{Jaune-orangé} & \tfrac{1}{2}\sqrt{3} & 0{,}87 \\
\text{Orangé-rouge} & \tfrac{2}{3}\sqrt{2} & 0{,}93 \\
\text{Rouge} & 1 & 1 \ldots\ldots(A)
\end{array}
$$

Cela posé, et différant les remarques (*) que nous aurions à
faire sur cette série, nous pouvons maintenant aborder cette
épreuve de vérification numérique, en quelque sorte solennelle
et décisive, pour laquelle nous sommes entrés dans ces calculs.
Fresnel, en effet, dans ses admirables recherches sur la théorie
de la lumière, a mesuré expérimentalement, d'après le phénomène des franges ou des bandes alternativement brillantes et
obscures que fait naître le principe des interférences, a mesuré,
dis-je, les longueurs d'ondulation pour toutes les teintes qui
composent le spectre solaire. Nous reproduisons ici, d'après
ses expériences, ces longueurs exprimées en dix-millionièmes
de millimètre :

(*) Nous ne pouvons toutefois passer outre sans expliquer pourquoi nous avons
divisé en deux la couleur orange, à laquelle on attribue généralement une place unique dans les teintes du prisme. Cette couleur est une des moins nettes du spectre,
elle se fond d'une part avec le jaune et passe de l'autre insensiblement au rouge ; il
est des physiciens qui, comme M. Brewster, la voudraient même faire complétement
disparaître, en tant que couleur principale. Pour nous, nous concluons seulement
de son peu de netteté qu'il n'y a point de raison pour y reconnaître plutôt une seule
teinte, que deux teintes réunies dans une sensation confuse, teintes dont le peu de
netteté s'explique du reste facilement pour nous par la nature des valeurs numériques qui les représentent, et dont nous expliquerons aussi bientôt (Corollaire 1er) la
réunion en une impression dominante. Lorsque Fresnel a mesuré expérimentalement les longueurs d'ondulation des diverses couleurs du prisme, il a observé
comme points de repère ces deux teintes du jaune orangé et de l'orangé rouge, dont
on conclut par abstraction la valeur de la teinte moyenne orange : nous n'avons fait
que conserver la division en nous abstenant pour le moment de réunir, ce que nous
ferons néanmoins plus tard dans les Corollaires, après en avoir indiqué les raisons.

Couleurs.	Longueurs d'ondulation.
	mm
Violet.	0,000406
Indigo.	449
Bleu	475
Vert.	512
Jaune.	551
Jaune-orangé.	571
Orangé-rouge.	596
Rouge.	620

Telle est la série qu'il s'agit de comparer à la nôtre. Mais ici se place une remarque essentielle : il faut observer que chacune des valeurs expérimentales de Fresnel représente, suivant nos vues, la somme de deux effets, celui du frottement de rotation que nous voulons évaluer et celui du frottement qui résulte du mouvement de translation : ce dernier est unique dans son action, il agit toujours de la même manière sur un grand cercle de la sphère, et quoique la position de ce cercle change à chaque instant sur la surface du soleil, l'effet n'en est pas moins pour nous celui d'une quantité constante et uniforme. Chaque chiffre de la série de Fresnel doit donc être composé d'un nombre fixe qui est le même pour tous et qui répond au frottement de translation, et d'un nombre variable répondant au frottement de rotation ; c'est ce dernier qu'il s'agit de connaître pour en comparer la série à celle de nos fractions. Un calcul très-simple de comparaison montre que le nombre constant à retrancher de tous les chiffres de Fresnel est 265 ; il reste alors, en dix-millionièmes de millimètre, la suite des nombres :

$$v. \quad i. \quad b. \quad ve. \quad j. \quad j.\text{-}o. \quad o.\text{-}r. \quad r.$$
$$141, \quad 184, \quad 210, \quad 247, \quad 286, \quad 307, \quad 331, \quad 355 ;$$

lesquels, réduits à l'unité, donnent enfin la série suivante, relative seulement au frottement de rotation :

Violet.	0,396
Indigo.	0,518
Bleu.	0,592

$$
\begin{array}{llr}
\text{Vert} & \dots\dots\dots\dots\dots\dots\dots & 0,696 \\
\text{Jaune} & \dots\dots\dots\dots\dots\dots\dots & 0,809 \\
\text{Jaune-orangé} & \dots\dots\dots\dots\dots & 0,865 \\
\text{Orangé-rouge} & \dots\dots\dots\dots\dots & 0,932 \\
\text{Rouge} & \dots\dots\dots\dots\dots\dots\dots & 1,000\dots\dots(B)
\end{array}
$$

Si l'on met ce tableau des valeurs expérimentales en regard de notre série (A), obtenue par induction géométrique, on verra qu'à part la couleur violette (*), qui présente un faible écart, il serait difficile de trouver entre la théorie et les résultats de l'expérience un accord plus complet ; et il n'est pas inutile de faire remarquer ici quelle force donne à une vérification de cette sorte l'accord de toute une série : ce n'est pas en effet la concordance d'un chiffre seulement avec les données expérimentales qui vient ici en appui de mes inductions, c'est une suite de *huit* nombres présentant même encore dans leur arrangement une certaine loi de progression. Nombres et loi tout est ici

(*) Les écarts des couleurs polaires proviennent vraisemblablement de cette circonstance, que le frottement de translation a pour elles une action sensiblement plus grande, qui a dû ajouter au nombre total fourni par l'observation. Voici pourquoi. Nous ne savons pas en réalité dans quel rapport de direction est la translation du soleil avec le plan de son équateur ; cependant les analogies portent à penser que la direction de ce transport ne s'éloigne pas beaucoup du plan équatorial, de même que cela a lieu pour presque toutes les planètes. Cela étant, on concevra facilement que le frottement qui en résulte soit plus sensible vers les pôles, dans un temps donné, qu'aux parties équatoriales. En effet la zone générale très-étroite de ce frottement est formée par le contour d'un grand cercle dont le plan est perpendiculaire à la ligne du mouvement de translation : la rotation fait changer à chaque instant ce cercle sur la surface du soleil, mais il est évident que dans la disposition supposée, où le plan de l'orbite du soleil se confondrait avec son plan équatorial, le cercle de frottement passerait sans cesse par le pôle, et comme il a une épaisseur finie, il couvrirait dans un temps donné une largeur proportionnellement plus grande de la zone polaire que de la zone équatoriale. Dans cette hypothèse, le rapport des deux surfaces frottantes de translation et de rotation, pour chaque couleur, dépend en général du rapport entre la hauteur de la zone de rotation correspondante (voir le Corollaire III) et le diamètre de cette zone : il croît donc en général des pôles vers l'équateur, mais l'excès est surtout sensible pour la couleur violette d'après sa position extrême. Nous ne pouvons faire entrer cette considération dans le calcul, puisque nous ne connaissons point en réalité la direction de la route suivie par le soleil dans l'espace ; mais telle qu'elle est, cette considération suffira pleinement pour expliquer l'écart présenté par la couleur violette et celui beaucoup moindre que présente la couleur indigo.

vérifié ; la part en outre de toutes les actions se trouve faite : le frottement de rotation exprimé par la série concordante des nombres variables, le frottement de translation exprimé par un nombre constant (*). Les éléments de comparaison sont donc philosophiquement complets, et c'est donc avec raison que nous avons annoncé comme vérifié par l'expérience le principe énoncé au commencement de ce chapitre. Cet accord de la théorie avec les faits va être complété maintenant par une série de considérations et de résultats qui se déduisent rationnellement de cette première vue.

COROLLAIRE I.

Des trois couleurs principales du spectre solaire et de la Loi des trois carrés. Gamme des couleurs.

M. Brewster, en se fondant sur certaines circonstances de l'absorption des teintes du spectre par des verres diversement colorés, et aussi sur les propriétés connues du mélange des couleurs, a émis l'opinion qu'il n'existe dans le spectre solaire que *trois* couleurs réellement simples et indécomposables, savoir : le rouge, le jaune et le bleu.

Nous sommes porté à admettre ce résultat, et bien que philosophiquement il ajoute peu à nos connaissances, puisqu'il ne porte en soi aucune explication, et qu'il ne peut infirmer d'ailleurs les conclusions qui ressortent de l'ordre réel et de la valeur des teintes dans la lumière solaire décomposée par le prisme, ce n'en est pas moins, au point de vue expérimental, un fait considérable, dont il est intéressant de rechercher les causes et la signification.

Or cette cause est facile à trouver si l'on suit les conséquences de nos vues, et elle se rattache à une loi trop générale

(*) Je remarque en passant que ce nombre constant qui représente le frottement de translation a une valeur absolue sensiblement égale au frottement de rotation de la couleur moyenne, le vert, abstraction faite de l'étendue de la surface frottante dans les deux cas : cette observation trouvera son emploi.

et trop importante pour que nous la passions ici sous silence. Si l'on se reporte en effet aux valeurs fractionnaires qui affectent chacune des couleurs dans notre série (A), en les considérant dans leur relation avec la formule trigonométrique fondamentale

$$\sin^2 L + \cos^2 L = R^2,$$

on verra que ces trois couleurs, le bleu, le jaune et le rouge, dont les longueurs d'ondulation sont entre elles dans le rapport des nombres 3, 4, 5, sont les seules qui ressortent ensemble de cette formule en termes complétement rationnels ou arithmétiquement commensurables. Je ne connais pas trois autres nombres simples en effet, qui soient tels que le carré de l'un d'entre eux égale la somme des carrés des deux autres. Pour faire sentir la portée de ce résultat numérique, quelques réflexions sont nécessaires sur les conditions déterminantes de nos sensations.

Toutes les fois qu'il s'agit des mouvements d'un fluide, comme l'éther en optique et en astronomie, l'air atmosphérique en acoustique, la mesure des impressions relatives produites sur nos sens a pour module le carré de la vitesse du fluide, qui représente, ainsi que nous l'avons montré dans les Principes généraux du Livre Ier, *la quantité de mouvement* imprimée à ce fluide, lorsque les deux effets à comparer sont produits par un seul et même corps ou par deux corps de volume égal. Ici la vitesse imprimée au fluide dans l'unité très-petite de temps n'est autre que la longueur d'ondulation, les vibrations de l'éther étant considérées dans la théorie des ondes comme isochrones. C'est donc en grande partie par les relations des *carrés* de ces longueurs que les effets comparatifs des diverses teintes doivent agir sur nos sens. D'autre part, la théorie des ondes lumineuses montre que le phénomène de la réfraction et celui de la réflexion, ces deux faits fondamentaux de l'optique, dépendent de la simple longueur d'ondulation; que de plus, le phénomène des interférences, si étroitement lié à celui de la coloration, tient aussi au nombre pair ou impair de demi-ondulations dont restent en retard l'une sur l'autre deux ondes lumineuses agissant simultanément sur une même molécule du fluide : il suit de ces deux ordres de résultats que le rapport le plus net, le plus facilement appréciable pour nous, doit avoir lieu entre les couleurs qui satisfont à la fois à une relation simple entre les *longueurs d'ondulation* et à une relation simple entre les *carrés* de ces longueurs.

Or les nombres 3, 4, 5 réalisent éminemment cette double propriété ; ils sont les seuls nombres simples qui y satisfassent : les trois couleurs rouge, jaune et bleue, dont ils représentent la longueur d'ondulation dans notre série (*), doivent donc être non-seulement les plus nettes, mais les seules élémentairement distinctes.

Cette propriété qui lie entre eux les nombres 3, 4 et 5, d'être les seuls qui satisfassent en valeurs entières simples à l'équation indéterminée

$$x^2 + y^2 = z^2,$$

cette propriété, dont on a pu remarquer déjà le rôle important dans la loi des distances planétaires, se retrouvera bientôt aussi pour nous dans l'acoustique, où elle nous donnera l'explication du phénomène des accords musicaux et des rapports de tonalité. La relation

$$9 + 16 = 25$$

renferme donc une loi des plus importantes dans la question générale des harmonies naturelles. Nous proposons de lui donner une désignation particulière et de la nommer *Loi des trois carrés*.

La puissance de cette loi est si grande ici, qu'elle domine pour ainsi dire et ramène à elle les autres rapports de couleur. On s'en convaincra si l'on remarque que le nombre 0,396, qui

---

(*) Il n'y a pas lieu de tenir compte, dans ces relations des couleurs entre elles, de la partie constante de la force lumineuse, qui se rapporte au frottement de translation solaire, partie constante qui en effet ne paraît rien ajouter à leur différence mutuelle. Aussi avons-nous reconnu que les résultats numériques amenés par les considérations exposées dans ce corollaire et dans les suivants doivent s'appliquer, non pas aux longueurs d'ondulation trouvées expérimentalement par Fresnel, mais à celles de notre série (A), c'est-à-dire à celles de Fresnel diminuées d'un nombre constant, lequel entre environ pour moitié dans la couleur intermédiaire.

caractérise le *violet* dans la série (B) déduite des observations de Fresnel, est très-rapproché de 0,40 qui équivaut à $\frac{2}{5}$; que la valeur de l'indigo est exactement égale au rapport de $2\frac{1}{2}$ à 5. Les sept couleurs principales et distinctes du spectre, rapportées au nombre 5, module déterminé par la loi que nous venons d'indiquer, pourront donc être ainsi représentées, au moyen d'un faible tempérament analogue au tempérament musical, par la série des nombres

$$2, \quad 2\tfrac{1}{2}, \quad 3, \quad 3\tfrac{1}{2}, \quad 4, \quad 4\tfrac{1}{2}, \quad 5\,;$$

ou, en doublant, par celui des nombres naturels

$$4, \quad 5, \quad 6, \quad 7, \quad 8, \quad 9, \quad 10.$$

C'est en quelque sorte une *gamme* des couleurs dont tous les intervalles seraient égaux entre eux. Nous appelons ici intervalles les différences des nombres; ce ne sont toutefois ni ces différences, ni les rapports considérés en acoustique comme la mesure des sons, qui peuvent donner la mesure réelle de l'effet sensible des diverses couleurs : cette manière de présenter la gamme colorante sert seulement à consacrer ici pour nous l'importance du rapport des trois nombres 3, 4, 5 et de leurs carrés, influence analogue, quoique avec un effet différent, à celle que nous leur attribuerons dans l'acoustique pour expliquer le phénomène des accords.

Les véritables valeurs des *intervalles colorants* sont données par une règle de Newton, que nous chercherons bientôt à expliquer : mais nous ne devons nous occuper de ce sujet qu'après avoir assuré l'explication d'une autre propriété importante des couleurs du prisme, qui fera l'objet du corollaire suivant.

COROLLAIRE II.

Des couleurs complémentaires et de la loi du contraste des teintes.

Quoique la lumière blanche soit formée de sept teintes différentes, on peut cependant, en combinant convenablement ces couleurs deux à deux, trois à trois, reproduire du blanc. C'est là un fait très-digne d'intérêt, dont les difficultés n'ont point assez préoccupé peut-être encore la théorie au point de vue rationnel : car ce n'est aucunement un fait simple et facile à prévoir, que deux couleurs seulement puissent faire l'effet des sept ensemble. Évidemment ce phénomène dépend de quelque propriété particulière dont l'explication est encore à rechercher. Jusqu'ici l'on s'est borné à lui donner un nom, et lorsque deux couleurs combinées ensemble peuvent produire du blanc, on dit qu'elles sont *complémentaires* l'une de l'autre. Telles sont le rouge et le vert, le jaune et le violet, le bleu et le jaune orangé.

Il est un autre fait qui paraît être en relation intime avec le précédent et qui est resté aussi obscur dans son principe. Tout objet coloré d'une teinte uniforme s'entoure, l'expérience le montre, d'une sorte d'auréole formée précisément de la teinte *complémentaire*, auréole qu'elle projette sur les objets rapprochés, de manière à en altérer sensiblement la teinte primitive. M. Chevreul, qui a beaucoup étudié ce genre d'influence, lui a donné le nom de loi du contraste simultané.

Les deux faits dont nous venons de parler s'expliquent d'une manière précise dans notre mode d'envisager le phénomène lumineux : quoique liés en apparence à la même cause, ils sont néanmoins distincts, et nous devons commencer par le second, c'est-à-dire expliquer d'abord pourquoi un objet coloré semble projeter sur les parties voisines une couleur différente de la sienne propre, et indiquer dans quel rapport doivent être ces deux teintes.

On sait par la théorie des ondes lumineuses que lorsque deux faisceaux de rayons partis de la même source se trouvent en retard l'un sur l'autre d'un nombre pair de demi-ondulations, ils tendent à imprimer à chaque molécule d'éther une vitesse égale à leur somme, ou en d'autres termes, ils interfèrent en lumière brillante ; le contraire arrive lorsqu'ils sont en retard d'un nombre impair de demi-ondulations : ils tendent alors à imprimer aux molécules éthérées des vitesses de signe différent et par conséquent tendent mutuellement à s'éteindre. Or maintenant considérons un rayon vert et un rayon rouge, par exemple, provenant de l'influence solaire, et pénétrant ensemble dans un milieu quelconque : les vibrations de chacune de ces teintes y subiront, comme dans tous les milieux, certain retard, et d'après ce que nous savons de la nature des impulsions dans le fluide, il n'y a aucun doute que les retards relatifs des deux couleurs ne soient en relation avec les *carrés* de leurs vitesses de vibration respectives, c'est-à-dire en raison inverse de ces carrés, qui expriment la véritable intensité du mouvement : c'est du reste ce qui résulte directement de la théorie des ondes. Or si l'on consulte la valeur des diverses teintes dans notre série (A), on verra facilement que le carré du rouge, qui est 1, est précisément double de celui de la couleur verte, représentée par $\frac{1}{2}\sqrt{2}$. Les retards, proportionnés à ces nombres 2 et 1, seront donc toujours l'un avec l'autre dans le rapport d'un nombre pair de demi-ondulations; les deux teintes se renforceront donc l'une l'autre. Il en sera de même du jaune avec le violet, du bleu avec l'orangé, etc.

Si maintenant l'on suppose la couleur verte, par exemple, en contact avec une autre couleur voisine, différente du rouge : comme elle ne renforce que la proportion de rouge qui entre soit dans cette couleur voisine, soit dans l'irradiation de lumière blanche qui nécessairement l'accompagne, et qu'elle tend au contraire à éteindre le reste des couleurs, elle paraîtra jeter une teinte rouge sur toutes les parties avoisinantes.

Voilà donc expliquée ainsi la loi de l'influence des teintes voisines; il s'agit de montrer maintenant comment cette teinte projetée autour d'elle par une couleur est précisément sa complémentaire, et comment il peut exister des teintes complémentaires.

Cela résulte simplement de ce fait, que nous venons de montrer à l'égard des teintes rouge et verte par exemple, savoir : que l'une est sensiblement double de l'autre en valeur effective. Comme le vert est un peu supérieur à la valeur moyenne des teintes, il s'ensuit que la somme des deux effets formera une quantité équivalente à un peu plus de trois fois cette valeur moyenne de toutes les teintes ensemble : en se doublant mutuellement par le principe des interférences, comme nous venons de l'indiquer, ces deux couleurs arriveront donc à valoir sept fois la valeur moyenne, c'est-à-dire à former un total à très-peu près égal à l'ensemble de toutes les couleurs réunies : par conséquent elles pourront par leur mélange former de la lumière blanche si l'impression de cette lumière ne résulte en effet que d'une certaine somme de vibrations ; et c'est d'après le même principe que l'association du jaune avec le violet, du bleu avec l'orangé, peut donner aussi la lumière blanche, avec quelques variations toutefois dans la quantité des éléments, ainsi que nous l'apprécierons dans le corollaire suivant.

Dans ce nouveau corollaire en effet nous examinerons d'après quelles règles et d'après quelles considérations l'on peut évaluer la véritable intensité proportionnelle des teintes de la lumière solaire dans leurs divers mélanges, ce que l'on pourrait nommer en un mot les *intervalles* de ces teintes, s'il est permis de transporter ainsi dans l'optique une dénomination usitée dans la théorie des sons.

COROLLAIRE III.

Explication de la règle empirique de Newton pour le mélange des teintes, et mesure des intervalles colorants.

Newton, comme l'on sait, a donné une construction géométrique très-ingénieuse, et qui paraît se vérifier avec une suffisante exactitude, pour évaluer le résultat du mélange des diverses teintes du prisme suivant des proportions déterminées. Il partage la circonférence du cercle en sept parties, correspondant aux sept couleurs principales du spectre solaire, et qui doivent les représenter dans le même ordre de succession. Ces arcs sont inégaux, mais leurs grandeurs sont récurrentes ; ils sont de 60° 45' 34'' pour le rouge, le vert et le violet ; de 34° 10' 38'' pour l'orangé et l'indigo ; enfin de 54° 41' 1'' pour le jaune et le bleu. On suppose attaché au centre de gravité de chacun de ces arcs un poids proportionnel à la quantité de la couleur correspondante que l'on veut faire entrer dans le mélange, et l'on compose ensemble ces divers poids par la méthode ordinaire des forces parallèles ; en joignant le centre du cercle au point d'application de la résultante, le prolongement de cette ligne jusqu'à la circonférence y vient marquer la couleur définitive. Le centre même indique évidemment la lumière blanche, représentée par le cercle tout entier.

Il est dit vulgairement qu'on ignore par quel moyen Newton est parvenu à cette règle : il a cependant clairement indiqué dans son *Optique* qu'il l'avait imaginée en assimilant les valeurs des teintes de la lumière solaire aux intervalles des notes musicales, lesquelles ont en effet, comme nous le verrons bientôt, une certaine relation avec les propriétés de la lumière ; mais cette concordance entre l'échelle musicale et celle des couleurs, Newton n'a pas cherché ou n'a pas réussi à l'expliquer ; l'ordre des intervalles musicaux est d'ailleurs notablement interverti à l'égard des couleurs les plus réfrangibles : aussi cette règle a-t-elle toujours conservé depuis Newton un caractère purement empirique, ayant toujours complétement échappé à la théorie.

C'était déjà en effet une difficulté sérieuse que celle d'expliquer comment des quantités égales de deux couleurs seulement pouvaient par leur mélange produire de la lumière blanche, tandis que celle-ci se compose, dans son essence ordinaire, non-seulement de ces deux teintes, mais de cinq autres encore. Cette difficulté, qui était réelle quoiqu'on paraisse l'avoir peu sentie, nous l'avons levée déjà dans le corollaire précédent ; achevons de montrer maintenant comment nos vues sur l'origine de la lumière solaire rendent faciles à concevoir le principe et les autres détails de la règle empirique de Newton.

La partie importante de la question est premièrement dans la cause qui peut faire représenter l'intensité relative des différentes couleurs composantes de la lumière par des arcs de grandeur *inégale ;* en second lieu la grandeur même de ces arcs; en troisième lieu leur récurrence à égale distance des extrèmes ; quatrièmement enfin comment leur rapport de grandeur avec le cercle entier peut représenter celui qui existe entre les diverses couleurs et la lumière blanche elle-même. Une fois ces principes éclaircis, et si l'on se rappelle ce que nous avons montré dans le précédent corollaire sur les couleurs complémentaires et le principe de l'association des teintes , leurs diverses combinaisons ne seront plus qu'une affaire d'arrangement facile à concevoir. Éclaircissons donc particulièrement la question des intensités relatives ou des *intervalles colorants*.

Jusqu'ici nous avons considéré chaque couleur comme représentée par un rayon de parallèle solaire ou par un cosinus de latitude, c'est-à-dire par une simple ligne géométrique. Mais c'était là une pure abstraction. Chaque teinte occupe en effet dans le spectre une certaine étendue transversale; elle est donc formée par la réunion d'une certaine quantité de rayons colorés, dont les longueurs d'ondulation se groupent autour d'une valeur moyenne offrant pour nous une perception plus particulièrement distincte. Chacune des teintes en un mot provient du frottement d'une certaine *zone* de la surface sphérique et non pas du frottement d'un simple parallèle géométrique. L'intensité relative de chaque couleur, dans l'ensemble qui compose la lumière blanche, ne dépend donc pas seulement de la grandeur d'un seul rayon de frottement, d'un simple rayon de parallèle , mais encore de l'étendue relative de tout l'anneau de surface révolvante qui correspond à la teinte. Or ces anneaux ne sont autres que des zones sphériques comprises entre des plans parallèles à l'équateur et dont les surfaces sont entre elles comme leur hauteur, ou comme la différence des sinus de leurs points extrêmes. L'intensité , la proportion relative de chaque teinte, dans l'ensemble des forces colorantes du spectre, sera donc évidemment déterminée par la différence des sinus extrêmes de chaque bande, qui exprime la grandeur de la surface frottante , multipliée par le cosinus moyen , lequel exprime l'étendue de la vibration.

On voit par là déjà comment nos huit valeurs des cosinus de la série (A) vont se réduire à *sept* teintes , car ces huit cosinus ne comprendront que sept intervalles, en ne tenant point compte de la couleur obscure qui est comprise entre 0 et le violet. Nous donnerons le nom de rouge à l'intervalle compris entre l'équateur et le parallèle que nous avons affecté au rouge-orangé; l'intervalle suivant sera l'orangé même, puis viendra le jaune, etc.

La différence des sinus extrèmes de chaque bande nous est donnée par celle des cosinus complémentaires, que nous connaissons puisqu'ils appartiennent eux-mêmes à une couleur ; le cosinus moyen ou rayon de parallèle moyen de chaque bande est sensiblement la demi-somme des cosinus extrèmes ; en formant donc ainsi, comme mesure des intensités relatives des teintes, le produit trigonométrique que nous venons d'indiquer, on obtiendra le tableau suivant :

	Hauteur des zones ou différence des Sinus.	Cosinus ou rayon de parallèle moyen.	Produit ou intensité relative des teintes.
Rouge	0, 07	0, 97	0, 069
Orangé	0, 06	0, 90	0, 054
Jaune	0, 07	0, 85	0, 060
Vert	0, 10	0, 75	0, 075
Bleu	0, 10	0, 65	0, 065
Indigo	0, 10	0, 55	0, 055
Violet	0, 17	0, 42	0, 071
Somme des intensités			0, 448

Il est facile de voir, à la simple inspection de la dernière colonne, que les nombres correspondant à chaque couleur suivent une loi de croissance et de décroissance semblable à celle des arcs qui les représentent dans la construction de Newton, et ils sont assujettis à la même loi de récurrence. Une telle récurrence s'explique parfaitement ici par cette raison, que les sinus et cosinus sont conjugués deux à deux (*), ce qui donne lieu à

(*) Pour le dire en passant, cette relation intime des teintes conjuguées, si je puis m'exprimer ainsi, et cette particularité qui est attachée à nos évaluations, d'embrasser dans la valeur relative de chaque teinte principale non-seulement celle de son propre cosinus, mais aussi celle du cosinus de la conjuguée, expliquent bien pourquoi le classement de ces teintes et leur rapport général semblent résider presque entièrement dans la formule trigonométrique fondamentale : $\sin^2 L + \cos^2 L = 1$, qui est en effet l'expression et le lien général de toutes ces relations. Cette observation est importante, parce qu'elle montre très-bien pourquoi toute valeur simple du cosinus ne suffit pas pour donner une couleur distincte; il faut qu'elle soit encore en rapport simple avec celle d'un sinus et du rayon, et qu'une relation simple existe aussi entre leurs carrés.

l'égalité trigonométrique :

$$(\sin a - \sin b)\, \frac{\cos a + \cos b}{2} = (\cos b - \cos a)\, \frac{\sin a + \sin b}{2},$$

dont les deux membres ne sont que la traduction de nos valeurs pour ces deux teintes correspondantes, et qui est très-facile à vérifier.

Ces bases établies, considérons maintenant en elles-mêmes les valeurs de notre dernière colonne, pour les comparer d'une manière rigoureuse à celles des arcs de la construction de Newton. Elles se réduisent, comme ces arcs, à trois principales, qui sont en moyenne : 0, 073 ; 0, 063 et 0, 054. Si l'on considère ces valeurs à la première puissance, elles ne sont pas encore dans la proportion exacte des arcs de Newton ; mais notre vérification acquerra toute la précision désirable si entrant un peu plus avant dans les conditions du problème, l'on fait subir à toutes les valeurs ensemble une modification nécessaire. En effet, si l'on réfléchit qu'il s'agit ici d'une question d'intensité d'effets produits sur nos organes, on se convaincra facilement, d'après les principes connus du mouvement des fluides, qu'il faut considérer dans cette comparaison non pas nos nombres simples, mais leurs carrés ; et alors la vérification devient parfaite, car les carrés des trois nombres que nous venons d'indiquer pour nos valeurs moyennes sont 53, 40 et 29 dix-millièmes, nombres en proportion sensiblement exacte avec 60, 54 et 34, valeurs des trois arcs de Newton. La règle de ce grand géomètre est donc ainsi parfaitement vérifiée par notre théorie.

Il nous reste un point à éclaircir, c'est le rapport des intensités dont nous venons de donner le tableau avec la valeur qui représente la lumière blanche et qui est ici, dans la règle de Newton, représentée par la circonférence entière. Ce résultat ne sera ni moins clair ni moins exact que les précédents. Si nous formons en effet la somme des intensités relatives, c'est-à-dire la somme des sept nombres contenus dans la 3ᵉ colonne du tableau, elle nous donne 0,448 ; le sixième de cette quantité est 0,074, nombre sensiblement identique avec celui qui dans notre tableau exprime l'intensité du vert, du rouge et du violet. Or, dans la construction de Newton, chacune de ces trois teintes est représentée par l'arc de 60°, *qui est en effet le 6ᵉ de la circonférence* (*).

Tout est donc complet dans ce parallèle entre les conséquences raisonnées de nos principes et le résultat des inductions expérimentales de Newton : la méthode ne donne plus rien ici à l'empirisme, et dans les causes de cette règle ingénieuse elle ne laisse plus rien d'obscur ou d'indéterminé.

COROLLAIRE IV.

De la lumière artificielle et de la clarté propre des corps planétaires.

En annonçant que la lumière du soleil a son origine dans les deux mouvements de ce grand astre, et qu'elle doit ses propriétés les plus distinctives au mouvement de rotation, je n'ai pas entendu restreindre et caractériser ainsi dans son essence la plus générale le phénomène de la lumière. Nous ne pouvions concevoir en effet une idée aussi contraire à toute l'expérience quotidienne, qui nous présente dans l'incandescence des corps un autre développement du phénomène lumineux n'ayant aucun rapport avec la rotation d'un corps sphérique. La théorie et l'expérience se réunissent en cela pour nous montrer : « que tout mouvement de rapide et courte oscillation de l'éther, dans une direction perpendiculaire à la ligne de propagation de ce même mouvement, peut, quelle que soit la cause qui l'a produit, donner naissance au phénomène lumineux. » Le mouvement des molécules des corps déterminé par une active combinaison atomique, le mouvement d'une chaleur intense, celui de l'électricité, peuvent devenir ainsi des sources propres de lumière.

Mais ces faits, loin d'être un obstacle à nos vues, en deviendront au contraire une frappante confirmation. Si la lumière

---

(*) Les *carrés* des nombres sont évidemment dans le même rapport. En formant la somme des carrés au lieu de celle des nombres simples, on aurait un rapport encore assez frappant quoiqu'un peu moins rapproché, et de toute manière on peut ainsi considérer ce point comme vérifié.

était un phénomène d'une essence générale et constante, sans liaison avec la nature *géométrique* de ses causes, son analyse par le prisme accuserait de même une constance invariable dans ses éléments composants. Or il est loin d'en être ainsi : toutes les lumières artificielles, même quand elles parviennent à la nuance blanche, présentent des éléments différents de la lumière du soleil ; les couleurs que leur décomposition produit ne sont semblables à celles du spectre solaire ni pour le nombre ni pour l'ordre de succession.

En étudiant plus particulièrement ces spectres de la lumière artificielle, nous trouverons encore à leur appliquer nos principes d'une manière très-satisfaisante. Quelle que soit en effet la cause particulière du phénomène, ce qui doit rester invariable, c'est le principe même d'après lequel sont déterminées nos sensations ; aussi les couleurs élémentaires et les principales nuances de coloration se retrouvent-elles également dans les diverses espèces de lumière, quoiqu'en proportion, en nombre et en ordre variables ; mais si les vibrations lumineuses sont dans tous les cas le résultat d'une impulsion mécanique exercée sur l'éther par le mouvement des corps ou de leurs atomes, la forme soit du corps soit de la molécule qui produit cette impulsion étant nécessairement diverse, la succession des rapports de vibrations qui produit la perception distincte des couleurs doit varier nécessairement aussi dans son ordre ou dans sa quantité, et ne plus nous présenter un accord semblable à celui que nous avons analysé dans la rotation d'un corps sphérique tel que le soleil. Ne connaissant point encore la forme des atomes et les rapports de cette forme avec leurs mouvements, il serait difficile de rien dire de précis à l'égard de ces couleurs composantes de chaque lumière artificielle ; une remarque seulement s'offre à notre réflexion. Les couleurs les plus ordinaires sans contredit qui résultent de la décomposition d'une lumière blanche artificielle sont le rouge, le jaune et le bleu, ou le vert provenant d'une incomplète séparation du bleu et du jaune. Nul doute pour nous qu'un tel résultat ne soit dû à cette circonstance, que les trois couleurs dont nous parlons et qui sont entre elles dans la proportion si simple et si facilement réalisable des nombres 3, 4 et 5, réunissent à la fois un rapport simple entre leurs longueurs de vibration et entre les carrés de ces longueurs, ainsi que nous l'avons fait remarquer dans le Corollaire Ier, d'après la propriété numérique que nous avons nommée *Loi des trois carrés*. Nous nous bornons ici à cette remarque, à laquelle nous attachons cependant de l'intérêt, mais nous pourrons en dire un peu plus sur ce sujet soit dans le prochain corollaire, soit lorsque nous aurons étudié la structure intérieure des corps et les lois de la combinaison des atomes.

Il est encore, sous ce point de vue des sources de lumière, une autre conséquence nécessaire de nos vues que nous croyons opportun de signaler ici rapidement : c'est que si la lumière du soleil a pour cause le frottement de cet astre contre l'éther, les planètes et leurs satellites ne peuvent échapper à un effet semblable ; elles doivent produire elles-mêmes de la lumière ayant des caractères sensiblement analogues à celle du soleil. Et en effet, il semble résulter d'expériences faites par Leslie sur la puissance éclairante de la Lune, que cette puissance est supérieure à celle qui pourrait provenir de la simple réflexion solaire, et qu'il faut par conséquent lui accorder une lumière propre. Si l'on calcule la différence d'éclat que devraient présenter à nos yeux les deux planètes Mars et Jupiter, on trouve non-seulement que cette différence ne devrait pas être aussi grande qu'elle nous le paraît, mais qu'elle devrait être même en sens précisément contraire, au moins pour certaines positions des deux astres : ce qui ne peut s'expliquer selon nous que par une lumière propre dépendant du mouvement de ces astres, lumière que l'énergique rotation de Jupiter et son immense volume rendraient beaucoup plus considérable pour cette grande planète que pour la planète inférieure. Cette remarque n'ayant pas encore été faite, nous allons produire ici le calcul qui nous paraît y conduire, afin qu'on en puisse juger l'exactitude et apprécier le résultat.

Supposons Mars et Jupiter en conjonction avec la Terre ; les distances de ces deux planètes à notre globe sont comme les nombres 1 et 8 ; par conséquent si deux lumières d'égale intensité partaient de chacune d'elles, celle de Mars arriverait à nous 64 fois plus forte; de plus les distances de Mars et de Jupiter au soleil étant comme les nombres 3 et 10, la lumière émanée du soleil doit arriver à Jupiter 11 fois plus faible qu'à la planète plus rapprochée ; elle nous serait donc renvoyée en tout 704 fois moindre en intensité que celle qui est réfléchie sur Mars, si les deux planètes avaient même dimension. Mais les quantités qu'elles reçoivent et réfléchissent sont entre elles dans le rapport de leurs sections ou des carrés des rayons, c'est-à-dire comme l'unité est au carré de 22 ou comme 1 : 484. L'intensité totale de la lumière réfléchie par Jupiter est donc à celle de Mars dans la proportion du nombre 484 au nombre 704, c'est-à-dire qu'elle n'en devrait pas être les trois quarts. Si donc l'éclat de Jupiter surpasse au contraire infiniment celui de Mars, ne faut-il pas l'attribuer, comme je l'ai dit, à la différence des lumières propres de ces deux astres ?

Il ressort vraisemblablement encore de la même conclusion que les teintes générales offertes par les planètes peuvent être influencées par le rapport particulier qui existe pour chacune d'elles entre l'intensité du frottement de translation exercé sur l'éther et celle du frottement de rotation, rapport évidemment différent pour chacune d'elles et différent de celui qni existe pour la lumière solaire. Or on sait en effet que la teinte de Mars est rouge, celle de Vénus plus franchement blanche, celle de Jupiter jaunâtre, etc. Mais il est inutile d'attacher à cette considération plus d'importance que celle d'une simple conjecture.

COROLLAIRE V.

Sur la réflexion et la réfraction de la lumière et sur les causes de la couleur propre des corps.

Les surfaces des corps qui semblent à nos yeux les plus aplanies, si nous pouvions disposer d'un grossissement suffisant, nous apparaîtraient couvertes d'une multitude d'aspérités formées par les pointes des molécules dont ces surfaces se composent : c'est là un principe généralement admis et qui ne paraît être contesté par personne. Aussi l'ancienne théorie de l'émis-

mission ou du rayonnement direct de la lumière a-t-elle voulu
en tenir compte, lorsque plaçant les causes du phénomène de
la réflexion dans des forces répulsives exercées par les molécules des corps sur les rayons lumineux, elle suppose que ces
rayons n'arrivent pas jusqu'à la surface même du corps réfléchissant, mais qu'ils en sont repoussés avant de l'atteindre,
sans quoi ils seraient dispersés dans tous les sens.

La théorie des ondulations, au contraire, ne paraît pas avoir
tenu compte encore de cette particularité, qui est cependant
d'une certaine importance : dans l'explication qu'elle donne du
même phénomène, et qui consiste essentiellement en ce que
deux ondes infiniment voisines ne peuvent avoir, après leur
réflexion, des vitesses de vibration égales et de même signe
(ce qui est leur condition de coexistence), qu'autant qu'elles
auront parcouru en somme la même étendue de chemin, soit
avant, soit après l'incidence ; dans cette explication, dis-je, elle
paraît avoir oublié de tenir compte des aspérités de la surface
générale du corps réfléchissant. Il est clair cependant que ce
raisonnement fondamental de la théorie des ondes ne saurait
s'appliquer à un plan *idéal*, mais qu'il doit avoir son effet au
contraire à l'égard de toutes les petites facettes moléculaires,
seules réellement impénétrables, qui couvrent la surface ; et c'est
sur chacune d'elles réellement, quelle que soit son inclinaison,
que les rayons lumineux doivent s'infléchir suivant la loi d'é-
galité entre les angles de réflexion et d'incidence. De là, pourrait-on prétendre, doit résulter une cause de complète irradiation,
attendu la diversité d'inclinaison de toutes les facettes moléculaires, et non pas une réflexion uniformément orientée par
rapport au plan général de la surface extérieure.

Partisan de la théorie des ondes lumineuses, nous ne tente-
rons pas, comme dans celle de l'émission, d'échapper par un
artifice à cette sorte de difficulté ; car nous la croyons réelle et
conforme au véritable état des choses. Nous pensons en effet
que les ondes lumineuses, dans leur propagation, viennent réellement heurter les faces des molécules et se réfléchir contre
chacune d'elles suivant la loi indiquée par la théorie ; et nous
ne connaissons aucun moyen d'en concevoir autrement l'appli-

cation. Comment maintenant cette loi ainsi appliquée, au lieu de produire une dispersion complète de la lumière, produit-elle dans certain cas, dans celui du *poli*, une orientation sensiblement uniforme par rapport au plan extérieur de surface ? La solution de cette question nous parait devoir être cherchée dans les causes les plus simples, et comme ce sujet se lie d'ailleurs à une autre question non moins digne d'intérêt, celle de la couleur propre des corps, nous croyons devoir exposer brièvement nos vues à cet égard.

Une première idée qui pourrait se présenter à l'esprit, pour expliquer l'application de la loi de réflexion au plan extérieur de surface, c'est que les rayons utilement réfléchis par rapport à ce plan ont subi une double réflexion symétrique sur les faces adjacentes de deux molécules voisines, d'où pourrait résulter en effet une condition d'égalité générale entre l'angle de réflexion et celui d'incidence relativement au plan extérieur, si cette condition se présentait à l'égard de ce plan pour un nombre suffisant de molécules. Mais lorsqu'on cherche à analyser plus sérieusement un tel état de choses, on reconnaît que pour qu'il existât, au moins d'une manière générale et autrement que comme exception, il faudrait le concours de diverses conditions de symétrie trop difficiles à concevoir réalisées dans l'ensemble des particules d'un corps ; on ne voit pas d'ailleurs comment le même point de vue pourrait concorder avec ce résultat de l'expérience, savoir : « qu'il se réfléchit sur la surface d'un corps poli une quantité d'autant plus grande de lumière que l'incidence est plus oblique. »

En y pensant attentivement, nous avons été convaincu que cette dernière loi ne pouvait concorder qu'avec une réflexion sur des faces moléculaires *parallèles* au plan même de la surface extérieure ; et nous rappelant alors que les corps solides susceptibles de poli sont ou ductiles comme les métaux, ou sensiblement élastiques comme l'ivoire, le marbre, etc., nous avons été franchement conduit vers cette opinion, qui pour être jusqu'à un certain degré nouvelle, n'en a pas moins pour nous un grand caractère de vraisemblance, savoir : « que ce que l'on nomme le *poli* de la surface des corps n'est autre que l'orientation la plus générale qu'il est possible des faces planes des molécules *parallèlement à la surface extérieure* ; que cette orientation générale des faces moléculaires est naturelle dans les liquides d'après les seules conditions de l'équilibre hydraulique des corps pesants, suivant lequel les particules dé surface doivent affecter la disposition statique d'une planche soutenue sur les eaux ; que cette même disposition est naturelle aussi dans certains corps solides cristallisés ; qu'elle est obtenue artificiellement au contraire, au moyen du frottement, dans les autres corps solides, soit que ce frottement ait pour effet l'arrachement des parties différemment orientées et faisant saillie, comme cela a lieu sur les corps durs, les pierres par exemple, soit qu'il opère *par la déviation des molécules elles-mêmes* dans les corps ductiles, comme les métaux. »

Un point de vue aussi simple, aussi purement mécanique pourra paraître étrange à quelques esprits ; il pourra leur sembler que c'est là réduire les rapports de l'optique avec les lois moléculaires à un degré de simplicité exagéré : mais cette simplicité est le caractère général de notre méthode, et nous nous en applaudissons. Un peu plus loin, dans le Scholie qui va suivre, nous achèverons de considérer, au point de vue de ses données fondamentales, cette théorie si précieuse des ondulations de la lumière, et nous espérons faire apprécier la nécessité d'admettre en effet dans le choix de ses bases des suppositions plus simples et plus naturelles qu'on ne l'a fait jusqu'à ce jour. Mais auparavant il nous faut déduire encore du sujet qui nous occupe une conséquence qui n'est point sans intérêt : laissant pour le moment cette question du poli des surfaces, que nous pourrons retrouver un peu plus tard après avoir traité de l'arrangement des atomes, reprenons le sujet des réflexions de la lumière entre les faces des particules, qui nous conduira directement aux causes de la *coloration* des corps.

D'après ce que nous avons vu, et d'après ce que montre l'expérience, la lumière projetée sur la surface d'un corps n'est jamais, sous aucune incidence, totalement réfléchie. Et nous n'entendons même point parler ici des corps transparents, qui laissent nécessairement passer une portion des rayons incidents :

à l'égard des corps opaques, dont il s'agit ici plus spécialement, nous ne saurions penser, comme quelques théories semblent l'admettre, qu'aucune partie de la lumière soit réellement absorbée par eux : ce qui n'est point détruit par les interférences est, selon nous, renvoyé par la surface de ces corps, après plusieurs réflexions sur les facettes moléculaires, et dispersé dans tous les sens sous forme de lumière diffuse, mais avec de notables modifications que nous devons indiquer ici telles que nous sommes conduit à les concevoir, en ce qui concerne particulièrement le phénomène des couleurs.

Pour faire comprendre notre explication, nous rappellerons d'abord que les particules des corps ont pour nous une forme déterminée, et par conséquent une certaine constance dans les angles solides formés par les faces symétriques ; on verra plus tard, d'après notre théorie de la combinaison chimique, qu'il en doit résulter aussi une certaine constance plus ou moins parfaite dans les angles rentrants symétriques que présentent les molécules d'un même corps composé, formées par l'association des molécules simples suivant les lois de la chimie. Dans les corps cristallisés, ces molécules composées elles-mêmes subissent une sorte d'orientation déterminée qui multiplie encore les symétries ; mais en les supposant même groupées de la manière la plus irrégulière, elles n'en offriront pas moins cette particularité d'une constance absolue dans les angles rentrants propres à la molécule elle-même, lesquels par conséquent se présenteront dans l'ensemble du corps avec une grande prédominance relativement aux autres angles de position, variables au contraire suivant le groupement moléculaire.

Cela posé, et le principe admis d'une certaine constance dans l'ensemble des angles rentrants formés par l'agencement des molécules de chaque nature de corps, considérons un rayon lumineux tombant obliquement sur une facette moléculaire non parallèle à la surface extérieure et formant un certain angle avec la facette symétrique d'une molécule voisine ou de la même molécule. Le faisceau dont ce rayon fait partie subira généralement une double réflexion sur ces facettes, et il peut en subir un plus grand nombre. Or les impulsions qu'il détermine dans l'éther seront nécessairement plus gênées dans cet angle qu'elles ne le seraient dans un espace libre ; elles subiront donc un certain retard, variable selon la nature plus ou moins aiguë de l'angle moléculaire et selon la plus ou moins grande profondeur du point d'incidence. Ce n'est pas tout : l'obstacle, le retard, dépendra aussi de la vitesse de vibration ; d'après la loi des mouvements dans le fluide, comme nous l'avons suffisamment indiqué, le retard doit être réciproque au carré de cette vitesse. Mais le rayon lumineux que nous avons considéré se compose lui-même d'une infinité de parties, ayant des vitesses de vibration différentes et qui forment les diverses couleurs : ces divers rayons colorés seront donc *inégalement* retardés par leur mouvement dans l'angle moléculaire. Les conditions de concordance après la réflexion seront donc inévitablement détruites pour ces rayons : leurs vitesses étant inégalement changées se détruiront en partie mutuellement, et il ne pourra y avoir d'utilement réfléchis que ceux qui seront en retard sur la vitesse moyenne du rayon incident d'un nombre pair de demi-ondulations, car alors les vitesses de vibration redeviendront concordantes ou de même signe. Mais il est évident que dans cette circonstance le rayon réfléchi deviendra coloré, puisqu'une partie des rayons composants de la lumière blanche se sera détruite ; comme d'ailleurs l'obstacle opposé à l'éther et par conséquent la variation des vitesses a d'autant plus de puissance que le point d'incidence s'avance plus profondément vers le sommet de l'angle, il en résultera des rayons réfléchis de coloration variée, qui composés d'après les principes de la règle de Newton (que nous avons expliquée dans un précédent corollaire) donneront, pour chaque assemblage moléculaire correspondant aux limites de notre vision, une teinte unique.

Je dis que cette teinte sera la couleur du corps, car d'après ce que nous avons dit préalablement sur la constance générale qui doit exister dans les angles des assemblages moléculaires pour une même nature de substance, la teinte doit rester uniforme pour des assemblages suffisamment homogènes et formés dans les mêmes conditions. Comme d'ailleurs, par la diversité

des incidences et des inclinaisons, l'angle de réflexion formé
par ces rayons colorés avec la surface extérieure doit varier à
l'infini, la couleur des corps présentera les caractères de la lumière diffuse et se répandra dans tous les sens.

On voit encore par notre résultat, que tout rayon de lumière qui a subi une double réflexion entre des facettes moléculaires devant ressortir coloré, notre induction à l'égard du
poli des corps et des surfaces miroitantes en devient d'autant
plus vraisemblable, je devrais dire nécessaire. Il est facile de
concevoir aussi, par des raisons analogues, pourquoi les corps
les plus réfléchissants sont généralement de couleur blanche ;
bien entendu qu'il faut en excepter les verres colorés, car dans
ces sortes de corps c'est en très-grande partie la substance vi-
treuse qui forme la réflexion de surface, et non la substance
colorée, laquelle ne forme que la réflexion moléculaire ou colorante. Il est probable que les corps doués des couleurs les
plus sombres sont ceux dont les molécules offrent les pointements les plus aigus, de manière qu'étant groupées confu-
sément ensemble, elles présentent les angles rentrants les plus
profonds. Ceux qui comme le carbone sont susceptibles de se
présenter noirs ou blancs, opaques ou translucides, doivent
posséder une molécule allongée, susceptible de deux orientations, l'une hérissant la surface de pointes aiguës, l'autre dis-
posant par cristallisation ses facettes les plus larges parallèlement à la surface extérieure, etc., etc. Tout ceci sera éclairci
et développé d'ailleurs dans le livre suivant.

La réfraction, phénomène dont la théorie des ondes lumineuses explique aussi d'une manière générale la règle fondamentale, doit donner lieu à des phénomènes semblables à ceux
de la réflexion, quant à la formation des teintes : pour la lumière qui traverse un assemblage de molécules, solide ou liquide, il y a obstacle opposé en effet aux mouvements de l'é-
ther dans les interstices qui divisent ces particules, de même
qu'il y a résistance pour la lumière lorsqu'elle est réfléchie
dans les angles moléculaires de la surface extérieure : d'où résulte pour le rayon réfracté une autre combinaison des vitesses de vibration des rayons colorés inégalement réfrangibles

qui le composent, et par conséquent couleur produite. La différence seulement est que, dans le cas de la réfraction, la résistance a lieu dans un espace presque fermé, tandis qu'il a lieu pour la réflexion dans un espace angulaire non fermé. De là quelques variations dans les vitesses, qui font comprendre pourquoi beaucoup de corps ont des teintes un peu différentes par réfraction et par réflexion.

On concevra encore pourquoi, dans les deux cas, la plupart des teintes sont différentes à la lumière solaire et à la lumière artificielle : la composition du spectre solaire diffère en effet essentiellement des spectres ou teintes composantes fournies par les lumières artificielles ; et par conséquent la résultante moléculaire des rayons colorants doit être diverse pour les deux sortes de lumière.

Je ne sais si j'ai pu faire saisir clairement ma pensée dans ces explications de la coloration des corps. Ceux qui les admettront trouveront peut-être qu'elles sont peu nouvelles, et qu'en principe la même chose avait été dite déjà. Je vois cependant des différences essentielles entre l'explication qui précède et toutes celles qui nous étaient antérieurement connues. Aucune d'elles ne s'appuie sur des bases uniquement mécaniques, aucune n'est complétement affranchie des idées abstraites d'attraction ou de répulsion ; et sans parler des hypothèses formées sur les variations de l'élasticité et de la densité de l'éther, aucune ne fait intervenir directement la forme réelle des molécules et l'inclinaison de leurs faces, résultat dont on reconnaîtra l'avantage lorsque nous aurons pu le relier avec notre étude générale de la constitution des corps.

Revenons maintenant à la réfraction, pour déduire encore des résultats précédents une conséquence importante. Puisqu'un rayon de lumière réfracté ne peut subir un obstacle sensible dans son mouvement à l'intérieur d'un corps translucide sans rendre ce corps coloré, une condition de la *transparence*, ou de la faculté qu'ont certains corps de laisser passer la lumière blanche, est donc « que le passage de la vibration lumineuse à travers les interstices qui séparent les particules de ces corps n'éprouve pas une gêne suffisante pour rendre sensibles les différences de réfrangibilité des divers rayons colorés, des diverses teintes du spectre. » La *transparence* est donc, suivant nos vues, au phénomène de la réfraction ce que le *poli* des surfaces est au phénomène de la réflexion : elle résulte d'une disposition purement mécanique des molécules et de la grandeur des vides qui les séparent, c'est-à-dire qui constituent en différents sens les mailles de ce réseau moléculaire, dont les nœuds d'assemblage seraient formés selon nous par les pointes saillantes des molécules dans leur contact de combinaison mutuelle. Dans certains cristaux l'orientation et la largeur des vides n'est pas la même dans tous les sens, et leurs variations se coordonnent à certains *axes* en rapport avec les lois de la cristallographie, axes suivant lesquels la gêne apportée aux vibrations de l'éther a lieu d'une manière uniforme pour chacun, mais peut présenter des intensités différentes de l'un à l'autre : c'est ce qui produit, comme le montrent les beaux calculs de Fresnel, le phénomène de la *double réfraction*.

A la vérité, dans les calculs de la théorie des ondes, et particulièrement dans ceux qui sont dus à Fresnel, on ne considère pas aussi explicitement que nous le faisons ici l'arrangement moléculaire, et l'on a pris pour bases de ces spéculations algébriques certaines modifications hypothétiques dans la nature même du fluide, en laissant dans le vague les causes mécaniques de ces modifications. C'est un des priviléges de l'algèbre, de parvenir souvent à des résultats exacts en partant de bases philosophiquement douteuses ou incomplètes : sans connaître exactement les voies de la nature, on arrive néanmoins à reproduire ainsi le mécanisme de certains effets naturels et même à deviner certains effets nouveaux qui pourraient naître de la même cause. C'est traduire en un mot les phénomènes de la nature dans un langage qui quelquefois n'est pas le sien, mais au moyen duquel les savants parviennent mutuellement à s'entendre et souvent suppléent à la connaissance complète de la vérité. Pour nous, qui profitons de ces prodiges de l'esprit sans prétendre atteindre à la hauteur de leurs voies difficiles, et qui, sans dédaigner les pures inductions de la géométrie, nous attachons surtout aux voies et aux aperçus les plus sim-

ples, notre marche sera toujours plus philosophique que savante. Il importe de montrer toutefois que dans l'optique, qui
est une dès études où le calcul a produit le plus de ces sortes
de prodiges algébriques, nos principes au fond ne s'éloignent pas
notablement des bases adoptées dans les spéculations les plus
accréditées, quoique pour la forme, et peut-être aussi pour la
portée, ils puissent s'en éloigner sensiblement. Ces réflexions
feront l'objet du scholie suivant.

SCHOLIE.

*Considérations sur les bases de la théorie des ondes lumineuses
et sur ses principales applications.*

On a vu peut-être avec quelque étonnement que nous accep-
tions avec autant de confiance et de certitude les grands faits et
les grands principes de la théorie des ondes lumineuses, et que
nous profitions avec autant de sécurité des découvertes auxquelles a conduit cette précieuse vue scientifique, lorsque cependant les hypothèses principales sur lesquelles ont été fondés
les plus récents et les plus importants calculs de cette théorie
diffèrent assez essentiellement des bases que nous avons adoptées nous-même. C'est un point de vue qu'il est opportun ici
d'éclaircir.

Certes nous adoptons avec une conviction entière les résultats
de la théorie des ondes et en particulier ceux des beaux calculs
de Fresnel, qui se rattachent par des liens si intimes à la réalité
des phénomènes ; mais notre confiance en nos propres principes
sur la véritable nature de l'éther n'en est pas un instant ébranlée,
parce que nous nous sommes toujours réservé de faire, dans les
calculs de physique mathématique, la distinction de ce qui
appartient aux véritables déductions de l'analyse ou de l'expérience, et de ce qui appartient à l'hypothèse. Malgré les pré-
tentions des géomètres, l'hypothèse a toujours joué un très-
grand rôle dans ces sortes de calculs : on pose des bases, on
établit conditionnellement certains principes rendus vraisemblables par la nature des faits ; et fondant sur ces principes

d'abord douteux l'édifice ingénieux des formules algébriques , on s'élève à des résultats qui , vérifiés expérimentalement dans quelques-unes de leurs parties essentielles, semblent prouver à leur tour la vérité des principes eux-mêmes. L'hypothèse ainsi maniée par un esprit de forte conception, et maintenue d'ailleurs dans de sages limites , peut rendre à la science les plus éminents services et conduire à de hautes vérités. Mais l'erreur ou l'insuffisance dans les bases que l'on a choisies , erreur qui tient presque toujours à l'incomplète précision du point de vue philosophique , est beaucoup moins facile à distinguer que le plus ou moins d'exactitude du résultat pratique auquel on est parvenu ; et elle est toujours acceptée d'ailleurs, malgré son danger, avec plus d'indulgence. Il n'est point rare de voir une simple dénomination, érigée en principe formel pour l'unique besoin du calcul, être mise à la place de l'état réel des choses : ainsi nous avons vu le principe et le nom de l'*attraction* prendre une place exclusive dans la science, malgré les doutes que son auteur lui-même semblait y attacher. Dans la théorie des ondes lumineuses, c'est sur les qualités propres à l'éther qu'a dû porter l'effort de l'hypothèse, parce que là était le champ le plus facilement ouvert au travail de l'imagination. On a donc donné des propriétés à l'éther , et comme la nature de ce fluide était toutefois complétement inconnue, on a cherché à satisfaire aux besoins du calcul par les noms les moins explicites et par les qualités les plus vagues. Ayant besoin de deux ordres de variations dans les mouvements de ce fluide, ou du moins dans les résultats de ces mouvements, on a imaginé pour lui deux qualités arbitrairement variables, que l'on a désignées sous les noms vagues de *densité* et d'*élasticité* , en donnant ainsi à ce fluide impondérable et simple les propriétés complexes des fluides que nous connaissons. Voici du reste l'usage que les physiciens modernes, et Fresnel en particulier, ont fait de ces dénominations.

Lorsqu'il s'agit d'expliquer la loi de la double réfraction dans les cristaux et les propriétés de leurs axes optiques , c'est-à-dire des directions linéaires où la marche de l'éther a des caractères régulièrement variables, on suppose l'*élasticité* de l'éther *variable* aussi suivant les directions, mais *sa densité constante* dans tout le milieu. S'agit-il d'expliquer au contraire les lois de la polarisation de la lumière réfléchie ou réfractée à la surface de séparation de deux milieux, c'est alors la *densité* de l'éther que l'on supposera *variable* dans les deux milieux et *son élasticité constante.*

Ainsi donc, s'il fallait considérer avec la rigueur littérale cette double supposition, il s'ensuivrait qu'une simple modification dans la structure intérieure du corps que traverse la lumière, savoir, la propriété d'être ou non cristallisé, suffirait pour changer, que dis-je? pour renverser complétement les caractères fondamentaux du fluide éthéré. Disons-le franchement, ne serait-ce point là faire un étrange usage de l'hypothèse? Je professe une trop réelle admiration à l'égard des ingénieux travaux et des vues profondes de cet illustre géomètre qui a porté si loin la théorie de la lumière, pour penser que sa manière de voir fût telle en réalité. Dans les vues de Fresnel, nous le croyons, et en général dans celles des divers analystes qui ont appliqué les formules de l'algèbre à cette sorte de sujet, l'élasticité, la densité de l'éther étaient de pures dénominations, destinées à résumer d'une manière simple et commode deux genres de variations non exactement concordantes dans les mouvements vibratoires de l'éther à l'intérieur ou à la surface des corps, sans que cette dénomination, entraînant une conclusion philosophique trop rigoureuse, préjugeât rien sur la nature intime du fluide. Comment Fresnel eût-il pu en effet attacher l'idée d'une définition irréprochable à cette qualité essentiellement complexe, l'élasticité, appliquée à un fluide simple et premier comme l'éther? A quel ordre de vues rattacher aussi la conception d'un changement réel de densité dans un semblable fluide? J'aime mieux croire qu'aux yeux de ces géomètres l'élasticité et la densité de l'éther n'étaient en réalité que des représentations abstraites et numériques; et en effet nous voyons toujours ces deux propriétés fictives éliminées des résultats du calcul et transformées en de simples relations entre les vitesses ou longueurs d'ondulation et les angles de réfraction ou d'incidence, seules valeurs rigoureusement appréciables par l'observation.

Notre manière de considérer la nature et les mouvements de l'éther nous impose, à l'égard de ces considérations fondamentales, des obligations plus précises : il nous faut renoncer à cette hypothèse de l'*élasticité*, instrument si commode par sa vague signification ; et la *densité* du fluide prend aussi un caractère particulier dans notre méthode. Mais en précisant les bases théoriques et les éléments du calcul, cette méthode n'oppose cependant aucune difficulté réelle aux ingénieux efforts tentés jusqu'ici par la théorie des ondes lumineuses pour rendre raison des faits connus de l'optique ou en ajouter de nouveaux ; et elle ne soustrait rien aux beaux résultats obtenus déjà par ces efforts. C'est ce que nous essayerons de faire voir par quelques considérations rapides, et en indiquant succinctement le mode d'application de nos vues aux problèmes si heureusement traités par Fresnel.

Ce que l'on nomme vulgairement l'*élasticité* du fluide éthéré n'est à nos yeux, comme nous l'avons déjà montré, que la tendance plus ou moins grande qu'il présente à la rapidité du choc entre ses particules, en vertu, soit de leur écartement moins ou plus grand, soit de leur résistance moins ou plus grande au mouvement par le fait des obstacles. C'est même là, pour nous, une double signification, applicable selon la nature des phénomènes, et qu'il ne nous est point permis de confondre en une seule. Quant à la *densité* de l'éther, nous la considérerons de la même manière que nous avons fait jusqu'ici, c'est-à-dire comme représentant la *quantité matérielle* de fluide contenu dans un espace donné *et pendant un temps donné* : c'est en un mot une densité *de mouvement*, essentiellement liée à la vitesse moléculaire. Ainsi définies, ces deux propriétés de l'élasticité et de la densité sont-elles susceptibles de variation ? Elles ne le seraient point si l'on considérait, comme nous l'avons fait dans les livres précédents, les mouvements du fluide en grand et dans l'espace libre ; elles le seront s'il s'agit de petites vibrations du fluide compris dans un espace restreint et n'ayant point ainsi la liberté de ses mouvements moléculaires en tous sens, comme cela a lieu dans le passage de la lumière à travers les différents milieux. Pour mieux préciser ces vues et pour en montrer l'application, quelques développements sont nécessaires.

Un des caractères principaux des vibrations éthérées, au point de vue du calcul, et qui les distingue éminemment des vibrations acoustiques, c'est que le rayon d'activité des forces moléculaires y présente une grandeur sensible relativement à la longueur d'ondulation. Cela étant, il devient évident, en ce qui concerne la densité du fluide par exemple, qu'on ne peut la considérer de la même manière dans l'état de mouvement vibratoire qu'à l'état de repos, et qu'étant ainsi variable dans un court espace, quoique d'une manière régulière pour l'intervalle de chaque vibration, elle doit être appréciée non-seulement à l'égard du volume, mais aussi par rapport au temps. La quantité matérielle relative de deux prismes égaux d'éther, dont toutes les parties sont à l'état de vibration, dépendra certainement en effet de la rapidité de ces vibrations, ou de leur amplitude si elles sont supposées isochrones : car plus cette amplitude individuelle sera grande, moins il y aura de particules éthérées comprises dans un même espace pendant un temps donné. C'est là ce qui constitue la variation de densité et qui en fait d'ailleurs reconnaître la loi : car il est évident que cette différence de vitesse pouvant avoir lieu dans deux sens perpendiculaires, celui de la vibration et celui de la propagation, toutes les fois qu'il n'y aura pas obstacle plus considérable dans un de ces sens et que ces deux vitesses seront partout solidaires entre elles, la densité sera réciproque au carré de l'une d'elles, ou en général au carré de la longueur d'ondulation, sans que l'on ait besoin de faire entrer ici, comme dans les formules de Fresnel, la valeur de l'élasticité et de la supposer dans ce cas constante.

Lorsque les vitesses de propagation pourront au contraire varier en divers sens, en restant toutefois constantes sur toute l'étendue d'une direction donnée, on pourra par suite considérer la densité comme constante suivant chaque direction particulière et affranchir ainsi le calcul de cette considération relativement aux vibrations transversales d'une même ligne de propagation, ainsi que l'a fait Fresnel dans son ingénieuse analyse du phénomène de la double réfraction ; et ceci va nous conduire à examiner avec plus de détail cette condition particulière des variations dans la vitesse de propagation, qui caractérise surtout les corps cristallins, et à laquelle a été principalement appliquée la considération des *forces élastiques*. Il sera facile de montrer que notre méthode, sans employer le même mot, conduira aux mêmes lois et à la même mesure.

Un autre caractère en effet des vibrations lumineuses c'est la petitesse de leur amplitude relativement au diamètre moyen des interstices moléculaires des corps : principe dont nous avons vu déjà une application dans le phénomène de la transparence, et d'après lequel un rayon vibrant peut se propager sans réflexions intérieures au milieu même de certains corps solides. Le rapport cependant entre l'étendue des vibrations et celle des interstices remplis d'éther que le rayon traverse n'est point tel que son mouvement y ait lieu sans aucune gêne, qu'il y ait lieu comme dans l'éther des espaces libres. Cette gêne existe au contraire, car il est clair que les impulsions communiquées aux particules du fluide dans une direction donnée éprouveront d'autant plus de résistance, que dans cette direction l'obstacle fixe des molécules des corps sera plus rapproché et communiquera un plus rapide remous à la série des particules de l'éther agitées dans ce sens. Ainsi, plus le passage du rayon lumineux entre plusieurs molécules sera resserré, plus les vibrations transversales à ce rayon éprouveront de ralentissement à leur vitesse ; la vitesse de propagation en sera solidairement aussi ralentie ; et comme il s'agit ici de résistance à une impulsion, cette force de ralentissement, ainsi que nous avons eu occasion déjà de l'indiquer, est réciproque au carré de la vitesse de vibration, ou de la vitesse de propagation qui en est solidaire. Or c'est la faculté contraire à cette résistance, à cette puissance de réaction, que Fresnel a nommée l'*élasticité* de l'éther, élasticité qui est en effet représentée dans sa théorie par le carré de la vitesse de propagation. Toute la différence ici est que nous ne faisons pas de cette qualité une modification de l'éther lui-même, mais de ses mouvements : ce qui du reste devait être entendu implicitement ainsi par Fresnel, car dans l'expérience où il développe la double réfraction dans un prisme de verre par compression dans sa longueur, il indiquait nécessairement que la variation de ce qu'il appelait l'élasticité de l'éther résidait sans aucun doute dans une gène plus ou moins grande produite par le resserrement des molécules des corps.

Dans les corps non cristallisés, où les groupements moléculaires ont lieu sensiblement suivant la même proportion en tous sens à cause de leur confusion même, et dans les corps cristallisés suivant le système cubique, où cette symétrie a lieu par la régularité des groupements, le genre de résistance qui représente ainsi pour nous l'élasticité de l'éther ne doit point subir de variation sensible dans tout l'intérieur du milieu; et les lois de la réfraction le prouvent en effet irrécusablement. Mais dans les corps cristallisés suivant les autres systèmes de formes géométriques, le rapprochement des molécules varie suivant certaines directions, que la cristallographie indique comme pouvant être rapportées à des axes; elle ne varie toutefois qu'en conservant la même valeur sur toute l'étendue de chaque direction où la disposition des molécules est uniforme. Les variations correspondantes dans la force d'impulsion de l'éther étant représentées pour nous, comme dans la théorie de Fresnel, par le carré de la vitesse de propagation, il est facile de voir que les beaux calculs par lesquels cet illustre physicien a expliqué les phénomènes de la *double réfraction*, calculs fondés sur le double principe d'une élasticité régulièrement variable et d'une densité constante suivant la direction entière de chacun des axes d'élasticité, trouveront un fondement aussi solide sur les bases que fournit notre méthode : seulement n'ayant pas besoin de réunir par la solidarité d'une même relation la vitesse, l'élasticité et la densité, nous pouvons affranchir le calcul de ce principe au moins arbitraire d'une densité constante et d'une élasticité variable, et les principes fondamentaux étant ainsi devenus plus explicites et pour ainsi dire plus essentiellement mécaniques, l'enchaînement du calcul avec ces principes doit se produire avec une clarté d'autant plus grande. Il est à remarquer du reste qu'à part le mot *élasticité*, que l'on est toujours libre d'entendre à notre manière, tous les raisonnements de Fresnel dans cette belle et savante théorie de la double réfraction sont uniquement fondés sur des réactions moléculaires et sur les lois du choc, déguisées sous la dénomination de forces élastiques.

Les calculs relatifs aux phénomènes des interférences, des anneaux colorés et de la diffraction, qui ne se rapportent qu'aux lois générales de la vitesse de vibration dans un milieu à circulation uniforme, et qui s'appuient particulièrement sur un principe de Huyghens, indépendant de toute hypothèse sur la nature de l'éther, ces calculs, dis-je, ne sont de même susceptibles d'éprouver aucune modification d'après les données de notre méthode.

Mais il reste à considérer un point de vue plus délicat par les hypothèses qu'il a suggérées, et très-important d'ailleurs par les phénomènes auxquels il s'applique et par la conformité qu'y a produite l'application du calcul avec les données de l'expérience : je veux parler de la *polarisation* de la lumière. Ce sujet a été traité par Fresnel avec sa supériorité ordinaire de conception et d'analyse et avec un bonheur remarquable de résultats : mais plus préoccupé sans doute des généralités algébriques et de leur concordance avec les faits que des bases philosophiques de la question, et désireux peut-être aussi de la traiter dans ses termes les plus vagues et les plus généraux en ce qui concerne la nature de l'éther, il a été conduit à préjuger diverses hypothèses qui ne nous paraissent point présenter pour l'esprit une clarté parfaite. Mais ces suppositions portent une correction dans leur généralité même, et nous espérons montrer clairement qu'en introduisant dans les bases du calcul les vues simples et précises que fournit notre théorie de l'éther, les résultats de ces calculs n'en demeureront point changés. Nous devons traiter ici ce sujet d'une manière un peu plus explicite que les précédents, parce qu'ici nous ne pouvons être clair sans toucher à quelques détails d'application.

Dans l'analyse de la polarisation, Fresnel part d'un fait et suppose trois principes. Le fait est un résultat d'expérience trouvé par M. Arago, et il est indépendant de toute hypothèse ; c'est qu'un faisceau de lumière naturelle est polarisé dans le même temps d'une quantité égale par réflexion et par réfraction, c'est-à-dire que par l'incidence de la lumière naturelle sur une surface à la fois réfléchissante et translucide, des parties égales de cette lumière sont polarisées l'une suivant le plan d'incidence par réflexion, l'autre perpendiculairement à ce plan et par réfraction. Quant aux principes qui servent de bases au calcul, le premier consiste en ce que dans les deux milieux au contact desquels la polarisation par réflexion s'effectue, *l'élasticité de l'éther est la même et constante, et sa densité différente au contraire*. Nous avons dit tout à l'heure ce que nous pensions de ce principe ; nous le regardons comme une pure hypothèse, et en supposant qu'il pût être vrai pour les corps non cristallins, Fresnel dans ses propres vues ne pouvait l'admettre en même temps pour les corps cristallisés : ainsi donc nous chercherons à l'écarter des bases du calcul et nous montrerons tout à l'heure comment on peut y suppléer dans l'application. Les deux autres principes sont immédiatement pratiques : le second en effet consiste à admettre que la vitesse des ondes ne variant pas sensiblement dans l'intérieur d'un des deux milieux en contact, elle ne saurait varier brusquement non plus entre deux zones de particules d'éther situées chacune dans un de ces milieux et les plus rapprochées qu'il est possible du plan de séparation. Or l'une de ces zones est sollicitée à la fois par la vibration de l'onde incidente et par celle de l'onde réfléchie, l'autre zone est sollicitée par la vibration de l'onde réfractée ; de sorte que si l'on prend pour unité l'intensité de l'onde incidente, et que l'on nomme v et u des coefficients proportionnels aux vitesses de vibration des deux autres ondes partielles, cet ingénieux principe d'égalité fournit au calcul une première équation :

$$1 + v = u \ldots \ldots (1).$$

Jusque-là rien encore qui ne s'accorde parfaitement avec nos données.

Mais le troisième principe, qui forme en même temps l'application du premier, ne saurait se plier de la même manière à l'emploi de nos données fondamentales : il nous paraît demander une modification essentielle dans la manière de poser les équations ; car si ces équations conduisent il est vrai à des résul-

tats conformes à l'expérience et par conséquent au résultat
réel, elles ne sont toutefois obtenues, ce nous semble, que par
une voie peu satisfaisante sous le rapport de la précision et de
la netteté des vues. Le principe, très-simple en soi, qui est employé par Fresnel, n'est autre que celui de l'égalité entre la
somme des forces vives développées par les ondes réfractées et
réfléchies et celle de l'onde incidente. Pour l'évaluation de ces
forces vives, on a les carrés des vitesses nominales u, v et ι, que
l'on multiplie respectivement par les quantités matérielles renfermées dans les prismes d'éther mis en mouvement dans le
même temps pour les trois ordres d'action. Or ces quantités
sont égales, suivant les vues de Fresnel, au produit de la densité de l'éther dans les milieux respectifs par le volume du
prisme correspondant, de sorte que si l'on appelle Δ et Δ' ces
densités, l et l' les longueurs d'ondulation, i et i' les angles
d'incidence et de réfraction, les quantités matérielles contenues
dans les trois prismes (pour le cas de la lumière polarisée dans
le plan de réflexion (*), que nous nous bornons à considérer ici)
donneront, en les multipliant par les carrés des vitesses et supprimant un facteur commun, les trois forces vives :

$$\Delta l \cos i ; \quad \Delta l v^2 \cos i ; \quad \Delta' l' u^2 \cos i'' ;$$

et si l'on a égard à la relation $l : l' :: \sin i : \sin i''$, on obtient,
d'après le principe d'équation cité plus haut :

$$\Delta (\iota - v^2) \sin i \cos i = \Delta' u^2 \sin i'' \cos i'.$$

Mais voici la partie délicate. Pour éliminer les densités, on
appelle maintenant à l'aide ce que nous avons nommé le
premier principe, celui de la constance des élasticités; et
comme on sait d'après la formule établie par Newton dans la
question générale des ébranlements d'un *fluide élastique*, que
le carré de la vitesse de propagation est égal au rapport de
l'élasticité à la densité; comme par hypothèse l'élasticité est
constante et que de plus, par suite de cette constance même, les
vitesses sont en raison directe des longueurs d'ondulation ou

---

(*) Dans ce cas les prismes ont pour hauteurs les longueurs d'ondulation l, l', pour
dimension transversale perpendiculaire au plan d'incidence l'unité, et pour dimension dans ce plan la perpendiculaire commune aux deux rayons incidents voisins.

des sinus d'incidence et de réfraction, on en tire, en raison de
l'identité supposée de l'élasticité dans les deux milieux, le rapport suivant entre les densités :

$$\sin^2 i \,:\, \sin^2 i' \,::\, \Delta' \,:\, \Delta\,;$$

d'où l'on déduit, par l'élimination de Δ et Δ', la relation générale :

$$(1-v^2)\cos i \sin i' = u^2 \cos i' \sin i\ldots\ (2),$$

qui donne par l'élimination de u entre (1) et (2) la valeur définitive de la vitesse de vibration des ondes polarisées dans le
plan de réflexion :

$$v = \frac{\sin\,(i - i')}{\sin\,(i + i')}$$

Telle est la valeur d'où l'on déduira l'intensité de la lumière
réfléchie polarisée dans le plan d'incidence, intensité proportionnée au carré de cette vitesse v; par un procédé semblable
on évalue l'intensité de la lumière réfléchie polarisée normalement au même plan d'incidence; puis par une décomposition de
forces dans les deux directions précédentes on obtient l'intensité
de la lumière polarisée dans un plan quelconque; et en appliquant les mêmes vues à la réfraction, on déduit enfin des mêmes éléments de calcul toutes les propriétés de la lumière polarisée, qui justifient les lois trouvées par l'observation et en
particulier cette belle loi de M. Brewster, que *l'angle de polarisation totale* est celui pour lequel le rayon réfléchi est perpendiculaire au rayon réfracté. Toute la série de ces calculs est implicitement renfermée dans celui que nous venons d'esquisser
d'après la théorie de Fresnel ; tous reposent sur les mêmes bases et sur des formules semblables : il suffira donc pleinement
de montrer que nos propres principes sont applicables à ces
formules premières et fondamentales pour qu'il soit bien évident qu'ils doivent s'appliquer de même à toute la théorie de
la polarisation.

Or cette application nous paraît facile et présente d'ailleurs
cet avantage, de réduire à des termes plus simples et plus précis les bases philosophiques du calcul. Tont ce jeu en effet des
élasticités et des densités constantes ou variables présente l'ap-

parence d'un enchaînement d'hypothèses au moins arbitraires, pour ne point dire en certains cas contradictoires ; et c'est selon nous une modification heureuse que d'affranchir le calcul de cette vague et fictive considération de l'élasticité.

La première équation résultant d'un principe simple qui peut être commun à toutes les théories, tout se réduit pour nous à retrouver la formule (2), sans employer d'autre considération que celle de la gêne plus ou moins grande qu'éprouve la transmission des chocs entre les molécules de l'éther selon la disposition des vides intérieurs et le resserrement des passages que traverse la lumière dans un même milieu ou dans des milieux différents. Or déjà d'après ces bases on peut et doit employer la condition principale d'équation qu'a employée Fresnel, celle du principe des *forces vives*, en prenant pour expression des masses les volumes des trois mêmes prismes multipliés par les densités correspondantes. On aura ainsi les trois mêmes forces vives :

$$\Delta l \cos i ; \quad \Delta l v^2 \cos i ; \quad \Delta' l' u^2 \cos i' ;$$

et la même équation dérivée du principe de l'égalité des forces vives entre les parties de fluide en mouvement qui se choquent :

$$\Delta (1 - v^2) \sin i \cos i = \Delta' u^2 \sin i' \cos i'.$$

Il s'agit d'éliminer les densités, sans avoir égard aux forces élastiques. Nous raisonnerons à ce sujet comme nous l'avons indiqué quelques pages plus haut, et nous dirons : la densité, telle qu'elle est considérée ici, n'est autre que la quantité plus ou moins grande de matière contenue dans un volume donné de fluide *pendant un temps donné*, pendant le temps d'une vibration ; elle est donc d'autant moins grande que l'amplitude des vibrations, supposées isochrones, est elle-même plus considérable, en un mot elle est réciproque aux vitesses moléculaires, dans tous les sens où ont lieu ces vitesses, ici dans le sens de la vibration et de la propagation. Puisque la lumière est polarisée, la vibration a lieu dans un seul sens ; et de plus on peut admettre que dans chaque direction linéaire la vitesse de vibration ne varie pas autrement que la vitesse de propagation : toutes deux

sont proportionnelles à la longueur d'ondulation , et par conséquent les densités, qui sont réciproques au produit de ces deux
vitesses, le seront au carré de la longueur d'ondulation ; on
peut donc d'après un raisonnement rigoureux poser la proportion :

$$\Delta : \Delta' :: l'^2 : l^2 :: \sin^2 i' : \sin^2 i,$$

relation à laquelle Fresnel était parvenu d'après la formule de
Newton usitée en acoustique $V^2\Delta = E$, en y supposant l'élasticité E constante. On voit que nous y parvenons par la simple
voie du raisonnement , et qu'elle nous conduit à la même équation

$$(1 - v^2) \cos i \sin i' = u^2 \cos i' \sin i\ldots\ldots (2),$$

qui réunie à l'équation (1) citée plus haut, renferme pour ainsi
dire toute la théorie de la polarisation.

Je crois donc avoir suffisamment montré que notre manière
de considérer la nature de l'éther et l'origine des phénomènes,
loin d'être en opposition avec les beaux résultats déduits de la
théorie des ondes lumineuses, peut au contraire servir à présenter les calculs de cette théorie d'une manière plus simple,
à les fonder sur des données plus précises et plus claires à l'esprit. Dans le corollaire suivant, nous montrerons qu'elle peut
encore y ajouter d'autres clartés sous le rapport des causes.

COROLLAIRE VI.

Des causes de la polarisation de la lumière.

Nous venons de discuter les principes du calcul par lequel
Fresnel a embrassé dans son heureuse analyse les traits caractéristiques et les lois expérimentales de ce phénomène remarquable que l'on a nommé la *polarisation de la lumière*, et dont
la découverte est due à Malus. Mais encore bien que ce calcul
ingénieux , par son accord avec les faits, forme une des parties
les plus importantes du faisceau de preuves sur lequel s'est fondée la théorie des ondulations et l'existence de l'éther, il n'est
point toutefois par lui-même une explication du phénomène :

il en retrace à la vérité et en reproduit algébriquement les lois, mais il n'en indique point les causes.

Qu'est-ce en effet que la polarisation de la lumière? C'est la faculté qu'ont les vibrations lumineuses, par la réflexion de leur rayon propagateur sur des surfaces miroitantes, ou par sa transmission à travers des substances cristallines transparentes, de s'orienter suivant une direction déterminée, ou ce qui est la même chose, perpendiculairement à un certain plan (*) passant par la direction de ce rayon propagateur. Le fait admis, et l'existence d'un *plan de polarisation* pour une certaine partie des rayons lumineux étant prise pour base, Fresnel établit ses calculs : il décompose l'intensité des vibrations polarisées, quelle que soit la direction de ce plan auquel elles sont perpendiculaires, il la décompose, dis-je, suivant le plan d'incidence du rayon sur la face réfléchissante et suivant un plan perpendiculaire à celui-ci ; il applique à ces deux composantes le calcul dont nous avons rappelé les bases dans le scholie précédent, et comme l'*observation* a démontré aussi ce fait, que la lumière totalement polarisée se partage en deux faisceaux d'égale intensité, c'est-à-dire ayant chacun moitié de l'intensité totale, polarisés l'un par réflexion parallèlement, l'autre par réfraction perpendiculairement au plan d'incidence, la comparaison de ces deux ordres de résultats a pu fournir un mode d'équation, au moyen duquel on est parvenu à reproduire les données principales dues à l'observation directe.

Mais il est visible que ce mode d'analyse ne nous renseigne aucunement sur les *causes* du phénomène fondamental lui-même, savoir, l'orientation des vibrations lumineuses suivant une direction déterminée, en d'autres termes sur l'*existence d'un plan de polarisation*. Il ne nous apprend pas non plus pourquoi,

---

(*) En partant de ce résultat, démontré par les belles études de MM. Fresnel et Arago, que les vibrations de la *lumière naturelle* s'exécutent sur des surfaces sphériques successives, ayant pour centre commun le point de départ du rayonnement, ou si l'on veut, qu'elles s'exécutent sur les plans tangents à ces surfaces, c'est-à-dire perpendiculaires au rayon propagateur, il est clair que lorsque de plus les vibrations sont astreintes à la condition d'être perpendiculaires aussi à un certain plan passant par ce rayon, leur direction est alors complétement déterminée dans l'espace, elle est unique.

comme l'indique le second fait, les deux faisceaux composants,
perpendiculaires l'un à l'autre, de la lumière totalement polarisée, sont d'égale intensité : car il se fonde, pour expliquer ce
fait, sur une hypothèse très-précaire, celle de l'égale intensité
des mouvements vibratoires en tous sens sur la surface des ondes, hypothèse qui nous semble contredite non-seulement par
le phénomène des couleurs, mais par le fait même de la polarisation.

Je ne pense pas qu'il fût possible en effet de parvenir à une
explication aussi fondamentale sans avoir préalablement les
idées fixées sur l'origine réelle de la lumière naturelle, et par
conséquent sur la nature des mouvements qui y donnent lieu.
Mais les vues que nous avons développées précédemment sur les
causes mécaniques de la lumière du soleil nous mettent à même
d'entrer plus avant dans cette étude, et nous allons entreprendre
en effet d'expliquer où réside selon nous la cause générale et
première du phénomène de la polarisation.

Le soleil, en tournant sur lui-même (*), imprime à l'éther autour de chaque parallèle une infinité de vibrations égales correspondant à la même couleur, et *comprises toutes dans le plan
du parallèle*, mais affectant dans ce plan toutes les directions
possibles relativement au rayon propagateur considéré comme y
étant situé. Si nous nous bornons à examiner ce qui se passe
dans l'équateur du corps révolvant, qui est l'un de ces parallèles, il est bien évident que les vibrations égales qui se distribueront autour de ce cercle auront autant de directions différentes qu'il y a d'éléments linéaires dans sa demi-circonférence.
Par suite, elles entreront chacune pour une quantité variable dans
l'effet produit sur notre vision, et cela se comprendra facilement

(*) Il est probable, et il nous paraît même certain, que le frottement dû au mouvement de translation, qui agit à chaque instant sur un méridien unique de la sphère
solaire, transmet ses vibrations en tous les points de sa surface, et que par suite du
principe que nous avons émis dans le Livre 1ᵉʳ sur le partage égal des intensités vibratoires entre toutes les particules éthérées équidistantes du centre de mouvement,
lequel centre pour chaque parallèle est situé sur l'axe polaire; par suite de ce principe,
dis-je, ce frottement ainsi transmis affectera d'une intensité de vibration semblable
tous les points de chacun de ces parallèles ; qu'ainsi ce que nous disons ici du
mouvement de rotation s'applique également aux vibrations qui dérivent du mouvement de translation, et qu'il n'y a rien à ajouter de particulier à l'égard de celles-ci.

en prenant pour point de départ la nature connue des effets physiologiques.

Ce qui apparaît en effet comme un des résultats les plus clairs de la théorie des ondes appliquée par MM. Fresnel et Arago aux faits de l'observation, c'est que dans les vibrations lumineuses le seul effet sensible pour notre vision résulte de vibrations exécutées dans un plan perpendiculaire au rayon propagateur. C'est là un fait physiologique que nous n'expliquons point, que nous n'avons pas besoin d'expliquer : il tient à la nature de notre organisation. Mais on peut sans difficulté l'accepter comme un fait. Il ne signifie pas qu'il n'y ait point d'autres vibrations produites dans les phénomènes qui forment les causes de la lumière ; il signifie seulement que les seules vibrations visuelles, perceptibles pour notre vision , sont telles que nous venons de le rappeler.

Or, dans notre manière de considérer les causes de la lumière du soleil , nous avons déjà montré comment les vibrations produites par le mouvement de cet astre sont toutes parallèles au plan de son équateur : le sens de ces vibrations est donc ainsi restreint déjà, et si l'on veut considérer l'ensemble de leurs rapports, on voit déjà qu'il est inutile de mettre en ligne de compte l'une des trois coordonnées de l'espace , savoir, celle qui est parallèle à l'axe de rotation du soleil ; en d'autres termes on peut considérer chacun des ensembles de vibrations qui composent un rayon de lumière blanche comme perpendiculaire à un des méridiens solaires, comme *polarisé par rapport à cet azimut.* Maintenant parmi ces directions elles-mêmes des azimuts ou des *plans de polarisation,* nous allons voir qu'il en est une à laquelle il est nécessaire de rapporter toutes les autres, ce qui achèvera de dessiner complétement le phénomène, en conduisant au véritable caractère d'unité qui distingue la polarisation de la lumière et, comme nous le verrons, à ses autres propriétés essentielles.

En effet , quoique les directions absolues de vibrations produites par la rotation de l'équateur solaire soient en nombre infini, il en est une qui sous le point de vue de l'effet utile l'emporte sur toutes les autres : c'est celle qui est produite, à un instant donné, par le point de l'équateur le plus rapproché de nous; en d'autres termes, c'est celle qui est rigoureusement perpendiculaire au rayon propagateur. Celle-là est entièrement utilisée pour le phénomène de la vision : elle en représente à la fois la partie la plus intense et la véritable direction vibratoire. Toute la partie de la lumière solaire qui émane du méridien passant par le rayon propagateur est donc complétement *polarisée* pour nous par rapport à ce plan méridien. Quant aux autres vibrations différemment orientées, et qui sont elles-mêmes polarisées par groupes par rapport aux divers azimuts solaires, il est évident que chacun de leurs groupes donnera lieu à une décomposition : l'une des composantes sera perpendiculaire comme ci-dessus au méridien propagateur, que nous pourrions nommer le *méridien de vision*, parce que c'est celui qui passe par l'œil du spectateur; l'autre composante de la vibration sera perpendiculaire à la première, ou polarisée suivant un plan perpendiculaire au méridien propagateur.

Toute la lumière solaire se trouve donc ainsi divisée en deux parties, l'une polarisée relativement à un méridien de la sphère que nous avons nommé méridien propagateur ou méridien de vision; l'autre polarisée suivant un méridien perpendiculaire ; et la symétrie générale de figure montre qu'en considérant la lumière dans son ensemble, *ces deux portions doivent être égales.* Or il est certain que si l'une d'elles est utile pour la vision, l'autre ne le sera point, et que de plus, pour avoir une certaine partie de lumière libre polarisée suivant l'un des deux plans méridiens dont nous venons de parler, il suffira de faire disparaître une partie correspondante de la lumière polarisée à angle droit. Or le phénomène de la réflexion et celui de la réfraction, sensiblement inverses l'un de l'autre, sont éminemment propres à cette séparation des deux parties de la lumière naturelle ; car si des vibrations perpendiculaires à la propagation éprouvent un obstacle dans le choc sur une surface et sont réfléchies, les composantes vibratoires perpendiculaires aux premières ou *parallèles à la propagation* ont beaucoup plus de chances de ne point rencontrer d'obstacles à travers les interstices moléculaires et seront plus facilement *réfractées*. Cette considération importante est pleinement confirmée par la belle loi d'observation formulée par M. Brewster, « que la polarisation totale par réflexion a lieu pour un angle d'incidence tel que le rayon réfléchi est perpendiculaire au rayon réfracté; » elle est elle-même une explication rationnelle de cette loi.

Ainsi par la considération de la rotation solaire nous montrons d'une manière rigoureuse et uniquement rationnelle comment il peut exister pour la lumière deux plans uniques de polarisation, perpendiculaires l'un à l'autre, et pourquoi la lumière polarisée se partage entre eux suivant deux moitiés égales dans les deux phénomènes de la réflexion et de la réfraction : ce qui forme réellement les deux traits caractéristiques de la polarisation, les deux lois où elle est renfermée. Nous sommes amenés en outre à cette conjecture, que dans la polarisation par réfraction les vibrations suivent réellement par rapport à la propagation du rayon lumineux une orientation différente de celle qu'elles suivent dans la polarisation par réflexion, une orientation perpendiculaire : de sorte qu'en traversant les corps transparents solides ou liquides, la lumière ainsi polarisée aurait ses vibrations *parallèles* au rayon propagateur, concordance de direction qu'elles ne conserveraient que dans l'intérieur du corps et qu'elles perdraient à la sortie, tout en restant parallèles à elles-mêmes, à cause de la déviation qu'éprouve ce rayon par le retour dans son premier milieu. Par cette nouvelle discordance de direction, en effet, avec le rayon propagateur émergent, déviation égale à la première si la face émergente est parallèle à la face incidente, ces vibrations polarisées peuvent retrouver ainsi des composantes normales à la propagation et nous devenir de nouveau apparentes avec ou sans perte d'intensité. Je n'ai pas besoin de faire remarquer combien une telle manière d'être de la lumière donnerait de facilité à la conception du fait de la *transparence* des corps solides ou liquides, dont nous avons déjà parlé et auquel nous avons été porté à attribuer une nature pour ainsi dire purement mécanique.

D'après ces simples considérations il nous semble que le phénomène de la polarisation prend tout de suite une clarté inattendue; ses lois, ses causes apparaissent nettes et faciles, et

nous semblent susceptibles de passer du domaine exclusif de
l'algèbre dans celui de la simple philosophie. La théorie purement algébrique de Fresnel n'avait pas sous ce rapport les
mêmes ressources que nos vues précises sur les causes de la lumière naturelle : pour parvenir à ses résultats, cette théorie devait supposer d'abord que les vibrations lumineuses se transmettent en tous sens avec égalité ; elle se prive donc ainsi du
principe de la polarisation spéciale de chaque portion méridienne de la lumière solaire par rapport à son azimut, qui
forme la partie caractéristique de notre explication. Comme en
outre dans ce système rien ne touche aux causes primitives de
la polarisation, l'on ne voit ni pourquoi le faisceau entier de la
lumière solaire serait jamais polarisé suivant un plan quelconque,
ni pourquoi non plus, en admettant même ce fait sans connaître ses causes, cette polarisation aurait une composante relativement au plan d'incidence. Car pour être admis à transformer une force quelconque en sa composante dans une certaine
direction, il faut que par la nature du problème et en particulier par la destruction des forces perpendiculaires, cette
transformation soit obligatoire. Sans pousser plus loin l'examen, je crois qu'il nous est permis de répéter que la théorie
de Fresnel, très-beau et très-ingénieux résultat de l'analyse
algébrique, n'avait pas encore atteint, n'avait pas pu atteindre
un degré de perfection philosophique complétement satisfaisant
pour l'esprit.

Polarisation de la lumière artificielle. — Je répète que le trait
caractéristique de notre explication est de montrer d'abord chaque groupe de rayons colorés composant un rayon de lumière
blanche comme polarisé par rapport à un méridien solaire, et
c'est avec cette considération que nous répondrons si l'on objec-
tait à nos vues la polarisation de la *lumière artificielle;* car il suffit, pour que l'on puisse appliquer les mêmes explications à
cette sorte de lumière, que les oscillations moléculaires d'où elle
prend naissance aient lieu d'une manière sensiblement régulière
par rapport à un certain axe de figure de la molécule, qui à
l'égard des azimuts de polarisation jouerait le même rôle que
l'axe de rotation du soleil par rapport aux plans de polarisation

de la lumière naturelle. Il est bien probable toutefois que cette sorte de lumière moléculaire ne saurait jamais atteindre à la perfection de la polarisation solaire, conclusion qui du reste ne nous paraît pas contredite par l'expérience.

COROLLAIRE VII.

Recherche de l'espacement moyen des particules de l'éther par la considération des phénomènes lumineux.

Après avoir achevé l'explication de ce qui tient plus particulièrement aux propriétés de la lumière, il convient d'essayer l'application des mêmes causes à la recherche d'un problème qui n'est pas sans intérêt pour la théorie de l'éther, je veux parler de l'évaluation moyenne de l'espacement des particules de ce fluide, considérée comme corollaire des causes productrices de la lumière du Soleil. Deux moyens se présentent à cet effet, moyens qui offrent l'avantage d'une vérification réciproque, dans les limites toutefois d'une approximation assez éloignée, à laquelle seule nous pouvons espérer d'atteindre dans l'état actuel de la question.

Le principe général de solution consiste à rechercher quelle vitesse est imprimée chaque seconde à l'éther soit par le mouvement de translation soit par le mouvement de rotation du Soleil ; et il est évident que connaissant en moyenne cette vitesse pour l'espace compris entre le Soleil et nous, son rapport avec la vitesse réelle de la lumière donnera le rapport entre le vide linéaire et la somme du vide et du plein. Mais les divers moyens de calcul, et le principe de vérification mutuelle qu'ils présentent, dérivent de ce que nous avons trouvé précédemment une relation entre les mouvements imprimés à l'éther par les deux frottements de translation et de rotation. En discutant en effet au commencement de ce chapitre les causes auxquelles nous attribuons la lumière du Soleil et cherchant nos preuves dans la mesure des longueurs d'ondulation afférentes à chaque teinte du spectre, nous avons trouvé que les deux sortes de frottement entraient sensiblement pour parties égales dans la production de

ces vitesses vibratoires ; de 'sorte qu'en calculant séparément
l'une d'elles, on peut en déduire l'autre très-facilement et parvenir ainsi à une vérification réciproque. Or nous n'aurons point
de peine à calculer la vitesse de rotation du Soleil; quant à celle
de translation, nous en avons évalué une limite dans le Scholie
de la Proposition XXVII, et au moins comme élément de comparaison cette évaluation peut jusqu'à un certain point nous
servir. Commençons toutefois par le procédé le plus net et le plus
irréprochable, celui du calcul de la rotation.

La rotation du Soleil ayant lieu en 25 jours, avec un rayon
de 726.960.000^m, il est facile de voir que la vitesse d'un point
de son équateur est d'environ 2000^m par 1″. Examinons maintenant quel est le rapport réel de ce frottement avec celui de
translation. Le mouvement de rotation produit un frottement
sur toute la surface ; le mouvement de translation n'en produit que sur un grand cercle unique, ou du moins sur une
zone méridienne dont nous ne saurions exactement connaître l'épaisseur, mais nous sommes assuré que cette épaisseur
est très-petite et nous pouvons conjecturalement lui attribuer une certaine fraction du tour entier de la sphère, qui
représente l'action du frottement de rotation. C'est là la partie la moins certaine de notre évaluation, mais elle porte sur
la détermination d'un rapport dont on peut au moins apprécier le degré et la vraisemblance d'une manière pour ainsi dire
mécanique et avec le simple coup d'œil. Nous supposerons donc
que le frottement dont il s'agit a lieu sur une zone méridienne
d'un dixième de degré d'épaisseur ou de $\frac{1}{3600}$ du tour de la
sphère, et nous croyons être ainsi dans les limites les plus rai-
sonnables. De là, suivant les vues que nous avons déjà fait
connaître et qui sont confirmées pour ainsi dire par toute notre
explication de l'optique, il y a lieu de penser que l'intensité de
ce frottement va se répandant de toutes parts sur la surface de
la sphère, dans la proportion inverse de la surface de la zone
à celle de la sphère entière, en raison de ce que les quantités
de molécules qui entrent en partage de ce mouvement sont
centrées par rapport au centre commun, celui du Soleil, en
prenant une unité de temps suffisamment petite, beaucoup plus

petite ici que la seconde, quoique nous employions celle-ci pour fixer les idées. La surface de la zone méridienne dont nous venons de parler, étant partout d'égale largeur, est plus de $\frac{1}{3600}$ de la surface entière ; nous admettrons $\frac{1}{3000}$: par conséquent pour rapporter la vitesse de rotation à la même surface d'action que celle de translation, c'est-à-dire à une simple zone méridienne, il faut multiplier les 2000^m qui indiquent le frottement de l'équateur solaire par 3000, ce qui donne une intensité de mouvement équivalente à 1500 lieues par 1″. En ajoutant les $\frac{3}{4}$ de ce nombre pour réunir les deux frottements, puisque telle est la proportion moyenne dans laquelle ils entrent chacun pour la production des longueurs de vibration des différentes teintes du spectre, nous aurons pour le déplacement total imprimé à l'éther sur la surface du Soleil, rapporté à une partie élémentaire de fluide, la vitesse de 2500 lieues. Voici maintenant comment nous raisonnerons.

La lumière du Soleil nous parvient en 500″ ; or si la vibration lumineuse a sur la surface de cet astre une intensité totale de mouvement égale à celle qui donnerait à une partie d'éther une vitesse de 2500 lieues par 1″, et si sur la surface de la terre la même impulsion divisée par le carré de la distance a une grandeur absolument insignifiante, on peut admettre, sans entrer dans des calculs inutiles ici pour le degré d'approximation que nous recherchons, on peut admettre que l'impulsion *moyenne* est un peu moins de moitié de la précédente ou d'environ 1200 lieues. Or en 500″, temps que met la lumière du Soleil à nous parvenir, une partie d'éther recevra 500 impulsions semblables, ce qui lui fera parcourir autant de fois 1200, ou en tout 600.000 lieues, ce qui forme la quantité de vide compris entre le Soleil et nous. La distance du Soleil à la terre étant de 36.000.000 de lieues, le rapport de ces deux nombres indiquera le rapport du vide linéaire à la somme du vide et du plein, ou sensiblement celui du vide au plein, qui ainsi évalué serait égal à $\frac{1}{60}$; et par conséquent le rapport du vide au plein cubique ou total serait égal à $\frac{1}{20}$.

Cette méthode serait pour ainsi dire rigoureuse, si nous avions pu évaluer avec certitude le rapport des deux surfaces frottantes. En l'évaluant à $\frac{1}{3000}$ nous avons peut-être fait une concession beaucoup trop large, car il est possible que l'étendue de la surface frottante de translation ne soit pas une zone de plus de $\frac{1}{40}$ de degré par exemple, ce qui quadruplerait notre rapport. Je pense donc que le rapport de $\frac{1}{60}$ du vide au plein linéaire est uniquement une limite inférieure.

Si nous voulons maintenant parvenir à la même appréciation par le mode inverse, en prenant pour base la vitesse de translation du Soleil, il faut se reporter aux approximations du scholie de la Proposition XXVII, en ne manquant point de remarquer toutefois que les chiffres qui y sont consignés peuvent n'être qu'une évaluation très-éloignée de la véritable vitesse du Soleil telle qu'elle doit être entendue ici, c'est-à-dire de sa vitesse *absolue*. Le Soleil en effet circule autour d'un centre d'attraction encore inconnu pour nous; mais n'est-il pas probable que ce centre lui-même est emporté et emporte avec lui le Soleil dans une seconde circulation, qui peut-être conduit à une troisième, et ainsi successivement sans que notre imagination puisse atteindre à une limite certaine? Toutes ces complications de vitesses diverses peuvent donc singulièrement augmenter le frottement du Soleil contre l'éther, et en évaluant une seule d'entre elles nous sommes sans doute fort loin de la vérité, quand bien même nous saurions évaluer cette dernière avec une entière certitude. Adoptant une vitesse solaire de 3 à 400 lieues par seconde, nous n'atteignons donc suivant toute apparence qu'une limite fort inférieure de la vitesse absolue réelle; soient 200 lieues pour l'impulsion moyenne, et 400 pour la somme des deux mouvements de translation et de rotation supposés égaux : en raisonnant comme précédemment il est facile de voir que le rapport cherché du vide au plein s'obtiendra en multipliant ce chiffre de 400 lieues par 500, nombre de secondes qu'emploie la lumière pour parvenir du Soleil à nous; et en divisant le produit par la distance 36.000.000 de lieues, ce qui donne $\frac{1}{180}$, rapport trois fois moindre que par le premier mode d'évaluation.

Nous le répétons, ce second mode ne saurait fournir qu'une approximation beaucoup plus éloignée que le premier; la relation de similitude entre les deux résultats est toutefois renfermée dans un ordre de rapprochement assez grand pour que l'ensemble de nos vues en acquière un nouveau degré de vraisemblance.

En résumé l'espacement linéaire des particules éthérées est supérieur à $\frac{1}{60}$ et peut-être de beaucoup supérieur : l'état de choses ainsi représenté n'a donc rien d'extraordinaire pour notre conception. Un vingtième de vide cubique autour de chaque particule de l'éther est suffisant pour l'indépendance des mouvements et nous venons de voir qu'il suffit aussi pour expliquer, sans la supposition d'aucune force, la vitesse de la lumière.

Il y a peu d'années, d'intéressantes et très-ingénieuses expériences ont été faites par M. Fizeau, pour mesurer par des moyens directs la vitesse de propagation de la lumière. Sous la préoccupation de l'identité entre tous les genres de phénomènes lumineux, ces expériences, très-habiles d'ailleurs, ont été faites sur la lumière *artificielle;* et je dois enregistrer ce fait, que sa rapidité a été trouvée plus grande que celle de la lumière du Soleil calculée par les phénomènes astronomiques. Cette différence, qui aurait lieu de surprendre en suivant les vues ordinaires, n'a rien qui doive au contraire nous étonner : il y a même là un nouveau champ ouvert à d'intéressantes vérifications, et peut-être l'avenir réserve-t-il à de semblables expériences la solution de problèmes importants soit sur la nature de l'éther et les mouvements du Soleil, soit encore sur les mouvements moléculaires qui produisent les diverses lumières artificielles et par suite sur la nature même des molécules.

APPENDICE.

Digression sur les lois de l'acoustique et sur la théorie de l'harmonie musicale; nouvelle application de la loi des trois carrés.

Tout se tient et se lie dans les phénomènes de la Physique, et les lois simples, variant seulement leurs modes d'application, viennent s'adapter à une infinité d'objets. Nous le montrerons ici une fois de plus, si quittant un instant notre sujet principal, nous transportons à une autre branche de la science les considérations que nous avons trouvées si fécondes déjà dans la théorie de l'éther appliquée aux phénomènes de l'optique. Les lois de l'*acoustique* ne dépendent point par elles-mêmes de cette théorie ; mais elles dépendent des mouvements vibratoires d'un fluide gazeux, l'air atmosphérique, qui peuvent et doivent avoir certains rapports généraux avec ceux de l'éther. Nous voulons en passant faire connaître et apprécier l'un de ces rapports, parce que nous y retrouverons la trace d'une loi numérique, selon nous fort précieuse, dont nous avons déjà signalé l'importance dans l'étude des phénomènes harmoniques de l'optique et de l'astronomie.

Jamais, que je sache, les lois fondamentales de l'harmonie des sons n'ont été expliquées d'une manière satisfaisante. Qu'est-ce que la gamme musicale ? Pourquoi, dans cette échelle des sons, certains intervalles, comme ceux de la tierce, de la quinte, forment-ils un ensemble agréable à notre oreille, tandis que deux notes voisines entendues simultanément forment pour elle une dissonance ? Pourquoi surtout l'ensemble de la tierce et de la quinte est-il le groupement le plus pleinement satisfaisant, celui que l'on a nommé l'*accord parfait*, et pourquoi certains autres accords que l'on nomme dissonants font-ils désirer cet accord parfait comme un repos et un complément nécessaire pour l'oreille ? Tout cela, ce nous semble, n'a jamais été expliqué, je veux dire, ne l'a jamais été d'une manière complétement efficace. Les notes de la gamme, dans la théorie des sons, se représentent par les rapports de leur nombre de vibrations à celui de la tonique, et en formant ces rapports (*) on voit que si la tonique est représentée par 4, la tierce et la quinte le se-

***

(*) On sait qu'en acoustique les nombres de vibrations correspondant à chaque son de la gamme sont inverses des longueurs de cordes qui rendraient ces sons, ou des distances entre les nœuds de vibration. En indiquant par l'unité le nombre des vibrations de la tonique, les différentes notes de la gamme sont ainsi représentées par les nombres suivants :

ut, ré, mi, fa, sol, la, si, ut.

$1, \quad \tfrac{9}{8}, \quad \tfrac{5}{4}, \quad \tfrac{4}{3}, \quad \tfrac{3}{2}, \quad \tfrac{5}{3}, \quad \tfrac{15}{8}, \quad 2.$

ront par les nombres 5 et 6. Mais ces trois nombres 4, 5 et 6, quoique dans une raison simple entre eux, ne disent rien à l'esprit de particulier, et le véritable nœud de la question à cet égard est encore resté inconnu. Pour le découvrir, quelques réflexions sont d'abord nécessaires.

Nous avons admis dans la théorie des couleurs, et ce principe a été vérifié par les faits, que la cause principale de leur perception distincte était dans la simplicité du rapport entre les longueurs de vibrations, réunie à la simplicité du rapport entre les carrés de ces longueurs ; car si l'une de ces grandeurs particularise le caractère de la sensation, l'autre en particularise l'insensité. Ces principes, que nous avons trouvés féconds dans la théorie de la lumière, nous avons cru pouvoir les appliquer aussi à l'acoustique, où les signes numériques représentatifs sont à peu près de même genre, puisque les divers sons de la gamme sont caractérisés par les rapports entre les nombres de vibrations, lesquels ne sont autres que les rapports inverses des longueurs comprises entre les nœuds de la colonne vibrante. Nous indiquerons bientôt d'où peut dériver l'effet de ce caractère distinctif des sons ; en ce moment nous prenons ce résultat comme un fait et nous en déduirons la conséquence.

Cette conséquence la voici. Il s'agit, dans les effets du son, des mouvements d'un fluide : l'intensité relative d'effet produit sur nos organes dépendra donc évidemment du carré de la vitesse imprimée à ce fluide, laquelle peut être exprimée par le nombre relatif des vibrations dans l'unité de temps, tandis que le caractère spécial de la sensation dépendra de ce nombre de vibrations lui-même. Or nous avons pensé que l'on pouvait rationnellement attribuer le plaisir matériel des sensations de l'ouïe à la netteté des perceptions, et les lois de l'harmonie musicale aux rapports qui pouvaient le mieux favoriser cette netteté. En raison donc de ce que nous venons de dire précédemment, on ne saurait concevoir une association de sons présentant un ensemble plus agréable à l'oreille que celle qui réunit un rapport simple entre les nombres de vibrations dans l'unité de temps avec un rapport simple entre les carrés de ces nombres. Les chiffres 4, 5 et 6, qui dans la gamme représentent les trois notes de l'accord parfait, ne présentent à l'esprit, sous ce point de vue, aucune particularité : mais je remarque que si l'on renverse l'accord, en transportant la quinte à l'octave inférieure, ce qui diminue de moitié le nombre 6 qui lui correspond, l'accord ainsi disposé sera représenté par l'ensemble des nombres 3, 4, 5, dont nous avons vu déjà que le caractère remarquable était de satisfaire seuls à l'équation

$$x^2 + y^2 = z^2 \ldots\ldots (a)$$

par l'égalité

$$9 + 16 = 25.$$

Nous retrouvons donc ici, dans l'acoustique, cette loi précieuse que nous avons désignée en optique et en astronomie sous le nom de *loi des trois carrés ;* ainsi les trois notes *sol*, *ut*, *mi*, qui forment un renversement de l'accord parfait majeur, présentent dans leur association cette propriété caractéristique, que leurs nombres de vibrations dans le même temps et les carrés de ces nombres ont respectivement entre eux des rapports simples ; et ce dernier rapport, celui des carrés, ne peut d'après les propriétés des nombres être satisfait que d'une seule manière, puisque les carrés des trois nombres 3, 4, 5, sont les seuls qui satisfont à l'égalité (a), la plus simple de toutes les relations. Comme la comparaison la plus facile en effet est évidemment celle d'égalité, deux des trois notes en question, d'après la nature même de la relation (a), feront nécessairement désirer la troisième.

Il est une autre manière de satisfaire aux relations que nous venons d'indiquer comme réunissant les conditions d'harmonie les plus satisfaisantes : il y a lieu de penser en effet que si nous saisissons exactement certains rapports entre les *nombres de vibrations,* nous devons saisir avec une facilité, sinon égale, du moins comparable, les rapports renversés, qui appartiennent aux longueurs de colonnes vibrantes. Prenons comme exemple les notes *ut*, *mi*, *la*, dont les nombres de vibrations sont représentés par 1, $\frac{5}{4}$ et $\frac{5}{3}$; les longueurs de colonnes vibrantes seront représentées pour elles par les nombres renversés 1, $\frac{4}{5}$ et $\frac{3}{5}$, qui sont encore entre eux comme 5 : 4 : 3. Aussi cette nouvelle manière d'envisager les rapports des nombres caractéristiques des notes de la gamme conduit-elle à un second mode de tonalité presque aussi satisfaisant que le premier, je veux parler du *ton mineur* : car on aura remarqué sans peine que les trois notes *ut, mi, la*, que nous venons d'associer, forment précisément ce que l'on appelle l'*accord parfait mineur ;* et ajoutons que cet accord mineur est précisément celui que l'on nomme le *relatif* de l'accord parfait majeur ayant deux notes communes *ut* et *mi*, que nous avons d'abord considéré.

On a déjà fait cette remarque, que la gamme était la réunion de trois accords parfaits, que l'on obtenait en sautant une note de deux en deux, depuis le *fa* inférieur jusqu'au *ré* aigu ; mais on peut obtenir ces trois accords parfaits sans altérer en rien l'ordre de la gamme et en reportant seulement le *sol* à l'octave grave ; car on obtient alors la série

sol ut ré mi fa sol la si,

qui correspond aux trois accords parfaits majeurs *sol ut mi, ut fa la, ré sol si*, placés précisément dans la position que nous avons signalée comme étant la plus régulière et selon nous la plus satisfaisante. L'importance du rôle que remplit le *sol* dans cette série, dont il forme comme le pivot, peut servir à montrer pourquoi cette note entre précisément comme basse fondamentale dans l'accord de septième qui détermine la tonalité ou la gamme d'*ut*. Ceci nous conduit du reste à dire quelques mots au sujet des *dissonances* et de leurs résolutions, détail nécessaire pour compléter les lois de l'harmonie des sons : ce sujet, qui se rattache jusqu'à un certain point aux mêmes vues que nous avons énoncées précédemment, demande cependant quelque développement particulier.

De même que la perception distincte de plusieurs sons associés peut être agréable à l'oreille, de même la confusion des sons perçus doit produire un effet discordant, l'effet importun d'un bruit. Mais, dira-t-on, lorsque je fais entendre ensemble deux notes contiguës de la gamme, ces notes sont cependant par elles-mêmes très-distinctes ; comment donc produisent-elles un effet de dissonance? Il ne nous sera point très-difficile de l'expliquer, en faisant concevoir que cette confusion a lieu non point entre les sons principaux eux-mêmes, mais entre ce que l'on nomme leurs sons harmoniques. On sait que lorsqu'une corde vibre, elle fait entendre, outre le son principal, plusieurs autres sons parmi lesquels on distingue l'octave et la double octave du son principal, l'octave de la quinte, l'octave et la double octave de la tierce majeure, c'est-à-dire tous les sons représentés par les nombres entiers simples 2, 3, 4 et 5, si l'on désigne par l'unité le son fondamental, qui est toujours le plus grave. C'est entre ces sons harmoniques que, selon nous, il y aura confusion lorsqu'on fera entendre deux notes contiguës de la gamme. Mais avant de le montrer, je ne puis me résoudre à passer sous silence une observation qui se présente.

Je demande que l'on remarque encore ici une nouvelle application de la loi des nombres que nous avons rappelée au sujet de l'accord parfait : car en admettant ce principe évident, que les notes à l'octave l'une de l'autre, ou à l'unisson, peuvent réciproquement s'échanger et remplissent le même rôle dans l'harmonie, on voit que la série des sons harmoniques se résume encore à l'ensemble des nombres 3, 4 et 5, dont nous avons déjà signalé l'importance sous le nom de *loi des trois carrés* : ainsi, parmi le nombre infini des vibrations que peuvent exécuter à l'unisson les diverses parties d'une corde ou d'une lame écartée de sa position d'équilibre, vibrations partielles et simultanées qui produisent, suivant l'opinion généralement reçue, les sons harmoniques, on voit que celles qui s'exécutent le plus facilement et sont le plus facilement saisies par notre oreille, sont précisément dans le rapport de ces trois nombres ou de leurs carrés, que nous avons donnés comme représentant la double relation la plus favorable à la netteté de la perception et comme caractérisant en réalité l'accord parfait.

Cela posé, et retournant à notre sujet, imaginons que l'on fasse entendre ensemble deux notes consécutives dont l'intervalle soit d'un ton majeur, *ut* et *ré* par exemple, c'est-à-dire les sons 1 et $\frac{9}{8}$: la double octave de la tierce pour le second est $\frac{45}{8}$, la double octave du premier est 4, le rapport de ces deux nombres sera donc $\frac{45}{32}$, qui diffère sensiblement et de plus d'un comma de tous les intervalles réels de l'échelle musicale. De là confusion pour l'oreille, de là le sentiment désagréable d'une dissonance. Pour deux notes offrant l'intervalle d'un ton mineur, le *ré* et le *mi*, en les multipliant respectivement par 4 et par 3, on obtiendrait des nombres dont le rapport est $\frac{6}{5}$; et pour le *si* et l'*ut* qui sont dans le rapport d'un demi-ton majeur ou de $\frac{16}{16}$ à 1, on a, en les multipliant par 5 et 4, des nombres dans le rapport de $\frac{75}{64}$. Or, $\frac{6}{5}$ et $\frac{75}{64}$ ne correspondent non plus à aucun des intervalles musicaux.

Les dissonances ainsi expliquées, on comprendra facilement le phénomène de leur *résolution*. Quoique dans les dissonances il y ait une confusion dans les mesures saisissables pour notre oreille, la puissance de perception distincte et naturelle qui est propre aux notes de l'accord parfait peut provoquer en nous un travail de comparaison qui nous amène à considérer en certains cas ces dissonances comme des passages vers la plénitude d'harmonie caractérisée par cet accord. C'est ce qui a lieu à l'égard des accords que l'on nomme *dissonants* et qui sont susceptibles de se *résoudre* sur des accords parfaits. Prenons pour exemple l'accord de septième dominante *sol si ré fa;* en représentant la tonique *ut* par 4, ces quatre notes correspondent à la suite des nombres

$$3, \quad \frac{15}{4}, \quad \frac{9}{2}, \quad \frac{16}{3},$$

et l'accord parfait *sol ut mi* aux trois nombres

$$3, \quad 4, \quad 5.$$

Or, examinons le rapport de la dissonance *fa* ou $\frac{16}{3}$ avec la basse fondamentale *sol* ou 3; il est égal à $\frac{16}{9}$. Ce rapport diffère de $\frac{1}{27}$ seulement de celui qui existerait entre le *sol* et le *mi* de l'accord parfait ou $\frac{5}{3}$; l'oreille est donc conduite à perfectionner cette sorte d'ébauche d'un rapport exact, qu'elle connaît et apprécie, et elle se trouve ainsi naturellement amenée à l'accord parfait, sur lequel elle se reposera; de là vient le phénomène nommé en harmonie musicale la *résolution* des accords dissonants. Et cela est si vrai, que dans la résolution du genre d'accord dont nous venons de parler, il est nécessaire pour l'oreille que la tierce monte et que la dissonance descende.

Nous ne multiplierons point les détails dans une étude qui s'éloigne à la fois et de notre compétence et de l'objet principal de cet ouvrage; nous n'avons pas voulu toutefois nous abstenir

de signaler en passant cette application nouvelle de quelques
principes que la théorie de l'éther nous avait suggérés. Nous
pensons qu'ils apportent en effet quelque clarté, quelque précision, dans ce sujet encore obscur des lois de l'harmonie musicale, et qu'ils peuvent passer pour expliquer d'une manière
vraisemblable les causes premières de ces lois. Mais ce qu'ils
ont pour nous de plus précieux, c'est qu'ils relient les causes
de l'harmonie musicale non-seulement aux lois de l'optique
mais encore aux causes numériques de certaines lois planétaires. Lorsque Kepler, dans un large sentiment des harmonies
naturelles (quoique ce sentiment fût encore vague et erroné
dans son application), recherchait les rapports entre les lois
planétaires et celles des sons, cette recherche a été considérée
comme une regrettable aberration de ce grand esprit : et cependant nous voyons maintenant, au moyen d'une propriété des
nombres, un rapport incontestable s'établir entre ces deux
ordres d'harmonie et concorder encore avec celle des couleurs. Il n'y a rien qui soit à dédaigner dans les vues de pareils
esprits.

Revenons maintenant à notre objet, et poursuivons par la
théorie de l'éther l'étude des phénomènes fondamentaux de la
physique : l'ordre du sujet nous amène, après la lumière, au
phénomène de la chaleur et aux divers états des corps qui en
dépendent.

DE LA CHALEUR,

ET DES TROIS ÉTATS DES CORPS.

Le sujet que nous allons traiter maintenant, au point de vue
de la théorie de l'éther, est l'un de ceux sans doute dont les
lois expérimentales sont le mieux connues ; ses phénomènes
sont pour ainsi dire vulgaires, et si nous employons ce mot,

faute d'un autre qui rende mieux notre pensée, ce n'est point pour amoindrir l'intérêt que ce sujet commande, bien au contraire : car selon nous ce mot lui seul doit attester toute son importance, rien n'étant plus digne d'exciter les recherches scientifiques que ce qui s'offre le plus fréquemment, le plus vulgairement à nos yeux. Aussi depuis moins d'un siècle les propriétés de la chaleur ont-elles été l'objet des plus remarquables travaux : Leslie, Rumford, Lavoisier et Laplace, Papin, Watt, Dalton, Gay-Lussac, Fourrier, Poisson, Dulong et Petit, Arago, Melloni, Regnault, et d'autres savants dont le nom échappe en ce moment à notre mémoire, ont porté à un point de perfection très-élevé l'étude de la chaleur, de ses lois et de ses effets.

Et cependant de combien ne s'en faut-il pas encore que les principes les plus fondamentaux de cette étude soient sortis du mystère et de l'obscurité! Rien de plus simple en apparence que le phénomène de la chaleur et de sa communication : il existe à chaque instant sous nos yeux, il est devenu comme une partie essèntielle de notre être et de nos habitudes; d'où il suit que nous ne nous enquérons plus avec étonnement des causes qui le produisent. Que si cependant la réflexion veut entrer un peu plus avant dans cette intéressante étude d'un problème si simple en apparence, de combien de difficultés ne la trouve-t-elle pas embarrassée, lorsqu'elle veut appliquer les idées les plus accréditées aujourd'hui dans la science? « La chaleur est une *force de dilatation* entre les particules des corps » : voilà, quant à la nature intime de la question, à peu près le dernier mot de la physique actuelle. Car si dans ces derniers temps on a pensé, par analogie avec la lumière, à attribuer les phénomènes de la chaleur au mouvement vibratoire d'un fluide, cette idée n'a jamais été poussée jusqu'à une sérieuse application. Or j'admettrai, si l'on veut, en consentant à m'étreindre un instant dans le cercle étroit de cette définition en apparence si générale, j'admettrai qu'il existe par la simple volonté du créateur une force dilatante entre les particules des corps, force dont le rôle providentiel serait de contre-balancer les effets de cette autre qualité inverse que l'on a nommée l'attraction : encore faudra-t-il que les résultats de cette hypothèse soient concordants entre eux et qu'ils ne conduisent pas la théorie à des mouvements inexplicables parce qu'ils sont incompatibles. Parviendra-t-on à montrer en effet comment cette force calorifique qui pénètre dans les corps du dehors au dedans, exerce néanmoins en eux un effet diamétralement opposé à la direction qu'elle affecte dans son entrée, c'est-à-dire une dilatation du dedans au dehors? Expliquera-t-on pourquoi cette force dilatante contracte quelquefois les corps au lieu de les dilater, comme cela a lieu par exemple dans un phénomène des plus ordinaires, dans le passage de la glace à l'état d'eau liquide et dans l'échauffement de l'eau liquide jusqu'à son maximum de densité? Expliquera-t-on encore comment la simple diminution du calorique peut développer une force que nous avons vue être infiniment plus grande que la pesanteur, je veux parler de la *cohésion* des corps solides?

Ces diverses questions ne sont qu'une partie des difficultés fondamentales que les théories ordinaires laissent subsister dans les phénomènes de la chaleur; et nous les avons citées seulement parce qu'elles s'appliquent à l'ordre de faits le plus simple, le plus ordinaire, à celui que l'on aurait dû chercher à expliquer le premier, si ces difficultés n'avaient été formellement insolubles dans l'état actuel des idées. Or ces difficultés fondamentales, la théorie de l'éther va les résoudre avec la facilité la plus grande, sans employer d'autre moyen que les principes les plus élémentaires de la mécanique; elle les résoudra d'une manière tellement simple enfin, que nous ne saurions nous attribuer à nous-mêmes aucune sorte de mérite dans la recherche et la découverte de ces solutions. Mais considérée en elle-même, la vérité, pour être simple et dénuée de tout appareil scientifique, n'en est pas moins précieuse à connaître, et l'on pourrait prétendre même qu'elle ne l'en est que davantage. Aussi ce court chapitre de notre ouvrage, quoiqu'il ne renferme pour ainsi dire aucun fait nouveau, mais seulement quelques principes philosophiques, n'est-il pas un de ceux toutefois dont le prix soit le moindre à nos yeux.

Ce chapitre ne saurait être d'ailleurs ni un traité, ni même un exposé succinct des lois et des effets de la chaleur : sous le rapport de ces lois tout a été dit dans les écrits des savants que nous avons cités en commençant, ou développé par leurs recherches. Inhabile nous-même à étendre le champ de leurs découvertes expérimentales, et nous contentant, dans nos simples recherches de causalité, de glaner sur les terrains par eux abandonnés, nous ne nous occuperons point de reproduire une pâle analyse de leurs travaux ; et les supposant connus par les traités ordinaires, nous poursuivrons seulement l'application philosophique de quelques principes de la théorie de l'éther aux faits fondamentaux de la chaleur : telle est la pensée qui nous a guidé surtout dans le choix de la division sommaire que nous avons adoptée.

PRINCIPE PREMIER.

La chaleur est en quelque sorte à l'éther ce que le son est à l'air atmosphérique : elle résulte de vibrations du fluide éthéré parallèles à la propagation, tandis que la lumière résulte de ses vibrations transversales. Rapport et différence entre ces deux ordres de phénomènes.

Ce n'est point par une déduction rigoureusement géométrique, comme dans le cas de la lumière, que nous parvenons au principe qui vient d'être énoncé ; c'est toutefois une conséquence essentiellement rationnelle de nos précedentes conclusions. Les causes exclusivement mécaniques en effet auxquelles, suivant nous, on peut attribuer le phénomène de la lumière, soit qu'il s'agisse de la lumière solaire, soit qu'il s'agisse de celle qui est produite par les phénomènes chimiques, ces causes sont évidemment les mêmes qui produisent aussi la chaleur, attendu l'existence simultanée de ces deux ordres de faits, que nous trouvons toujours comme une conséquence l'un de l'autre. Or ces mouvements mécaniques, de quelque nature qu'ils soient, impriment à l'éther des vibrations dans tous les sens, hors un seul ; et si, d'après les beaux résultats découverts par MM. Arago et Fresnel, l'on ne doit attribuer au phénomène lumineux que les vibrations du fluide éthéré qui s'exécutent dans un plan perpendiculaire à la propagation, quel sera donc l'effet de celles qui sont parallèles à la propagation elle-même? Seront-elles absolument perdues pour nos sensations, et un pareil résultat est-il probable, est-il possible? Une telle perte dans les forces naturelles est-elle conforme aux idées de causes finales les plus vraisemblables, aux idées que l'on est le plus facilement porté à se former sur les voies ordinaires de la Providence? Aussi leur avons-nous cherché une destination, et dans cette recherche le phénomène de la chaleur est venu s'offrir tout naturellement à nos vues. Cette destination des mouvements vibratoires parallèles à la propagation ne sera qu'une conjecture, si l'on veut, mais cette conjecture répond parfaitement aux conditions des deux phénomènes. La lumière et la chaleur s'accompagnent en effet généralement l'une l'autre; du moins il n'est guère de phénomènes lumineux qui ne soient accompagnés d'une chaleur (*) plus ou moins sensible, et il n'est guère de phénomènes calorifiques qui amplifiés dans une certaine proportion ne puissent donner de la lumière. Notre principe répond bien d'abord à ce résultat général, car suivant lui les deux phénomènes de la chaleur et de la lumière seraient en quelque sorte complémentaires l'un de l'autre et se rendraient réciproquement nécessaires : mais les rapports pour ainsi dire obligatoires de ces deux ordres de phénomènes et en même temps les différences essentielles qui les séparent ressortiront encore mieux d'un examen plus attentif des deux espèces de vibrations qui les caractérisent.

Ce qui nous paraît appartenir le plus particulièrement aux vibrations lumineuses et mesurer plus spécialement l'énergie de leur effet, c'est la *rapidité* du mouvement; ce qui nous paraît constituer plus spécialement l'énergie calorifique, c'est l'*intensité* de l'impulsion moléculaire, si je puis m'exprimer ainsi : or ces deux conditions se rattachent très-bien aux deux différents ordres de vibrations que nous leur avons attribués. Les vibrations lumineuses en effet peuvent et doivent affecter à

<hr>

(*) Il faut en excepter dans certains cas la lumière électrique, fait que nous expliquerons en son lieu d'après la nature même de l'électricité.

chaque instant une infinité de directions dans le plan perpendiculaire à la propagation ; les forces s'y divisent donc de mille manières : il n'existe qu'une manière au contraire, sous le rapport de la composition des forces, d'être parallèle à une direction donnée, et les forces d'un certain nombre de mouvements vibratoires se concentrant dans cette direction doivent produire une résultante d'impulsions beaucoup plus considérable que dans le cas précédent. Une autre conséquence très-frappante de cet état de choses, c'est que les vibrations lumineuses n'ayant aucune composante efficace dans le sens de la propagation, sont arrêtées dans ce sens par le moindre obstacle ; elles ne pénètrent que là où la voie étant libre en ligne droite, il existe de plus un certain espace transversal propre au développement des vibrations normales à la propagation ; de là il suit encore que non-seulement ces vibrations n'ont sur les molécules des corps qu'une simple action individuelle, mais que de plus cette impulsion déplace sans cesse son point d'application dans l'espace, étant emportée plus loin avec toute la rapidité de la propagation : chaque impulsion lumineuse n'agit donc que pendant un instant infiniment court, et par conséquent elle ne saurait admettre cette compensation entre le temps et l'énergie propre des forces qui est d'une si grande puissance en mécanique ; c'est pourquoi elle n'agit sur nos organes que par la rapidité des mouvements, par l'active répétition d'effets dont chacun n'a qu'une intensité médiocre. Il en est tout autrement de la chaleur : ses vibrations ayant lieu dans un sens unique, celui de la propagation, usent toute leur énergie sur les obstacles ; la puissance du temps lui appartient, et elle peut ainsi multiplier indéfiniment la puissance d'un petit effort. De là vient son pouvoir de déplacer les molécules.

Les considérations qui précèdent me paraissent s'appliquer d'une manière frappante et rigoureuse aux divers traits caractéristiques des deux phénomènes de la lumière et de la chaleur ; nous devons en outre faire remarquer en passant leur précieux accord avec les résultats dus aux ingénieuses recherches de M. Melloni sur le passage de la chaleur à travers les corps transparents. Sans nous arrêter en effet sur les détails, le résultat capital de ces remarquables expériences a été de constater que dans chaque émanation d'une source de chaleur il existe une infinité de *rayons calorifiques* d'intensités inégales, correspondant à l'infinité des rayons *lumineux* inégalement réfrangibles ; dans la lumière solaire notamment, à chaque couleur du spectre (*) correspond une nature particulière de *rayon calorifique*; et il est possible de reproduire ainsi, relativement aux rayons de chaleur, toutes les particularités de la transmission des rayons lumineux colorés à travers les diverses substances.

De là à reconnaître que la lumière et la chaleur sont simplement les composantes des mêmes mouvements vibratoires dans deux ordres de directions distincts, il n'y a que la peine de conclure. Et cette conclusion offre un intérêt d'autant plus grand, que nous retrouverons une relation semblable dans ces deux autres phénomènes si intimement liés aussi, soit entre eux, soit avec ceux qui nous occupent, l'*électricité* et le *magnétisme*.

IIᵉ PRINCIPE.

Pourquoi et par quels moyens la chaleur dilate-t-elle les corps ? — Principe de l'égalité de pression appliqué à l'éther enclavé dans les groupements moléculaires.

Après ces premiers éclaircissements sur la nature intime du mouvement vibratoire calorifique, j'ai hâte d'arriver au problème fondamental de ses effets, la *dilatation* des corps. J'ai déjà signalé les difficultés de cette question dans l'état actuel des idées, j'ai dit qu'elle n'avait jamais été traitée ; il me reste

---

(*) Les effets chimiques des couleurs du spectre solaire ne suivent pas les mêmes lois que leurs radiations calorifiques et nous ne pensons pas qu'il faille les attribuer aux mêmes causes. Cette question ne pourra s'éclaircir que lorsque nous aurons traité de l'électricité et des phénomènes électro-chimiques ; contentons-nous de dire que suivant toute apparence l'effet chimique des rayons lumineux est favorisé par tout ce qui tend à donner aux vibrations un caractère de parallélisme, une tendance vers la polarisation. Nous avons vu que les rayons violets, par l'importance relative qu'y acquiert le frottement de translation comparé au frottement de rotation, étaient dans des circonstances favorables sous ce rapport ; peut-être est-ce la cause de l'énergie chimique présentée par cette couleur et ses voisines.

à en donner la solution au point de vue de notre théorie. Cette solution sera simple et résulte des premiers principes de la mécanique ; mais pour la faire concevoir, quelques mots sont nécessaires au préalable sur l'état de l'éther contenu dans l'intérieur des corps : un principe important nous reste à poser à cet égard.

L'éther, nous l'avons dit dès le principe, n'existe pas seulement dans l'espace libre, il existe et se meut dans l'intérieur des corps ; mais ce fait a lieu de deux manières. Non-seulement en effet l'éther peut circuler à travers ces vides que l'on nomme les *pores*, tout en conservant sa communication avec l'éther des espaces libres ; mais il existe en outre dans les interstices moléculaires à un autre état, à un état d'isolement qui présente des circonstances particulières. Lorsque les molécules des corps, poussées par leur attraction mutuelle, se serrent les unes contre les autres, elles doivent se joindre le plus généralement par leurs angles, ainsi que nous l'exposerons un peu plus tard en traitant du phénomène de la combinaison chimique ; et par ce genre de réunion ces molécules forment ainsi une sorte de réseau, qui dans ses vides ou alvéoles renfermera de l'éther comme le reste des espaces et à la même pression que l'éther libre, tant qu'il pourra communiquer avec lui. Mais il arrivera tel degré de rapprochement, tel arrangement des molécules, où l'éther ainsi compris dans l'intérieur de leurs groupements ne pourra plus librement communiquer avec le fluide extérieur, faute d'un passage suffisant à travers les interstices que laissent entre elles les molécules groupées. L'éther ainsi emprisonné dans l'intérieur des groupements moléculaires ne pourra donc recevoir l'impression des mouvements de l'éther libre que par l'intermédiaire des molécules elles-mêmes ; et c'est là en premier lieu qu'est le principe d'action du phénomène calorifique.

Mais pour trouver la loi de cette action il est très-essentiel de remarquer que la condition de ces parties d'éther enveloppées de toutes parts est fort différente de la condition du fluide libre, sous le point de vue de la communication des mouvements. Dans les phénomènes astronomiques nous avons toujours considéré les mouvements des particules éthérées comme essentiellement individuels, et pouvant se communiquer jusqu'à l'infini par le choc entre des particules indépendantes, d'une masse sensiblement uniforme : en conséquence nous n'y avons point admis cette solidarité entre toutes les parties qui est connue en Hydrodynamique sous le nom de *Principe de l'égalité de pression*. Mais il en est tout autrement à l'égard d'une petite partie de fluide éthéré enveloppée de tous côtés par des obstacles. Supposons qu'une force accélératrice vienne à exercer son action sur un point de cette enclave : le mouvement, en se communiquant d'une particule de l'éther à une autre, sera bientôt arrêté dans sa marche, en vertu de l'obstacle très-rapproché qui existe de toutes parts ; mais la force continuant à agir et s'emmagasinant contre ces obstacles par l'effet du temps, il n'y a aucune raison, puisque de tous côtés la résistance est égale, il n'y a aucune raison pour qu'au bout d'un intervalle suffisant la *pression* contre chacun d'eux ne s'élève pas à la même valeur, valeur uniforme qui mesurera l'intensité de la force elle-même. Le principe de l'*égalité de pression*, que nous avions soigneusement rejeté à l'égard de l'éther libre, doit donc exister au contraire pour l'éther enclavé entre les molécules des corps.

On en va voir immédiatement les conséquences : elles expliquent de la manière la plus simple et la plus naturelle le phénomène de la *dilatation* des corps sous l'action de la chaleur. Si l'on considère en effet un groupement moléculaire, dont le vide intérieur soit rempli par une certaine quantité de fluide éthéré sans communication avec l'éther extérieur, mais en équilibre de pression avec lui ; et si l'on suppose qu'une seule molécule de ce groupement reçoive du dehors un mouvement d'impulsion suffisamment continué : par le principe de l'égalité de pression que nous venons d'invoquer, cette impulsion d'une seule molécule se communiquera bientôt en tous les points de la surface intérieure du groupement et elle y sera partout égale en intensité ; d'où il suit que comme effet total, elle sera multipliée par l'étendue de cette surface, et de plus elle agira sur l'enveloppe moléculaire en sens inverse de l'impulsion primitive extérieure, elle aura un effet de dilatation. Ainsi, relativement au groupement entier, *l'effet d'une impulsion extérieure exercée sur une simple molécule se trouvera donc transformé en une action générale de sens inverse, c'est-à-dire dirigée du dedans au dehors, et amplifiée dans le rapport de toute la surface interne du groupement à la section normale de cette molécule unique.*

Tel est le principe, dans sa nature la plus élémentaire. En considérant un corps comme formé par un ensemble de groupements moléculaires imperméables, chaque impulsion du dehors exercée sur une simple molécule se transforme donc pour tout le groupement, par l'intermédiaire de l'éther enclavé, en une force générale d'*expansion* amplifiée d'une manière proportionnée à la quantité totale de matière à mouvoir; et à mesure que de l'un à l'autre de ces groupements l'impulsion sera communiquée au moyen d'une simple molécule de contact, il s'ensuivra pour les diverses parties du corps une *dilatation* successive.

La reconnaissance de ce principe était sans aucun doute la partie importante du problème, et c'est pourquoi nous avons voulu le mettre immédiatement en évidence : comme toutefois les corps présentent relativement au groupement des molécules plusieurs variations remarquables et qui produisent pour eux divers états distincts, il sera nécessaire d'ajouter à ces premières considérations des détails particuliers et des modifications, qui trouveront place dans les articles suivants. Terminons celui-ci par une réflexion qui ne nous paraît pas sans intérêt au point de vue de la mécanique philosophique.

Il y a lieu de remarquer combien le *temps* est un élément nécessaire aux effets des vibrations calorifiques. C'est lui qui emmagasinant une suite de petits efforts dirigés tous dans le même sens, leur donne la puissance de vaincre les résistances moléculaires; et c'est en cela, comme nous l'avons indiqué déjà, que les effets de la chaleur se distinguent particulièrement de ceux des vibrations lumineuses. Ce n'est pas ici seulement que cette remarque nous paraît devoir être appliquée : le temps, d'une manière absolue, nous paraît être toujours une condition nécessaire à l'application du principe de l'égalité de pression dans les fluides, condition trop négligée peut-être dans les théories actuelles de l'hydrodynamique et dans le calcul de l'effet des machines, où elle nous semblerait pouvoir s'appliquer heureusement aux causes de certaines pertes de forces que l'on a selon nous attribuées trop souvent à l'effet de frottements peut-être imaginaires, comme dans les pompes par exemple, cette machine si simple, ou dans le passage de l'eau à travers de longues conduites. Mais nous n'avons à signaler en ce moment son influence que dans l'étude des phénomènes de la chaleur, où cet élément joue un rôle important, comme nous aurons occasion de le rappeler encore à l'article des *capacités calorifiques.*

IIIᵉ PRINCIPE.

Des trois états des corps et en particulier de la cohésion des corps solides.

Les divers modes de groupements moléculaires, combinés avec l'action de la chaleur, donnent lieu à trois états particuliers des corps, que l'on nomme l'état solide, l'état liquide et l'état gazeux. Pour faire concevoir les caractères distinctifs de ces trois dispositions et les causes dont elles nous paraissent dépendre, il est nécessaire de nous arrêter plus spécialement sur l'une d'entre elles, qui selon nous relève d'un principe particulier et tout à fait différent des indications ordinaires de la théorie : je veux parler de l'*état solide* et du phénomène de la *cohésion.*

Nous n'avons indiqué dans l'article précédent que l'effet le plus général du groupement moléculaire, celui de dilatation ; mais il sera facile de comprendre que certaines modifications dans la forme ou la nature de ces groupements puissent amener à d'autres égards des conditions particulières dont le résultat soit fort important au point de vue des lois de la physique. Supposons qu'un certain nombre de molécules disposées en un groupe soient amenées progressivement par leur attraction réciproque à un tel état de rapprochement, que l'éther ne puisse plus circuler entre leurs interstices, et que par conséquent la communication soit fermée entre l'éther extérieur et la petite quantité de fluide qui demeure enclavée dans le groupe moléculaire : à ce moment il y a encore équilibre entre la pression interne du fluide et sa pression externe. Mais imaginons maintenant que par un nouvel abaissement du mouvement calorifique le resserrement continue et produise entre les pointes moléculaires un certain enchevêtrement ; il s'ensuivra le plus souvent, attendu la forme polyédrique des molécules, il s'ensuivra une déformation du vide, lequel doit tendre en général à s'écarter de plus en plus de la forme sphéroïdale à mesure que l'enchevêtrement devient plus étroit et que par conséquent l'influence des formes moléculaires devient plus prononcée.

Or on sait que la figure sphérique est de toutes les formes de la géométrie celle qui, à égalité de surface, offre la capacité la plus grande, le volume le plus considérable. Lors donc que les groupes moléculaires seront arrivés à ce point, que de nouveaux resserrements éloignent leurs vides de la forme sphéroïdale, l'éther enfermé dans ces vides offrira cette particularité, que toute tendance à l'extension, à l'étirement mécanique, aura pour effet d'*augmenter le volume de ces vides* et par conséquent de *diminuer la pression* de la partie de ce fluide qui y est contenue, comparativement à la pression du fluide libre extérieur, qu'elle possédait auparavant. Cette considération de la sphéricité ne serait même pas nécessaire s'il existe une suffisante pénétration entre les molécules : car alors il est évident que tout étirement aura pour effet d'augmenter le volume de l'espace où est renfermé l'éther intérieur. La pression interne tendant ainsi à diminuer par l'extension mécanique, toute force destinée à produire d'une manière quelconque une extension dans les groupements aura donc à lutter contre l'excès de la pression extérieure exercée par l'éther libre : et tel sera pour nous le principe de la *cohésion* des corps solides, ainsi que de la *viscosité* des corps liquides.

Car à l'égard d'une force d'arrachement ou de ploiement, les groupements moléculaires dont nous venons de parler reproduiront absolument, à l'égard de l'éther, les conditions de cette expérience fameuse dans l'histoire de la physique, si connue sous le nom de la *sphère de Magdebourg*, où deux hémisphères creux étant juxtaposés et le vide d'air fait dans leur intérieur, la pression atmosphérique, qui les enveloppe de toutes parts, s'oppose de toute sa puissance à leur séparation.

Il en est de même des groupements moléculaires dans la circonstance que nous avons définie : ce n'est pas un vide d'air, mais un *vide d'éther* qui tend à se former dans leur intérieur, lorsqu'en étirant leurs groupements dans un sens ou dans un autre on tend ainsi à augmenter le volume de l'éther interposé et par conséquent à diminuer sa pression. L'éther extérieur, par suite du mouvement de la Terre, presse incessamment sur tous les points de sa surface ; et lorsque par suite des circonstances que nous venons d'analyser une partie de la pression équivalente qui existait à l'intérieur des groupements moléculaires tend à faire défaut, cette force extérieure, que nous pourrions appeler *force terrestre*, emploie tout son excès à maintenir l'état premier de ces groupements, et produit ainsi cette force de *ténacité* ou de *cohésion*, qui forme la qualité propre des corps solides et n'appartient aux corps liquides qu'à un degré beaucoup moindre sous le nom de *viscosité*.

C'est là le principe essentiel, fondamental, d'où relève notre théorie de la cohésion ; ce ne serait pas assez toutefois pour que cette théorie fût complète. Car nous faisons dépendre en définitive cette propriété de la même force qui produit la pesanteur, savoir, la pression de l'éther sur la surface du globe : et cependant la cohésion, très-variable d'ailleurs, peut atteindre à une puissance infiniment plus considérable que la pesanteur. D'où vient cela, et à quelle cause peut-on attribuer cette différence ? C'est ce que je vais essayer de faire concevoir.

L'extrême variété de la cohésion dans les diverses espèces de corps, tandis que la pesanteur est une force constante, montre d'abord inévitablement que la première de ces deux propriétés est influencée soit par l'arrangement, soit même par la nature des molécules ; et pour entrer dans nos vues à ce sujet, il faut anticiper quelque peu sur des principes qui ne seront clairement et complétement exposés que dans le livre qui traitera de la combinaison chimique. La théorie chimique actuelle considère comme particulièrement importants, à l'égard des propriétés moléculaires, le *poids d'atome* et la tendance que l'on a nommée *affinité*, sans lui attribuer aucune cause réelle, aucune raison d'être que son existence même. Pour nous au contraire la partie essentielle dans les propriétés atomiques est la *forme* et le *volume* des atomes, parce que ces deux qualités, comme on le verra par la suite, emportent pour nous à la fois le poids d'atome, l'affinité et les différentes propriétés chimiques. Or l'intensité de la cohésion nous paraît liée aussi, comme les propriétés chimiques, le magnétisme, etc., à la forme même des atomes, sinon à leur volume. Il est essentiel de rappeler à ce sujet que les molécules, ainsi que nous l'avons dit déjà et l'expliquerons mieux par la suite, s'attirent particulièrement par leurs angles et surtout par leurs angles les plus aigus. Cela posé, il est facile de concevoir que, dans une solidification confuse, les groupements moléculaires soient disposés de telle façon et soumis à un enchevêtrement tel, qu'une portion des particules pénètre en quelque sorte sous forme de *coin* dans l'assemblage général, en poussant vers le centre du groupement leur partie tranchante ou effilée. Or on sait, par les considérations de la mécanique, qu'un coin chassé par une certaine force exerce normalement à ses *côtés* une pression qui est avec cette force dans le rapport de la longueur de ces côtés à celle de la *tête* du coin. Si donc la molécule intégrante du groupement est allongée, il résultera des pressions latérales exercées l'une sur l'autre par deux molécules voisines une force de frottement qui peut devenir beaucoup plus considérable que la pression même exercée par l'éther sur le groupe, et avec d'autant plus de raison que la force de flexion ou de traction pressant l'une contre l'autre les faces des atomes, aide elle-même à ce frottement, au moins pour une partie des molécules. Enfin le nombre même des molécules groupées sert encore de multiplicateur à la force de cohésion, tandis que la pesanteur n'agit que sur le *groupe* entier. On aura une confirmation de ces vues lorsque nous aurons montré que, parmi les corps simples, les métaux sont ceux dont la molécule est la plus allongée, et lorsque nous aurons vu par les lois du magnétisme que parmi les métaux eux-mêmes c'est le fer qui a la molécule la plus longue : or ce métal est de beaucoup le plus cohérent. Ajoutons encore une considération particulière. Lorsque la pesanteur agit, c'est au moyen d'un vide instantané formé au-dessous du corps par l'aspiration de la Terre, mais ce vide ne demeure pas même pendant un instant très-court sans être rempli, et dans la pesanteur statique on peut dire que le vide n'existe même pas. Dans la cohésion au contraire, lorsque cette propriété est exercée, le vide d'éther existe et il est permanent : il se produit donc ainsi un effet équivalent à celui d'une force accélératrice suffisamment prolongée pour équilibrer la force de tension, jusqu'à ce que le vide devienne assez grand en quelque point pour que l'enchevêtrement soit détruit.

Toutes les causes que nous venons d'énumérer peuvent influer chacune pour leur part sur l'intensité de la cohésion, et l'on comprendra que cette force puisse ainsi être exaltée à un degré bien supérieur à la pesanteur. Dans tous les cas l'*enchevêtrement* des particules produit toujours nécessairement la cohésion, aussi n'affecterons-nous cette disposition moléculaire qu'aux corps éminemment cohérents, aux *corps solides*, et ne l'admettrons-nous point pour les liquides.

Telle est donc en résumé notre explication de cette force singulière, dont la théorie ordinaire n'avait pas encore donné, et ajoutons, ne pouvait point donner une raison suffisante : car elle ne pouvait que la comparer à une autre force générale, la gravitation, avec laquelle elle a des conditions frappantes de dissemblance, tandis qu'elle est d'un ordre particulier et demande en réalité une cause spéciale ; on en faisait ainsi d'ailleurs une force purement abstraite, tandis qu'elle est essentiellement mécanique. A l'inverse des idées actuelles, il ne sera plus difficile de concevoir, dans notre mode d'explication, pourquoi, malgré sa grande puissance, la force de cohésion cesse d'une manière complète par la rupture des parties, et ne peut se reproduire par le rapprochement le plus étroit, sans un nouveau passage du corps par l'état de fluidité. C'est que cette force tient en effet d'une manière essentielle à l'enchevêtrement même des molécules, et que ces molécules une fois séparées, elle n'est plus rien.

Ainsi, et nous le disons sans ambages, rien de plus opposé à notre système que cette hypothèse qui dans l'intérieur des corps n'admettait aucun phénomène de contact entre les molécules et qui, réduisant en quelque sorte la matière à l'état de chose abstraite, faisait graviter pour ainsi dire l'une autour de l'autre, comme de petites planètes, les molécules des corps. Cette hypothèse, qu'il serait *nécessaire* d'adopter en effet si l'on voulait appliquer aux faits de la physique les principes de la théorie de Newton, cette hypothèse nous la repoussons de toutes nos forces, parce que nous pensons qu'elle est repoussée également par tous les phénomènes de la physique, de la chimie et de la cristallographie. Mais laissons en ce moment ces réflexions pour revenir à la définition des trois états des corps, en employant pour y parvenir les considérations mêmes qui nous ont servi à expliquer le phénomène de la cohésion.

L'état *solide* est pour nous, ainsi que nous l'avons déjà suffisamment indiqué, celui où les molécules du corps sont non-seulement groupées entre elles en un contact assez étroit pour enclaver dans l'intérieur de leurs vides des parties d'éther sans communication directe avec l'éther des espaces libres, mais encore où ces molécules forment entre elles un certain *enchevêtrement,* cause principale de la cohésion.

L'état *liquide* sera pour nous celui où les molécules du corps, non enchevêtrées entre elles, sont amenées seulement à un rapprochement suffisamment étroit pour ne laisser dans les interstices de leurs groupements aucun passage aux particules de l'éther : ce qui sépare bien encore complétement de l'éther libre les parties de ce fluide comprises dans le vide des groupements et produit ainsi la dilatation calorifique de la même manière que dans les corps solides ; mais l'absence d'enchevêtrement y réduit la cohésion à une simple viscosité. Dans cet état les particules sont en quelque sorte à chaque instant dans un équilibre parfait entre deux forces contraires, l'attraction et la chaleur, les effets de l'attraction n'étant point multipliés par les forces qui résultent de l'enchevêtrement des particules.

L'état de *gaz* enfin serait, selon nos vues, celui où les molécules, complétement séparées l'une de l'autre, nageraient pour ainsi dire individuellement dans l'éther, sans que ce fluide éprouvât d'empêchement à circuler dans aucun de leurs interstices.

Nous avons expliqué la dilatation et la cohésion des corps solides; quant aux liquides, la dilatation s'y expliquera d'après le même principe : il est clair d'ailleurs que les angles des molécules ne se pénétrant point réciproquement, et leurs groupements présentant ainsi une forme plus indépendante des irrégularités moléculaires, la dilatation y devra suivre aussi une loi plus régulière que dans les corps solides ; elle y sera plus considérable à cause de la plus grande étendue de surface intérieure que présentent les groupements par rapport à la section d'une seule molécule. L'absence de cohésion y résultera enfin nécessairement du défaut d'enchevêtrement des molécules, qui détruisant toute solidarité entre les parties, leur permet de se déplacer sous le moindre effort. Une certaine adhérence ou viscosité entre les particules du liquide peut et doit seule résulter d'un semblable état de choses.

Les propriétés des gaz et des vapeurs, un peu différentes de celles des deux autres états des corps, ne s'expliqueront pas avec une moindre exactitude, et en particulier l'énergie de leur dilatation, poussée jusqu'à l'état de *force répulsive* pour leurs propres particules. Cette force répulsive n'a évidemment son action que relativement à l'enveloppe imperméable, quelle qu'elle soit, où le gaz est à chaque instant contenu : or les molécules gazeuses, qui ne forment pour ainsi dire qu'un seul et même groupement avec l'éther à l'égard de cette enveloppe, puisqu'il y a libre communication entre tous les groupes partiels, ces molécules agissent alors simultanément avec le fluide sur ces parois enveloppantes, comme nous avons vu que le fait l'éther lui-même contre les parois intérieures des groupements moléculaires dans les corps solides ou liquides ; par le principe de l'égalité de pression tout mouvement calorifique imprimé par l'éther à une partie de cet ensemble, et suffisamment prolongé, se transmet donc avec une intensité égale en tous les points et produit ainsi dans toutes les parties du volume de gaz et contre son enveloppe elle-même une force d'expansion *uniforme*, qui n'étant plus contre-balancée par aucune résistance de cohésion ni de viscosité, tend ainsi à se résoudre en une diffusion générale de leur masse. C'est encore là, pour le dire en passant, la raison réelle de la dilatation non-seulement régulière, mais sensiblement uniforme de tous les gaz : leurs molécules en effet font pour ainsi dire corps avec l'éther et participent à tous ses mouvements ; le principe de l'égalité de pression se fait donc sentir de la même manière dans tout l'ensemble.

La loi de dilatation n'est pas aussi régulière pour les *vapeurs* que pour les *gaz*, surtout au voisinage de leur point de liquéfaction : aussi ne croyons-nous point que la nature de ces deux genres de corps soit en effet exactement semblable. Nous sommes porté à penser que les vapeurs ne laissent pas entre leurs molécules une voie aussi parfaitement libre que dans les gaz aux mouvements de l'éther : soit à cause d'un moindre écartement, soit à cause de la forme des particules, les vapeurs ne laisseraient passer les mouvements de l'éther entre leurs interstices qu'avec une certaine gêne ; ce serait en un mot un état intermédiaire entre l'état de gaz et l'état liquide, et cette particularité nous semble venir si heureusement se placer ici, elle est en harmonie si parfaite avec les faits, que sa convenance frappera d'elle-même tous les yeux et qu'il est inutile de nous arrêter à la faire ressortir.

Les définitions et les explications qui précèdent, avec les principes qui les appuient, donneront, nous avons lieu de l'espérer, une idée claire et suffisante des trois ordres de modifications permanentes que la chaleur imprime aux corps. En réunissant par la pensée ces divers principes, la seule difficulté qui puisse rester encore pour les rendre compatibles entre eux et avec tous les faits, est de concevoir que, dans certains cas, des corps solides comme la glace, par exemple, se contractent en se liquéfiant au lieu de se dilater. Cette exception, car c'en est une, qui serait incompréhensible dans la théorie ordinaire, peut néanmoins se concevoir ici, où il ne s'agit que d'une combinaison de mouvements et de formes moléculaires qui mettent dans un certain rapport la capacité des vides avec la dilatation de l'ensemble. Ce qui caractérise la solidification étant surtout l'enchevêtrement des molécules, il ne nous paraît pas difficile d'expliquer que par le changement de la figure du vide, par son éloignement de la forme sphérique lorsque cet enchevêtrement a lieu, il puisse y avoir tel genre d'écartement d'une partie des molécules qui produise l'expansion totale du corps tout en diminuant la capacité des vides ou la laissant stationnaire ; et l'inverse aurait lieu dans la liquéfaction des mêmes corps. Cette circonstance est donc un cas particulier très-naturel et très-facilement admissible des principes généraux que nous avons posés.

IVᵉ PRINCIPE.

De la chaleur latente et des deux points fixes du thermomètre.

S'il est vrai, comme nous venons de l'indiquer, que le principal caractère qui signale le passage de l'état solide à l'état liquide est la cessation de l'enchevêtrement moléculaire, il n'y a nul doute que dans ce passage il ne se forme subitement un accroissement notable dans le volume des vides compris entre les molécules groupées. Lorsqu'en obéissant en effet aux lois de l'attraction les molécules des corps se rapprochent jusqu'à l'enchevêtrement, quelques-unes d'entre elles doivent s'enfoncer, pour ainsi dire comme le ferait un coin, dans le groupement des autres : si maintenant l'expansion calorifique, agissant en sens contraire de l'attraction, vient détruire cet état, elle agira sans nul doute de la manière le plus facile, c'est-à-dire en faisant *sauter* les coins enfoncés dans le groupement. Or il paraît évident qu'au moment où cessera ainsi cette force de compression considérable qui produisait la *cohésion*, il doit se produire entre les particules une séparation subite, comme lorsque vient à se rompre le dernier des liens qui serraient un faisceau : par ce fait même la capacité des vides s'amplifiera d'une manière considérable et en quelque sorte brusquement ; pour compenser le défaut de pression qui en résultera pour l'éther enveloppé dans ces vides, il faut donc une augmentation particulière de son intensité vibratoire, il faut en un mot l'addition d'une certaine quantité de *calorique*, qui sera employé au seul changement d'état et servira à le rendre possible. C'est ce que l'on nomme en physique la *chaleur latente* des liquides.

La chaleur latente absorbée dans le passage de l'état liquide à l'état de gaz s'expliquera d'une manière aussi simple et par un principe semblable. Il est clair qu'au moment précis où la communication s'établit entre l'éther libre et l'éther enclavé dans un groupe moléculaire, la voie ne peut s'ouvrir entre deux molécules que par un effort plus puissant produit en un certain point de leur resserrement, effort au moyen duquel l'une des molécules au moins se trouve déplacée tout entière : il en résulte donc un élargissement subit dans tout le resserrement que produisait la position de cette molécule, soit par suite du déplacement même, soit par l'anéantissement de la force de viscosité qui serrait encore les particules l'une contre l'autre. La perte de pression qui en résulte pour l'éther intérieur doit donc être compensée par un mouvement calorifique plus considérable, employé uniquement à cette transformation. De là la *chaleur latente* absorbée dans le passage des liquides à l'état gazeux.

Ce sujet des chaleurs latentes, si obscur encore dans les idées actuelles, devient donc dans la théorie de l'éther une des conséquences les plus simples de l'état naturel des choses : les mêmes considérations vont nous conduire en outre à l'explication d'un autre phénomène sur lequel la théorie n'a pas été plus explicite jusqu'ici que sur les faits précédents.

On sait que l'intensité de la chaleur est mesurée en physique par la dilatation des corps, principalement par celle des liquides et au moyen d'un instrument que l'on nomme le *thermomètre*, sur le détail duquel il serait superflu de s'arrêter ici ; or c'est la graduation et l'usage de cet instrument qui ont donné lieu à l'observation du phénomène dont nous voulons parler ici.

L'échelle de ce thermomètre est en effet graduée entre deux *points fixes* de température qui présentent une particularité très-curieuse, demeurée jusqu'ici à l'état de problème. Ces points fixes sont la glace fondante et l'eau bouillante; et l'on a expérimenté en effet que lorsqu'un corps passe d'un état à l'autre, savoir, de l'état liquide à l'état gazeux ou de l'état solide à l'état liquide, il conserve une température constante pendant tout le temps de cette transformation et tant qu'il reste encore quelque parcelle du corps non transformée. A quoi tient ce phénomène? Évidemment aux mêmes causes qui nous ont expliqué les chaleurs latentes. Le corps ayant besoin d'une certaine quantité de mouvement calorifique pour faire parvenir l'éther des groupements à un certain degré de pression, emprunte cette chaleur à tout ce qui l'environne et premièrement il l'emprunterait à ses propres parties si elles avaient un mouvement calorifique supérieur : dans aucune partie du corps l'éther ne peut donc tendre à dépasser cette limite de mouvement nécessaire à la transformation, sans que cet excès ne lui soit enlevé par les parties voisines non encore transformées ; et l'inverse a lieu pour le refroidissement. Toutes ces conséquences sont de la plus grande simplicité une fois les prémisses posées et les principes fondamentaux reconnus. On les comprendra du reste mieux encore par les détails qui vont suivre, et qui feront aussi complétement connaître ce que, dans la théorie de l'éther, représente réellement la *température* des corps.

Vᵉ PRINCIPE.

Des densités moléculaires et du poids d'atome. On montre que l'éther enclavé dans les groupements moléculaires imperméables n'a pas d'action sur la pesanteur. Définition et valeur de la température dans la théorie de l'éther.

Il est essentiel, avant que d'entrer dans le sujet des capacités calorifiques, qui sera traité à l'article suivant, et aussi pour ne point laisser planer d'obscurités sur quelques propositions du livre d'astronomie, il est essentiel de se former des idées claires sur certains caractères de l'organisation moléculaire des corps, en ce qui concerne l'action de la pesanteur et les densités.

La densité en général est la quantité relative de matière sous un volume donné; elle est variable selon l'état et la nature des corps : et cependant nous avons posé en principe que la *densité moléculaire* moyenne à la surface du globe était sensiblement constante, comme étant déterminée par la pression générale de l'éther sur cette surface en vertu du mouvement terrestre. Il faut donc expliquer et faire concorder ensemble ces deux ordres d'idées. D'une autre part, dans notre calcul de la vitesse des graves, nous avons dû admettre que l'action de la pesanteur sur les corps terrestres dérive de la pression exercée par l'éther sur leurs *groupements moléculaires imperméables*, et l'on pourrait être porté à en conclure que dans notre théorie le poids des corps solides ou des liquides n'est pas réglé par la seule quantité matérielle des particules ou atomes du corps lui-même, mais que l'éther interposé dans les groupes imperméables y doit compter pour quelque chose ; ce qui tendrait à établir une différence entre le poids d'un corps solide et celui de sa vapeur. Nous devons faire voir que cette fausse conséquence n'est pas indiquée par notre théorie, et que l'éther des groupes imperméables est au contraire totalement indifférent quant à l'action de la pesanteur. Entrons dans le détail de ces diverses considérations, en commençant par la dernière des questions que nous venons d'énumérer.

L'éther enfermé dans les groupements y produit, comme nous l'avons vu, par les impulsions vibratoires qu'il transmet, le phénomène de la chaleur. Ce phénomène s'exécute au moyen de *vibrations* de cet éther, déterminées dans leur mouvement de va-et-vient par l'impulsion moléculaire venant du dehors d'une part, et de l'autre par l'inertie des particules résistantes qui composent le groupement : il y a donc dans le fluide enclavé un véritable *mouvement d'oscillation*, par le double choc duquel la dilatation du groupe est produite. Or qu'en résulte-t-il à l'égard du phénomène de la pesanteur ? Les mouvements de l'éther étant d'une rapidité infinie par rapport aux divisions du temps appréciables pour nous, il est clair que les deux parties de chaque oscillation sont pour ainsi dire indivisibles à l'égard de notre appréciation du mouvement produit par la pesanteur ; et l'éther interposé dans le groupement agit donc sous ce rapport comme exécutant, sinon au même instant, du moins dans un temps indivis, deux mouvements exactement contraires ; or si l'on considère en particulier ses vibrations verticales, une moitié agira dans le sens de la pesanteur, mais l'autre moitié agissant au même moment dans le sens directement contraire avec une intensité égale, en détruira complétement l'effet ; quant aux vibrations non verticales elles se résument en composantes verticales présentant les mêmes conditions que nous venons d'analyser, et en horizontales qui évidemment n'ont sur la pesanteur aucune action, tout en maintenant l'indépendance des particules éthérées. Ainsi les vibrations de l'éther enclavé dans un groupe moléculaire imperméable ont à chaque instant à l'égard de la pesanteur de ce groupe deux actions contraires et égales, qui se détruisent : c'est un résultat analogue à celui de ce principe si connu en mécanique, que « les actions réciproques des corps d'un même système n'altèrent pas les mouvements de son centre de gravité. »

Ainsi donc l'éther enclavé dans les groupes de molécules ne *pèse* pas avec ce groupe ; il est à l'égard de la pesanteur des molécules groupées comme s'il n'existait point au milieu d'elles ; il n'y a en un mot de *pesant* dans le groupement que les molécules mêmes du corps, ses atomes. Cette explication lève, je l'espère, toute obscurité à l'égard d'une sorte de paradoxe dont on pouvait soupçonner notre théorie : ce paradoxe était purement imaginaire, et nous tenions à en détruire même la trace ; occupons-nous actuellement des densités.

Nous avons dit que la densité des groupements moléculaires était sensiblement constante à la surface du globe : voici dans quel sens et par quelle raison. La chaleur, ou force d'expansion qui imprime à l'ensemble des molécules de chaque groupe sa *quantité de mouvement*, doit toujours être en équilibre avec la pression de l'éther extérieur, laquelle, étant constante sur l'unité superficielle imperméable si l'on n'a égard qu'au seul mouvement terrestre, sera évidemment, à l'égard de la totalité de ces molécules, proportionnée à la surface de leur groupement, ou au carré de son rayon s'il est supposé sensiblement sphérique. D'autre part la *quantité de mouvement* imprimée intérieurement aux molécules du groupe, qui mesure directement la force calorifique, est égale à la somme P de leurs masses, multipliée par la vitesse vibratoire V qui leur serait imprimée dans l'unité de temps par les mouvements intérieurs de l'éther ; mais cette vitesse doit être rapportée à une unité linéaire, et comme il est évident qu'elle aurait d'autant moins d'effet relatif que le rayon du groupe est plus étendu, c'est à lui qu'il faut la rapporter, en divisant sa valeur par la valeur R de ce rayon. L'égalité entre la quantité de mouvement intérieure et la pression extérieure de l'éther pourra donc être exprimée par l'équation

$$P \frac{V}{R} = CR^2 \ldots\ldots\ldots (a),$$

où C indique la pression moyenne sur l'unité de surface terrestre. Cette équation peut s'écrire

$$\frac{P}{R^3} = \frac{C}{V} \ldots\ldots\ldots (a').$$

Or le premier membre n'est autre que la *densité du groupement ;* on voit donc que pour une même valeur de V, ou pour une même vitesse de vibration calorifique intérieure, la mesure de cette densité est constante si l'on n'a égard qu'à une certaine température extérieure sensiblement uniforme. C'est ainsi que nous l'avons considérée en astronomie, en la rapportant à la chaleur moyenne uniforme de la surface terrestre ou à celle des diverses surfaces planétaires.

La pression extérieure CR^2 sur les groupes moléculaires d'un corps donné n'est pas seulement en effet déterminée par le mouvement de la Terre ; la chaleur ambiante fait nécessairement varier cette pression, et l'équation (a) ne convient en conséquence qu'à l'état d'équilibre calorifique établi dans un milieu. Mais le premier membre de cette équation exprime toujours et dans tout état de cause la quantité de mouvement calorifique intérieur : le rapport de cette force calorifique à l'étendue de la surface du groupe de molécules ne sera donc autre chose que la *température* de ce groupe : car ce sera la force capable de produire sur l'unité de surface du groupement imperméable une impulsion donnée, qui dans le cas de l'équilibre sera égale à la pression générale du milieu ambiant.

On peut dire en général que, dans la théorie de l'éther, « la *température* des corps représente la quantité de mouvement imprimée par les vibrations calorifiques à l'unité de surface moléculaire ; » et il résulte des calculs précédents : « qu'elle est égale au produit de la densité des groupements imperméables par la vitesse de vibration que tend à communiquer aux molécules du corps le mouvement de l'éther enclavé dans ces groupements. »

Je n'ai pas besoin de faire remarquer tout ce qu'il y a de rationnel dans cette expression et comme elle fait facilement comprendre que les effets de la température soient si régulièrement comparables à eux-mêmes dans tous les corps.

Dans les gaz et les vapeurs il n'existe plus de groupements moléculaires ; l'expression de la température doit y être rapportée au volume total du gaz considéré comme un groupement unique dans lequel tout participe au même mouvement vibratoire ; mouvement qui doit être identique d'ailleurs pour tous les gaz relativement à l'enveloppe générale, lorsqu'il s'agit d'imprimer une température donnée à un volume donné : on conçoit donc d'après cela que tous les gaz aient pour un même accroissement de température une dilatation uniforme.

Terminons par une réflexion. Il est facile de voir, par toutes les considérations qui précèdent, qu'il n'y a rien d'absolument fixe et invariable dans la constitution intime des corps, un seul élément excepté, qui est le *poids de l'atome constituant*. C'est là en effet la seule quantité invariable par elle-même, parce qu'elle seule représente dans sa nature propre la véritable qualité matérielle, l'impénétrabilité, et que de plus il est hors des forces de l'homme d'en altérer la grandeur. La proposition suivante va ajouter à cette réflexion un précieux enseignement sur la véritable essence de l'élément matériel lui-même.

VIᵉ PRINCIPE.

De la capacité des corps pour la chaleur et de son rapport avec le poids d'atome. La belle loi de Dulong et Petit sur la réciprocité constante de ces deux grandeurs, facile à expliquer dans la théorie de l'éther, conduit de plus à une importante conséquence, celle de l'unité de l'essence matérielle.

Les différents corps, sous poids égaux, n'absorbent pas en général la même quantité de chaleur pour s'élever d'un degré à l'autre du thermomètre, ou, ce qui est la même chose, étant placés dans les mêmes conditions de refroidissement, ils emploient des temps inégaux pour abaisser d'un degré leur température. La propriété qui dans les corps est susceptible de ces différences se nomme leur *capacité* pour la chaleur. MM. Dulong et Petit, en comparant les capacités de divers corps simples avec leurs poids d'atome déduits des observations de la chimie, ont trouvé cette belle loi : « qu'en multipliant la *capacité calorifique* de chaque corps simple par le poids d'atome correspondant, on obtient un produit dont la valeur est sensiblement constante. »

Dans les vues ordinaires, il résulterait immédiatement de cette loi, et telle est en effet la conséquence que ses auteurs en ont tirée, il en résulterait que les *atomes* des corps simples ont tous, quels que soient leur poids et leur nature, *la même capacité pour la chaleur;* que tous en un mot absorberaient la même quantité de calorique pour élever leur température d'un même nombre de degrés. Nous reviendrons tout à l'heure sur cette singulière conséquence, pour indiquer le résultat qu'elle renfermerait implicitement ; mais il convient d'abord d'examiner la loi au point de vue de la théorie de l'éther, d'en chercher l'explication par cette théorie et les résultats auxquels elle peut conduire. L'explication rationnelle de la loi même y sera simple et précise, mais là n'est pas encore selon nous la plus impor-

tante conséquence : car elle conduit de plus à un précieux principe sur l'essence générale de la matière, principe vers lequel
convergeaient il est vrai plusieurs autres résultats de notre
théorie, en donnant au volume et à la forme des atomes une
importance jusqu'ici méconnue; mais sa réalité restait conjecturale, et sa véritable démonstration ne pouvait ressortir que de
la loi dont nous traitons. Exposons succinctement ces vues, en
prenant toutefois nos réserves à l'égard de la nature même de
ce sujet, que nous voulons moins traiter en ce moment comme
un résultat de rigoureuse géométrie, que comme une sorte de
thèse philosophique qui n'emporte au fond rien d'essentiel en ce
qui concerne l'établissement des principes fondamentaux de la
théorie de l'éther.

Nous avons fait remarquer déjà le mécanisme au moyen duquel le principe de l'*égalité de pression* devient applicable à
l'éther enclavé dans les groupements moléculaires : c'est le *temps*
qui est l'agent principal de cette transmission de forces ; c'est
par lui que des impulsions moléculaires successives, accumulées
contre les résistances, finissent par se communiquer à tout l'ensemble du fluide qui remplit le vide du groupement, puis à la
ceinture de molécules qui l'enclavent : le mouvement vibratoire,
au bout d'un temps suffisant, devient donc égal dans toute cette
partie du fluide, et s'élevant ainsi jusqu'à l'intensité communiquée par la source, la communique par suite à toute la ceinture moléculaire. Or en considérant ce mouvement calorifique
comme imprimé par la source à une seule molécule et par elle à
tout l'éther et à toutes les autres molécules du groupement, il
est clair que le temps qui serait employé à communiquer, dans
les mêmes circonstances, le même mouvement vibratoire à tout
l'ensemble, ou ce qui est la même chose, la quantité de chaleur
que cet ensemble absorbera pour s'élever d'une même portion
de l'échelle thermométrique, sera exprimée par une quantité
de mouvement dépendant du rapport entre la quantité matérielle d'une seule molécule, ou le poids d'atome, et la quantité
matérielle comprise dans les molécules du groupement entier.
Or la vitesse vibratoire V qui entre dans cette quantité de mouvement a d'autant moins d'effet relatif que le rayon de la subs-

tance agissante est plus considérable ; si donc on nomme P le poids total du groupe et R son rayon, p le poids de l'atome qui communique le mouvement et r le rayon de cet atome, la capacité calorifique du corps sera exprimée par le rapport

$$\frac{P}{p} \cdot \frac{r}{R} \cdot V.$$

Mais il faut ajouter à cela que l'impulsion mécanique exercée par la molécule qui sert de source d'une part, et de l'autre sur l'éther par le groupe entier, ayant lieu suivant une certaine surface, et l'effet étant nécessairement proportionné aussi à cette surface extérieure, la capacité sera par suite en raison réciproque du carré du rayon du groupe au carré du rayon de la molécule, ce qui donnera enfin pour l'expression de cette capacité :

$$\frac{P}{p} \frac{r^3}{R^3} V, \quad \text{ou} \quad \frac{P}{R^3} V \cdot \frac{r^3}{p} ;$$

elle est égale en un mot au rapport de la *densité* du groupement moléculaire à la densité de la molécule, multiplié par la vitesse de vibration; ou si l'on veut, à la valeur que nous avons trouvée précédemment (Principe V°) comme expression de la *température*, divisée par la densité atomique.

D'après la loi de Dulong et Petit, en multipliant la capacité par le poids d'atome on obtient un nombre constant. Or admettons pour un moment qu'au lieu de multiplier par le poids d'atome l'expression que nous venons de trouver, on la multiplie par la *densité* de l'atome : elle se réduira à la densité du groupe multiplié par la vitesse V, c'est-à-dire à l'expression que d'après l'équation (a') du Principe précédent nous avons montrée être constante pour un mouvement donné de température, et qui exprime selon nous la *température* elle-même.

Ainsi en substituant au *poids* de l'atome de Dulong et Petit la *densité* de cet atome, nous arrivons théoriquement à un résultat identique avec celui de ces savants physiciens, c'est-à-dire à la constance du produit de la capacité par cette valeur atomique. Qu'en conclure ? Rien autre chose, sinon que « sous poids égal de matière (puisque la capacité des solides et des liquides se mesure ainsi), *la densité atomique est précisément égale au poids de l'atome.* » Et que peut signifier ce résultat lui-même, si ce n'est : « *Que le poids de l'atome est identiquement mesuré par son volume?* »

Je fortifie cette induction par une réflexion technique. On a trouvé par l'expérience que si le théorème sur la capacité est relatif pour les solides et les liquides à des poids égaux de matière, comme nous venons de l'indiquer, il en est autrement des gaz et des vapeurs, dont les capacités ne sont réciproques aux poids d'atome qu'à *volume constant* et *sous pression constante.* Cela est parfaitement concordant avec nos principes : en effet l'enveloppe entière qui enferme le gaz étant pour nous un seul groupement, c'est en réalité la densité de l'ensemble qui doit entrer dans notre expression, avec la condition expresse d'une identité de volume ; et l'on voit encore immédiatement ici pourquoi, suivant les beaux résultats de Gay-Lussac, les poids atomiques des gaz simples (*) sont réciproques à leurs densités, de même que leurs dilatations sont proportionnelles à leurs volumes. Tout se lie d'une manière étroite dans ces diverses conséquences, tout dérive par des voies simples et précises des principes fondamentaux de la théorie, si l'on admet l'important résultat (**) que nous avons déduit de la loi même des capacités. Revenons donc à l'analyse des conséquences qu'il renferme.

Ainsi, selon nos conclusions, le volume propre et le poids des atomes représenteraient une seule et même mesure : il en résulterait donc que la densité de la matière est constante et uniforme, qu'en un mot « l'essence de la matière serait *une et*

(*) Dans les gaz composés, les molécules du gaz même sont de véritables groupements, qui échappent par conséquent à la loi des simples atomes ou du moins qui la modifient.

(**) Il ne serait point difficile de faire voir que dans la théorie ordinaire elle-même, si l'on admet une certaine raison entre les mouvements des molécules et la grandeur des vides qui les séparent, le théorème de Dulong et Petit sur l'égale capacité de tous les atomes doit conduire à un résultat semblable au nôtre, sous peine de tomber dans cette conséquence irrationnelle, que des forces égales (car la capacité est une force) imprimeraient des mouvements égaux à des masses inégales. Mais il est inutile de nous appesantir sur une discussion qui ne pourrait avoir ici aucun objet sérieux.

absolue, et que les atomes des corps, fragments inégaux de cette unique substance, n'auraient de quantité d'inertie ou de quantité matérielle que proportionnellement à l'espace qu'ils occupent. »

Nous n'avions pas besoin de ce résultat ; il pouvait être ou ne pas être sans porter atteinte à nos vues générales, et à vrai dire il ne nous sera d'aucun usage marquant dans la suite de ce travail : mais nous ne l'en acceptons pas moins avec tout le bonheur d'une simplification inespérée et comme la réalisation d'un grand principe d'unité dans les lois de la nature. Sa conception d'ailleurs doit rendre encore plus vivement frappante cette importance du volume et de la forme des atomes, que nous signalions dès les premières pages de cet écrit, et que ses dernières pages pourront seules mettre dans tout son jour. Sans déprécier la force d'inertie, qui joue aussi un rôle important dans les lois du mouvement matériel, on peut dire toutefois que l'une des véritables qualités de la matière, l'impénétrabilité, n'avait pas été encore appréciée à sa juste valeur : nous espérons lui rendre son importance. Et si de plus le principe de *l'unité matérielle*, que nous déduisons ici des lois de la chaleur, peut être admis comme l'expression réelle des choses : la matière, simple et unique dans sa substance, ne serait plus qu'un être géométrique, une simple et abstraite circonscription de l'espace, la différence enfin du plein au vide. On trouverait alors la vérité exacte et complète dans cette définition si simple : « La matière est ce qui occupe un espace impénétrable. »

DE LA CAPILLARITÉ.

Je ne parlerai point longuement de cette propriété singulière, à laquelle les efforts de l'esprit de système ont donné dans l'ancienne théorie une importance jusqu'à un certain point factice, en faisant de ce genre d'exception le représentant même, en quelque sorte, du principe auquel on attribuait les lois les plus générales de la nature, celui de l'*attraction moléculaire*. Nous ne dirons sur ce sujet que ce qui est nécessaire pour montrer avec quelle simplicité il découle des principes fondamentaux de la théorie de l'éther combinés avec les données les plus simples de la statique.

Dans la théorie de l'attraction, on a appliqué de deux manières le calcul au phénomène de la capillarité : dans la première manière, qui est celle de Clairaut, on considère comme le principe de l'ascension ou de la dépression de l'eau dans les tubes capillaires l'attraction de la matière du tube sur le liquide; et il résulterait de ce calcul qu'il devrait y avoir élévation ou abaissement du niveau de la colonne liquide dans le tube, selon que cette attraction est plus grande ou moins grande que le double de celle du liquide pour ses propres parties. Mais ce principe a été contredit par l'expérience, qui prouve que ni la nature de la matière qui forme le tube ni l'épaisseur de sa paroi n'ont d'effet sur la hauteur de la colonne ascendante ou descendante du liquide. En vain voudrait-on justifier ce résultat en disant que lorsqu'une substance solide est *mouillée* par un liquide, l'adhérence est assez forte pour substituer au tube réel un tube artificiel intérieur formé par le liquide lui-même : je dis que cet argument est de très-médiocre valeur, car en admettant qu'il fût vrai pour les liquides qui mouillent et qu'il donnât pour eux des résultats uniformes d'élévation, il serait nécessairement inapplicable aux liquides qui ne mouillent pas et devrait donner des résultats variables dans la dépression; il détruirait d'ailleurs le principe même qui sert de base au calcul.

Laplace a cherché à appliquer au même objet une autre méthode, certainement fort ingénieuse, mais aussi peu efficace selon nous sous le point de vue du principe fondamental : elle est fondée sur l'influence de la courbure concave ou convexe qu'affecte la surface supérieure de la colonne liquide. Mais n'est-ce pas là une sorte de pétition de principe? Quelle sera en effet la cause de cette courbure même de la surface? Est-ce l'attraction? Est-ce la propriété de mouiller ou de ne pas mouiller ? Mais si la propriété qu'a l'eau de mouiller le verre dépend de l'attraction, celle qu'a le mercure de ne pas le mouiller provient donc d'une répulsion? Car il y a et il faut qu'il y ait une séparation absolue entre ces deux alternatives, qui correspondent à des résultats si tranchés et tout contraires; il faut que l'une soit en quelque sorte la négation de l'autre. Ainsi il y aurait, comme conséquence de la théorie, répulsion entre les molécules du verre et celles du mercure : mais cela est contraire aux faits , car il résulte des expériences de Gay-Lussac qu'il existe une adhérence considérable entre une paroi de verre et un bain de mercure, adhérence quatre ou cinq fois plus considérable même, si on la mesure par les poids équilibrés, que celle qui unit cette paroi de verre à une nappe d'eau. Et d'ailleurs en supposant que la répulsion ou l'attraction du liquide par le tube puisse produire une surface convexe ou concave, comment expliquer toujours, dans cette hypothèse, que le degré de courbure puisse être indépendant, même quelquefois seulement, de la matière du tube? Toutes ces questions sont donc d'une grande obscurité , et l'on ne peut disconvenir que si dans la théorie de l'attraction moléculaire le phénomène de la capillarité a fait l'objet de brillants exercices du calcul algébrique, il est demeuré bien peu connu sous le rapport de ses causes réelles et fondamentales.

La théorie de l'éther au contraire , en expliquant le phénomène lui-même par une méthode plus simple que celle de l'attraction, va nous renseigner en même temps d'une manière beaucoup plus complète sous le rapport des causes. Et d'abord elle expliquera pourquoi les parois solides sont ou ne sont point *mouillées* par certains liquides et le genre de force qui résulte de cette circonstance.

Un solide est *mouillé*, selon nous, par un liquide lorsqu'il y a pénétration, enchevêtrement mutuel de leurs particules au contact. Il est pour ainsi dire superflu de rappeler à ce sujet une circonstance qui n'est contestée par personne, c'est que les surfaces qui nous paraissent les plus polies sont en réalité rugueuses et hérissées de pointements moléculaires : or lorsque dans deux corps en contact ces pointements ont une pénétration réciproque, qu'ils peuvent entrer en un mot les uns dans les autres, et lorsque de plus cette pénétration a pour effet d'isoler dans l'intérieur de ces groupements des parties d'éther qui ne peuvent plus communiquer avec l'extérieur, il doit en résulter une force d'adhérence que l'on peut en quelque manière assimiler à la *cohésion* et qui relève du même principe. En effet toute tendance à l'étirement, dans ces groupements artificiels, tendrait à augmenter la capacité des espaces où l'éther est renfermé, et par la multiplication de forces que j'ai indiquée à l'article de la cohésion, il en doit naître une adhérence qui a pour cause immédiate la pression de l'éther extérieur.

Cela posé, voici comment nous raisonnons. La pression ordinaire de l'éther, celle qui résulte du mouvement terrestre, ne peut pénétrer verticalement dans le tube capillaire qu'en proportion de la section droite de celui-ci, et elle n'agira sur la surface libre du liquide qui y est contenu que dans la même proportion. Si donc une partie de cette pression normale à la section droite de la colonne liquide se décompose pour fournir à la pression qui produit l'adhérence contre les parois du tube (*), il en résulte qu'il ne doit rester dans le tube, parallèlement à son axe, qu'une force moindre que celle qui agirait sur une égale section de la surface du bain où le tube est plongé ; de là un défaut d'équilibre dans le balancement hydrostatique, et si l'on imagine à la partie inférieure du tube un canal d'égal

(*) Cette perte de force n'a lieu en réalité que parce que le principe de l'*égalité de pression* n'existe point dans l'éther *libre,* et parce que toutes les parties de ce

diamètre qui, en se recourbant, aille aboutir à un point quelconque du niveau général du bain, cette seconde branche sera plus pressée que la première dans le sens vertical : par conséquent, pour que l'équilibre subsiste, il faudra que le liquide s'élève dans le tube capillaire, pour compenser par l'excès de son poids la différence de pression superficielle.

Tel sera le principe, et l'on voit clairement que la surface supérieure de la colonne est, par sa courbure, solidaire de ces décompositions de forces : car pour qu'une quantité donnée de pression agissant suivant l'axe du tube fasse un effet moindre qu'elle ne le ferait en agissant normalement sur la section droite, il faut que cette pression se répartisse sur une surface concave, de manière à ce que ses diverses parties aient un effet divergent : de là sorte une portion de la force verticale est nécessairement perdue, par des décompositions perpendiculaires aux génératrices du tube cylindrique. Il est facile de concevoir d'ailleurs comment se propage la distribution de forces qui produit la courbure : dans les parties de la colonne liquide en contact avec les parois du tube, la pression normale à ces parois se compose avec la force verticale la plus rapprochée et produit ainsi sur la surface de la colonne une résultante de pression obliquement dirigée *vers les parois;* l'adhérence du liquide pour ses propres parties détermine par suite dans les molécules du liquide contiguës une traction qui se compose avec la force verticale qui les presse pour produire une résultante un peu moins obliquement dirigée que la première, et ainsi de suite jusqu'à l'axe central, où la symétrie des actions déterminera la verticalité de la résultante. Ainsi s'établira une concavité régulière de la surface.

Lorsque le liquide ne mouille pas le tube, voici d'après quel principe la courbure inverse et une dépression se produiront dans la colonne. Les molécules du liquide et celles du solide ne se pénétrant point, il restera entre leurs interstices mutuels une portion d'éther ayant la pression générale du fluide : ce sera donc

fluide sont indépendantes l'une de l'autre ainsi que nous l'avons indiqué dans les définitions. Ce principe de l'égalité de pression n'est absolument applicable qu'à l'éther *enclavé* dans les petits groupements moléculaires.

en chaque point du pourtour une nouvelle force latérale, qui se composant avec la force verticale la plus voisine, produira sur la surface de la colonne une résultante de pression obliquement dirigée, mais tendant *vers l'axe central du tube;* à l'inverse du cas précédent. Par la solidarité des diverses parties du liquide il résulte encore de cette force oblique une certaine traction exercée sur les molécules voisines, laquelle se composera de même avec la pression verticale qui agit sur ces molécules et servira à l'infléchir : l'obliquité de la pression, toujours semblablement dirigée, se propagera donc en s'amoindrissant jusqu'à l'axe central du tube, où la symétrie des actions la maintiendra verticale. De cette série d'actions résultera la courbure de la surface, mais une courbure inverse du cas précédent et telle, que toutes les normales y soient dirigées d'une manière convergente vers l'axe central du tube.

Cela posé, et la courbure convexe étant déterminée, il n'est pas difficile de voir que toutes les forces qui agissent sur la surface de la colonne étant ainsi convergentes vers l'axe du tube, produiront suivant la verticale une pression plus grande que ne le feraient des normales à une section plane. Par conséquent si l'on imagine, comme dans le cas précédent, un canal recourbé partant de l'extrémité inférieure du tube et aboutissant à la surface générale du bain, la pression superficielle de l'éther dans le tube sera plus forte que dans l'autre branche du canal et y produira par conséquent un abaissement au-dessous du niveau général.

Ce qui fait la différence des deux cas où le liquide mouille ou bien ne mouille pas le tube, c'est que dans l'un la pression latérale produite par l'adhérence se retranche de l'ensemble des pressions verticales, tandis que dans l'autre cas une pression inverse vient au contraire s'ajouter à celles-ci : ce qui produit une force de moins ou une force de plus dans l'intérieur du tube, comparativement à celles qui pressent toute égale section de la surface du bain. Un mot maintenant sur le rapport de cette force supplémentaire avec l'ensemble des pressions et sur la loi qui en résulte à l'égard des variations de la capillarité.

Les pressions verticales de l'éther sur la colonne liquide doivent être, comme nous l'avons vu, rapportées quant à leur ensemble à la section droite du tube capillaire, et par conséquent leur quantité relative peut être mesurée par la *surface* de cette section; d'autre part les forces latérales dont nous avons parlé agissent sur le *contour* seulement de la section droite : leur nombre est donc à celui des forces verticales dans le rapport du contour de la section droite du tube à la surface de cette section, et par conséquent leur action relative doit être dans le même rapport, c'est-à-dire comme le rayon du tube est au carré de ce même rayon; ainsi la puissance relative des pressions qui produisent la capillarité *est en raison inverse du diamètre du tube*, ainsi que l'expérience l'a montré.

Le cas particulier de deux lames assemblées sous un très-petit angle suivant une arête verticale, et entre lesquelles le liquide trace une hyperbole équilatère rapportée à ses asymptotes, n'est plus qu'un simple jeu de calcul d'après le résultat qui précède : car il est clair que si l'on découpe la section horizontale du liquide contenu dans cet assemblage en une suite de rectangles de largeur égale et infiniment petite, il est clair que le rapport des forces d'adhérence à celle de pression verticale, d'où dépend l'ascension du liquide et par conséquent l'ordonnée de la courbe, est inverse de l'écartement des lames, lequel est proportionnel à l'abscisse. Le produit des deux coordonnées de chaque point de la courbe sera donc constant, ce qui correspond à l'équation de l'hyperbole, etc.

Ainsi donc les principes déduits de la théorie de l'éther expliquent le phénomène capillaire à la fois dans ses lois et dans ses causes, avec une précision et une simplicité que l'on espérerait en vain de la théorie de l'attraction moléculaire. Ce serait donc sans fondement que l'on voudrait donner ce phénomène exceptionnel comme le résumé en quelque sorte des principes de cette théorie et comme démontrant la réalité de leur application aux lois de la physique. Malgré la netteté avec laquelle l'intervention de l'éther rend compte de toutes les causes et de tous les détails du phénomène, nous lui rendrons ici néanmoins sa véritable place, qui est essentiellement secondaire, et nous passerons outre à l'étude de sujets plus importants.

DE L'ÉLECTRICITÉ ET DU MAGNÉTISME.

Il est pour les méthodes scientifiques un genre de paradoxe dont nous ne repoussons point l'usage, parce que nous le savons être quelquefois d'une précieuse ressource dans la recherche de la vérité, lorsque l'on se sent assez sûr des principes sur lesquels on s'appuie pour ne point craindre de heurter de front l'opinion accréditée. Il consiste à suivre dans ses vues une ligne diamétralement contraire à l'hypothèse généralement admise, lorsque l'infécondité ou l'erreur de cette hypothèse paraît être clairement démontrée. Nous avons donné déjà quelques exemples d'une marche semblable ; on en trouvera, dans le sujet que nous traitons ici, de nouvelles applications.

Fontenelle a dit avec esprit, avec trop d'esprit pour avoir l'intention d'être absolument vrai : « Entre deux opinions en balance, choisissez toujours la moins vraisemblable, et vous aurez beaucoup de chances d'être conduit à la vérité. » A l'égard du sujet qui va nous occuper, à l'égard des théories de l'électricité et du magnétisme, le langage scientifique au moins paraît s'être conformé depuis un siècle avec une scrupuleuse exactitude au précepte de Fontenelle : car, dans l'obligation sans doute de grouper les faits connus autour d'une idée méthodique, il semble avoir choisi de toutes les hypothèses certainement la plus invraisemblable. Mais le résultat n'a point répondu au précepte, car la vérité encore ne paraît point s'être manifestée en matière d'électricité et de magnétisme.

L'hypothèse généralement accréditée dont nous voulons parler est celle qui attribue à l'action de *deux* fluides électriques les phénomènes de l'électricité, et à celle de *deux* fluides magnétiques les phénomènes du magnétisme, soit que l'on admette ou non l'identité de ces agents dans deux classes de faits dont l'analogie au moins a été clairement constatée par l'expérience.

L'idée de deux fluides impondérables (*) doués d'une attraction l'un pour l'autre et d'une répulsion pour leurs propres parties, est certainement l'une des plus singulières qu'ait pu créer
l'imagination scientifique ; aucune autre ne substitue plus complétement à l'inertie de la matière une sorte de spontanéité, qui
rigoureusement pourrait être vraie sans doute (car rien n'est
impossible à la volonté divine), mais qui certainement au point
de vue rationnel est fort invraisemblable. J'ose dire que parmi
les savants qui emploient, sans se soucier peut-être beaucoup
de sa valeur, cette expression consacrée par l'usage, des *deux
fluides électriques*, il en est peu qui croient à l'existence de ces
fluides : l'idée néanmoins est restée dans la science et elle y conserve encore la première place, faute d'une autre plus rationnelle qui ait été mise au niveau de nos connaissances. Franklin,
il est vrai, et plus tard M. Dumas, ont fait d'ingénieux et louables efforts pour substituer à cette subtilité scientifique de deux
agents l'idée simple et rationnelle d'un seul fluide ; mais des
éléments suffisants manquaient encore à cette pensée, qui était
la vraie : la physique seule ne pouvait suffire en effet pour les
fournir ; il fallait que cette idée, prenant une base plus étendue,
vînt s'appuyer et se fonder à la fois sur toutes les parties des
sciences naturelles inorganiques.

Ce n'est point toutefois dans l'idée de deux fluides que réside,
à nos yeux, la seule invraisemblance des théories actuelles en
matière d'électricité et de magnétisme. Une idée exclusive, d'un
ordre différent, a pénétré dans la physique avec l'attraction de
Newton, c'est celle des *actions moléculaires*, je veux dire des
qualités, des tendances propres aux molécules mêmes des corps,
et l'application trop rigoureuse qui en a été faite ici a conduit
à d'étranges conséquences. Quoique l'électricité en effet des

___

(*) L'idée seule des fluides *impondérables* me paraît être déjà une conception peu
rationnelle qu'il est singulièrement désirable de voir disparaître de la science. Il ne
peut exister, au point de vue rationnel, qu'un seul fluide impondérable, c'est celui
qui par son action universelle produit la pesanteur : tous les autres fluides, s'ils
sont matériels, doivent être assujettis à cette condition générale de la matière.

corps nommés *conducteurs* ne soit sensible qu'à leur surface, ainsi que l'expérience le montre, on a cru devoir néanmoins supposer qu'elle se transmet *dans l'intérieur de ces corps de molécule à molécule*, soit par la décomposition de ce que l'on nomme le *fluide neutre* ou l'*électricité neutre* propre à chaque particule, soit par une communication directe ; de sorte qu'en suivant une telle idée l'on arrive à cette conséquence exorbitante : « que lorsque la commotion électrique a parcouru sur cent lieues de longueur, par exemple, et dans un instant inappréciable, un conducteur métallique, elle a mis en action, dans cet intervalle de temps insaisissable, toutes les lourdes molécules du métal ; tandis qu'une mince lame de verre ou une faible couche résineuse, dont les molécules sont si légères, suffisent pour l'arrêter complétement. »

C'est contre des vues de ce genre, bien qu'elles soient aujourd'hui généralement acceptées, que nous nous inscrivons franchement comme adversaire, parce que sans apporter par elles-mêmes aucune clarté particulière, elles heurtent inutilement notre sens philosophique. Nous ne renonçons point aux influences moléculaires, et l'on en verra des preuves évidentes ici même, dans notre théorie du magnétisme ; mais nous n'acceptons point cette vue comme moyen exclusif dans l'étude des phénomènes naturels ; nous ne l'acceptons que restreinte dans les limites strictement rationnelles et dans la mesure nécessaire à l'explication des faits. Ainsi que dans l'analyse des lois de l'astronomie, nous voulons et nous espérons rendre ici à l'*impénétrabilité* son rôle et son importance ; c'est du moins dans de semblables vues que nous avons entrepris de ramener aussi les lois de l'électricité et du magnétisme, comme celles de la lumière et de la chaleur, aux conditions du mouvement d'un *seul fluide*, qui ne sera plus ni un fluide électrique ni un fluide magnétique, mais l'*éther*, le fluide universel. C'est ce que nous exposerons dans la suite de ce chapitre, où renonçant comme toujours à retracer les faits connus et prenant la science au point où elle se trouve, nous nous contenterons de faire connaître les vues propres à notre système sur les causes philosophiques des principaux phénomènes de l'électricité et du magnétisme.

I.

Ce que c'est que l'électricité, dans le système d'un fluide universel, et ce qu'il faut entendre par corps conducteurs ou non conducteurs de l'électricité.

Pour définir immédiatement l'idée que l'on peut attacher au phénomène électrique considéré comme un effet des mouvements de l'éther, nous dirons : « que ce que l'on appelle l'électricité libre à la surface des corps est pour nous *un courant de vibrations* produit dans le fluide éthéré et contenu latéralement entre deux résistances ; courant à marche sinueuse, dont la propagation a lieu dans un sens déterminé sur toute la surface du corps électrisé, et dont le caractère est que, comme pour la lumière, les vibrations y ont toujours une composante normale à la propagation, tandis que, par une certaine analogie avec le phénomène de la chaleur, l'énergie vibratoire y agit par groupes de forces parallèles, capables de déplacer les molécules des corps : indication immédiate du double rapport qui unit l'électricité avec ces deux phénomènes les plus généraux de la physique, la lumière et la chaleur. »

La définition que nous donnons ici n'est destinée qu'à une simple et première esquisse de nos idées : avant de la compléter et de l'éclaircir par de suffisantes explications, il nous faut d'abord traiter en quelques mots un point de vue du plus grand intérêt dans la question, qui concerne le rapport de l'électricité avec la nature même des corps.

Les corps, sous le rapport de l'action qu'exercent sur eux les vibrations électriques, se divisent en deux classes principales : celle des corps que l'on a nommés *conducteurs de l'électricité* et celle des corps que l'on a nommés *non conducteurs.* Les premiers propagent le mouvement électrique ; les autres paraissent l'arrêter au contraire, mais ils présentent en revanche ce caractère particulier, de pouvoir s'électriser par eux-mêmes d'une manière plus ou moins permanente, sous l'influence de moyens mécaniques, tandis que les corps conducteurs, très-faciles à électriser d'une manière passagère par contact ou par influence, sont difficilement électrisables eux-mêmes par des moyens mécaniques, et ne conservent pas l'électricité acquise, une fois que l'influence a cessé.

Ces deux ordres de faits sont d'une importance très-grande pour la théorie de l'électricité; je crois que l'on n'a pas fait encore assez d'attention à leur contraste. Dans les vues ordinaires, l'électricité est considérée comme une sorte de modification intime, qui envahit et imprègne pour ainsi dire *toutes* les molécules du corps conducteur électrisé; de sorte que si d'une extrémité de la France à l'autre un fil de cuivre transmet le courant électrique dans un instant insaisissable, chacune des particules de ce métal participerait à la modification, chacune d'elles serait successivement prise et quittée par le mouvement qu'elle transmet.

Lorsqu'une semblable idée a pris place dans la science et a servi de texte à de très-savants calculs, on n'a point peut-être assez réfléchi combien elle était en contradiction avec celle qui, suivant les vues accréditées aussi, assignait aux molécules des corps un espacement considérable; et lorsque d'autre part on imaginait dans les corps *isolants* ou *non conducteurs* une sorte de répulsion pour le mouvement électrique, on ne se souvenait pas assez que ces corps étaient ceux précisément qui sous une action mécanique s'électrisaient le plus facilement eux-mêmes. Je n'ai pas crainte de le dire, tout cet ensemble d'opinions implique les contradictions les plus étranges.

Les conséquences auxquelles nous serons conduit nous-même par l'observation des faits, et qui serviront de base à notre explication des phénomènes électriques, seront d'un ordre totalement différent de ces vues aujourd'hui accréditées; elles seront complétement *inverses*. Et il ne faut pas moins en effet qu'une transformation aussi radicale pour ramener à des vues uniquement rationnelles la théorie de cette importante partie des lois physiques. Avant d'exposer à ce sujet notre manière de voir, indiquons d'abord en principe sur quels fondements elle s'appuie.

Un fait capital, selon nous décisif, vient se présenter tout d'abord à l'observation, lorsque l'on étudie d'un esprit impartial les lois expérimentales de l'électricité. L'expérience a montré depuis longtemps que l'électricité dont un corps conducteur peut se charger *n'existe absolument qu'à sa surface* : l'intérieur de ce corps au contraire n'en fournit aucun signe au plan d'épreuve, et lorsqu'une quantité donnée d'électricité répandue sur un corps isolé est subdivisée par le partage avec un autre corps, une sphère creuse en enlève une quantité absolument égale à celle d'une sphère massive, pourvu qu'elle soit aussi de substance conductrice et sans qu'il soit même nécessaire qu'elle soit d'une substance identique.

C'est là un fait non-seulement connu, mais devenu scientifiquement vulgaire; et cependant jamais les conséquences n'en ont été tirées. L'une des conséquences, selon nous, la voici. « C'est que nécessairement l'électricité accumulée sur les corps conducteurs n'est pas une force moléculaire interne; qu'elle n'appartient point aux particules mêmes de ces corps; qu'elle n'est en un mot *qu'une force de surface*. »

Car si cette force appartenait aux molécules mêmes du corps conducteur, il est hors de toute conception que la *quantité* et jusqu'à un certain point la *nature* de ces molécules fût totalement indifférente pour son intensité, et qu'une sphère creuse opérât toujours de la même manière, sous ce rapport, qu'une sphère pleine. Cette expérience est pour nous décisive : car si dans les corps conducteurs chaque molécule intérieure agissait par elle-même sur le mouvement électrique, par attraction, répulsion, ou de toute autre manière, comment serait-il possible qu'une sphère réduite à sa simple surface ne s'en appropriât point une quantité plus grande ou moins grande, dans les mêmes circonstances, qu'une sphère massive? Comment encore une balle de sureau n'en enlèverait-elle ni plus ni moins qu'une boule de cuivre d'égal diamètre? Et remarquons bien qu'on ne peut avoir la ressource d'appliquer à ce phénomène d'électricité dynamique, susceptible d'augmentation ou de diminution, les lois et raisonnements de l'électricité statique : car s'il est possible à toute rigueur, de concevoir que pour une

certaine valeur de la force moléculaire il existe un balancement
tel entre les diverses actions propres aux molécules d'un même
corps, qu'il puisse en résulter une sorte de neutralité interne
et que la seule activité se fasse sentir à la surface, on ne saurait cependant imaginer que cette espèce d'équilibre intérieur
subsiste toujours quel que soit l'incrément de la force moléculaire qui puisse pénétrer progressivement de la surface vers le
centre du corps. L'équilibre artificiel dont nous parlons ne saurait effacer non plus l'effet du *nombre* et de la *nature* des molécules dans le partage de l'électricité par contact, si les molécules
intérieures avaient en effet quelque action sur le mouvement
de l'électricité, soit qu'elles agissent par attraction ou répulsion, soit qu'elles agissent par la quantité d'électricité *neutre*
et décomposable qui leur est attribuée dans les théories ordinaires (*).

On pense généralement, je le sais, que le calcul appliqué
par de très-savants analystes à quelques-unes des lois les plus
générales du mouvement électrique a fourni pour la théorie
moléculaire que je combats une complète justification. Je ne
crois pas qu'il en soit ainsi et le calcul, selon nous, s'est placé
ici par sa généralité même en dehors de la question de principe
quant aux causes réelles des phénomènes. Mais y fût-il entré,
que nous éviterions encore de placer la discussion sur ce ter-
rain : car j'ai toujours regret de voir cette belle arme du calcul

---

(*) Il ne serait pas plus efficace de s'arrêter à l'idée de quelques physiciens qui
semblent considérer les corps nommés *conducteurs* comme laissant tamiser l'électricité à travers leurs vides comme à travers une voie ouverte, tandis que dans les
corps non conducteurs elle serait réellement arrêtée, à peu près comme on pourrait
le concevoir de corps transparents ou non transparents à l'égard de la lumière. La
principale objection à faire à cette explication, c'est de n'en pas être une, car elle
n'indique pas pourquoi la transmission se ferait à travers certains corps et non à
travers d'autres ; mais ce qui achève de caractériser son invraisemblance, c'est que
les corps qui transmettent l'électricité sont précisément de tous les moins poreux,
les plus denses, ceux où la matière occupe le plus d'espace, où les vides en un mot
sont le plus restreints. L'exemple le plus frappant de ce paradoxe serait donné
par l'air atmosphérique lui-même, qui maintient l'électricité à la surface des
métaux, tandis que suivant l'hypothèse les métaux la laisseraient passer à
travers leurs interstices moléculaires : un tel contraste ne paraît point soute-
nable.

employée à la justification de principes d'une philosophie douteuse. Dans les questions de physique mathématique il n'est rien que ne puisse le calcul selon les bases qui lui sont données, selon les hypothèses qui ont formé son point de départ : mais à l'égard de ces hypothèses elles-mêmes, que sont ses résultats sans la philosophie? Elle seule doit être le guide et l'épreuve; et la géométrie, même la plus élevée, n'est que d'une valeur secondaire dans les études naturelles si elle n'est philosophique, si elle n'est guidée par une philosophie sévère et judicieuse.

Ici donc, comme dans tout le cours de notre ouvrage, nous nous garderons de nous préoccuper outre mesure des résultats de la seule algèbre ; ici, comme dans tout ce qui précède, c'est aux données strictement rationnelles que nous nous fixerons pour règle d'appuyer nos principes fondamentaux. En examinant donc à ce point de vue seul le résultat saillant de la distribution de l'électricité à la surface des corps conducteurs, et en y joignant cette considération, que les corps non conducteurs sont précisément ceux qui s'électrisent par eux-mêmes, nous avons été conduit à poser comme base de nos explications le principe que voici, rigoureusement inverse des idées aujourd'hui accréditées :

« Les corps que l'on nomme *conducteurs* de l'électricité sont
« précisément les corps *imperméables* au mouvement électrique
« de l'éther ; lorsque ce mouvement se développe à leur sur-
« face, il ne pénètre point dans leur intérieur : ils le conduisent,
« parce qu'ils ne l'absorbent point. Les corps *non conducteurs*
« au contraire, qui sont aussi les corps *électrisables*, n'arrêtent
« le mouvement électrique que parce que leurs propres molécules
« éteignent ce mouvement en l'absorbant elles-mêmes dans la
« proportion inverse de leur masse à celle des petites particules
« éthérées dont le choc tend à les ébranler. »

La réalité de ce principe ne pourra ressortir que de la précision avec laquelle il viendra s'adapter à la rigoureuse explication des faits : mais que l'on remarque dès maintenant combien il concorde rationnellement avec la nature même de ces deux genres de corps. Quels sont en général, parmi les solides, les

corps conducteurs de l'électricité? Ce sont ceux dont l'atome est
le plus lourd et la densité la plus grande, ce sont les métaux en
un mot. Quels sont les corps non conducteurs? Ceux dont l'a-
tome plus léger peut céder plus facilement, d'une manière individuelle, à un choc vibratoire et chez lesquels une densité
moins considérable, en indiquant une plus grande étendue de
vides, peut aussi favoriser à un plus haut degré ce mouvement
individuel des molécules. Car il ne faut point assimiler les conditions de la conductibilité électrique à celles de la conductibilité pour la chaleur : celle-ci intérieure, moléculaire, progressive, celle-là externe et instantanée. L'électrisation des corps
non conducteurs au contraire aurait plus de rapports avec la
qualité calorifique, si cette électrisation était elle-même autre
chose qu'un phénomène vibratoire superficiel. Mais il y a une
différence très-essentielle d'ailleurs, en ce qui concerne la direction des impulsions, entre le mouvement électrique et celui
de la chaleur, comme nous allons essayer de le faire comprendre
en détaillant davantage la manière dont nous concevons la marche du phénomène. Et d'abord étudions la nature et le sens de
la vibration électrique.

On sait que dans le vide il n'y a nulle trace d'électricité; le
mouvement électrique a donc besoin d'une résistance, qui l'empêche de s'épandre et de se dissiper : la question est de savoir
dans quel sens agit cette résistance par rapport au mouvement
vibratoire, ce qui nous révélera le sens de la vibration elle-
même. Or la résistance atmosphérique, qui fixe l'électricité libre
à la surface des corps conducteurs et maintient l'énergie de ses
effets, cette résistance n'interrompt point la propagation du
mouvement électrique le long de la surface du corps : il y a lieu
d'en conclure que la vibration électrique est normale elle-même
à la surface des corps conducteurs, ou du moins qu'elle a une
composante normale à cette surface, sans quoi la pression de
l'atmosphère n'agirait en rien sur les éléments du mouvement
électrique; l'autre composante serait tangentielle à la surface
conductrice et déterminerait la *propagation*, laquelle paraît être
beaucoup moins dépendante de la résistance de l'atmosphère
que de la nature même des corps.

Ainsi l'électricité libre à la surface des corps conducteurs *aurait une marche sensiblement analogue à celle de la lumière*, et même à celle de la lumière polarisée. Où maintenant résidera la différence entre ces deux ordres de phénomènes, la lumière et l'électricité?

Une des différences principales, selon nous, réside dans *l'amplitude des oscillations*. Les vibrations de la lumière passent au travers des interstices des gaz sans s'y heurter, elles passent de même à travers les corps transparents, solides ou liquides; et nous avons vu qu'une des conditions de la transparence des substances incolores, ainsi que de quelques autres propriétés du mouvement lumineux, telles que la polarisation et la double réfraction, exigeaient que ces passages eussent lieu sans gêne sensible des vibrations transversales : elles sont donc d'une amplitude extrêmement petite. Les vibrations électriques sont au contraire arrêtées et contenues par la pression de l'air atmosphérique : elles ont donc une amplitude sensible par rapport au diamètre des interstices moléculaires, ce qui est fort naturel d'ailleurs, l'électricité résultant en général du mouvement même des molécules des corps. De l'étendue des vibrations électriques il n'est pas difficile de conclure une rapidité moins grande dans le mouvement vibratoire, attendu la manière exclusivement mécanique et uniforme dont il se propage dans l'éther. Ainsi donc c'est surtout l'étendue et la rapidité du mouvement de vibration qui selon nous forme la différence entre l'électricité et la lumière, et s'il est vrai, comme tout conduit à le penser, que par le fait de notre organisation la sensation de la lumière soit liée précisément à cette rapidité et au peu d'étendue de la vibration, on concevra qu'il puisse en résulter entre les deux phénomènes des propriétés physiques ou physiologiques très-différentes : l'électricité aura donc des effets qui lui sont propres, mais elle pourra atteindre à ceux de la lumière lorsque, par des résistances ou par le choc, les vibrations qui la caractérisent seront réduites à une suffisamment faible amplitude et portées à une rapidité proportionnée.

Ce n'est point là le seul caractère distinctif des vibrations électriques; il en est un autre non moins important, d'où dérive sans doute en grande partie leur action moléculaire, leur pouvoir de déplacer les molécules : c'est la propriété du *parallélisme*. Ce mot demande explication. La source principale de l'électricité étant dans les mouvements moléculaires des corps, et les molécules des corps étant d'un volume plus grand que celles de l'éther, le déplacement même individuel d'une seule molécule mettra en agitation simultanée un certain nombre de particules éthérées, et à fortiori cet effet sera-t-il produit par le mouvement d'un groupe atomique tout entier. Chaque groupe de vibrations éthérées qui formera le résultat d'un semblable déplacement aura donc une certaine épaisseur, je veux dire sera composé d'un certain nombre de particules éthérées se mouvant parallèlement entre elles et d'une même impulsion ; l'effet exercé sur les molécules des corps que ces vibrations pourront atteindre sera lui-même proportionné à cette épaisseur, à cette quantité de forces parallèles, et de là le pouvoir de déplacer les molécules des corps électrisables, ou du moins de leur imprimer une certaine trépidation dont il est facile d'admettre l'existence, bien qu'elle soit insensible pour nos yeux. Un des plus remarquables effets de ces forces moléculaires parallèles se fera connaître lorsque nous aurons traité de la théorie du magnétisme.

Ce premier aperçu étant donné sur les caractères généraux des vibrations électriques, nous pouvons expliquer maintenant comment nous concevons la marche du phénomène, la distribution du mouvement électrique à la surface des corps conducteurs.

Ce que l'on nomme une *source* d'électricité n'étant autre chose qu'un mouvement moléculaire déterminé dans quelque corps par une action mécanique ou chimique et d'où résulte pour les particules de l'éther qui baignent ce corps cette agitation vibratoire continue dont nous venons de définir les caractères, supposons qu'une telle source soit mise en communication avec la surface d'un corps conducteur, avec un seul point, si l'on veut, de cette surface : les particules de l'éther que la source a mises en mouvement viendront heurter les molécules superficielles de ce corps; mais n'ayant point la force nécessaire pour les déplacer, elles rejailliront donc après le choc. Or dans ce mouvement de répercussion, analogue à la réflexion de la lumière, elles rencontreront d'autre part la pression atmosphérique, contre laquelle leur impulsion n'aura qu'une puissance incom· plète en raison de l'élasticité, ainsi que nous l'expliquerons un peu plus loin : repoussée encore dans ce sens, l'oscillation retournera vers la surface conductrice et continuera de cette manière son mouvement de va-et-vient entre ces deux résistances. La direction de la vibration ainsi déterminée par des réflexions successives n'est évidemment pas entièrement normale aux résistances, c'est-à-dire à la surface même du corps ; elle aura donc à chaque instant une composante normale et une composante tangentielle à cette surface ; dans ce dernier sens le mouvement n'éprouvant qu'une demi-résistance, pourra s'étendre plus librement : ce sera le sens de la propagation. Au reste nous n'avons aucun avantage à recourir à cette décomposition des forces : nous exprimerons plus clairement et plus fidèlement à la fois le mouvement de la vibration électrique à la surface des conducteurs en le représentant par une ligne sinueuse, analogue aux carreaux de la foudre, qui serait tracée à la fois sur toutes les sections de la surface du corps passant par le point de départ, partout où il existe un intervalle entre les facettes moléculaires de cette surface et le gaz atmosphérique qui la presse.

Ainsi donc si un point quelconque du conducteur est mis en contact avec la source, au même instant, dans toutes les directions que peut déterminer une section plane du corps passant par ce même point, la vibration sinueuse courra sur sa surface : voici maintenant ce qui va se présenter de particulier si le circuit est fermé, c'est-à-dire si le conducteur est isolé, s'il ne communique pas avec le réservoir commun. Toutes ces lignes de vibrations ondulées dont nous venons de parler iront alors aboutir l'une contre l'autre aux points extrêmes, et pour ainsi dire se heurter ; et l'on conçoit que le résultat de cette sorte de choc devra être fort différent selon que le corps sera renfermé entre des contours arrondis, ou bien qu'il présentera des aspérités ou des angles. Dans le premier cas les lignes de propagation s'infléchissant peu à peu et venant se réunir pour ainsi dire front contre front dans un même plan tangent, les *vibrations* elles-mêmes, qui approchent d'être perpendiculaires à ces lignes, se suivront avec continuité et presque parallèlement entre elles; l'équilibre entre les résistances produites par la rencontre des lignes de propagation s'étendra donc de proche en proche avec uniformité et comme insensiblement sur l'ensemble du corps, qui se constituera ainsi en état électrique permanent, d'une tension plus ou moins grande, tant que durera l'influence de la source. Dans le cas des aspérités, ou des terminaisons sous forme d'angle aigu, il en sera différemment : les lignes de propagation alors n'étant plus directement adverses et tendant au contraire à approcher du parallélisme à mesure que l'angle de l'aspérité est plus aigu, ce sont les vibrations elles-mêmes qui deviendront contrastantes et tendront par leur choc à se renforcer mutuellement. Car si nous avons vu que l'intensité de la résistance moléculaire détermine l'énergie de la conductibilité électrique; cette énergie ne sera-t-elle pas augmentée quand au lieu d'une simple résistance il y aura un choc mutuel des vibrations? La *tension* électrique, qui n'est autre que l'énergie vibratoire, augmentera donc partout où, par une disposition de la surface du corps, les lignes de propagation viendront concourir vers le parallélisme : de là, mais en partie seulement, le pouvoir de dispersion présenté par les *pointes*, sujet sur lequel nous reviendrons, attendu son extrême importance, particulièrement pour la théorie de la combinaison des atomes.

Il est essentiel, pour l'intelligence de l'explication qui précède, de se former une idée nette du rôle que nous faisons jouer à l'air atmosphérique, rôle qui doit appartenir, suivant un degré plus ou moins grand, à tous les corps non conducteurs. La propriété qui selon nous caractérise ici ces corps et leur donne le pouvoir nécessaire de résistance, c'est l'*élasticité* : après avoir cédé d'abord à la direction oblique du mouvement vibratoire électrique, les particules non conductrices s'arrêtent et tendent à revenir sur elles-mêmes par un phénomène analogue à celui que nous avons fait voir au sujet des effets de la chaleur; elles repoussent alors la vibration électrique à laquelle elles avaient cédé d'abord ; mais il existe ici une différence très-essentielle, c'est qu'elles la repoussent non plus par le fait de l'impénétrabilité et par la résistance de facettes moléculaires toujours inclinées, qui dévient nécessairement la direction, mais par l'action d'une résultante de pressions élastiques sensiblement contraire à l'impulsion primitive. Ainsi tandis que les molécules conductrices, agissant par impénétrabilité, réfléchissent la vibration à la façon de la lumière, en faisant faire à sa direction un ou plusieurs angles, et par conséquent fournissent une composante tangentielle pour la propagation, les molécules non conductrices au contraire, agissant par une réaction dépendant des forces élastiques intérieures, repoussent bien aussi la vibration électrique, mais la repoussent dans une direction qui s'éloigne peu d'être contraire à l'impulsion qu'elles ont reçue, et qui par conséquent fournit pour la propagation une très-faible composante. De sorte qu'un corps non conducteur, s'il agissait seul sous l'impulsion électrique, produirait pour ainsi dire une vibration *en place*, il ne produirait rien de lointain et de linéaire; les corps conducteurs propagent au contraire tangentiellement à leur surface parce qu'ils réfléchissent obliquement les impulsions, et ils les réfléchissent de cette manière parce qu'ils agissent par l'impénétrabilité de leurs particules à facettes diversement inclinées.

J'ai appuyé sur cette circonstance de l'élasticité des corps non conducteurs parce qu'elle est importante ici d'abord pour la clarté des vues, et parce qu'elle nous sera bientôt encore d'un usage non moins intéressant, lorsqu'il s'agira d'expliquer rationnellement les plus puissants effets de la force qui nous occupe, ceux de la condensation de l'électricité. Maintenant résumons-nous en reprenant les termes généraux de notre première définition.

L'électricité, avons-nous dit, est un *courant de vibrations;* et l'on concevra maintenant que nous entendions par là un courant multiple, embrassant de ses effluves sinueuses toute la surface du corps qui le conduit; on concevra encore que la communication de ces mouvements se faisant par le choc mutuel des particules très-serrées de l'éther et sans un déplacement lointain, peut se propager avec toute la rapidité de la lumière et d'après les mêmes principes. Le second caractère que nous avons attribué au mouvement électrique est d'être *compris entre deux résistances*, et j'espère avoir pu faire apprécier la différence que je mets entre ces deux résistances, l'une par impénétrabilité et réflexion oblique, c'est celle des corps *conducteurs*, l'autre par simple réaction d'élasticité et sans propagation linéaire, c'est celle des corps *non conducteurs* ou isolants. Si cessant maintenant de considérer le mouvement électrique dans son étendue générale, nous le considérons dans sa constitution élémentaire, nous jugerons que, comme pour la lumière, les vibrations doivent être sensiblement normales à la propagation, tandis qu'elles se rapprochent des propriétés de la chaleur par une sorte de *parallélisme* des impulsions moléculaires.

Ces principes posés, nous allons faire voir comment ils nous conduisent à l'explication des effets principaux de l'électricité.

II.

Des attractions et répulsions électriques, et des deux sortes d'électricité.

Dans les idées généralement admises on considère qu'il existe deux espèces d'*électricité*, que l'on a nommées *positive* ou *négative*, vitrée ou résineuse; et il est de principe que « les électricités de nom semblable se repoussent, tandis que celles de nom contraire s'attirent. » Tels sont en effet les termes généraux, indépendants de toute hypothèse, dans lesquels il convient d'énoncer ce principe fondamental, le plus important de ceux que doit justifier la théorie : le fait lui-même de l'attraction des corps légers par les substances électrisées se trouvera compris dans la même explication.

Car ici comme dans l'astronomie, renonçant à toute abstraction, nous ne faisons intervenir ni force particulière ni phénomènes d'affinité : tout résidera dans l'équilibre des pressions exercées sur les corps par l'éther en mouvement; et par conséquent les corps eux-mêmes, et non pas seulement des forces abstraites, entreront comme des éléments nécessaires dans nos explications.

C'est le *sens* du mouvement électrique de l'éther à la surface des corps qui équivaudra pour nous à cette distinction entre deux espèces d'électricité, que l'on avait cru devoir indiquer par deux dénominations différentes ; et nous allons montrer d'abord comment la différence ou la similitude du sens dans ce mouvement, sur deux corps légers voisins l'un de l'autre, peut produire l'attraction ou la répulsion réciproque.

Supposons d'abord deux boules de substance légère suspendues par un fil conducteur et communiquant en S à une même source d'électricité : d'après les principes posés dans le paragraphe précédent, le courant de vibrations émané de la source se propagera dans le même sens le long des deux surfaces depuis le point S jusqu'à l'extrémité la plus lointaine, où sera le point de concours pour toutes les lignes de propagation d'une même surface. Les choses étant ainsi disposées, remarquons que les deux corps sont pressés sur toute leur étendue extérieure par les vibrations elles-mêmes, qui réellement obliques en direction, ont des composantes normales aux surfaces ; ces corps sont donc dans une circonstance analogue à celle des astres, sur lesquels l'éther presse de toutes parts. Nous allons voir l'attraction ou la répulsion électrique dériver en effet d'un principe semblable à celui de l'attraction astronomique. Il suffit d'examiner la direction des flèches A et B qui indiquent, dans notre figure, la direction de la propagation entre les deux corps, pour concevoir que les vibrations de l'éther qui ont lieu sur chacun d'eux dans cet intervalle intérieur AB ne peuvent ici que se renforcer par le choc mutuel, parce que les deux mouvements viennent concourir l'un vers l'autre dans le même sens, ainsi que nous l'avons vu précédemment à l'égard des pointes ou aspérités de la surface des corps. L'énergie vibratoire entre les deux corps étant de la sorte augmentée, la pression qui agit dans l'intervalle compris entre eux, en A et B, deviendra donc supérieure à celle qui presse sur leurs parties externes, en C et D, et de là écartement des deux corps, répulsion mutuelle, jusqu'à ce que le poids d'une part de la substance repoussée fasse équilibre à l'excès de pression, excès diminué d'autre part d'ailleurs par l'écartement lui-même.

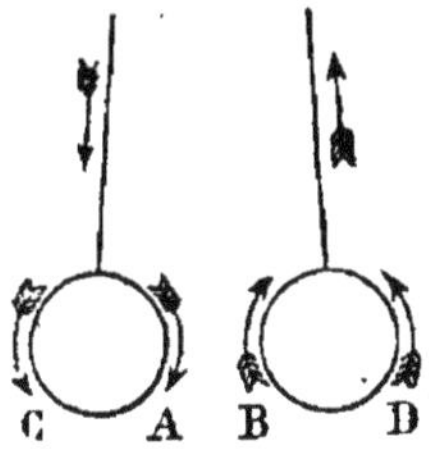

Que si au contraire le sens de la propagation est différent sur les deux corps, ainsi que cela est figuré ci-contre, ou si même seulement il est différent dans les deux parties les plus voisines A et B de ces deux corps, il est évident que dans les deux mouvements inverses de l'électricité en A et B il y a gêne et obstacle réciproque; le mouvement électrique tend à s'arrêter entre ces deux points; la pression sera donc diminuée dans cet intervalle en se maintenant la même aux parties extérieures C et D : par conséquent les forces qui agissent en ces parties extérieures devenant prédominantes, pousseront les deux corps l'un vers l'autre, ce qui produira l'effet d'une attraction réciproque.

Ainsi donc nous sommes fondé à conclure, qu'une simple différence de sens dans la propagation du mouvement électrique produit exactement les mêmes effets (*) que l'on avait attribués aux deux genres d'électricité, aux électricités de nom semblable et de nom contraire. Et le fondement sur lequel s'appuient ces conclusions est ce simple principe, clairement admissible d'après les données du paragraphe précédent, savoir, que le concours des propagations dans un même sens renforce le mouvement électrique et la pression normale sur les corps, tandis que la lutte au contraire de ces propagations arrête ce mouvement et diminue la pression normale sur les corps, pression qui n'est qu'une composante du mouvement effectif et

---

(*) Les effets que nous avons attribués au sens de la propagation électrique sur la surface des corps conducteurs sont notablement différents, comme nous le verrons, de ceux qui ont lieu pour les courants non fermés qui se dirigent le long de simples fils métalliques, genre de courants que l'on considère particulièrement dans l'électro-magnétisme et dont nous aurons occasion de parler. Les sens de l'attraction et de la répulsion y sont autres en apparence que nous ne l'indiquons ici pour les conducteurs ordinaires, eu égard à la direction des courants : mais nous montrerons comment cela tient au caractère *linéaire* de l'action.

oblique de l'éther. Cette base admise, il est clair par les deux raisonnements qui précèdent, que la différence de nom des deux électricités peut se remplacer par une simple diversité de sens dans le mouvement électrique, différence de sens qui se produit toujours dans le développement de l'électricité par le contact, le frottement ou l'action chimique entre deux corps, ainsi que nous le montrerons dans un paragraphe prochain. Terminons maintenant ce sujet des attractions et répulsions électriques en parlant de l'attraction exercée par les substances électrisées sur les corps à l'état neutre, et de l'électrisation par influence.

Tous les corps, ainsi que nous l'avons dit plusieurs fois, sont, en vertu du mouvement terrestre, dans un état d'agitation continuelle par rapport au fluide éthéré; ils éprouvent donc sans cesse par cela seul une pression régulière de ce fluide sur tous les points de leur surface. Or imaginons qu'un corps léger ainsi pressé par l'éther de toutes parts, mais non électrisé, subisse les approches d'une substance sur la surface de laquelle s'exerce le mouvement électrique : dans quelque sens que soit dirigé ce mouvement le long de la surface, il est clair que chaque effluve de la vibration obliquement répercutée sur elle viendra rencontrer sous un certain angle la moyenne direction des normales à l'hémisphère du petit corps le plus rapproché, normales suivant lesquelles agit la pression ordinaire de l'éther. Cette nouvelle force tendra donc à faire glisser l'éther sur la surface de cet hémisphère du petit corps et par conséquent à affranchir cette surface d'une partie de la pression que le fluide y exerce; la pression qui s'exerce sur l'hémisphère opposé perdant ainsi ce contre-poids, agira donc avec une énergie proportionnée sur le corps entier lui-même et le *poussera* vers la substance électrisée, qui exercera ainsi les apparences d'une *attraction.*

Pour achever maintenant l'analyse de tous ces genres d'effets, examinons ce qui doit se produire dans l'action à distance d'une substance électrisée sur un corps conducteur isolé, que sa masse ou sa fixité ne rend point susceptible de céder à la force d'attraction. On dit alors, dans la Physique ordinaire, que son électricité *neutre* est décomposée : mais dans notre méthode il sera facile de faire voir qu'il ne s'agit encore ici que d'une question de sens et de direction. Car il serait superflu d'expliquer qu'un corps électrisé A étant mis en présence d'un autre conducteur B également isolé mais à l'état

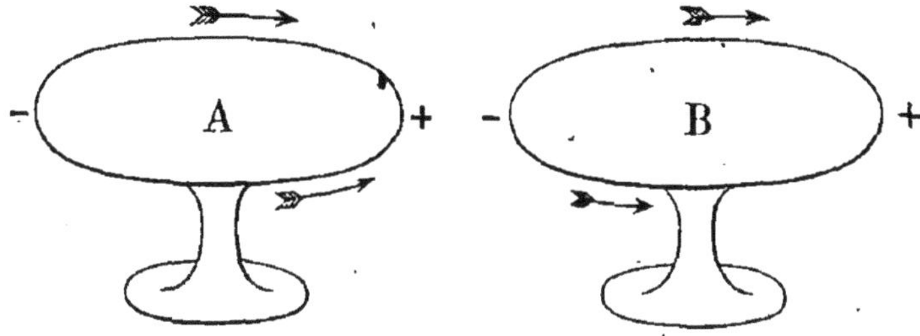

neutre, tend à y déterminer un ensemble de courants dirigés dans le même sens que les siens. Cela étant, la figure ci-contre indique avec évidence que si l'on désigne par des signes algébriques, correspondant aux dénominations ordinaires d'électricité *positive* et *négative*, le sens des courants dans le corps A, une disposition semblable de ces signes se manifestera dans le corps B qui subit l'influence, et par conséquent au signe positif correspondra le signe négatif et réciproquement : ce qui répond à cet adage de la théorie ordinaire, savoir : « que l'approche d'un corps électrisé attire l'électricité de nom contraire et repousse celle de même nom. »

Dans l'exemple que nous donnons ici, les courants électriques qui serpentent le long de la surface du corps B vont concourir l'un vers l'autre à son extrémité la plus éloignée; il se fait donc là une évidente réaction, il se produit une résistance générale dont la force rétroactive tend à diminuer l'intensité du mouvement électrique sur l'ensemble du corps, et qui agissant par sa détente lorsque l'influence a cessé, éteint alors le mouvement et fait rentrer la surface du corps dans l'état naturel. Il est évident que si, en touchant cette extrémité et la faisant communiquer avec le réservoir commun, on ouvre une issue à cette résistance (ce qui se réduit à reculer indéfiniment le point de concours des propagations), le corps B pourra se charger d'une plus grande quantité d'électricité, en rapport toutefois avec la tension de la source ; c'est-à-dire qu'une certaine quantité de mouvement, restée latente par la résistance dont nous venons de parler, va momentanément se manifester. Nous verrons dans le paragraphe suivant comment par une certaine disposition des appareils et par une propriété des corps non conducteurs interposés, cet accroissement de tension électrique peut devenir en quelque sorte permanent, au moins dans une certaine limite de temps, et donner lieu à de très-puissants effets de l'électricité. Mais ce sujet mérite une place à part et des développements tout spéciaux. Avant d'y entrer, terminons le sujet actuel par une observation générale sur la loi des attractions électriques.

Tous les phénomènes dont nous venons de parler sont de pures émanations des mouvements du fluide éthéré; tous sont donc soumis à la loi générale de ces mouvements, c'est-à-dire à la loi du *décroissement en raison du carré des distances*. Nous pouvons évidemment prendre base en cela sur les principes exposés au Livre Ier de cet ouvrage, et sans entrer dans d'inutiles répétitions, considérer comme suffisamment justifié par ces principes le résultat des belles expériences de Coulomb sur le rapport des influences électriques avec la distance où elles agissent. Cette loi générale des propagations et des influences à distance dans les phénomènes naturels s'établit ainsi d'elle-même : elle est universelle par l'universalité même de sa cause.

III.

De la théorie des condensateurs électriques et du choc des deux électricités.

Après avoir expliqué par une simple action de surface, par une action en quelque sorte négative, les phénomènes d'attraction et de répulsion produits par les corps conducteurs isolés, lorsqu'ils sont électrisés, il nous reste à compléter pour ainsi dire le paradoxe, en indiquant le rôle réel au contraire que selon nous remplissent les corps nommés *non conducteurs* dans le phénomène de la condensation de l'électricité et dans les effets puissants qui en dérivent.

On donne généralement le nom de *condensateurs* à des instruments formés, en principe, de deux plateaux conducteurs séparés par une lame non conductrice, ordinairement une lame de verre ou une couche de résine. On fait communiquer l'un des plateaux conducteurs avec le sol, l'autre plateau avec la source d'électricité : lorsque celui-ci est chargé à saturation, si on l'enlève, il donne les signes d'une quantité beaucoup plus considérable d'électricité qu'il n'en aurait acquis par la simple communication avec la source ; et si, sans l'enlever, l'on fait communiquer entre eux les deux plateaux par une branche métallique, on produit une forte commotion et une vive étincelle au contact. Telle est aussi la construction et le principe d'un instrument fameux dans l'histoire de la Physique sous le nom de la bouteille de Leyde, source la plus puissante que l'on connaisse de commotion électrique instantanée.

La théorie que l'on donne à l'ordinaire de ces sortes d'instruments et de l'accumulation d'effets qu'ils produisent me paraît, je ne crains pas de le dire, pleine de contradiction. La lame de verre ou de résine interposée entre les deux conducteurs est réputée *non conductrice* de l'électricité, ou affirme qu'elle ne la transmet pas ; et l'on imagine cependant qu'elle se laisse ici traverser avec la facilité la plus grande par l'*influence* électrique, influence qui au travers de cette lame non conductrice irait décomposer à distance l'électricité neutre du second plateau et en fixer une des portions composantes à sa surface. Ainsi, dans l'explication, les corps non conducteurs qui arrêtent, dit-on, le mouvement électrique au contact et lorsqu'il est dans toute sa force, le laisseraient cependant agir à travers leur substance lorsque la distance en a déjà diminué l'énergie. N'est-ce point là une étrangeté des plus grandes ? Est-ce donc à dire que l'influence électrique soit autre chose que l'électricité elle-mème, et que dans cette sorte d'abstraction que l'on a nommée le fluide électrique il n'y ait pas seulement *deux* fluides impondérables, mais une troisième chose encore plus abstraite et plus immatérielle s'il est possible, que l'on appellerait l'*influence* électrique, pour laquelle il n'existerait plus ni conducteurs ni corps isolants, puisqu'elle traverserait toute substance ? Je ne crains pas de dire qu'il y a dans tout ceci les plus étranges contradictions.

Notre mode d'explication sera tout autre. Pour nous la lame non conductrice du condensateur *s'électrise réellement elle-même*, elle transmet le courant électrique d'une armature métallique à l'autre, et le rend permanent par sa propre élasticité. En cela nous n'avons pas même d'expérience à faire : l'expérience est faite, on a imaginé en effet de décharger séparément les deux plateaux du condensateur, et replaçant ensuite entre eux la lame de verre rendue mobile, on a pu reproduire, sans communication nouvelle avec la source, le choc électrique et l'étincelle. L'électricité *réside donc en effet dans la lame de verre du condensateur*, et voici selon nous ce qui se passe en réalité dans le phénomène.

Lorsque l'on communique l'électricité à un corps conducteur *isolé,* nous avons vu qu'il se produit, par le concours des lignes de propagation à l'extrémité la plus éloignée du corps, une sorte de résistance, qui empêche l'énergie électrique de s'accumuler au delà d'une certaine limite d'intensité, parce qu'il se forme une sorte d'équilibre entre deux efforts contraires, qui annule une grande partie du mouvement pendant que dure l'influence de la source, et qui le détruit par une réaction en sens contraire lorsque l'influence a cessé. Or ce qui se passe dans le condensateur a pour résultat de remédier précisément à ces deux effets : en premier lieu la communication du plateau inférieur avec le sol détruit cette résistance des extrémités qui se produisait dans les conducteurs isolés, et par suite la lame non conductrice, n'étant plus comprimée entre deux mouvements contraires, pourra céder plus facilement elle-même à la force du courant imprimé par la source, quelle que soit la direction de ce courant, et soit qu'il agisse par impulsion ou par aspiration. En second lieu la lame, une fois *électrisée* ainsi avec l'aide du temps, qui est ici un élément nécessaire, donnera par son élasticité propre et la lenteur des communications dans son intérieur une certaine permanence au mouvement, de telle sorte que même en soustrayant l'influence de la source, une certaine intensité vibratoire continue à se produire sur les deux faces de cette lame par la seule élasticité de ses particules, sans que le courant électrique puisse revenir instantanément sur ses pas comme dans les simples conducteurs isolés.

Pour tout dire en un mot, la lame non conductrice interposée entre les deux armatures du condensateur ou de la bouteille de Leyde *emmagasine* le mouvement électrique, elle se l'approprie avant de le transmettre, et elle peut ainsi l'*accumuler* en ses propres particules, de manière à devenir elle-même une *source* d'électricité agissant par détente à l'égard des deux armatures métalliques, lorsqu'a cessé l'influence de la source primitive ; mais cette source secondaire a pu devenir, par l'accumulation, beaucoup plus puissante que la première. En réagissant par sa détente, il est clair que la nouvelle source d'électricité, la lame de verre, tend à imprimer des mouvements électriques de sens différents sur les deux armures, ou du moins à repousser sur l'une le mouvement primitif par réaction et résistance, tandis qu'elle le continue sur l'autre dans sa même direction. De telle sorte que si, au moyen d'une branche métallique, on établit une communication entre les surfaces des deux armures, les deux propagations en sens contraire courant le long de l'arc de communication viendront *réellement* se heurter l'une contre l'autre en sens inverse, ou du moins l'impulsion de l'une viendra toujours frapper contre la résistance (*) de l'autre : le mouvement sera donc anéanti par le choc, mais non sans un frémissement rapide des particules d'éther ainsi arrêtées, frémissement d'où dérivera la lumière, la chaleur et, par suite du mouvement local de l'air suréchauffé, le bruit. Tels sont en effet les résultats physiques du choc de ce l'on a appelé les deux électricités, résultats qui dans les théories ordinaires ne trouvaient point de cause réellement mécanique, et qui dérivent au contraire si naturellement ici de tous les principes précédemment posés, qu'il serait superflu d'y insister plus longuement. Quant à la commotion nerveuse qui peut être produite par la réaction du mou-

---

(*) Cette dernière expression est probablement plus près de la vérité, non-seulement d'après nos explications précédentes, mais encore d'après l'expérience, qui montre que le choc et l'étincelle ont toujours lieu *sur l'une des armures* et non pas sur le milieu de l'arc métallique au moyen duquel on en produit la communication.

vement électrique brusquement arrêté, lorsque sa communication se fait par le passage sur la surface de nos tissus organiques, c'est un effet facile à concevoir dans sa possibilité, bien qu'il n'entre pas dans notre compétence d'en rechercher la raison physiologique.

Il doit suffire à notre but d'avoir expliqué par l'intervention de l'éther, et d'une manière entièrement rationnelle, le puissant phénomène de la condensation et du choc électrique. dont l'explication par les théories antérieures nous paraît être réellement défectueuse.

IV.

De la manière dont l'électricité se développe par le frottement ou par le contact des corps; de la pile de Volta.

Pour être clair, nous avons traité d'abord des *effets* de l'électricité, en nous proposant de les expliquer par l'intervention du fluide universel mis en agitation par les mouvements moléculaires : il convient maintenant de nous arrêter avec un peu plus d'attention sur les *causes* immédiates du phénomène, en analysant à notre point de vue les deux principales sources physiques d'électricité, savoir, le frottement et le contact des corps ; car les causes et les effets de l'électricité chimique trouveront surtout leur place dans le livre suivant. L'électricité développée par le contact nous servira d'ailleurs ici d'introduction à la théorie d'une des plus précieuses découvertes de la physique moderne, de l'instrument nommé la pile de Volta. Mais considérons en premier lieu les effets plus fondamentaux du frottement.

Lorsque deux corps, et particulièrement de ceux que l'on a nommés non conducteurs, sont frottés l'un contre l'autre, les pointes moléculaires qui hérissent les deux surfaces subissent nécessairement une pénétration mutuelle qui tend à déplacer l'éther interposé dans les interstices; mais à l'égard de ce résultat le caractère de la pénétration est différent pour les deux corps. Celui dont les molécules sont les plus aiguës, si la nature des deux substances est différente, ou celui dont la surface est la plus rugueuse si les deux substances sont identiques, pénètre par ses pointes dans les angles rentrants du second corps, et il y pénètre de manière à gêner la sortie de l'éther encastré au fond de ses cavités, à lui en fermer l'issue; de telle sorte que les parties de ce fluide ainsi resserrées au fond des angles y subiront un effet de *compression*, effet que le mouvement de va-et-vient du frottement, la répercussion des facettes et l'élasticité des groupements moléculaires rendront évidemment vibratoire. Maintenant, dès que la marche du frottement aura laissé cette même partie de surface découverte, l'éther ainsi comprimé dans l'intérieur des groupements doit obéir à un mouvement de détente, lequel réagissant sur l'éther libre qui baigne la surface, exercera sur lui à son tour une impulsion vibratoire : or le sens du mouvement de détente montre évidemment que cette impulsion, contenue d'ailleurs normalement par la résistance de l'atmosphère, tendra, sur la surface du corps frotté, *à diverger de tous côtés à partir du point de frottement*. Voici donc un sens bien marqué, un sens général, que le frottement détermine sur la surface du corps pénétré ; voyons s'il en sera de même sur la surface du corps pénétrant.

Le corps dont les molécules sont le plus pénétrantes est évidemment pénétré aussi par les particules de l'autre surface; mais les caractères de cette pénétration sont différents en ce qui concerne les mouvements du fluide éthéré. En effet, n'entrant pas aussi avant dans les interstices, ne les remplissant point, ces pointes moléculaires déplacent bien une certaine quantité d'éther, mais sans comprimer la partie du fluide qui demeure dans les interstices non remplis : car la portion déplacée trouve une issue pour s'échapper au dehors. De sorte qu'au moment où, par le déplacement des corps soumis ainsi à un frottement réciproque, cette partie de surface aura été mise à nu, le fluide libre extérieur doit tendre seulement à remplir les vides réels d'éther que la pénétration avait momentanément produits : ce fluide aura donc, de tous les points de la surface du corps, *une marche convergente vers le point de frot-*

tement, et par conséquent une marche générale *inverse* de ce que nous avons vu pour le cas précédent.

Ce qui forme le caractère de ce résultat, ce qui lui donne son importance, c'est qu'il indique un phénomène général, une différence *générale* dans la marche et le caractère du mouvement électrique sur toute la surface des deux corps qui subissent le frottement mutuel : ce mouvement est en effet *divergent* sur l'une et *convergent* sur l'autre à partir de points symétriques, qui sont ceux du frottement. Et comme nous avons précisément expliqué tous les phénomènes d'attraction et de répulsion des deux genres d'électricité par une différence générale de sens dans la propagation électrique sur l'ensemble des corps qui en sont chargés, on ne peut s'abstenir de voir ici une concordance parfaite entre les effets produits et les causes que nous leur avons attribuées. On sait en effet que quand deux corps sont frottés l'un contre l'autre, dans des circonstances propres à développer les apparences du phénomène électrique, chacun d'eux se charge d'une électricité de nom différent.

Ce qui donne encore une précieuse confirmation aux vues que nous venons d'exposer, c'est que lorsque l'on frotte l'une contre l'autre deux substances de même nature, mais dont l'une est plus chargée d'aspérités, comme le verre poli contre le verre dépoli, une plaque métallique contre la poudre du même métal : dans de tels cas le corps le plus rugueux se charge toujours de la même électricité, laquelle est l'électricité *négative*. Nous ne voulons point empiéter ici sur les considérations relatives à la chimie, mais nous pouvons annoncer néanmoins cette nouvelle vérification propre à nos vues, que les corps généralement *électro-négatifs* seront précisément ceux dont la molécule est terminée par un pointement aigu, présente en un mot la forme pyramidale, en opposition à ceux dont la forme est prismatique, figure qui au contraire caractérise en général les métaux ou les corps électro-positifs.

Il suit de toutes ces considérations que sur les corps animés de l'électricité négative la marche de l'électricité est convergente vers le point électrisé : ce genre d'électricité exerce donc une sorte d'*aspiration* de l'éther libre, tandis que par une raison contraire l'électricité positive exerce une sorte d'*impulsion*. Cette conclusion est d'ailleurs en rapport avec diverses expériences de physique qu'il est inutile de rappeler, et aussi avec la loi générale des décompositions chimiques.

Il n'est pas difficile de concevoir pourquoi deux corps de nature semblable, frottés l'un contre l'autre mais maintenus en contact, ne donnent aucun signe d'électricité, laquelle n'apparaît que lorsqu'on les sépare. Il peut y avoir à cela deux causes, l'une que les deux effets inverses d'aspiration et d'impulsion produits dans l'éther par les deux surfaces se compensent et s'annulent alors mutuellement; l'autre est que, d'après nos explications mêmes, un mouvement de l'éther régulièrement orienté, dans les conditions électriques telles que nous les avons définies, ne saurait se produire sans un certain écartement des deux surfaces qui puisse permettre entre elles et le fluide éthéré une libre communication. Évidemment, d'ailleurs, nous n'entendons parler en ceci que des corps dépourvus de la faculté conductrice.

Car il est en outre essentiel ici d'apprécier la différence qui existe, sous le rapport de l'électrisation par frottement, entre les corps *non conducteurs* et les corps *conducteurs* de l'électricité. Cette différence réside encore pour nous dans une propriété des corps du premier genre dont nous avons apprécié déjà l'importance, savoir dans l'*élasticité* de leurs particules groupées, c'est-à-dire dans la faculté qu'ont ces particules de céder plus ou moins aux mouvements vibratoires de l'éther, ce qui, facilitant les actions et réactions moléculaires, tend d'une part à localiser le phénomène et de l'autre à lui imprimer une certaine permanence. Aussi le frottement est-il le moyen physique d'électrisation le plus sûr et le plus puissant à l'égard de ces sortes de corps; nous allons en examiner maintenant un autre mode où les corps métalliques joueront au contraire le principal rôle, je veux parler de l'électricité développée par le *contact*, de l'électricité voltaïque.

Depuis l'époque où Volta, reprenant avec de nouvelles vues la découverte de Galvani, eut attribué au contact des métaux les effets physiologiques observés par ce dernier et eut basé sur cette idée son admirable instrument, l'exactitude de l'idée elle-même a été de nouveau contestée, et peu s'en faut qu'il ne soit complétement admis maintenant que le contact n'est point par lui seul une source d'électricité entre les corps, que tout réside dans l'action chimique exercée par les liquides ou l'air sur les métaux. Cependant des expériences où cette action chimique est absolument nulle, comme par exemple dans le contact de l'or avec le peroxyde de manganèse, montrent bien une réalité incontestable dans l'hypothèse de Volta, quelle que puisse être l'infériorité du simple contact comparé à l'action chimique; et ce qui n'est pas moins puissant pour démontrer cette réalité, c'est que quelque développement qui soit donné à l'action chimique seule par l'étendue des surfaces qui y sont soumises, on ne parvient jamais sous certains rapports à compenser ainsi, dans la pile de Volta, l'effet de l'accumulation des éléments.

Ce qui semblait militer le plus fortement en faveur des effets exclusifs de l'action chimique, c'est que les théories connues offraient sans contredit peu de ressources pour expliquer rationnellement l'influence du simple contact. Mais le point de vue que nous avons adopté ouvre à cet égard un champ nouveau, et il présente en outre cet avantage, de grouper autour d'une même cause toute une série de phénomènes, de réunir dans une même loi les influences purement physiques avec les effets de la chimie, et de s'appliquer encore d'une manière très-satisfaisante à un nouvel ordre de phénomènes d'un usage très-précieux aujourd'hui, je veux parler des phénomènes désignés sous le nom de *thermo-électriques*. Notre explication générale sera très-simple ; voici en quelques mots sur quelle considération elle est fondée.

Les corps, comme nous l'avons souvent répété, sont à l'égard de l'éther dans une continuelle agitation : non-seulement en effet le mouvement de la chaleur, celui de la lumière, les déplacements produits par les combinaisons chimiques, les agitations de l'air diversement échauffé ou mécaniquement remué, sont pour l'éther qui baigne les corps une cause de mouvement relatif; mais, toutes ces causes anéanties, il resterait encore le déplacement de la Terre elle-même dans l'espace, qui serait toujours pour les corps une source inévitable et continue de ce mouvement. D'après ce que nous avons vu dans le Livre d'Astronomie (Scholie de la Proposition IXe), la résistance de l'éther, qui n'agit point efficacement pour ralentir le mouvement central de chaque corps, exerce cependant toujours sur l'un de ses hémisphères une sorte d'impulsion, susceptible de se transformer en glissement si le corps n'est point libre d'y céder par sa rotation : un effet semblable doit donc se produire aussi sur les molécules, et nous verrons bientôt une application de ce genre de vue dans la théorie du magnétisme terrestre ; mais ce qui est important à signaler ici, c'est que les molécules de deux corps quelconques étant de formes dissemblables, de volumes différents et d'inégale quantité de matière, il en résulte par conséquent pour ces deux corps une inégale proportion du mouvement relatif de l'éther. Si ces deux corps sont en contact ou soudés ensemble et qu'ils soient de telle nature que leurs molécules ne puissent céder aux petites impulsions du fluide, qu'ils soient *conducteurs* en un mot, il résulte de l'inégale répartition dont je viens de parler et de la communication constante des impulsions dans le fluide, qu'il doit se produire un mouvement général de l'éther, un courant dirigé de l'un vers l'autre des deux corps en contact, et par conséquent électricité produite ; et il est clair que la même particularité doit se produire, de quelque source que provienne le mouvement relatif de l'éther par rapport aux deux substances, qu'il dérive d'un effet chimique comme la combinaison des atomes, d'un effet physique comme la chaleur et le frottement, ou du simple mouvement de la Terre, ainsi que nous venons de l'indiquer : mais il sera très-concevable d'ailleurs que parmi ces causes la première, l'action chimique, puisse être rendue de beaucoup la plus puissante.

Si l'on considère maintenant l'ensemble de ces deux éléments métalliques, ou ce que l'on appelle un couple, l'uniformité de sens dans la direction du mouvement de l'éther d'un métal vers l'autre a pour effet de donner à l'un d'eux les apparences d'une électricité et à l'autre celles de l'électricité contraire,

ainsi que nous l'avons expliqué précédemment : car d'un côté
sera, par rapport à l'éther libre extérieur, l'apparence d'une
aspiration et de l'autre celle d'une impulsion. Au fond il n'y
a là suivant nos vues qu'un courant non fermé, dirigé partout dans le même sens sur la surface du couple ; c'est donc une
source d'électricité continue, il est vrai, mais qui par elle-
même serait très-restreinte dans son intensité à cause des résistances produites aux points de concours des lignes de propagation, si par la communication avec le réservoir commun
on ne donnait un écoulement à cette résistance. Pour que cette
petite machine électrique, formée par un seul couple, puisse
charger un condensateur par son côté aspirant, c'est-à-dire par
son pôle négatif, il suffira donc de tenir la main sur l'autre
métal ; si maintenant, en conservant toujours le côté positif en
communication avec le sol, on place sur le premier couple une
certaine quantité d'autres paires séparées l'une de l'autre par
des rondelles suffisamment conductrices, il est clair que le
mouvement électrique, en passant d'un couple à l'autre, ira se
renforçant : car c'est par rapport à chacun d'eux un nouveau
déplacement de l'éther, qui doit toujours agir inégalement sur
les deux métaux et produire sur eux un courant dans le même
sens que le premier, par conséquent susceptible de se super-
poser à lui. En augmentant le nombre des couples dans une
pile ainsi disposée, on peut donc augmenter aussi indéfiniment
la puissance aspirante du pôle libre, augmentation qui néanmoins ne saurait être dans une progression aussi rapide que
le nombre des couples comme le supposait (*) la théorie de
Volta, car la quantité d'action produite par les mouvements
de l'éther décroit nécessairement en énergie avec la distance.

Telle serait donc la théorie fort simple suggérée par notre
système, s'il ne s'agissait que d'un assemblage communiquant
au sol par son extrémité positive ; mais s'il s'agit ou d'une pile
isolée ou d'une pile communiquant au sol par son pôle aspira-

---

(*) L'expérience directe a fait voir que la théorie de Volta, qui admet dans la
pile une intensité *proportionnée* au nombre des couples, est complétement éloignée de l'état réel des choses : la loi de l'accroissement est beaucoup moins rapide,
et d'ailleurs variable d'une pile à l'autre.

teur, l'explication ne saurait plus être aussi simple, elle demande l'intervention d'une vue particulière, dont nous avons déjà donné un aperçu dans la théorie du *condensateur*, et qui constitue le véritable artifice au moyen duquel l'instrument de Volta peut servir de multiplicateur permanent pour les deux genres d'électricité. La véritable nature de cet artifice n'a été connue, nous croyons pouvoir l'affirmer, ni du grand physicien créateur de l'instrument, ni de ceux qui après lui en ont fait un si remarquable usage : il réside dans les fonctions remplies par les rondelles conductrices; et sous ce rapport la théorie que l'on donne ordinairement de la pile de Volta nous paraît défectueuse au même point de vue que celle de son condensateur, sinon au même degré. Quelque fâcheux qu'il puisse être pour l'auteur d'une doctrine nouvelle d'avoir à lutter d'opinion contre des noms qui ont illustré la science par leurs travaux et leurs découvertes, nous devons nous arrêter quelques instants sur l'examen de ces idées admises depuis Volta, afin de bien montrer le côté faible des théories actuelles et la nécessité d'une autre explication.

La théorie donnée par Volta repose sur deux principes, je veux dire sur deux hypothèses. La première consiste à admettre dans le contact des métaux une force *électro-motrice*, qui déterminerait la séparation des deux électricités de noms contraires et leur isolement sur chacun des deux métaux. La seconde admet que si l'on représente par des signes algébriques, $+ e$ et $- e$, les résultats de la force électro-motrice, c'est-à-dire les quantités égales d'électricités contraires qu'elle sépare entre les deux éléments d'un même couple, la différence $2e$ de ces deux quantités demeurera l'expression permanente de la différence entre les deux sommes d'électricités répandues sur les deux éléments, ou de la tension électro-motrice, quelle que soit la quantité d'électricité étrangère qui se répande sur eux : de sorte que si une quantité n d'électricité positive se répand sur l'un des deux éléments, le négatif par exemple, il faut que l'autre s'approprie aussi une égale quantité n d'électricité positive, afin que la différence ne cesse pas d'être $2e$; d'où il suit que l'élément positif serait chargé en réalité d'une quantité $n + e$ d'électricité positive.

Dans ces deux hypothèses est contenue toute la théorie de Volta. Or, non-seulement il est incontestable que ces suppositions, considérées en elles-mêmes, ne sont basées sur aucune *preuve* expérimentale ou raisonnée, mais je dis encore qu'elles sont entièrement opposées à ce que les lois ordinaires de l'électricité avaient fondamentalement établi en principe. Quelle est la première règle en effet que consacrent ces lois? Que les deux électricités de noms contraires s'attirent mutuellement : or, c'est là l'inverse précisément de ce que produit la force nommée par Volta *force électro-motrice;* si donc vous admettez qu'il puisse exister une telle force, il ne serait pas, ce semble, hors de propos d'indiquer pourquoi et par quels moyens elle agit ainsi à l'encontre des phénomènes et des lois ordinaires, démontrées par l'observation. Car s'il peut être jusqu'à un certain point naturel d'imaginer une *force* spéciale pour grouper des faits connus, une telle conception ne saurait paraître aussi simple et aussi facilement acceptable lorsque tout au contraire elle marche à l'inverse des faits connus de la science. Je passerais néanmoins encore sur ce détail ; mais on m'accordera sans doute que l'électricité, une fois développée sur les deux éléments, doive se comporter suivant les *lois de l'électricité,* suivant des lois aussi qui ne soient point contradictoires entre elles et avec les autres faits. Or comment expliquer que l'élément zinc, par exemple, qui n'est capable de s'approprier que de l'électricité *positive* dans le contact avec l'élément cuivre de son couple, soit capable au contraire de soutirer de l'élément cuivre du couple voisin une quantité indéfinie d'électricité *négative*, pour avoir occasion d'en développer une quantité semblable sur le premier, sur le cuivre avec lequel il est uni? Et ce nouveau développement lui-même, comment aurait-il lieu? La nouvelle quantité d'électricité négative qui se répand sur le zinc au moyen de la rondelle de communication devrait naturellement annuler sa première quantité libre d'électricité positive, ce qui tend naturellement à mettre en excès la quantité libre d'électricité contraire développée sur le cuivre du même couple, et, détruisant ainsi l'équilibre statique produit par la force électro-motrice, arrêter et rendre inutile son action : or on suppose que cette action est renforcée au contraire par ce fait, et cela pour qu'une différence *algébrique*, exprimée par des signes purement conventionnels, demeure constante. Il n'y a donc pas seulement en tout ceci une pure hypothèse, il y a selon nous incompatibilité d'actions, car ce qui est attraction d'un côté de la rondelle conductrice ne peut devenir répulsion de l'autre.

C'est qu'en réalité l'on a jusqu'ici méconnu, selon nous, le véritable rôle de ces substances soi-disant inertes, interposées entre les divers couples de la pile de Volta : on les a réputées simplement conductrices; selon nous elles *s'électrisent* elles-mêmes vers les extrémités de l'appareil et servent alors pour l'é-lectricité de double repoussoir, de ressort pour ainsi dire, lors-que les résistances extrèmes ont amené la saturation, par un rôle à peu près analogue à ce que nous avons indiqué dans la théorie du condensateur à l'égard de la lame de verre ou de la couche de résine interposée entre les deux armures. La nature des sub-stances dont l'expérience a appris à former ces rondelles (comme le drap, le papier, le bois, les liquides) montre bien qu'elles doivent être jusqu'à un certain point susceptibles d'absorber l'électricité: il y a là du reste deux rôles distincts à remplir pour ces substances, le rôle de corps conducteurs et celui de corps électrisables; et voici en effet comment nous concevons que doit se passer le phénomène, voici en un mot notre théorie sous son point de vue le plus général.

Supposons la pile de Volta isolée par ses deux extrémités, pour aller tout de suite au cas le plus complexe. Dans ce cas comme dans le précédent, le courant ira évidemment se renfor-çant avec le nombre des couples, parce qu'à mesure que le point de concours des lignes de propagation s'éloigne, l'énergie de la résistance opposée à leur marche diminue, et que toutes lés forces d'ailleurs étant dans le même sens, joignent leurs effets l'une à l'autre : mais cette réunion des forces est nécessai-rement telle, que le maximum d'aspiration aura lieu à l'une des extrémités, la négative, et le maximum d'impulsion à l'autre extrémité, c'est-à-dire au pôle positif, le milieu restant dans un état moyen qui équivaut à la nullité quant aux effets extérieurs. Tel serait donc l'état de la pile voltaïque si les rondelles interposées n'avaient que les fonctions de simples conducteurs : cet état ressemblerait beaucoup à celui d'un corps conducteur isolé électrisé par influence. Mais la nature des substances interposées va donner à l'appareil un autre caractère, quelque chose d'analogue aux propriétés du condensateur et de la bouteille de Leyde.

Les substances interposées entre les éléments de la pile de Volta qui réussissent le mieux pour l'objet de cet instrument sont par elles-mêmes de nature peu conductrice, l'humidité seule paraît leur donner cette faculté, nécessaire d'ailleurs ici. Or en admettant les vues que nous avons exposées au § 1er sur la manière dont se comportent ces substances à l'égard de l'électricité, il est clair que soumises à un courant continu tel que celui de la pile, elles doivent nécessairement s'électriser, dans la proportion du moins qu'indiquera leur place dans l'ensemble des éléments. Mais nous savons encore que les substances de cette espèce sont douées, par rapport au mouvement électrique, d'une certaine *élasticité*, de telle sorte qu'après avoir cédé à ce mouvement, elles tendent à le repousser dans une direction exactement contraire, par un phénomène analogue à ce qui se produit, comme nous l'avons expliqué, dans les causes de la dilatation calorifique : ces sortes de substances font en un mot la fonction d'un ressort. Tel sera donc leur rôle dans la pile, et particulièrement à ses extrémités : à l'extrémité négative, par exemple, tout en laissant subsister le courant d'aspiration dans les parties conductrices, elles produiront à chaque instant une vibration répulsive, et c'est ce qui fait qu'en réunissant les deux réophores, le courant d'impulsion qui s'échappe le long du fil positif rencontrera à chaque instant dans le fil négatif une résistance, une impulsion partielle en sens contraire. De là cette espèce de choc continu que l'on peut produire avec une pile composée d'un nombre suffisant d'éléments et qui rappelle jusqu'à un certain degré celui de la bouteille de Leyde. Je n'insiste pas sur cet objet à cause de sa similitude avec les vues que nous avons exposées à l'égard de la théorie du condensateur.

Ainsi pour nous il y a deux caractères dans la pile de Volta : sous un point de vue c'est un simple courant ; sous un point de vue différent et en considérant les substances électrisables interposées entre les couples, c'est une machine à double impulsion répulsive, susceptible de produire un choc continu par la jonction de ses deux extrémités. Ce double caractère expliquera facilement les effets différents produits dans l'appareil de Volta par le nombre ou par la grandeur des éléments. Le nombre des éléments, et par conséquent des rondelles interposées, favorisera les phénomènes qui dépendent de l'énergie du choc et de la rapidité des vibrations qui en résultent, comme dans la production de la lumière électrique ; la grandeur des éléments favorisera ceux qui dépendent de l'intensité des forces parallèles agissant sous forme de courant, comme dans l'échauffement ; les compositions et décompositions chimiques pourront participer suivant toute apparence de ces deux conditions réunies. Or tous ces résultats sont parfaitement d'accord avec les faits.

Le ressort électrique, si je puis m'exprimer ainsi, que nous attribuons aux matières non conductrices interposées, est encore la seule manière que je connaisse d'expliquer le phénomène des piles dites *secondaires,* qui formées d'une seule espèce de métal, acquièrent par communication avec une pile ordinaire un courant permanent de *sens inverse.* Mais de semblables détails ne sauraient longuement entrer dans le cadre que nous nous sommes tracé. Retournons aux questions générales, et terminons maintenant nos études sur l'électricité proprement dite en revenant avec un peu plus de précision sur une question déjà effleurée précédemment, mais dont la haute importance à l'égard de la théorie des atomes demande dans notre travail une place à part. Puis après quelques réflexions sur l'électricité atmosphérique et sur la cause des orages, nous atteindrons à la grande question du magnétisme, intimement liée avec celle qui nous occupe.

V.

De l'intensité électrique dans ses rapports avec la forme des corps, et du pouvoir des pointes.

Coulomb, dont les ingénieuses recherches expérimentales ont rendu de si grands services à l'étude de l'électricité, a sinon signalé, du moins mesuré le premier cet intéressant phénomène de l'inégale distribution de l'électricité sur la surface des corps conducteurs.

Il a vu que sur des lames, *quelle que soit leur longueur*, l'intensité électrique est quatre fois plus grande à l'extrémité qu'au milieu, cette différence décroissant d'ailleurs très-rapidement à mesure que l'on s'éloigne de l'extrémité.

Pour des cylindres à bouts hémisphériques, le rapport entre les intensités aux extrémités et au milieu est égal à 2,30; mais si l'on effile le bout du cylindre, l'intensité peut augmenter à un tel point, que la résistance de l'atmosphère est incapable de la contenir. Sur des disques, l'intensité se fait sentir de même vers les bords; et dans le contact de deux sphères inégales, la charge à l'extrémité la plus petite tend vers la limite 2 à mesure que l'un des rayons tend vers 0.

Tous ces résultats sont faciles à expliquer d'après nos principes, et jusqu'à certain point à mesurer : nous avons vu que le concours des lignes de propagation du mouvement électrique sur la surface d'un conducteur, lorsque ce concours avait lieu sous un angle aigu, donnait aux vibrations une énergie plus grande par leur choc mutuel; car elles doivent en devenir plus courtes et plus rapides. A l'extrémité des lames minces, où les propagations sont en quelque sorte parallèles, la vitesse de vibration pourra donc être ainsi doublée, et comme les effets d'intensité ont pour mesure le *carré* de la vitesse, ainsi que nous l'avons vu dans toutes les actions où intervient le fluide, il est donc naturel que l'intensité électrique se trouve être à l'extrémité de la lame *quadruple* de ce qu'elle est au milieu.

25.

Dans les cylindres rendus aigus à leur extrémité il y a quelque chose de plus, il y a concentration de toutes les lignes de propagation sur un moindre espace, car elles recouvraient tout le périmètre de la section droite du cylindre, et en passant sur l'extrémité conique elles ne recouvrent plus qu'un périmètre de plus en plus décroissant. Lorsque le cylindre est simplement arrondi ou à bout hémisphérique, la réduction a lieu dans le rapport de la surface cylindrique à base droite qui recouvrirait la demi-sphère à la surface de cette demi-sphère elle-même, c'est-à-dire dans le rapport de 3 à 2. Les intensités sensibles croîtront donc dans le rapport des carrés ou dans celui de 4 à 9; l'intensité à l'extrémité doit donc être deux fois et un quart plus grande qu'au milieu du cylindre, ce qui est sensiblement le nombre 2,30 trouvé par Coulomb. Mais dans les cylindres terminés par une pointe aiguë, la concentration est pour ainsi dire infinie à l'extrémité, et si l'on y joint l'obliquité des lignes de propagation, l'accroissement d'intensité n'a point en quelque sorte de limite : de là dérive le *pouvoir des pointes*, pouvoir qui naturellement doit être aussi efficace pour soutirer le mouvement électrique par la facilité de la voie qu'il lui donne, que pour le laisser échapper dans l'éther libre.

Ce qu'il nous importe du reste de constater particulièrement, c'est l'accroissement d'intensité qui a lieu dans le mouvement électrique aux extrémités aiguës des corps et par conséquent la supériorité d'attraction qui doit s'y développer. Nous retrouverons en effet une très-importante application de ce principe dans la loi de combinaison des atomes. Sous le point de vue de la physique seule, Franklin a immortalisé cette question par l'invention du paratonnerre, et il ne reste rien à dire sur ce beau sujet. Il nous conduit toutefois naturellement à placer ici quelques mots sur l'électricité atmosphérique et sur les grands phénomènes qu'elle produit.

VI.

De l'électricité atmosphérique, des orages et du tonnerre.

L'électricité atmosphérique est un sujet trop complexe, il réclame trop d'études expérimentales et dépend sans doute de causes trop nombreuses, pour que nous prétendions le réduire à une certaine loi commune et l'asservir à un système. Je veux seulement porter l'attention sur un point de vue qui me paraît avoir été jusqu'ici trop négligé et qui pourrait, ce semble, être compté comme une des bases principales du phénomène.

Je remarque que la chaleur est non-seulement une des causes, mais pour ainsi dire une des conditions du grand déploiement de l'électricité atmosphérique, en un mot du phénomène des orages. La rareté des orages et du tonnerre dans les hautes latitudes, et dans les latitudes moyennes sa rareté pendant la saison hivernale, sont des particularités trop connues pour qu'il ne suffise pas ici de les rappeler : et cependant il ne semble point que l'on y ait fait peut-être toute l'attention qu'elles méritent. Certainement j'admets avec de savants physiciens que l'évaporation, la végétation, la vie animale elle-même puissent être des causes d'électricité atmosphérique, et je conviens qu'elles sont favorisées par la chaleur : mais ce sont là des causes normales, continues, agissant sur de vastes espaces, et qui ne peuvent faire comprendre par elles-mêmes pourquoi à telle heure, en tel lieu, cette électricité normale de l'atmosphère se concentre, s'exalte, imprègne l'air, les nuages, tout le revêtement même de la surface du sol, et donne lieu à ces puissantes accumulations qui se résolvent en tonnerre et tempêtes. Il y a là selon nous la même disproportion, que dis-je ? une disproportion beaucoup plus grande, qu'entre le jeu continu d'une machine électrique chargeant un simple conducteur et la puissante condensation produite par la bouteille de Leyde ou la pile de Volta. Si ces causes normales existaient seules en effet, tous les nuages seraient orageux, toutes leurs rencontres pourraient donner lieu au tonnerre ; et comme il n'en est pas ainsi, il doit exister une cause spéciale, qui forme en réalité le nœud de la question.

S'il nous était permis de faire connaître ici notre opinion, quoique vaguement formée encore, sur cette cause spéciale des orages, nous dirions que selon nous il y a lieu de la chercher dans l'action inégale de la *chaleur* elle-même. Pour tout exprimer en un mot, les nuages orageux, communiquant d'une part avec la terre fortement échauffée et de l'autre avec le froid des espaces élevés augmenté encore par une forte évaporation, nous paraissent être un vaste appareil *thermo-électrique*, dans lequel l'interposition des couches d'air pourrait même jouer le rôle de ce ressort électrisable dont nous avons montré l'existence dans le condensateur et dans la pile de Volta. Enfin le choc des vents soit entre eux, soit contre les obstacles naturels, nous semble pouvoir être compté aussi comme une des causes déterminantes du phénomène, et voici dans notre opinion comment les choses peuvent se passer lorsqu'un orage se prépare.

Supposons que des vents, affluant dans deux directions contraires, se rencontrent et se choquent : la courbure de la Terre, si ces vents en ont suivi la surface sur un assez long espace, la courbure de la Terre a pour effet de faire converger leur action vers le ciel, au point même de concours. La masse d'air immédiatement en contact avec la surface du sol, et par conséquent chargée d'humidité et de chaleur, qui se trouve saisie entre ces deux impulsions contraires, subira d'abord un temps d'arrêt et de repos, c'est le *calme* dont les orages sont ordinairement précédés : mais peu à peu la résultante ascensionnelle de ces deux impulsions atteignant son effet, cette masse d'air sera lentement soulevée vers les régions supérieures de l'atmosphère (*) ; là le froid naturel à ces régions, qui naît d'une facilité plus grande de rayonnement, et le froid produit encore par la forte évaporation que le défaut de pression détermine, agissent à la fois

___

(*) Cela donne à concevoir immédiatement les causes de l'abaissement du baromètre dans les changements de direction du vent, changement qui est le plus souvent une cause de pluie : la courbure de la Terre doit donner en effet presque toujours à la masse de l'air, là où les deux directions se choquent, une impulsion ascensionnelle, qui en diminue par conséquent la pesanteur.

sur la partie supérieure de la colonne ascendante. Il en résultera d'abord une condensation rapide de la vapeur d'eau dont cet air est chargé : de là les nuages, la pluie, la grêle même, qui peut n'être autre que l'effet d'une évaporation très-rapide, sans préjudice des autres causes purement électriques dont l'idée est due aux ingénieuses recherches de Volta ; mais ce ne sont pas là les effets importants à notre point de vue : cet effet principal, le voici. Les nuages sont jusqu'à un certain degré conducteurs de l'électricité : il nous paraît donc rationnel de supposer qu'une accumulation de flocons nuageux, entremêlés de couches d'air d'une température énergiquement décroissante, puisse former jusqu'à un certain degré l'effet d'une *pile thermo-électrique* produisant une forte accumulation d'électricité par l'action concordante d'une suite de courants qui marchent dans le même sens, en suivant la progression inégale de la température.

Les éclairs, le bruit, les effets destructeurs du tonnerre ne seront pas plus difficiles à expliquer dans cette hypothèse que la décharge d'une bouteille de Leyde : l'échelle seule des phénomènes est en effet différente. Les variations de ces effets dépendront d'ailleurs de mille accidents atmosphériques, dans l'examen desquels nous ne pouvons ni ne voulons entrer. Prévenons toutefois une objection : peut-être opposera-t-on à nos vues que les nuages orageux sont quelquefois très-près de terre, et qu'en gravissant des montagnes on voit souvent sous ses pieds des orages, dans des régions dont le froid n'est pas encore considérable ni l'air très-rare. Mais qui ne voit qu'un nuage formé dans les parties supérieures de l'atmosphère doit tendre à s'abaisser par son poids s'il est chargé de pluie et surtout s'il est chargé de grêle ; et dans ce mouvement il n'en conservera pas moins l'électricité qui l'entoure. Ajouterons-nous encore que les mouvements de rapide ascension déterminés dans les colonnes d'air par une évaporation rapide à leur partie supérieure et le choc non direct de vents violents, cause de tourbillonnement dans l'impulsion, peuvent d'ailleurs facilement expliquer soit les effets des trombes soulevantes, soit cette forme tourbillonnante des tempêtes sur de vastes espaces, que d'ingénieux observateurs anglais ont été portés dans ces dernier temps à ériger en système général? Nous ne pouvons ici qu'effleurer un sujet si important et si vaste dans ses détails.

VII.

De la nature du magnétisme en général et du magnétisme terrestre en particulier. Rapport et différence avec l'électricité.

Le magnétisme, dont la physique moderne a découvert les étroits rapports avec l'électricité, est un phénomène essentiellement moléculaire : car si l'on brise un barreau aimanté en une multitude de parties, chacune d'elles possédera les pôles et les propriétés de l'aimant tout entier, suivant un degré proportionné à son étendue. C'est en effet par une action purement moléculaire que nous allons expliquer la propriété magnétique , mais une action dont pour nous le fluide éthéré est toujours l'instrument principal.

Supposons une molécule de forme allongée, qui serait seulement libre de tourner sur un pivot dans un certain plan, et supposons encore que dans ce plan une série de forces parallèles entre elles , agissant d'une manière continue dans une direction unique, vienne frapper ensemble les différents points de cette molécule : il est évident que , vu l'égale intensité de toutes ces forces, la molécule, qui n'a point la liberté de déplacer son centre de suspension, devra tourner sur elle-même jusqu'à ce qu'elle ait acquis cette position fixe où son grand axe serait perpendiculaire à la direction commune de toutes les forces parallèles : car c'est là la seule position où aucun point n'étant frappé le premier par l'une des forces, il y a à chaque instant équilibre parfait entre leurs moments par rapport au point de suspension.

Si maintenant, abandonnant cette supposition purement idéale, on considère un corps formé par le groupement confus de ces sortes de molécules à forme très-allongée, il est bien évident que ce corps agira, sous l'action des mêmes forces parallèles, comme le ferait une seule molécule, s'il a lui-même une forme semblablement allongée; car les molécules n'étant plus retenues que par leur inertie, tendront à se déplacer elles-mêmes sous l'action de ces forces, et en vertu de la confusion même des groupements on peut admettre que toutes les composantes différemment orientées se détruisant réciproquement, le barreau entier agira comme si toutes les molécules étaient dirigées parallèlement à son axe. Si donc on le suppose suspendu lui-même par son point central, il finira par s'orienter d'une manière fixe perpendiculairement à la direction des forces, comme nous avons vu qu'aurait dû le faire la molécule elle-même.

Cela posé, étudions le caractère des forces électriques en général, et nous verrons qu'ayant pour origine certain mouvement régulier, soit mécanique, soit chimique, des molécules des corps, elles communiquent ainsi à l'éther, dont les particules sont moindres que celles des corps eux-mêmes, des impulsions *parallèles par groupes*, caractère sur lequel nous avons déjà du reste fait porter l'attention. Lorsque ces impulsions pénètrent, sous forme de courant électrique, dans des liquides ou dans des gaz, elles tendent à y produire une certaine orientation des molécules, qui peut être accompagnée de choc et qui peut aussi avoir pour résultat, soit une cristallisation, soit une combinaison ou une décomposition chimique. Mais si ces petites forces parallèles s'exercent sur certains *solides* dont la molécule est allongée, elles ne peuvent produire qu'une tendance générale à s'orienter perpendiculairement à la direction des forces, et c'est en cela que, selon nous, consiste en général le *magnétisme*.

Comme de tous les corps c'est le fer et l'acier qui ont le plus de facilité à céder aux impulsions magnétiques, les données précédentes nous amenaient à conclure que c'étaient aussi de tous les corps ceux dont la molécule, de forme prismatique, était la plus allongée; cette conjecture, nous l'avons trouvée en parfaite concordance avec les principes de philosophie chimique qui seront exposés dans le livre suivant et avec la nature des faits qui s'y coordonnent.

Voilà donc en quoi consistent, selon nous, les bases les plus générales du magnétisme, et l'on voit qu'elles mettent ce phénomène dans un rapport évident avec celui de l'électricité, au sens près des effets, que nous trouvons de directions mutuellement perpendiculaires, conformément aux faits connus de l'électro-magnétisme. Mais ces explications et ces rapports ne sauraient seuls nous renseigner sur les causes du *magnétisme terrestre*. Ce grand phénomène, quoique s'appuyant sur les mêmes principes que le magnétisme électrique quant aux effets produits, relève d'ailleurs de causes toutes spéciales, dignes du plus grand intérêt par leur rapport avec les autres parties de notre système, avec les parties surtout qui donnent à ce système un caractère propre et nouveau.

Le magnétisme terrestre dérive pour nous des deux mouvements du globe et de l'action qu'exerce sur l'éther l'ensemble de ces mouvements. Rien ne saurait se perdre en effet des forces naturelles auxquelles donnent lieu les déplacements et les résistances du fluide déterminées par les mouvements des corps. De même que d'une part l'agitation produite par le frottement du soleil et des planètes se manifeste au dehors par les phéno-mènes lumineux, le fluide d'autre part, réagissant lui-même par sa résistance sur la surface dont le frottement l'agite, y produira des phénomènes moléculaires : à la surface du globe ces mouvements moléculaires régulièrement orientés ne seront autres que le *magnétisme terrestre*.

Les mouvements dont nous parlons sont évidemment étrangers à la pression normale du fluide sur la surface de la terre, laquelle a pour effet la *pesanteur :* ceux qui produisent le magnétisme du globe sont de très-petits mouvements de l'éther tangentiels ou presque tangentiels à sa surface, qui dérivent soit du frottement déterminé par le mouvement de rotation sur toute la surface, soit du frottement déterminé à chaque instant, sur un grand cercle de position variable, par le mouvement de translation. Il faut y joindre encore l'influence d'un autre flux de l'éther dirigé du pôle vers l'équateur, en vertu de l'excès de pression qui détermine l'accroissement de pesanteur, ainsi que nous l'avons vu dans la Proposition XXI, et de la tendance générale à l'équilibre dans toutes les parties du fluide. La chaleur enfin, qui s'exerce avec plus d'intensité à l'équateur, détermine un nouvel afflux du même genre que le précédent. Mais le détail de ces vues fera l'objet d'un article séparé, où nous réunirons l'étude de toutes les influences qui déterminent les mouvements de l'aiguille aimantée. Avant d'entrer dans ce sujet toutefois, il est bon de rechercher pourquoi il existe des corps susceptibles de *s'aimanter*, d'acquérir les propriétés magnétiques d'une manière permanente; tandis que d'autres ne peuvent acquérir l'aimantation que d'une manière passagère et par communication directe avec des matières aimantées. Ce sujet et celui de l'action du globe me paraissent nécessaires d'ailleurs à traiter avant de concevoir quelle est la cause et la vraie nature de cette propriété d'attraction et de répulsion que le magnétisme partage avec l'électricité.

VIII.

A quelle qualité faut-il attribuer la différence entre l'aimantation de l'acier trempé et celle du fer doux? Quelques inductions sur le phénomène de la trempe.

C'est une habitude, peut-être fâcheuse, de la physique moderne, de donner des noms à toutes les influences que nous ne savons pas expliquer ; non-seulement on n'atteint pas ainsi le but, qui est de connaître, mais on le recule peut-être en s'illusionnant sur la portée de nos connaissances. Le fer doux cède aux impulsions magnétiques, il est capable de les transmettre par communication, mais il ne peut posséder par lui-même la faculté d'être aimanté, c'est-à-dire d'être rendu capable d'attirer par sa seule influence d'autres particules de fer doux ; cette faculté appartient au contraire à l'acier trempé suivant un certain degré ; elle appartient aussi à un des oxydes de fer que l'on nomme l'aimant naturel et enfin au fer mêlé d'une certaine proportion d'arsenic, de soufre ou de phosphore, ce qui le place alors dans des conditions à peu près semblables à celles de l'acier. Or dans l'embarras d'expliquer ce contraste par des moyens naturels, on a imaginé qu'il existe une *force coercitive* qui retient l'influence magnétique entre les molécules de l'acier ou de l'aimant naturel; et de même que dans les principes de l'ancienne école la nature n'avait horreur du vide que jusqu'à vingt-huit pieds, de même ici le magnétisme obéit à une certaine force coercitive, mais il ne la veut que d'un certain degré : car l'acier à trempe dure refuse l'aimantation. Je le demande, est-ce là une solution théorique? Est-ce autre chose qu'un pur abus des mots? Si l'on veut réellement expliquer, il faut chercher des moyens plus efficaces.

Je remarque que ce qui caractérise le point précis où l'acier trempé est susceptible d'aimantation permanente, c'est qu'à ce point précis il possède la propriété d'être *élastique* : cette propriété, quelles qu'en soient les causes, le fer doux ne la possède en aucune manière, parce qu'il est mou; l'acier trop fortement trempé ne la possède plus, parce qu'il est dur. J'ai dit, quelles qu'en soient les causes, parce qu'à parler ouvertement je ne connais pas bien les causes de l'élasticité ni les effets de la trempe, ou du moins je ne saurais affirmer que je les connais exactement. J'ai lieu de penser que l'élasticité tient à une disposition des groupements moléculaires telle, que le corps, après avoir reçu une inflexion dans quelqu'une de ses parties, puisse revenir à sa forme naturelle par ce *ressort* de l'éther renfermé dans les groupements, dont nous avons indiqué le principe à l'article de la *chaleur*. Pour que ce mouvement de ressort ait un effet général, il faut sans doute une certaine solidarité entre les groupes de molécules, solidarité que peut-être la trempe modérée tend à développer par une certaine uniformité dans le refroidissement; peut-être encore une trempe trop dure, en refroidissant trop vite la surface, y détermine dans les groupements moléculaires un resserrement plus considérable, entre les molécules un plus grand enchevêtrement, qui doit tendre à y augmenter comme nous l'avons vu la cohésion, la dureté, mais sans doute d'une manière exagérée et discordante par rapport aux groupements centraux; ce qui détruisant l'harmonie, l'homogénéité, détruirait aussi par le fait l'élasticité et rendrait le corps cassant. Tout cela pour nous est assez vraisemblable, mais ne porte encore réellement à nos yeux que le caractère de conjecture, et nous ne le donnons que sous la même réserve. Le fait toutefois que nous avons signalé n'en subsiste pas moins, savoir, que la trempe convenable à l'acier magnétique est une trempe d'*élasticité*. Nous sommes donc fondé à croire que dans cette qualité de l'élasticité réside la cause de l'aimantation *permanente*, et voici la suite des vues que doit amener pour nous cette idée particulière.

D'après ce principe en effet il en serait, selon nous, de la différence entre l'aimantation du fer doux et de l'acier trempé comme de celle qui existe entre les corps conducteurs de l'électricité d'une part, et de l'autre les corps non-conducteurs mais électrisables. L'aimantation éphémère du fer doux ne serait donc qu'un mouvement de l'éther déterminé par une influence magnétique étrangère et *répercuté à la surface de ce métal*, la nature allongée de ses molécules lui permettant de renvoyer parallèles les vibrations parallèles qui l'ont frappé. L'aimantation de l'acier trempé aurait un autre caractère : elle serait propre et intime aux *molécules elles-mêmes*, qui par une influence suffisamment prolongée et puissante auraient été *mises en vibration* conjointement avec l'éther enfermé dans leurs groupements, et y seraient continuellement maintenues, en vertu de l'élasticité moléculaire du métal, soit par l'action du globe, soit aussi par l'action répercussive de l'armure que l'on adapte aux aimants artificiels. Il en serait de même des aimants naturels : ainsi que de savants physiciens l'ont déjà mis en avant, ils peuvent devoir à leur position dans le sein de la Terre, par rapport à l'axe magnétique du globe, la cause immédiate de leur aimantation : mais la condition nécessaire selon nous pour la *permanence* de cette propriété, c'est l'élasticité moléculaire que leur donne la combinaison d'une certaine proportion d'oxygène avec le fer.

Il faut bien observer que nous n'avons pas entendu définir la nature et l'essence réelle de cette *élasticité moléculaire* : il serait possible, et il est même pour nous assez probable, qu'à l'égard du magnétisme elle réside presque uniquement dans les mouvements de ces petites quantités de matière étrangère, telles que charbon, oxygène, soufre, phosphore, arsenic, mêlées toujours au fer dans les aimants artificiels ou naturels. Ainsi que nous le concevrons après avoir traité de la combinaison des atomes, les groupements chimiques ne sont jamais dépourvus de toute mobilité entre leurs parties, lesquelles sont simplement juxtaposées et sont susceptibles de glisser jusqu'à un certain degré l'une contre l'autre : l'union du charbon par exemple ou de l'oxygène avec le fer peut donc être telle, que les molécules de ces deux premiers genres de corps obéissent aux petites impulsions magnétiques d'une manière indépendante et déterminent seules, par leur action sur l'éther des groupements intérieurs, l'état de vibration permanente que nous avons indiqué : la molécule de fer ne servant toujours ici qu'à donner aux impulsions la propriété directrice et linéaire qui caractérise le magnétisme.

Quoi qu'il en soit du reste des causes propres de cette élasticité moléculaire que nous avons reconnue *en fait* par la qualité de la trempe convenable à l'aimantation de l'acier, il est essentiel de remarquer combien ce ressort moléculaire, cette force intérieure sans cesse renaissante, dont nous avons vu les effets et le mode d'action à l'égard de la dilatation calorifique, peut ajouter d'énergie aux influences magnétiques ; c'est par elle que l'acier aimanté peut, en animant incessamment l'éther d'une action vibratoire analogue à celle de l'électricité, acquérir une force propre d'attraction et de répulsion, dont nous expliquerons les particularités ultérieurement, et qui ajoutant à l'action directrice du globe son effet propre, permet an barreau aimanté mobile d'être pour nous l'indicateur de cette importante influence. Tous ces effets vont être éclaircis du reste dans les deux articles suivants.

IX.

Des forces qui produisent le magnétisme terrestre, ou des causes de la direction et de l'inclinaison de l'aiguille aimantée.

Indépendamment de la pression normale que l'éther exerce de toutes parts sur la surface du globe et dont nous avons examiné dans le livre d'Astronomie les effets et les variations, les mouvements de la Terre donnent lieu encore à deux genres de *réactions* de la part du fluide, qui n'ont pas d'influence directe sur la pesanteur, mais qui par la régularité de leur direction possèdent éminemment ce caractère de *parallélisme* des impulsions voisines, que nous avons affecté au phénomène du magnétisme.

La première de ces réactions est produite, selon nous, par le frottement tangentiel qui résulte du double mouvement de la Terre, celui de rotation et celui de translation. Elle dérive absolument du même effet que nous avons analysé en traitant des causes de la lumière du soleil ; mais l'influence ici est inverse, car si à l'égard de la lumière il s'agit de l'effet produit au dehors par les impulsions qu'exerce sur l'éther le phénomène de frottement, il s'agit ici tout au contraire de l'action exercée par l'éther sur la surface même du corps frottant. La partie principale de cette action, très-faible quant à la Terre, est ici pour nous la propriété du *parallélisme des impulsions voisines*, et c'est sur elle en effet que nous allons surtout porter notre examen. La rotation de la Terre ayant lieu autour d'un axe peu éloigné d'être perpendiculaire au plan de son orbite, il est facile de voir que les impulsions produites par les deux frottements réunis de translation et de rotation seront partout sensiblement perpendiculaires au plan du méridien, et par conséquent une aiguille magnétique convenablement suspendue étant sollicitée à se placer, comme nous l'avons vu, dans une direction normale à ces impulsions, devra donc prendre en chaque lieu la direction du méridien terrestre : c'est là le principe de l'orientation constante du nord au sud qu'affecte sensiblement partout l'aiguille aimantée, abstraction faite du petit angle d'écartement que l'on nomme sa *direction*. Nous parlerons au reste un peu plus loin des variations que subit soit localement soit périodiquement cette orientation.

Mais il existe encore dans l'éther un autre genre de mouvement régulier, qui doit produire une orientation totalement différente. On a vu dans le livre d'Astronomie de quel principe dérive dans notre méthode l'accroissement de la pesanteur de l'équateur aux pôles de la Terre : contentons-nous de rapeler qu'il est dû à une plus grande somme de réactions produites aux pôles par l'éther en vertu des impulsions centrifuges équatoriales, qu'en un mot il indique une pression croissante du fluide depuis l'équateur jusqu'aux pôles. Or si l'on songe à l'infinie mobilité de ce fluide et à sa tendance constante vers l'équilibre de pression entre toutes ses parties, il ne sera pas difficile de concevoir qu'en conséquence de l'inégalité de pression qui existe ainsi entre le pôle et l'équateur, il doit se produire une marche générale de l'éther dirigée du premier vers le second : et c'est là, selon nous, l'une des causes principales qui déterminent l'*inclinaison* de l'aiguille aimantée. Ce mouvement en effet, qui doit agir à peu près tangentiellement à la courbe méridienne et qui est divergent si on le considère sur l'ensemble de la terre, occupe toujours dans le plan de chaque méridien un certain espace et par conséquent y produit une certaine somme de forces parallèles, normalement auxquelles l'aiguille sera sollicitée à se placer, étant d'ailleurs sollicitée déjà, comme nous l'avons vu, par d'autres forces à se maintenir dans ce plan du méridien lui-même. Mais si le mouvement dont nous parlons agissait seul, il tendrait à rendre l'aiguille à peu près partout verticale, puisqu'il agit, au moins nous sommes portés à le penser, à peu près tangentiellement à la courbe méridienne. Or le résultat n'est point tel ; et en effet nous allons voir que la loi de l'inclinaison doit dépendre encore d'un autre mouvement de l'éther, lié à la distribution générale de la *chaleur* sur la surface du globe.

La chaleur terrestre, considérée dans son ensemble, doit produire un effet à peu près semblable à celui de la force que nous venons d'indiquer. L'équateur et les tropiques réfléchissant une chaleur solaire plus intense que les parties polaires, produisent dans l'espace un rayonnement calorifique plus considérable, et comme les impulsions calorifiques sont parallèles à la propagation, il résulte encore de cette nouvelle cause une sorte de mouvement centrifuge à l'équateur et par conséquent un afflux de l'éther convergeant des parties circumpolaires pour remplir à chaque instant les vides ainsi formés dans l'éther des parties tropicales. En étudiant quelle doit être la nature de cette action et cherchant à la représenter par un faisceau de lignes courbes indiquant la marche des diverses particules du fluide, on verra, ce nous semble, que ces trajectoires doivent former dans le plan du méridien comme une série de courbes paraboliques diversement ouvertes, qui convergeant de tous les points de l'espace ultra-tropical vers la surface du globe, viendraient la toucher par leur sommet en des points voisins des tropiques et se relèveraient en sens inverse vers l'équateur. En combinant ces mouvements avec les forces tangentielles dont nous avons parlé plus haut et admettant que l'aiguille aimantée tende en chaque point à se placer perpendiculairement à la résultante de ces impulsions diverses, il ne sera point difficile de vérifier que les positions qui en résultent répondent bien à la marche des *inclinaisons* sur l'ensemble de la courbe méridienne : car on sait que l'aiguille aimantée, verticale près du pôle, plonge encore de 70° vers le nord à notre latitude, et qu'elle va de là diminuant jusqu'à 0 près de l'équateur.

Si l'inclinaison de l'aiguille aimantée dépend réellement de la chaleur terrestre, ainsi que nous venons de l'indiquer, il est bien évident que sa variation sur le globe doit être une dépendance de la distribution générale des continents ; aussi voit-on que *l'équateur magnétique*, ou la ligne sans inclinaison, diffère assez notablement de l'équateur terrestre. Par une raison semblable, la chaleur doit influer aussi sur la déclinaison de l'aiguille : aussi voit-on que les deux lignes sans déclinaison qui ont été observées sur le globe traversent dans leur longueur les deux plus grandes mers, l'Océan Atlantique et le grand Océan, c'est-à-dire les parties du globe où la distribution de la chaleur est la plus régulière. Mais la loi de toutes ces variations dépend de phénomènes trop complexes pour que nous puissions penser en ce moment à en faire l'étude détaillée.

En outre des variations locales dont nous venons de parler, la direction de l'aiguille éprouve au même lieu des variations diurnes et des variations séculaires : les unes dépendent encore, selon nous, de la chaleur du soleil dans ses alternatives quotidiennes ; les autres sont liées, nous le pensons, à la nutation de l'axe terrestre, qui fait changer lentement sur la surface du globe le rapport de direction entre le mouvement de translation de la Terre et celui de rotation, et qui doit modifier aussi jusqu'à un certain point la distribution de la chaleur terrestre. On sait d'ailleurs, par les beaux calculs de Laplace, que la nutation est soumise comme les oscillations de l'aiguille aimantée autour du méridien, à une périodicité régulière.

Enfin, d'après ce que nous avons dit des causes de l'inclinaison de l'aiguille aimantée, il ne sera pas difficile de concevoir que l'*intensité* magnétique du globe décroisse depuis les pôles jusqu'à l'équateur, puisque les impulsions de l'éther auxquelles nous avons attribué ces causes ont elles-mêmes une marche décroissante dans le même sens. Mais en raison de la complication de ces causes elles-mêmes et de l'ignorance où nous sommes de leur proportion relative, nous ne nous croyons pas assez avancé dans cette étude pour en rechercher les lois. En général, toutes les considérations que nous avons rassemblées dans cet article sont pour ainsi dire à l'état de simples aperçus et bien loin de la précision par exemple qu'ont pu atteindre nos considérations d'astronomie. Nous n'avons pas cru néanmoins devoir les passer sous silence, parce qu'une fois les principes fondamentaux établis sur des données numériques, de simples aperçus à l'égard de quelques-unes de leurs conséquences, quelque vagues et incertains qu'ils puissent être, n'ont plus aucun danger pour entraîner dans une fausse voie et peuvent toujours servir de points de départ pour des travaux ultérieurs.

X.

Des attractions et répulsions magnétiques et de la polarité.

Ce que nous avons dit dans les paragraphes précédents pourra faire facilement concevoir qu'un barreau soumis à l'aimantation, soit permanente soit par influence, puisse être représenté par une série d'impulsions moléculaires parallèles, dont l'ensemble équivaille à deux forces uniques placées aux extrémités s'il s'agit de faire tourner le barreau autour de son axe central de suspension ; mais si le barreau est fixe au contraire et qu'il s'agisse du mouvement de répercussion éprouvé autour de lui par l'éther, ce sera alors un fait absolument analogue à celui des lames électrisées, dans lesquelles l'intensité électrique se porte aux extrémités, ainsi que nous croyons l'avoir suffisamment expliqué dans le § V^e : car les conclusions de ce paragraphe sont ici applicables quel que soit le sens général de l'impulsion. En effet, d'après la confusion des groupements, les molécules d'un barreau d'acier doivent affecter toutes les directions possibles à l'égard de la force d'impulsion ; cela étant, celle-ci se décomposera toujours en deux forces partielles, l'une perpendiculaire à l'axe de la molécule et détruite par sa résistance, l'autre parallèle et par conséquent susceptible de glissement : c'est la résultante de toutes ces forces de glissement sur un même méridien du barreau qui représente ce que dans l'électricité nous avons nommé la *propagation,* et l'ensemble de toutes ces forces propagatrices enveloppe évidemment le barreau aimanté comme s'il était électrisé, les pressions normales aux molécules faisant l'effet ordinaire des vibrations, mais présentant de plus ce parallélisme linéaire et directeur qui est propre aux molécules allongées des métaux susceptibles d'aimantation.

Ainsi il faut bien se pénétrer de cette différence : le magnétisme n'est qu'une propriété relative aux molécules du fer et de l'acier, c'est la réaction de l'éther contre ces molécules à forme allongée ; l'électricité au contraire est l'action répulsive des molécules des corps sur l'éther même mis en vibration. Ces deux phénomènes sont donc complémentaires l'un de l'autre, mais réellement distincts ; leurs effets sont en quelque sorte inverses, mais dans une étroite dépendance l'un de l'autre toutes les fois que le fer et l'acier sont soumis aux actions électriques.

L'action du fer magnétique étant ainsi absolument semblable à celle d'un conducteur électrisé, nulle difficulté de concevoir que le sens uniforme de la propagation dans toute la longueur d'un barreau détermine à ses deux extrémités des pôles de noms contraires, et qu'entre deux barreaux les pôles de nom semblable se repoussent, tandis que ceux de nom contraire s'attirent.

Dans le fer doux ces pôles s'établissent par influence, comme dans les simples corps conducteurs électrisés ; l'acier trempé et aimanté présente un caractère de plus, c'est que par l'aimantation il a été mis déjà dans un état permanent d'électricité propre, et que par conséquent il donne aux forces d'attraction et de répulsion tout le surcroît d'énergie de cette électricité particulière. Je ne puis caractériser d'une manière plus vraie les propriétés spéciales de l'acier à l'égard du sujet qui nous occupe, qu'en disant qu'il réunit en lui trois caractères, celui de corps conducteur, celui de corps électrisable et enfin celui de corps à molécules allongées : cette triple réunion fait de l'acier une substance à part, occupant dans l'ensemble des corps une place très-remarquable, et il n'est pas étonnant qu'avec cet ensemble de propriétés, il ait pu en quelque sorte concentrer en lui une branche entière des sciences physiques.

XI.

Des courants électriques et de l'électro-magnétisme.

Pour entrer clairement dans le sujet qui va maintenant nous occuper, il faut se former une idée nette de ce que représente réellement dans la théorie de l'éther ce que l'on nomme les *courants électriques*, dont l'action mutuelle a fait particulièrement le sujet des belles recherches d'Ampère. Un courant de cette sorte, matériellement défini, n'est autre qu'un faisceau de propagations électriques se dirigeant parallèlement entre elles le long d'un fil conducteur d'épaisseur médiocre, et agissant comme ayant leur point général de concours situé à l'infini : mais ce qui nous paraît être le trait spécial de ce genre d'action, c'est son caractère *linéaire*, qui le met tout à fait en rapport avec ce que nous avons trouvé de caractéristique aussi dans le phénomène du magnétisme. Ainsi en vertu de cette circonstance l'action mutuelle de deux courants voisins se résume, comme nous allons le voir, en une tendance au *parallélisme*, de même que de son côté un élément magnétique montre une tendance constante à se placer en travers des impulsions électriques *parallèles* entre elles. Le magnétisme et les courants se répondent donc parfaitement entre eux et sont très-propres à une mutuelle influence.

C'est en effet par ce caractère *linéaire* des courants que nous pourrons comprendre la loi de leurs actions mutuelles, différente en apparence de celle que nous avons attribuée à l'électricité ordinaire : mais cette différence tient uniquement à ce qu'en vertu de la qualité linéaire il y a toujours dans les impulsions mutuelles qui s'exercent entre deux courants une double action à considérer, dont l'une agit plus énergiquement que l'autre, à cause du rapprochement plus grand des parties, tant que les courants ne sont pas arrivés au parallélisme : combinaison qui produit toujours une tendance à la rotation, jusqu'à ce que cette condition du parallélisme soit obtenue. Nous allons expliquer ceci plus clairement.

La loi générale que l'expérience a montrée comme résumant l'influence mutuelle de deux courants voisins, indique que leur tendance constante est de devenir *parallèles et de même sens;* de sorte que s'ils font entre eux un angle, ils paraissent se repousser lorsqu'ils se dirigent tous deux vers le sommet ou s'en éloignent tous deux, et ils paraissent s'attirer au contraire lorsque l'un se dirigeant vers le sommet l'autre s'en éloigne. Il est facile d'en comprendre la raison : dans le premier cas, où les courants vont dans le même sens, il devrait y avoir répulsion mutuelle dans toutes leurs parties, d'après ce que nous avons vu au § V^e; mais si nous considérons deux portions limitées des deux conducteurs, en admettant qu'ils ne peuvent que tourner sur eux-mêmes, il est clair que la répulsion la plus forte, qui est celle des parties les plus rapprochées, doit l'emporter sur celle de l'autre extrémité, et il y aura ainsi rotation jusqu'au parallélisme. Dans le second cas, où les courants sont de sens contraire, leur gêne réciproque dans la partie intérieure doit, comme nous l'avons vu, produire une attraction générale; mais celle des parties les plus rapprochées l'emportera et il y aura rotation jusqu'au croisement à angle droit, lequel étant dépassé en vertu de la vitesse acquise, le cas redeviendra semblable au précédent, qui doit amener définitivement les deux courants au même genre de parallélisme.

Rien n'est donc plus facile, dans notre méthode, que d'expliquer les résultats de l'action mutuelle des courants, sous le rapport de la direction; et l'influence des courants sur les aimants, ou l'électro-magnétisme, n'étant autre que la précédente en supposant que le barreau produit par sa répercussion moléculaire une série de courants presque perpendiculaires à son axe, cette seconde influence dépendra évidemment des mêmes principes que la précédente.

Quant à l'intensité de toutes ces actions, elle a été expérimentée et calculée par MM. Biot, Savart, Laplace, Ampère, Savary, Demonferrand, par des méthodes qui paraissent indépendantes de toute hypothèse, et par conséquent nous n'entreprendrons pas de traiter ce sujet. Le seul but que nous nous soyons proposé ici est la recherche des causes; il serait non-seulement inutile en ceci, mais peut-être présomptueux de chercher à le dépasser.

On sait qu'après la belle découverte d'Oerstedt qui constatait l'action d'un courant électrique sur le barreau aimanté, le grand chimiste et physicien Davy imagina d'aimanter des aiguilles en les plaçant dans une direction perpendiculaire à celle du courant; MM. Arago et Ampère ont ensuite notablement perfectionné le procédé en contournant en hélice autour du barreau le conducteur électrique, construction qui avait en outre le mérite d'établir de la manière la plus claire et la plus sensible le rapport du magnétisme avec l'électricité. En variant les expériences sur ce sujet, M. Savary a obtenu des résultats fort remarquables dont jusqu'ici l'on n'a point rendu compte théoriquement, et qui nous paraissent avoir une signification très-nette à l'égard de l'origine réellement mécanique de toutes les actions dont nous traitons ici. En interposant des substances diverses entre l'aiguille à aimanter et le courant, M. Savary a vu se produire des variations très-considérables dans l'aimantation ; si l'on entoure l'aiguille d'une enveloppe de cuivre suffisamment épaisse, elle se trouve même tout à fait préservée et se maintient dans l'état naturel. « Tous ces faits, observe judicieusement M. Lamé dans son savant traité de Physique, établissent une analogie remarquable entre la transmission de la vertu magnétique et celle du son et de la lumière, phénomènes qui doivent être certainement attribués à des mouvements vibratoires se propageant dans des fluides. » Mais nous trouvons encore une analogie nouvelle avec les phénomènes lumineux dans une autre partie, non moins intéressante, des expériences de M. Savary, celle où ayant disposé un certain nombre d'aiguilles à des distances diverses du courant aimantateur, il constata jusqu'à cinq alternatives de changement dans le sens de la polarité de ces aiguilles. Or qui ne verra ici quelque chose d'analogue à ce phénomène d'optique nommé les *anneaux colorés*, où l'épaisseur plus ou moins grande de la couche d'air interposée entre deux surfaces refléchissantes renverse complétement l'effet des phénomènes lumineux et produit ainsi des alternatives d'ombre et de lumière ?

Les alternatives observées dans le sens des courants électriques déterminés par *induction*, c'est-à-dire par influence, lorsque les conducteurs influencés sont placés à des distances diverses, ces alternatives dépendent sans doute aussi de propriétés semblables ; mais l'induction étant un phénomène essentiellement lié au *mouvement* de l'électricité ou à celui du magnétisme, ce sujet, d'ailleurs très-délicat et encore très-obscur, se rattachera plus particulièrement aux détails qui seront donnés dans l'article suivant.

XII.

*Du magnétisme en mouvement et des courants formés
par induction.*

La découverte faite par M. Arago de l'entraînement exercé
sur l'aiguille magnétique par la rotation de plateaux métalliques non ferrugineux a créé un nouvel ordre de phénomènes et
en quelque sorte une nouvelle branche de la science, que l'on a
nommée le magnétisme en mouvement. M. Faraday, qui avait
découvert les phénomènes d'induction entre les courants, et
plus tard M. Nobili, ont cherché à expliquer les phénomènes
du magnétisme en mouvement au moyen de courants électriques déterminés par influence dans la plaque tournante. Mais
il est impossible de ne point voir ici une sorte de cercle sans
issue : car si le phénomène d'induction lui-même n'a pas d'explication satisfaisante, la difficulté n'est que déplacée; et cette
théorie n'a même pas l'avantage d'une vue nouvelle, le rapport
du magnétisme avec l'électricité étant supposé chose connue à
priori. D'ailleurs des expériences plus récentes ont démontré ce
fait très-important dans la question, que non-seulement la rotation des métaux mais encore celle de substances réputées
non conductrices de l'électricité, telles que le verre, la résine,
le bois, exerçait un effet d'entraînement réel, quoiqu'à un
moindre degré, sur l'aiguille aimantée. Or il serait difficile d'i-
maginer des courants produits dans le verre ou la résine.

La théorie de l'éther me paraît offrir au contraire de très-
précieuses ressources pour l'explication de ces curieux phénomènes du magnétisme en mouvement : non-seulement ils y sont
naturels et simples, mais on peut dire qu'ils en sont une conséquence nécessaire et directe. Si l'on se reporte en effet à ce
que nous avons dit déjà (dans la deuxième section du livre
d'Astronomie) sur les effets de la rotation des corps dans l'éther,
et que l'on cherche à se représenter l'image, en quelque sorte,
du tourbillonnement produit dans l'éther par le mouvement de
rotation d'un plateau supposé horizontal, on verra l'impulsion

centrifuge s'étaler sur tout le pourtour et la plus grande partie
de la face supérieure en une vaste gerbe continue, où le mouvement a lieu suivant une spirale ascensionnelle dont il est impossible de donner la représentation complète par un dessin;

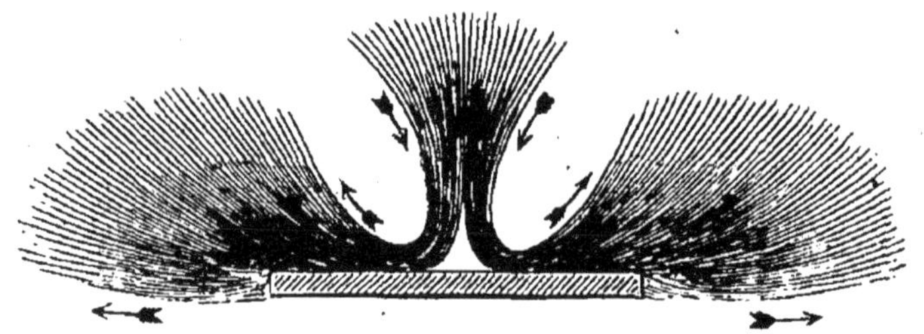

et l'aspiration que ce mouvement de diffusion détermine se
présente comme un faisceau concentré dans la direction de l'axe,
qui vient converger verticalement vers le centre du plateau et
s'y infléchir de toutes parts. Dans cet état de choses il est aisé
de reconnaître que les trois composantes du mouvement d'impulsion indiquées par les belles expériences de M. Arago s'expliquent de la manière la plus naturelle : l'une tangente au
contour du plateau et conforme au mouvement de rotation,
laquelle produit l'entraînement de l'aiguille horizontale, constamment sollicitée à lui demeurer perpendiculaire ; la seconde
horizontale aussi, dirigée dans le sens du rayon, et qui près du
centre paraît d'abord converger vers lui, puis bientôt et jusqu'au bord du plateau prend au contraire une indication centrifuge de plus en plus marquée ; la troisième enfin verticale
et toujours répulsive, c'est-à-dire ascensionnelle, à partir d'une
certaine distance de l'axe. C'est donc là une explication exclusivement mécanique, des plus simples et des plus complètes, et
je doute qu'une fois connue elle laisse place à d'autres recherches, inutilement plus compliquées. Car on ne saurait le nier,
dans tous les sujets où notre méthode s'applique, la clarté des
effets et la simplicité des moyens est un de ses avantages incontestables.

Quant au phénomène lui-même d'induction électrique, qui
se produit entre deux fils conducteurs voisins lorsque le courant commence ou cesse, ou bien lorsque l'un des conducteurs
est approché ou écarté de l'autre, j'avoue que l'explication ne
s'en rattache pas encore pour moi à des idées claires et posi-

tives : mais le même inconvénient se présente dans la théorie ordinaire, où ce phénomène est encore plein d'obscurité. Je suis porté à penser que sa liaison apparente avec le magnétisme en mouvement faisait au reste la plus grande partie de son importance, et que ce prestige théorique une fois évanoui, le phénomène reprendra dans la science sa place, qui nous paraît être essentiellement secondaire. Peut-être s'approcherait-on de la véritable explication en la cherchant dans la première résistance présentée par l'élasticité de l'air à tout brusque changement survenu dans un mouvement très-rapide de l'éther qui le traverse : il est constant en effet que l'air atmosphérique a un effet de résistance pour les mouvements électriques, puisqu'il maintient l'électricité à la surface des corps. Mais ceci n'est absolument qu'une conjecture, et les conjectures ne sauraient occuper une longue place dans un système qui doit reposer sur des bases uniquement positives. Terminons donc ici nos recherches de physique générale, pour entrer dans l'examen d'une autre partie non moins importante de la science, l'étude des atomes et des lois de leur combinaison, lois dont l'ensemble et les causes font l'objet des recherches de la Philosophie chimique.

LIVRE IV.

DES LOIS DE LA COMBINAISON DES ATOMES.

Ce livre ne sera qu'une ébauche; nous nous bornerons à y poser des principes. Ces principes toutefois seront fondamentaux, ils s'appliqueront précisément à ces phénomènes premiers, à ces lois générales, dont la raison réelle, saisissable, avait échappé jusqu'ici aux efforts des théories.

Depuis longtemps on sait que les particules des corps s'attirent mutuellement, puisque l'on sait qu'elles se combinent entre elles : mais jamais on n'a pu reconnaître quelle est la cause de cette attraction et quelle est sa nature. Quel qu'ait pu être l'intérêt et l'avantage de la théorie *électrique* de l'affinité moléculaire, soit comme moyen de groupement pour les faits, soit comme mode expérimental de recherches, on ne saurait dire qu'elle peut remplir le but que nous signalons ici : car un nom n'est point une cause, et si le phénomène de l'électricité a besoin d'être expliqué lui-même, il ne saurait être la raison dernière d'un autre fait. Cependant l'attraction chimique n'est pas plus que l'attraction physique une qualité propre à la matière, une qualité sans laquelle la matière ne saurait exister : il lui faut donc des causes, et l'ignorance où nous sommes de ces causes naturelles est pour la science une lacune à regretter, par conséquent une lacune à remplir.

Depuis longtemps aussi l'on sait que l'affinité chimique est variable selon la nature des substances, puisqu'elles se dépla-

cent l'une l'autre de leurs combinaisons : cependant on n'a
jamais expliqué comment et d'après quels éléments varient ces
affinités, qui n'ont pour ainsi dire aucun rapport avec la quan«
tité matérielle, puisqu'elles ne sont proportionnées ni à la densité ni au poids de l'atome; nous avons même déjà montré
qu'elles leur sont pour ainsi dire inverses.

Enfin les découvertes de la chimie moderne ont montré clairement que les combinaisons atomiques ont lieu toujours en
des proportions simples et réglées sur certaines bases constantes; c'est ce qu'on nomme la *loi des proportions définies :* or
on peut dire avec assurance que jamais cette loi n'a été expliquée par des raisons entièrement satisfaisantes, par des raisons
vraiment matérielles et géométriques. Car on a beau faire intervenir en ceci le nombre des atomes; tant que l'on considérera
les lois de l'attraction entre chacun d'eux comme une dépendance de la quantité matérielle, qui est variable elle-même suivant des proportions fort éloignées de ce caractère de simplicité, on doit être arrêté, au point de vue rationnel, par des
difficultés inextricables : la *forme* seule des atomes peut donner
une base assurée aux recherches dans ce genre de considérations, parce qu'elle seule présente ce caractère géométrique nettement défini, et limité dans ses combinaisons, qui peut répondre à la loi dont nous parlons.

Ajoutons à ce sujet que la cristallisation elle-même, cet
arrangement géométrique des particules, qui semble tenir à la
fois des qualités physiques et des propriétés de la chimie, n'est
encore qu'imparfaitement connue dans ses bases naturelles et
dans sa véritable essence : malgré les découvertes importantes
qui à dater des travaux créateurs de Romé de Lisle et de Haüy
jusqu'aux grandes lois chimiques de Berzélius et de Mitscherlich, ont successivement enrichi cette précieuse partie de la
minéralogie, nous la croyons encore incomplète et erronée
dans ses fondements matériels, et nous dirons bientôt où nous
plaçons ce vide et cette erreur.

Il y a donc là beaucoup et de très-intéressants problèmes : en
appliquant à leurs difficultés les plus générales un nouveau
principe de solution, loin de nous la présomptueuse pensée de

prétendre à épuiser ce sujet, ou même celle de vouloir l'approfondir dans ses détails. Nos recherches, presque uniquement philosophiques, ne sauraient avoir cette portée; et il n'en saurait être d'ailleurs ici, nous devons l'avouer, comme des lois de l'astronomie, qui ont pu fournir à nos études des chiffres précis et des lois numériques, vérifiables par l'observation et pouvant par conséquent servir de preuves réelles au système : l'étude moléculaire, malgré le nombre et la beauté des lois qui nous sont aujourd'hui connues, ne présente encore, sous le point de vue des vérifications réelles, ni les mêmes facilités ni les mêmes ressources que les lois astronomiques. Il y a donc ici une question de temps, d'efforts mis en commun : et nous nous dirons heureux si seulement nous avons pu conduire vers une voie que nous croyons être plus rapprochée de la vérité quelques-uns de ceux que les propensions de leur esprit ou la spécialité de leurs recherches entraînent vers une étude approfondie, expérimentale, de cette vaste et importante branche des sciences naturelles.

I.

De l'affinité chimique, de ses caractères et de ses causes.

Ainsi que déjà nous l'avons indiqué dans l'introduction à la Physique, les particules des corps, emportées dans l'espace en vertu du double mouvement terrestre, sont à l'égard de l'éther dans un état permanent et régulier d'agitation; par ce seul fait, et d'après les principes exposés au livre d'Astronomie, elles doivent donc *s'attirer* mutuellement et tendre à adhérer l'une à l'autre.

Mais il existe nécessairement, sous ce rapport, des circonstances très-diverses et de très-grandes variations; montrons d'abord la différence essentielle qui existe entre la simple attraction physique des particules homogènes et l'affinité chimique proprement dite, produite par la nature diverse des atomes. Les molécules en effet, simples ou composées, mais identiques chacune à chacune, qui constituent l'ensemble d'un corps lorsqu'on le considère sous le point de vue physique, ne sauraient exercer l'une sur l'autre aucune action particulière en dehors des forces de pesanteur, de cohésion ou de dilatation calorifique dont nous avons traité dans les livres précédents. Tout en effet reste équilibré et symétrique dans les attractions exercées par ces particules égales l'une sur l'autre; il n'y a point de prépondérance possible, que celle des forces de groupement ou de cohésion, dont nous avons précédemment traité; il n'y a en un mot dans ce genre d'attraction physique que des lois uniformes pour tout l'ensemble du corps.

Mais si au contraire l'on vient à mettre en présence des molécules simples de nature différente, et j'entends par là une différence de forme, de volume ou de quantité matérielle, il va en naître une variété d'actions, un antagonisme, une prépondérance des unes sur les autres; et c'est un point très-important, très-caractéristique pour notre méthode, que de rechercher et d'indiquer de quels éléments va dépendre, dans la théorie de l'éther, ce concours d'affinités mutuelles et cette lutte de prépondérance entre des affinités contrastantes : car c'est un genre de phénomène dont la raison première n'avait jamais été donnée.

L'affinité que peuvent éprouver l'un pour l'autre deux atomes de nature différente, sous une impulsion simultanée de l'éther, peut dépendre de trois éléments principaux : la *forme*, le *volume* et la *quantité matérielle*. A la vérité on pourrait penser, d'après les résultats que nous avons indiqués au VIe Principe du chapitre relatif à la Chaleur, que ces deux derniers éléments, par leur proportionnalité constante, ne représentent qu'une seule et même chose; mais nous dirons que nous entendons surtout ici par l'influence du volume celle du rapport de la surface du corps à sa quantité de matière intérieure, élément qui doit jouer un très-grand rôle, comme nous l'indiquerons bientôt, dans la mesure et la lutte des affinités. Passons donc rapidement en revue ces différents ordres d'influences.

L'influence de la *forme* des atomes sur l'intensité de leurs attractions sera facilement comprise si l'on se reporte à notre théorie de l'électricité : car en vertu de ce que les molécules des corps terrestres n'ont point une forme sphérique et centrée comme celle des grands corps de la nature, toute impulsion de l'éther sur l'ensemble de leur surface doit donner lieu à deux genres de composantes, l'une normale à la surface réelle, l'autre tangente à cette surface et qui peut être, qui sera même généralement multiple. Or c'est là précisément, d'après notre analyse, la condition du phénomène électrique : la composante normale de l'impulsion correspond à la *vibration* électrique, la composante tangentielle à la *propagation*. Chaque molécule, chaque atome, est donc dans une condition à peu près semblable à celle d'un petit corps électrisé.

Ainsi nous parvenons ici par une voie simple, rationnelle, dépourvue d'hypothèses, à ce résultat théorique créé pour ainsi dire par les travaux philosophiques d'Ampère, par les travaux chimiques de Berzélius et de Davy, et confirmé aussi de la manière la plus brillante par les travaux physiques de M. Becquerel, savoir : « que chaque molécule, chaque atome est un corps doué d'électricité. » Mais de même que notre voie pour parvenir à la même proposition (*) dans la théorie de l'éther

(*) Il est essentiel de remarquer toutefois que dans notre manière de considérer l'électrisation naturelle des particules il n'est pas nécessaire que les courants électriques soient de sens différent à partir des points d'attraction prédominante. L'attraction des corps physiquement électrisés s'exerce très-bien, on le sait, sur les corps neutres, et je suis porté à penser que l'attraction chimique est de ce genre. Il est à remarquer en effet que les atomes très-semblables n'ont guère d'affinité chimique l'un pour l'autre, par exemple les métaux entre eux ; il est à remarquer aussi que les atomes des corps très-volatilisables sont ceux qui paraissent entrer le plus avidement en combinaison : or ces atomes ne sont autres que ceux précisément qui cèdent le plus facilement aux impulsions de l'éther. Nous sommes conduit à en inférer que dans les actions de ce genre il y a eu général un corps *attirant* et un ou plusieurs corps *attirés* ; il n'y aurait pas en un mot cette réciprocité absolue d'action que l'on semble admettre aujourd'hui en principe dans le langage chimique, lorsque l'on dit que deux molécules *s'attirent*. Sans nier l'existence de cette mutua ité, nous croyons qu'en général une des actions domine l'autre, ce qui fait que le phénomène de l'affinité chimique doit avoir plus de rapport avec les effets d'une seule électricité qu'avec l'influence réciproque des deux électricités ensemble. En cela comme en beaucoup d'autres points notre théorie n'a donc qu'un rapport très-éloigné avec la théorie presque purement abstraite d'Ampère. Cela n'empêche pas que par une action mécanique dont nous chercherons un peu plus loin à apprécier les causes, la décomposition d'un corps binaire par la pile ne puisse porter toujours un des éléments à un pôle et l'autre élément à l'autre pôle : il est seulement par là

est fondée sur des causes et des principes et non plus seulement
sur des faits, elle doit nous donner aussi des indications plus
précises sur les effets de ce genre d'électricité. Car pour nous
les atomes ont une *forme*, une forme spéciale à chaque nature de corps, non sphérique, non régulière, pouvant enfin, si
l'on veut se tenir en dehors de toutes les hypothèses, pouvant
représenter toute cette variété de figures fragmentaires différentes
que produirait la trituration. Or, en dehors même de tout
raisonnement, l'expérience montre la réalité de ces deux résultats importants : « 1° que sous une impulsion électrique d'égale
énergie exercée en tous les points de leur surface, les corps
électrisés, s'ils ont même forme, prennent une quantité d'électricité proportionnée à l'étendue de leur surface elle-même;
2° que sur un corps de forme donnée non sphérique l'intensité
électrique *se répartit inégalement* : que l'intensité de beaucoup
la plus grande se porte aux extrémités aiguës ou tranchantes,
et la moindre aux parties intermédiaires entre ces extrémités. »
Tous ces résultats, qui sont reconnus comme réels à l'égard des
corps ordinaires électrisés, seront donc, par des motifs exactement semblables, applicables aux molécules mêmes des corps,
en leur supposant des formes anguleuses, irrégulières, diverses,
puisqu'il est démontré qu'en vertu des différentes causes de
mouvement relatif de l'éther par rapport à leur surface, elles
sont constituées dans un état permanent analogue à celui de
l'électricité.

Nous considérerons bientôt avec toute l'attention qu'elles
méritent les conséquences de ces deux résultats; car en eux
résident selon nous les principes les plus importants de la
théorie moléculaire, savoir, les causes principales de la variation d'affinité entre les atomes et la loi géométrique de leurs
combinaisons en proportions définies. Mais achevons d'abord
ces généralités en indiquant brièvement le rôle que doivent
aussi remplir dans les conditions de l'affinité le *volume* des
atomes et la *quantité de matière* qu'ils renferment.

démontré encore mieux qu'il existe une différence réelle entre l'électricité ordinaire
et les causes de l'affinité chimique, puisque le plus souvent l'une défait ce que
l'autre avait formé.

Le rôle de la quantité matérielle dans les questions d'affinité serait fort problématique quant à son importance et peut-être tout à fait insignifiant, si l'on ne tenait pas compte de son rapport avec la *forme*. Dans l'astronomie, toutes les planètes, placées à l'unité de distance du soleil, en seraient attirées avec une force égale; et l'on ne voit pas pourquoi il en serait autrement à l'égard des atomes si l'on ne faisait entrer que la quantité de matière dans la mesure de leur attraction mutuelle. Mais la considération du volume et de la forme change totalement le caractère du phénomène. L'intensité de l'impulsion nécessaire pour imprimer à une molécule une vitesse donnée dépend toujours pour nous, comme dans toute théorie, de la quantité de matière à mouvoir; mais comme, dans les conditions où nous plaçons les corps relativement à l'éther, la quantité de mouvement imprimée dans les mêmes circonstances à deux molécules différentes est en raison de leur surface, et que d'après la différence de forme géométrique une même surface peut renfermer des quantités très-diverses de matière, on voit donc qu'un élément très-important à considérer dans la question du degré d'affinité est le rapport de la surface des atomes avec la quantité de matière qu'ils renferment. En admettant comme réelles les conclusions qui terminent nos considérations sur le phénomène de la chaleur, et qui nous paraissent établir avec beaucoup de vraisemblance le grand fait de l'unité de l'essence matérielle, le rapport dont nous parlons ne serait autre que le rapport géométrique de la surface des atomes à leur *volume*, ce qui, le degré de l'affinité étant connu par l'observation, pourrait même conduire à des conjectures suffisamment plausibles sur la forme des atomes dans les différentes espèces de corps. Ce sera là en effet l'un des éléments que nous consulterons dans notre recherche; ce ne sera toutefois, et heureusement, qu'un de nos éléments accessoires. Mais les détails qui concernent ce sujet trouveront leur place particulière dans l'un des articles suivants.

II.

Comment la forme des atomes, considérée comme régulateur de l'affinité, peut rendre raison des lois fondamentales de la philosophie chimique.

Nous avons annoncé déjà ce résultat capital de nos principes, que si, s'abstenant de faire aucune hypothèse sur la forme des molécules simples des corps, on admet seulement que cette forme est variée, anguleuse, analogue en un mot à celle que pourraient prendre les fragments irréguliers d'une substance brisée ou triturée, ces divers atomes doivent tendre, s'ils ont une mobilité suffisante, *à s'attirer mutuellement par leurs angles.* Cette conclusion résulte nécessairement, dans notre méthode, de ce que sur des corps non sphériques les impulsions de l'éther régulièrement orientées doivent éprouver une décomposition et se résoudre toujours en deux forces, l'une normale, l'autre tangente à la surface, ainsi que nous l'avons vu pour l'électricité; ce sont les forces normales qui produisent, par leur pression sur les corps, les phénomènes d'attraction : or il est clair que dans les angles aigus elles doivent se renforcer par deux causes, en premier lieu par la convergence des lignes de propagation, qui produit la convergence inverse des pressions normales, en second lieu par leur concentration sur un moindre espace; et ce que nous analysons d'ailleurs ainsi est prouvé comme un fait par la mesure de l'intensité électrique sur les diverses parties des corps de forme non sphéroïdale.

Ainsi donc non-seulement nous expliquons par notre principe général l'attraction variée des particules, mais nous expliquons encore que cette attraction mutuelle entre des particules de nature diverse ne puisse donner lieu qu'à un nombre déterminé de composés, et en général à un nombre simple. Car quelle que puisse être la complication de forme d'un fragment de matière, il est impossible qu'elle ne se réduise pas toujours à certains axes dominants de configuration, à un certain nombre de sommets principaux ou d'arêtes principales, et ce seront toujours ces angles principaux qui régleront le nombre d'atomes qu'une même molécule peut admettre en combinaison. Ces axes de combinaison seront mieux déterminés encore dans les composés binaires, lorsque leur longueur linéaire aura été augmentée par la combinaison elle-même.

En vain l'on espérerait arriver au même résultat par le seul principe des atomes insécables, dont se contente la chimie actuelle : car si ce principe, qui met aussi en jeu, il est vrai, l'impénétrabilité des atomes, peut bien jusqu'à un certain point expliquer qu'ils se combinent en nombres déterminés, il ne saurait aucunement suffire à expliquer qu'ils se combinent en nombres simples. Pour justifier des combinaisons un peu simples il faudrait admettre une très-faible différence dans le volume des atomes, et jamais même l'on ne justifierait ainsi les combinaisons si fréquentes par 1, 2 et 3 dans les composés binaires. Là d'ailleurs s'arrêterait la portée du principe, car il n'explique nullement par lui-même l'affinité, et l'hypothèse même des atmosphères électriques mise en avant par Ampère n'a aucun rapport direct avec le volume et la forme des atomes. Au contraire, par l'intervention de la forme des atomes dans notre système d'un fluide universel, nous expliquerons non-seulement les affinités, mais leurs degrés, mais toute la régularité et la simplicité des lois de combinaison. Entrons donc dans quelques détails sur cette étude.

Un grand fait se détache et ressort de l'ensemble des observations de la chimie : lorsque des atomes simples de deux natures différentes se combinent, le composé qui en résulte, sauf les cas très-rares d'une indifférence complète, doit être toujours rangé dans l'une ou l'autre des deux classes entre lesquelles se divise l'entière généralité des corps binaires : ce sont celles des *acides* et des *bases*. Ces deux genres de composés ont, comme l'on sait, des propriétés particulières et très-différentes, des tendances quelquefois très-vives, toujours caractéristiques et tout opposées d'une classe à l'autre, souvent enfin une puissance désorganisatrice : caractères qu'ils per-

dent en se combinant mutuellement à saturation, en se neutralisant en un mot. Les deux classes de corps binaires dont nous
parlons, considérées dans leurs rapports mutuels et au point de
vue d'une théorie sérieuse et complète, nous paraissent appeler
l'attention par trois caractères principaux : en premier lieu
leur haut degré d'affinité réciproque, en second lieu leur tendance vers des électricités de noms contraires sous l'action de
la pile, en troisième lieu leur propriété de saturation, de neutralisation mutuelle. Il faudrait ajouter un quatrième caractère, presque physique, mais par cela même d'un haut intérêt
pour nous : c'est que de leur combinaison résultent le plus souvent des composés cohérents, solides à la température ordinaire, et présentant aussi une tendance marquée vers la cristallisation ; tels sont en effet, avec la neutralité, les caractères
les plus généraux de ces composés quaternaires que l'on nomme
les *sels*. Sous un point de vue plus spécial à la chimie les sels
présentent en outre un ensemble de lois générales de la plus
grande importance, consistant dans la régularité et dans la
simplicité des rapports de proportion entre les éléments de
l'acide et ceux de la base dans les divers sels congénères.
Toutes ces circonstances doivent trouver leur place dans la
recherche d'une explication rationnelle : ce serait faire peu
pour l'avancement de la science si l'on n'allait plus loin sous
ce rapport que les théories actuelles, qui sont généralement
silencieuses sur les *causes* de tous ces grands faits ; il est dans
les obligations de la nôtre d'être en cela beaucoup plus explicite, puisqu'elle recherche les causes réelles et non plus seulement les causes nominales.

En regard des faits généraux dont nous venons de parler,
qui se rapportent aux corps binaires et à leurs combinaisons, il
faut poser encore une autre distinction corrélative, fort importante aussi, qui se rapporte aux corps simples eux-mêmes.
Depuis les premiers essais de classification chimique, on a
toujours établi entre les corps simples une grande division,
qui s'est conservée sous une forme à peu près absolue dans
tous les classements théoriques de ces corps, depuis la nomen-
clature primitive de Lavoisier et de Guyton-Morveau, jusqu'à la

belle classification d'Ampère par familles naturelles : cette distinction est celle des corps *métalliques* et des corps *non métalliques*. Elle tire ici surtout son importance de ce que les premiers, considérés sous le rapport de leur combinaison avec l'oxygène, donnent à peu près exclusivement des *bases*, tandis que les autres donnent avec lui presque exclusivement des *acides ;* la plupart aussi de ces derniers donnent des acides avec l'hydrogène.

Ainsi donc, formation des acides et des bases par la combinaison binaire, voilà le premier fait ; division des corps simples en corps propres à former des bases avec l'oxygène et en corps propres à former des acides, telle est le second fait corrélatif au premier. C'est sur cette double division fondamentale, ou si l'on veut sur ce double rapport, que nous avons tout d'abord établi les fondements de notre étude sur les formes atomistiques, considérées comme principe des lois régulières et simples de la combinaison.

L'intensité de l'attraction entre les atomes, à notre point de vue, ayant surtout pour élément la forme plus ou moins allongée de toute la molécule d'une part, d'où résulte le rapport plus ou moins grand de la surface au volume, et d'autre part la forme plus ou moins aiguë des angles soit solides soit dièdres, qui détermine l'énergie de la vibration, on peut ramener en général les atomes, dans leur essence la plus simplifiée, à *trois* genres de formes : la forme sphéroïdale ou cubique, la forme cylindroïde ou prismatique, et la forme conique ou pyramidale, cette dernière pouvant se combiner soit avec elle-même, en devenant bipyramidale, ou avec les précédentes, ce qui donne des prismes pointés ; ou même enfin elle peut être modifiée par des troncatures : ce sont là des détails sur lesquels nous reviendrons dans l'article suivant, mais qui ne peuvent changer d'une manière essentielle le caractère *ternaire* de la division. Or de ces trois genres de forme, la première convient surtout aux corps indifférents ; quant aux corps à caractères tranchés, ils se rangeront donc d'une manière absolue dans l'une des deux formes *prismatique* ou *pyramidale*.

Or la forme prismatique convenant surtout aux combinaisons allongées, où les molécules, d'après les directions similaires de leurs attractions, affectent une sorte de parallélisme partiel, tandis que la forme pyramidale conduit surtout aux pointements aigus isolés, on arrivera facilement à cette conclusion : que dans les combinaisons binaires des atomes de formes diverses, il tend à se former surtout *deux* genres de composés, l'un présentant des molécules de figure prismatique disposées en quelque sorte similairement, à faces et arêtes sensiblement parallèles, et groupées ainsi autour d'un sommet moléculaire d'une autre nature qui forme comme leur point de ralliement ; l'autre présentant au contraire des pointements aigus, isolés, ou groupés si l'on veut autour des divers sommets de la molécule centre d'attraction, mais groupés suivant de grands angles d'écartement, de manière à ce que chaque pointe agisse isolément dans la combinaison avec un nouveau corps. En effet, d'après la disposition droite des arêtes longitudinales des prismes par rapport aux angles trièdres de leurs bases, il est facile de concevoir que plusieurs molécules prismatiques tendent à se grouper en quelque sorte *parallèlement entre elles* autour d'un sommet attirant, disposition que l'obliquité des arêtes ne permettra point pour les molécules pyramidales. Eh bien, cette simple circonstance dans la diversité de forme des composés binaires est de nature à représenter pour nous tout le phénomène de la division des corps binaires de la chimie entre les deux grandes classes des *bases* et des *acides*; et à le représenter avec toutes ses lois. Nous allons essayer de faire concevoir en effet dès maintenant, d'une manière générale et succincte, le mode d'action mutuel de ces deux genres de formes, nous réservant de donner ensuite à cet exposé toute la clarté désirable lorsque nous en ferons, dans l'article qui va suivre, l'application réelle aux faits de la chimie.

Ce qui caractérise, dirons-nous, la seconde des formes de combinaison dont nous venons de parler, c'est de présenter des *angles saillants*, isolés; ce qui caractérise la première, c'est de présenter des groupements de molécules à arêtes sensiblement parallèles, offrant ainsi à l'une au moins de ses extrémités *plusieurs sommets réunis* autour d'un *angle rentrant* fort étroit. Or que va-t-il arriver en mettant en présence ces deux natures de corps? L'angle saillant du premier atome binaire venant en contact avec tous ces sommets rapprochés et groupés du second atome, sera attiré à la fois par tous, il le sera par conséquent avec une grande énergie, et viendra se placer en équilibre au milieu de leurs attractions. Mais il va résulter précisément de cette disposition du composé quaternaire, une grande tendance au phénomène que nous avons longuement analysé dans le Livre de Physique en traitant des causes de la *cohésion :* il arrivera souvent, en effet, que le groupement des molécules prismatiques étant ainsi *fermé* par l'angle saillant des molécules pyramidales qui y entre comme un coin, l'éther qui se trouve contenu dans le vide de ce groupement ne pourra plus librement communiquer avec l'éther extérieur, et par conséquent le composé ainsi formé par enchevêtrement se trouvera placé dans des conditions très-favorables à la cohésion, à l'état de solidité; et nous verrons un peu plus loin qu'il en présente aussi de très-favorables à la cristallisation.

Ainsi donc de cette division des composés binaires en deux formes caractéristiques ressortent trois résultats très-marqués, qui résument pour ainsi dire toute l'action mécanique que l'on observe entre les acides et les bases : 1° *attraction* énergique quand ces composés sont mis en présence, parce qu'un seul sommet est attiré à la fois par plusieurs autres très-voisins; 2° annulation dans le nouveau composé de toute tendance de ce genre, *neutralisation* en un mot, précisément par la destruction réciproque des deux formes caractéristiques; 3° enfin, tendance à une certaine *cohésion* par l'enchevêtrement des molécules.

Or ce sont là, ce nous semble, les traits les plus saillants qu'offre la production de ces composés quaternaires que l'on nomme les *sels,* résultant de la combinaison des acides et des bases, et qui forment la troisième classe importante de corps composés que considère la chimie. Mais en outre de ces trois caractères, la composition quantitative des bases, des acides et des *sels,* la proportion relative de leurs éléments, est assujettie à de fort belles et fort précieuses lois, que notre théorie expliquera nettement et sans difficulté, qu'elle seule peut-être était capable d'expliquer d'une manière satisfaisante; mais nous ne pourrons faire comprendre la solution complète de ces questions importantes que dans l'article suivant, lorsque nous aurons exposé nos conjectures sur les formes particulières des diverses espèces de corps.

La première de ces lois de quantité, la plus fondamentale, est celle d'après laquelle, en partant d'une combinaison première de deux corps simples, les éléments seront dans toutes les autres en progression simple avec ceux de la combinaison prise pour type élémentaire; c'est-à-dire que l'un des éléments restant fixe, l'autre croîtra comme les nombres 1, 2, 3, etc., ou comme les nombres 1 , $1\frac{1}{2}$, 2 , $2\frac{1}{2}$, etc. On la nomme *loi des proportions multiples*.

La seconde loi est celle des *équivalents ;* elle consiste en ce que les éléments premiers de ces sortes de séries dont nous venons de parler restent les mêmes lorsque vient à changer l'une des deux natures de corps : c'est ainsi que 100 d'oxygène par exemple formant avec diverses quantités des différents métaux ce que l'on nomme le *protoxide*, 201 de soufre formera avec les *mêmes quantités* de tous ces métaux leurs *protosulfures*.

Une troisième loi très-importante concerne la composition des sels : elle indique que dans les sels neutres formés par un même acide avec les divers oxides d'un même métal , la quantité d'oxygène de l'oxide est le véritable régulateur de la quantité d'acide employée à le saturer. Par exemple si 100 et 200 sont les quantités d'oxygène contenues dans un protoxide et un bioxide, n la proportion d'acide propre à saturer le premier, il faudra une quantité $2n$ du même acide pour saturer le second. Cette loi très-remarquable, qui n'a jamais été expliquée, deviendra bientôt pour nous une base importante dans le choix à faire entre les diverses hypothèses sur lesquelles la théorie atomique actuelle est fondée.

Il est facile de voir en principe que ces lois et leurs analogues, telles par exemple que celle qui a été récemment nommée *loi des substitutions ,* sont une dérivation essentielle de nos vues , d'après lesquelles il est nécessaire non-seulement que les atomes se combinent en *nombre* déterminé et simple , mais encore que chacun d'eux occupe une *place* déterminée dans l'arrangement moléculaire, ce qui fait que certains d'entre eux formant centre ou axe d'attraction, imposent leur propre nombre comme régulateur du degré de la combinaison. C'est ce qu'avait pressenti déjà avec une profonde raison l'un des savants français le plus éminemment doués de l'esprit philosophique, M. Dumas, lorsqu'en annonçant et soutenant cette *loi des substitutions*, qui consiste surtout en une extension plus générale et plus précise de la *loi des équivalents*, il en déduisait cette conclusion, que dans les combinaisons multiples chaque molécule d'espèce donnée occupe une place déterminée et nécessaire. Telle est aussi la conséquence inévitable de la belle loi de l'*isomorphisme*, établie par M. Mitscherlich, et dont nous aurons occasion de reparler. Mais, je le répète, la manière dont nos vues sont susceptibles de s'adapter à l'ensemble et au détail de ces lois ne saurait être complétement saisie qu'après le paragraphe qui va suivre. Terminons celui-ci par une observation relative aux effets de la chaleur.

La chaleur, l'électricité, la lumière elle-même, ont une certaine influence sur la combinaison des atomes, soit en la favorisant soit en dissolvant au contraire les combinaisons déjà formées, en faveur d'autres plus puissantes dans ces conditions données. La liquéfaction d'une part, qui permet le contact facile et le mélange des atomes, et d'autre part les forces inverses de cohésion et de volatilisation, jouent dans ces réactions le rôle principal, l'électricité ayant un mode particulier d'influence qui sera ultérieurement étudié. Toutes ces modifications calorifiques ont, comme nous l'avons déjà vu, des rapports nécessaires avec la forme des atomes : nous n'avons rien à ajouter sous ce rapport à ce que nous avons dit de la chaleur et de la cohésion; mais à l'égard de la volatilité, nous devons ajouter quelques mots, car cette propriété doit dépendre éminemment du rapport de la surface des atomes à la quantité de matière qui y est contenue, c'est-à-dire pour nous à leur volume. Or si nous comparons sous ce rapport les trois formes entre lesquelles nous avons divisé l'ensemble des atomes, nous voyons que la forme sphéroïdale ou cubique est celle où le volume est le plus grand sous un périmètre donné ; puis vient la forme prismatique ou allongée, et enfin la pyramidale. Si, comme nous sommes conduit à le penser, la quantité de matière est identiquement représentée par le volume, il n'y a aucun doute que les molécules en forme de pyramide ne soient les plus faciles à volatiliser et ne soient aussi les plus propres à communiquer leur volatilité aux combinaisons où elles entrent. La vérification de cette conséquence va bientôt se manifester.

III.

Induction sur la forme réelle des atomes dans les principales classes de corps simples ; et examen de quelques hypothèses admises comme bases dans la théorie atomique actuelle.

Après avoir posé des principes généraux propres à fixer les rapports entre la forme des atomes et les lois de leur combinaison, nous pourrions ici nous arrêter, nous contentant d'avoir fait un pas de plus que les théories actuelles sous le rapport des causes, et ne cherchant pas à aller plus loin qu'elles n'ont été dans l'analyse de faits inconnus, qui probablement resteront toujours inappréciables à l'observation : car la forme réelle des atomes ne paraît guère de nature à tomber jamais dans le domaine de nos sens. Cette réserve serait considérée comme sage par quelques esprits et nous vaudrait peut-être des approbations ; elle éviterait au moins quelques prétextes à la critique, laquelle évitant souvent de s'attacher aux parties positives des idées nouvelles, aime surtout à s'exercer sur les parties purement conjecturales. Mais une telle prudence n'a jamais été dans les habitudes de notre esprit. Travaillant surtout pour la vérité et non point dans l'unique souci d'un vain retentissement d'approbation, nous nous sommes toujours posé pour règle de poursuivre dans toutes leurs conséquences les principes que nous avions cherché à établir. Ainsi avons-nous fait en géologie, ainsi le ferons-nous dans l'étude, si incertaine en apparence, des formes atomiques. Mais nous avons dû nous expliquer d'abord sur l'incertitude du sujet, afin que l'on ne nous impute point d'avoir considéré sous un point de vue trop assuré une question que nous regardons nous-même comme éminemment conjecturale : question essentielle néanmoins, car nous la considérons comme pouvant avoir une influence vitale sur les bases théoriques de la chimie et de la cristallographie, à l'inverse de la théorie astronomique que nous avons pu rendre au contraire indépendante du vague de ces considérations.

S'il est bon d'avouer l'incertitude du sujet que nous abordons, il est nécessaire d'ajouter néanmoins qu'elle réside surtout dans le sujet lui-même et non point particulièrement dans notre théorie. Sous ce point de vue nous devons montrer en quelques mots l'état réel des choses, en faisant voir sur quelles bases hypothétiques s'appuie ce que l'on nomme proprement aujourd'hui la *théorie atomique*.

Il est dans les observations de la chimie un élément, et c'est peut-être le seul quant à l'étude des proportions relatives, qui présente toutes les conditions désirables de certitude : c'est l'indication donnée par la balance, c'est le poids appréciable des corps. Aussi est-ce sur ce genre d'élément qu'a été fondé l'ensemble de lois désigné sous le nom de théorie des *nombres proportionnels* ou des *équivalents chimiques*, dont nous avons cité les principaux résultats, résultats rendus incontestables par la nature des moyens qui ont servi à les obtenir. Mais il n'en est aucunement de même de ce que l'on nomme la *théorie atomique* proprement dite, où l'on recherche non plus les proportions quantitatives des éléments, mais le *nombre relatif des atomes* qui se combinent entre eux pour produire chaque nature de corps composé. Ici tout est fondé sur de simples conjectures hypothétiques; ici presque tout, pour bien dire, est hypothèse.

En mettant à part la loi de Dulong et Petit sur le rapport des capacités calorifiques au poids de l'atome, laquelle est il est vrai susceptible de données positives, mais n'est susceptible malheureusement d'application réelle qu'à une classe limitée de corps dont les propriétés sont très-analogues entre elles; en mettant, dis-je, à part cette loi, la recherche du nombre relatif d'atomes, ou la *théorie atomique*, est basée particulièrement sur deux hypothèses. L'une consiste à admettre « que tous les gaz renferment *à volume égal*, et dans les mêmes circonstances de température et de pression, *le même nombre d'atomes.* » Or c'est là une pure supposition, qui ne nous paraît fondée non-seulement sur aucune preuve positive, mais pas même sur des raisons de grande probabilité. On étaye en général le principe dont nous parlons de ce motif, que dans tous les gaz les molécules sont probablement placées *à la même distance* les unes des autres ; mais c'est là selon nous au contraire une loi des moins probables : en la prenant pour base on arriverait nécessairement à conclure, d'après la conséquence précédente elle-même, que tous les atomes sont de volume égal, conclusion qui déjà singulièrement hasardée à l'égard des atomes élémentaires, dépasserait toute condition de vraisemblance à l'égard des atomes composés. Indépendamment de cette invraisemblance, une autre conséquence fâcheuse du principe en question, c'est qu'en le combinant avec la belle loi de Gay-Lussac d'après laquelle les gaz s'unissent toujours en proportions simples de volume, on arriverait à la nécessité de reconnaître que les atomes sont *sécables*, ce qui est pour ainsi dire la négation du principe fondamental de la théorie tout entière. En effet, puisqu'un volume d'hydrogène et un volume de chlore en se combinant produisent deux volumes d'acide hydrochlorique, il faudrait bien admettre, en suivant l'hypothèse, que les atomes composants, quel que soit leur état primitif, se dédoublent, se divisent en deux pour se combiner ; et ce n'est encore là qu'une des subdivisions les moins complexes. Je ne sais si je m'abuse, mais il me semble qu'il y aurait là un abandon du principe même sur lequel la théorie est fondée.

La seconde hypothèse de la théorie atomique actuelle sur laquelle nous voulons appeler l'attention se rapporte à la composition des oxides métalliques, composition qui forme comme l'on sait une de ses grandes bases de classement. C'est, il est vrai, un principe certain et indubitable, résultant de la définition même, que dans la gradation du protoxide au peroxide d'un même métal la proportion *relative* d'oxygène va croissant par rapport à celle de ce métal, et va croissant suivant une progression simple.; mais ce qui est complétement incertain dans l'état actuel des idées, c'est la question de savoir si c'est le nombre d'atomes d'oxygène qui croît du protoxide au peroxide, ou si c'est le nombre d'atomes du métal qui croît du peroxide au protoxyde : par exemple si l'on considère les trois oxides de cuivre, il est en soi complétement douteux si le tritoxide est formé d'un atome de métal combiné avec trois atomes d'oxygène, ou si au contraire c'est le protoxide qui est formé d'un atome d'oxygène combiné avec trois atomes de métal : point douteux dont l'incertitude est indiquée aussi clairement que possible dans l'introduction au savant traité de chimie de M. Dumas, auquel nous ne pouvons qu'en référer pour des détails plus approfondis sur cette matière. Cependant la théorie atomique a tranché la question : elle est partie de ce principe, « que la combinaison la plus stable doit être celle qui est faite atome à atome, » et elle en a conclu que le protoxide, qui est en général plus stable sous l'action des acides que les autres composés du même genre, est en effet une combinaison où les atomes s'unissent chacun à chacun. Mais, je le demande, quel genre de vraisemblance peut présenter ce principe lui-même sur la stabilité des composés ? En admettant que le nombre relatif des atomes doive entrer comme élément exclusif et dominant dans les conditions de stabilité, n'est-il pas au contraire naturel de penser que si une molécule a plus d'affinité pour des atomes de nature étrangère que pour ses congénères (ce qui est évident lorsqu'elle se combine avec eux), elle sera plus vivement attirée, plus fortement maintenue dans son attraction, lorsqu'elle sera attirée par trois molécules que par une seule? Les probabilités sont donc très-évidemment contraires à la supposition qui forme, à cet égard, l'une des bases de la théorie atomique actuelle : elles tendraient plutôt, selon nous, à consacrer le principe inverse; et c'est sur quoi nous aurons occasion de revenir dans très-peu d'instants.

Dans toutes les réflexions qui précèdent, je n'ai eu nullement l'intention d'accuser ou de déprécier la théorie atomique, qui est sans contredit une des ingénieuses conceptions du temps

actuel : mais en nous expliquant sur l'incertitude des hypothèses qui lui servent de bases, nous nous sommes proposé
seulement de montrer que si des vues rationnelles d'ailleurs,
et non plus complétement arbitraires, nous conduisent à des
conclusions un peu différentes, ou même sur certains points à
des conclusions inverses, nous ne ferons qu'user du plus simple droit d'appréciation en considérant à notre point de vue la
valeur et la vraisemblance de ses solutions, et en choisissant
nous-mêmes entre les deux termes d'une alternative restée encore aujourd'hui complétement incertaine. En dût-il résulter
un changement même capital dans la série des poids d'atomes
aujourd'hui accrédités, nous croyons qu'il n'y aurait point là
de quoi arrêter la marche d'une opinion appuyée sur des déductions véritables : car il nous semble suffisamment reconnu
par la masse des savants que la convention aujourd'hui adoptée
sur la proportion relative des atomes dans les composés est
loin d'être parvenue à une condition de certitude très-avancée,
la seule certitude réelle appartenant jusqu'ici à ce que l'on appelle les *nombres proportionnels* ou les *équivalents chimiques*,
seuls nombres fournis par le procédé incontestable de la pesée.
Ces réflexions préliminaires étant une fois établies, nous passerons outre à l'exposé de nos propres vues sur la forme des
atomes et sur leurs proportions relatives ; faisant bien observer
d'ailleurs que nous les présentons comme une ébauche non-
seulement incomplète et mal assurée, mais peut-être même
très-défectueuse dans ses principaux détails : ces détails nous
les sacrifions par avance, n'attachant ici d'importance qu'aux
principes, et désirant qn'on nous tienne compte seulement de
nos efforts pour établir sur des bases vraiment rationnelles une
partie encore si incertaine de la chimie philosophique.

Tout se lie, comme déjà nous l'avons souvent remarqué, dans
les diverses parties des sciences naturelles considérées sous
leur véritable jour : dans la question en apparence purement
chimique qui nous occupe, c'est la physique générale qui la
première va venir apporter son tribut d'enseignements. Nous
avons vu dans le précédent paragraphe que pour concevoir
clairement la division des composés binaires en deux classes

distinctes présentant une forte affinité l'une pour l'autre et se neutralisant mutuellement par leur combinaison, il suffirait que l'ensemble des corps simples se divisât lui-même en deux classes, dont la forme géométrique fût distincte aussi et pût se rapporter à deux genres différents, celui des prismes et celui des pyramides. Nous les avons trouvées représentées en réalité par les métaux et les gazolytes; mais rien ne nous indiquait encore à laquelle de ces deux classes de corps l'une ou l'autre des formes devait se rapporter. Le magnétisme va trancher cette question importante : il nous indique en effet que parmi les différentes natures de corps, c'est le fer et l'acier, substances éminemment sensibles au magnétisme, qui possèdent la molécule la plus régulièrement allongée : *c'est donc aux métaux que la forme prismatique doit appartenir*.

Cette conclusion est subsidiairement vérifiée par un autre résultat symétrique, très-propre à lui servir de complément. Car nous avons vu que les atomes à forme pyramidale étant ceux pour lesquels le rapport de la surface au volume est le plus considérable, sont de tous les plus propres à la volatilisation : or il est suffisamment connu que les corps non métalliques, auxquels par voie d'exclusion nous affectons ainsi la forme pyramidale, sont précisément les substances le plus éminemment volatiles et les plus propres à former des combinaisons gazeuses par leur combinaison réciproque; c'est pourquoi Ampère, dans sa classification naturelle, les avait désignés sous la dénomination caractéristique de *gazolytes*. Ainsi ces deux résultats, concernant la forme des atomes métalliques et non métalliques, se prêtent mutuellement appui et confirmation, ils se complètent en quelque sorte l'un par l'autre : les uns, les métaux, seront prismatiques; les autres, les gazolytes, seront pyramidaux; et ces deux formes embrasseront l'ensemble des corps simples, ainsi divisés en deux grandes classes. Voyons maintenant les particularités qui résulteront de leur combinaison, et si elles pourront satisfaire aux lois de la composition des corps acides, des bases et des sels.

Pour découvrir la véritable nature de ces combinaisons, nous ne perdrons point de vue ces deux principes que nous

nous sommes posés précédemment, savoir : « premièrement, que les attractions ont lieu par les angles et surtout par les angles les plus aigus; secondement, que parmi les attractions exercées entre deux natures de corps, la plus vive et plus forte est évidemment déterminée par le plus grand nombre de sommets attirants groupés ensemble et agissant vers un même but. » Ce dernier principe, à peu près complétement opposé à celui de la combinaison atome à atome qui est aujourd'hui admise comme le type de la stabilité, nous a conduit déjà à déterminer quelle devait être, dans l'ordre de nos vues, la forme différente des acides et des bases; mais nous n'avions rien spécifié encore sur la question de savoir à laquelle des deux classes de corps chacune de ces formes appartenait : la double conclusion qui précède, à l'égard des métaux et des gazolytes, nous éclaire d'une manière assurée sur cette alternative. Sans aucune espèce de doute les corps binaires à sommets aigus et isolés sont les *acides ;* les corps binaires à groupes parallèles de molécules prismatiques sont les *bases.* Mais nous ne pouvons dissimuler que nous sommes ainsi conduit à une conclusion d'apparence paradoxale si on la rapporte au point de vue ordinaire, bien qu'elle soit complétement d'accord avec l'ensemble de nos principes. Il y a une loi de la chimie, que nous avons déjà citée, loi très-précieuse par sa précision, quoique la théorie atomique actuelle ne paraisse pas en avoir fait usage, qui établit que la quantité de chaque acide propre à saturer les divers oxydes d'un même métal est proportionnée à la quantité d'oxygène qui est renfermée dans ces bases. Pour obéir à cette loi, qui devenait pour nous un guide et une obligation, il nous fallait conclure nécessairement, que dans la combinaison d'un acide avec une base, un atome d'oxygène dans la base correspond toujours à un atome de l'acide dont l'angle aigu vient en contact avec les sommets réunis d'un groupe des prismes métalliques : en d'autres termes, c'était le nombre de ces *groupes* prismatiques qu'il fallait prendre pour point de départ de nos calculs. De là par une liaison d'idées qui sera plus facile à concevoir qu'elle ne le serait à expliquer, nous étions amené à la consécration de cet apparent paradoxe :

« que la théorie atomique ordinaire, en s'arrêtant à croire que dans les protoxides la combinaison de l'oxygène et du métal se fait généralement atome à atome, a précisément choisi des deux hypothèses la moins réelle ; que la combinaison la plus rapprochée de l'égalité entre les nombres des atomes serait au contraire généralement le peroxide ; que de plus, dans ce peroxide même, les molécules métalliques peuvent exister en nombre supérieur à celles de l'oxygène. »

C'est là, je l'avoue, une conséquence assez grave, en ce qu'elle aurait pour résultat le changement de quelques chiffres passés dans l'habitude de la science ; mais en cela est tout son inconvénient ; car à l'égard du principe même, nous nous sommes expliqué déjà sur sa convenance, et quant à son application, je ne crains pas de dire qu'elle nous semble répondre pour ainsi dire à un besoin de régularité entre les résultats de la théorie atomique. Lorsque l'on examine une table des poids d'atomes des corps simples, on est frappé de grandes inégalités entre ces nombres, inégalités qui théoriquement n'ont encore été rattachées à aucune propriété des corps. Parmi eux les poids d'atomes des métaux sont de beaucoup les plus considérables : notre manière de concevoir la composition des oxides aurait donc seulement pour effet, comme nous le montrerons, de rétablir une plus grande égalité relative, qui ne saurait avoir d'inconvénient dans la théorie ordinaire où ces poids n'ont point d'effet marqué, non plus que dans la nôtre, où les propriétés principales des atomes, telles que l'attraction et les effets de la chaleur, dépendent de tout autres causes, de la forme plus particulièrement. Mais pour pouvoir mesurer la portée de cette modification dans la proportion atomique des métaux ou des gazolytes, et pour parvenir à nous former une idée précise du mode de groupement des atomes dans les corps composés, il faut pousser un peu plus avant notre étude, et entrant dans la partie jusqu'à un certain point conjecturale de nos recherches, nous résoudre à l'exposé de quelques hypothèses par lesquelles nous avons été conduit à nous représenter l'ensemble des formes que pourraient affecter les corps non métalliques les plus importants, pour satisfaire, dans l'ordre de nos vues, aux lois de la chimie.

J'ai prononcé le mot d'hypothèse, et c'est là un aveu que nous nous hâtons de faire avant d'entreprendre ce sujet : nous entrons en effet dans la voie des simples conjectures, et nous ne voudrions point qu'à l'égard des principes généraux de notre ouvrage l'on attachât ici à nos suppositions plus d'importance que nous n'en attachons nous-même. Jusqu'ici, dans l'établissement de ces principes généraux, nous avons été guidé par une sorte de fil conducteur, par un enchaînement complet de déductions rationnelles ; et c'est ainsi que nous croyons avoir fait reposer sur des bases réelles les conditions générales, obligatoires, de la combinaison des atomes et de leur division en grandes classes. Mais lorsqu'il s'agit de la subdivision des deux genres de formes qui appartiennent à ces classes, pour les rapporter aux espèces particulières, le champ des suppositions devient tellement vaste, la variété des conditions à remplir si complexe, qu'il faut renoncer à une marche rigoureusement rationnelle et s'en rapporter pour ainsi dire à cette sorte de faculté instinctive, seul guide de l'esprit dans ses recherches un peu aventureuses : guide qui trompant bien souvent lors même que l'on opère sur des faits précis et peu nombreux, est sujet à de bien autres chances d'erreur lorsque l'on a pour point de départ la combinaison de faits innombrables et en quelque sorte pour limite le possible. Cependant, et nous en avons donné les raisons en commençant cette partie de notre travail, nous regardons comme une obligation pour nous d'exposer ce que les ressources de notre esprit, s'exerçant sur les données actuelles de la science, ont pu nous offrir de plus plausible (*).

(*) On sera peut-être frappé, comme nous le sommes nous-même, de voir que dans les réflexions précédentes comme dans celles qui vont suivre, sur les lois de la combinaison des corps de formes diverses, il n'y a aucune place donnée à l'influence du *volume réel* ou de la quantité réelle de matière : tout est donné à l'influence de la figure seule, à la disposition des angles et des arêtes, *au rapport de la surface au volume*, mais non pas au volume lui-même ; et cela s'est fait par soi-même, d'une manière tout à fait indépendante de notre volonté. Il y a donc lieu de penser pour nous, ou que les volumes des atomes *de même forme* sont peu différents, ou que, comme nous l'avons imaginé à l'égard de l'éther, les différences

En réfléchissant à la légèreté toute particulière de l'hydrogène, à la tendance qu'il communique aux autres corps pour la volatilisation, nous avons été porté à lui attribuer la forme qui, sous une surface donnée paraît contenir le moins de volume, la forme élémentaire par excellence, en un mot la forme *tétraédrique*. A l'oxygène, qui présente aussi des conditions de grande volatilité, mais qui offre dans toutes ses combinaisons une remarquable symétrie, nous avons cru devoir attacher une forme analogue au *double tétraèdre*, c'est-à-dire présentant deux pointements aigus et dominants symétriquement placés, et un troisième intermédiaire, d'une acuité moins prononcée. En imaginant que dans la combinaison de ces deux corps une molécule d'hydrogène vienne se placer, pointe contre pointe, à chacun des deux sommets aigus de la molécule oxygénée, le composé résultant présenterait sur chacune de ses extrémités les bases du tétraèdre et offrirait évidemment ainsi, par l'absence de pointement aigu dans le sens de son allongement, les caractères d'un corps indifférent, très-propre à la liquéfaction dans les conditions que j'ai indiquées à l'article de la chaleur, et très-propre aussi par sa forme aciculaire à s'intercaler dans les angles rentrants des autres composés et à faire avec eux des mélanges en un grand nombre de proportions ; corps facile enfin aux mutations dans ses éléments et à la décomposition, à cause d'une acuité sensiblement égale dans ses angles trièdres : ce composé en un mot, dans l'ordre de nos vues, serait des plus convenables pour représenter les propriétés indifférentes de l'*eau;* et l'on devra remarquer qu'en outre de cette combinaison il restera encore ici plusieurs moyens pour expliquer la formation du composé instable nommé l'*eau oxygénée*, moyens dont le plus simple serait de former ce corps de deux molécules d'oxygène assemblées bout à bout entre deux atomes d'hydrogène.

Ces deux premières suppositions étant les plus fondamentales, et en même temps les plus arbitraires en quelque sorte, il

s'effacent sur le grand nombre des molécules qui sont mises en action dans les phénomènes qui nous sont appréciables : les grandeurs particulières peuvent un peu varier, la moyenne toutefois rester constante ; et c'est là en effet ce qui nous paraît être le plus probable, le plus rationnellement admissible.

est essentiel de sauvegarder tout d'abord leur vraisemblance ; allons donc au-devant d'une objection : on se demandera peut-être comment avec des formes aussi peu différentes de l'oxygène sous le rapport angulaire, l'hydrogène ne se combine pas avec les métaux. En dehors de la réponse que l'on pourrait tirer de la forme plus allongée de l'oxygène, je ne connais pour résoudre cette difficulté qu'une raison plausible. c'est celle de la légèreté et de la volatilité. Rien ne prouve que sous des températures beaucoup plus basses que celles où l'on opère habituellement et hors du contact de l'air, l'hydrogène ne s'unirait pas aux métaux : il est possible que l'action seule de nos températures, surtout en présence de l'oxygène, suffise à empêcher cette combinaison ; on conçoit en effet que deux atomes dont la volatilité est très-différente ne puissent former entre eux de composé stable sous l'action de la chaleur. Quelle que soit la valeur de cette conjecture, nous n'en savons point d'autre à donner en ce moment, et remettant à parler du mode de combinaison de l'hydrogène avec les autres gazolytes, dont l'analyse nous occupera un peu plus loin, j'aborderai tout de suite le sujet très-important des combinaisons de l'oxygène avec les métaux et les corps non métalliques.

En partant de la supposition de formes que nous avons énoncée, l'oxygène posséderait, comme éléments d'attraction, deux sommets *trièdres* dominants par leur acuité ; il y a donc lieu de penser que *trois* molécules métalliques prismatiques peuvent venir reposer sur chacun d'eux par un de leurs angles à la base, ces prismes se touchant entre eux par une de leurs longues arêtes. Mais deux cas principaux se présenteront ici, selon que la base du prisme sera inclinée sur une arête ou sur une face : dans le premier cas le prisme aura un angle à la base proéminent et isolé, dans le second il en aura deux voisins l'un de l'autre ; examinons d'abord le premier cas, celui d'un angle isolé dans le métal. L'attraction se concentrant sur cet angle, trois molécules métalliques se grouperont sur un sommet de la molécule oxygénée, ou six se grouperont sur les deux sommets dominants de cette molécule, ou dix sur les trois, en comptant le sommet quadrilatère ; mais je dois dire que ce dernier cas me paraît peu probable. Comme modification de la première manière on peut supposer encore que deux molécules d'oxygène ainsi surmontées à l'un de leurs sommets se réuniront par l'autre, ce qui donnera six molécules de métal pour deux d'oxygène. Dans le mode particulier dont nous parlons, le premier de tous ces genres de composés représenterait pour nous le *peroxide*, et l'on concevra facilement qu'un composé de ce genre puisse suivant les cas faire fonction d'acide ou de base, étant terminé d'un côté par un pointement aigu et de l'autre par un pointement multiple et prismatique. Il est probable que dans la combinaison avec un acide les deux sommets oxygénés se réunissent, comme nous l'avons dit en dernier lieu, ce qui ne change pas la proportion atomique et donne toujours un atome d'acide par atome d'oxygène. Le cas où une seule molécule d'oxygène au contraire est surmontée à ses deux extrémités correspondrait à un degré d'oxidation moitié moindre que le premier et aussi à une proportion d'acide moitié moindre dans la saturation, comme le veut la loi chimique que j'ai souvent citée. Enfin le groupement des trois prismes peut même être armé à ses *deux* extrémités d'un pointement oxygéné et faire ainsi concevoir les *acides métalliques* comme l'acide manganique, ferrique, etc.

Lorsque la base du prisme métallique sera inclinée sur une face, c'est-à-dire sur deux arêtes, il en résultera deux angles voisins d'attraction sensiblement égale ; il est probable qu'alors chaque molécule de métal étant également attirée par deux particules d'oxygène, les groupements seront rendus multiples et en quelque sorte quadrillés, de telle manière que si par les sommets oxygénés on imagine une section perpendiculaire aux arêtes des prismes métalliques, les traces produites sur ce plan par les faces des métaux et les sommets des atomes d'oxygène formeront une alternance de lignes et de points figurant un polygone fermé ; et dans ce réseau, où chaque ligne représente une molécule métallique, il y aurait par conséquent autant de ces molécules que de sommets oxygénés. Les réseaux dont nous parlons peuvent être de 3, de 4 ou d'un plus grand nombre de molécules métalliques assemblées, mais celles-ci n'en seront pas moins toujours *en nombre égal* avec les molécules d'oxygène dans le réseau lui-même, car elles sont toujours représentées par les côtés du polygone dont les atomes oxygénés occupent les sommets. Il est clair d'ailleurs qu'il restera sur chacun de ces sommets trièdres une place non occupée, que le manque d'espace, par le trop grand resserrement du groupe, empêchera parfois d'être remplie. Le nombre des atomes dé métal, dans ce dernier cas, restera donc rigoureusement *égal* à celui des atomes d'oxygène, ou *double* si leurs deux sommets à la fois sont surmontés. Mais voici une observation du plus grand intérêt pour l'ensemble de la question.

Il peut arriver, et il arrivera sans doute souvent, que l'inclinaison de la base du prisme sur les deux arêtes ne sera pas identique : il y aura alors une certaine inégalité entre l'acuité des deux angles à la base principaux, et par conséquent l'un d'eux étant prédominant sous le rapport de l'attraction, le métal pourra affecter dans ses combinaisons avec l'oxygène les deux modes que nous avons successivement considérés. Cette circonstance est d'une grande importance, car dans le premier mode le nombre des atomes du métal pouvant être triple ou sextuple de celui des atomes de l'oxygène ou dans le rapport de 3 à 2, et dans le second mode ce nombre pouvant être égal ou double, on voit que la combinaison de ces deux modes fournit la série, si fréquente dans les oxides métalliques, de 1, $1\frac{1}{2}$, 2, $2\frac{1}{2}$, etc.

On voit de plus encore pourquoi en général la combinaison des acides avec les protoxides sera plus stable qu'avec les peroxides : c'est que ceux-là résulteront toujours du premier mode, où trois sommets métalliques sont groupés ensemble pour l'attraction, tandis que le peroxide appartiendra au second mode, où deux sommets métalliques seulement étant associés, exerceront évidemment une attraction plus faible.

Je crois être parvenu à expliquer ainsi d'une manière simple et complète les lois de la combinaison de l'oxygène avec les atomes métalliques : le seul inconvénient matériel de cette méthode rationnelle (car nous avons vu que l'inconvénient philosophique était nul), serait l'obligation d'élever un peu le poids d'atome de l'oxygène, ou de baisser proportionnellement celui des métaux ; d'après toutes les considérations qui précèdent il n'est pas difficile de voir que la modification relative serait sans doute à peu près uniforme, qu'elle laisserait à peu près subsister le rapport actuel entre les poids d'atomes métalliques, et que d'après la composition ordinaire des peroxides, il suffirait en général de concevoir le poids d'atome de l'oxygène élevé dans le rapport de 2 à 3 : nous retrouverons bientôt l'opportunité de cette modification dans une autre classe de faits.

N'ayant au reste en vue que l'explication des principes et des faits les plus essentiels, je n'insiste point ici sur les différences matérielles de forme qui doivent caractériser les divers atomes métalliques eux-mêmes, différences qui plus tard pourront être connues par une étude plus approfondie de tous les détails de leurs combinaisons, mais que ne saurait embrasser maintenant avec sûreté notre examen superficiel et général. Il est clair que ces différences consisteront surtout, quant à l'intensité des attractions, dans l'acuité plus ou moins grande des angles à la base des prismes, par conséquent dans l'inclinaison plus ou moins grande du plan de cette base sur les arêtes principales, et aussi dans la forme générale plus ou moins effilée du prisme lui-même ; au lieu d'un seul plan à chaque base il peut d'ailleurs y en avoir deux ou plusieurs diversement inclinés, qui peuvent terminer le prisme par une arête en forme de lame ou par un pointement pyramidal, modifications qui non-seulement peuvent favoriser l'intensité des attractions, mais qui, en allégeant la forme d'ensemble, peuvent favoriser la volatilité ou provoquer des groupements sphéroïdaux entre les atomes qui les rendent plus faciles à la fusion ; ajoutons encore comme élément d'influence, sous le rapport de la quantité des combinaisons le nombre des faces, et sous le rapport de la fusibilité et de la volatilisation la hauteur totale du prisme. Ce sont là des éléments susceptibles d'un grand nombre de variations, mais dont le détail, sous le point de vue simplement conjectural, n'aurait aucun intérêt et nous semblerait presque puéril : car on comprend jusqu'à un certain point l'intérêt d'une conjecture quand il s'agit d'expliquer de grands principes ; mais quant à des détails, la sûreté et la précision peut seule en faire le prix. Poursuivons donc seulement ici notre étude générale, en examinant comment on peut concevoir la combinaison des molécules d'oxygène avec celles des corps *acidifiables*.

Choisissons pour premier type le soufre, dont la loi de combinaisons est la plus tranchée. Nous n'avons à hésiter ici qu'entre des formes pyramidales : j'imagine donc que l'atome de soufre est une pyramide à quatre faces, à base de parallélogramme allongé, et nous verrons bientôt, par son mode de combinaison avec l'hydrogène, pourquoi nous nous sommes arrêté à cette forme. L'oxygène étant une double pyramide douée d'une longue face presque plane, deux de ses molécules pourront, en se réunissant par cette face, se placer côte à côte sur le sommet aigu de l'atome de soufre, ayant ainsi deux pointes en contact avec ce sommet et par conséquent déterminant de la sorte une attraction assez forte. La figure allongée affectée par cet ensemble présentera à l'un des bouts une face plane, à l'autre un sommet aigu composé de deux pointes accolées ; elle est donc très-propre à exercer le rôle d'un acide et à en former les combinaisons, car une fois son double sommet oxygéné en contact avec le double ou triple sommet métallique de l'oxide, la figure totale qui en résultera doit, à cause de la face plane du tétraèdre, prendre une forme en quelque sorte émoussée, très-convenable aux qualités neutres des sels, à peu près comme nous l'avons indiqué à l'occasion de l'*eau*. Le solide ainsi obtenu par l'association d'un atome de soufre avec deux atomes d'oxygène est en effet la combinaison à laquelle nous avons cru devoir nous arrêter pour représenter l'*acide sulfurique*, nous fondant sur ce raisonnement, que si d'après un résultat précédent, relatif aux oxides métalliques, nous pensons qu'il faut représenter l'atome d'oxygène non plus par 100 mais par 150, et si en vertu de la loi de Petit et Dulong sur les capacités l'on ne change pas l'atome de soufre représenté par 201, la combinaison en question nous donnera exactement la composition pondérale de l'acide sulfurique, laquelle est 201 de soufre pour 300 d'oxygène. D'après la même base de raisonnement il faudrait considérer l'acide hyposulfureux comme formé de 3 atomes de soufre pour 2 d'oxygène, l'acide sulfureux de 3 atomes de soufre pour 4 d'oxygène, et enfin l'acide hyposulfurique de 3 atomes de soufre pour 5 d'oxygène. Or on peut concevoir que trois molécules de soufre s'unissant en effet par les angles trièdres les plus aigus de leur base et faisant coïncider l'arête dièdre symétrique de manière à ce que leurs trois sommets aigus viennent concourir au même point, 2, 4 ou 5 molécules d'oxygène puissent venir y apposer leurs sommets réunis, en conservant d'ailleurs suivant leur axe et à leur autre sommet un rapprochement suffisant, nécessaire avec la convergence des arêtes à l'acidité du composé.

Pour concevoir comment nous avons été conduit à cette forme du soufre, qui n'a pu d'ailleurs être obtenue et mise en harmonie avec les équivalents chimiques sans un travail d'esprit assez ardu, il faut se rappeler que le soufre produit aussi un corps acide par sa combinaison avec l'hydrogène, et que ce composé, ainsi que celui de l'hydrogène avec le chlore, le fluor, l'iode, etc., présente des caractères différents des oxacides. Pour reconnaitre ce nouveau mode de combinaison et parvenir d'ailleurs ainsi à quelque donnée sur la forme de cette classe importante de corps que nous venons de citer, voici comment nous avons raisonné d'une manière générale.

Quoique la plus grande intensité de l'attraction ait lieu aux sommets angulaires des atomes, les arêtes elles-mêmes doivent être douées aussi d'une certaine faculté attractive, et l'on conçoit que si les arêtes symétriques de deux atomes étant en contact, les sommets qui les terminent viennent eux-mêmes à coïncider deux à deux, il en résulte une triple attraction qui tend à agir sur les deux corps avec une grande force. Or ayant admis pour le soufre une pyramide à base quadrilatère allongée, imaginons que les arêtes de deux molécules tétraédriques d'hydrogène viennent reposer sur les deux moindres arêtes de cette base quadrilatère, en opposant leurs sommets l'un à l'autre, la condition d'attraction dont nous venons de parler existera complétement, augmentée encore par celle des sommets hydrogénés l'un pour l'autre, et il pourra se produire ainsi un corps stable, moins léger et moins volatil que l'hydrogène, et pouvant par la pointe du tétraèdre jouer le rôle d'acide : ce sera l'*hydrogène sulfuré*. A la vérité l'on pourrait objecter qu'ayant augmenté le poids d'atome de l'oxygène, il faut augmenter aussi proportionnellement celui des deux atomes d'hydrogène qui entrent dans l'eau et dans l'hydrogène sulfuré ; de sorte que si l'on ne touche pas au poids d'atome du soufre, il y aurait une légère différence dans les quantités relatives de soufre et d'hydrogène. Mais nous répondrons que la différence en question ne s'élève guère à plus de 2 pour 100, ce qui tombe absolument dans la limite des erreurs d'observation lorsqu'il s'agit de nombres obtenus par des densités de vapeurs ; on peut d'ailleurs en reporter une partie sur le poids d'atome du soufre lui-même, qui est peut-être un peu élevé, et l'exactitude deviendrait ainsi supérieure à celle de beaucoup de lois de la physique et de la chimie. Passons donc à la combinaison de l'hydrogène avec le chlore, où il n'y a pas d'ailleurs à tenir compte de cette petite circonstance ; nous reviendrons au soufre un peu après.

Des considérations analogues à celles qui viennent d'être exposées nous ont guidé dans la recherche d'une forme à attribuer à cette classe importante et singulière de corps dont le chlore peut être considéré comme le type, et qui comprend avec lui le fluor, l'iode et le brôme. Leur combinaison avec l'hydrogène est aussi un acide, et un acide puissant : nous leur avons attribué comme au soufre une base quadrilatère allongée sur laquelle s'élève aussi une sorte de pyramide, mais en quelque façon une pyramide à deux sommets reliés par une arête ; en un mot ces corps seraient terminés par une arête tranchante à peu près parallèle à la base, et l'on ne saurait mieux les représenter que par un tronçon de lame de couteau compris entre deux cassures convergentes vers le taillant. Le degré de la convergence des divers plans différencierait seul entre eux tous les corps de cette classe. Or voici ce qui nous a conduit à imaginer cette forme : le chlore et ses congénères ne me paraissent pas se combiner aux métaux de la même manière que le soufre ; les combinaisons du soufre sont en plus grand nombre, ce corps nous semble pouvoir s'unir avec chacun des sommets métalliques, à la façon de l'oxygène, mais d'une manière qui peut même

devenir beaucoup plus complexe ; aussi l'avons-nous fait aigu
comme l'oxygène lui-même : le chlore paraît avoir au contraire
un nombre plus limité de combinaisons, elles sont en général
plus vives et plus tenaces, nous avons donc pensé qu'il exerçait toujours son attraction sur *deux* sommets métalliques à la
fois, et c'est pourquoi nous lui avons affecté la forme que nous
venons de décrire, qui implique une attraction avec les métaux
soit par deux sommets, soit même par deux sommets et une
arête intermédiaire. On voit suffisamment d'ailleurs que nous
faisons correspondre le chlore à l'oxygène atome par atome,
ainsi que plusieurs chimistes le font aujourd'hui.

Le chlore se combine aussi à l'oxygène, mais je n'ai rien à
dire de bien particulier à ce sujet : ce corps ayant une forme
moitié prismatique moitié pyramidale, on concevra parfaitement que l'oxygène en s'unissant avec lui puisse produire des
bases et des acides. Ces résultats paraissent assez clairs pour
pouvoir n'être qu'indiqués.

Avec la portion des gazolytes que nous venons d'examiner,
nous avons épuisé déjà presque toutes les variétés simples de
la forme pyramidale entière ; mais il resterait à considérer les
diverses pyramides tronquées, formes parmi lesquelles nous
sommes disposé à ranger l'azote, le phosphore, l'arsenic, le
carbone, le bore, le silicium. On conçoit en effet que des corps
doués d'une telle espèce de forme se réunissant en groupes de
trois ou de quatre, joints deux à deux par une arête commune,
et que d'autre part un nombre proportionné d'atomes d'hydrogène groupés de leur côté pointe contre pointe venant reposer arête pour arête sur les côtés des bases qui forment le
polygone intérieur et fermer en quelque sorte ce vide comme
par un couvercle, il en résultera un corps qui pris dans son
ensemble aura les plus grandes analogies de structure avec les
oxides métalliques et qui pourra jouer le rôle de base, en conservant un caractère de volatilité que lui donne la convergence
générale des arêtes, caractère qui ne saurait appartenir aux
formes prismatiques. Si maintenant plusieurs de ces pyramides
tronquées sont assemblées au contraire sans vide autour d'une
arête commune, le pointement qui en résultera peut s'agencer

avec un groupement de molécules d'oxygène qui lui donnant une forme suraiguë, composera ainsi une figure d'ensemble tout à fait propre à représenter un acide, comme nous l'avons indiqué à l'égard du soufre.

Le nombre des faces, l'inclinaison des troncatures sur une ou sur deux arêtes, l'allongement plus ou moins grand de la base, peuvent varier d'ailleurs les effets d'affinité et les proportions des atomes combinés, de manière à représenter les différentes espèces de corps que nous venons de citer. Mais nous n'entrerons pas ici dans le détail de cette étude. Pour mériter d'être connus, ces détails devraient être complets et précis; et ce résultat ne pourrait guère être obtenu sans quelques conclusions à l'égard des poids d'atomes, qui dans l'état actuel de la science paraîtraient peut-être ou trop arbitraires ou trop hardies (*) : or des résultats trop hasardés ou dénués de précision seraient contraires à l'esprit de tout cet ouvrage. Nous n'irons donc pas plus loin dans cette étude de la structure intime des corps, désirant d'ailleurs, je le répète, que l'on ne considère pas autrement ce chapitre que comme un ensemble d'aperçus, comme l'esquisse d'un travail qui pour être achevé demanderait sans doute beaucoup de temps et des recherches expérimentales, à l'entreprise desquelles nos forces en ce moment ne pourraient suffire. C'est donc au temps seul qu'il appartiendra de prononcer sur la rigueur de ces vues de détail : quant au principe même sur lequel est basée l'affinité chimique, il est trop intimement lié aux parties essentielles du système pour qu'un semblable doute s'y attache dans notre esprit.

IV.

De l'électricité chimique, de sa nature et de son mode d'action.

Il nous faut reprendre maintenant en quelques mots un sujet que nous avions été forcé de différer faute d'éléments suffisants

(*) Les capacités calorifiques de tous les gaz simples étant égales, et la proportion des volumes des gaz au nombre de leurs atomes n'étant pas admise par nous comme un principe d'une évidence suffisante, ainsi que nous l'avons montré quelques pages

pour faire comprendre notre pensée : il s'agit du rôle que joue, dans les réactions de la chimie , l'électricité soit naturelle soit artificielle.

L'électricité est particulièrement une conquête de la science moderne ; elle lui a fourni, surtout pour les décompositions chimiques , des instruments d'une inappréciable puissance : il n'est donc pas étonnant que la théorie ait été disposée à généraliser l'influence de cette force nouvelle et inconnue, qui semblait être partout, et qu'elle ait été portée pour ainsi dire à en faire un agent universel. Mais il faut voir le fond des choses et ne point s'arrêter à leur surface ; il ne suffit pas de donner un nom aux causes que l'on imagine : si l'on ne connaît point quelle est la nature de cette cause ni ses rapports réels avec les effets qu'on lui attribue, la question philosophique n'a rien gagné qu'un nom de plus. L'électricité est à la vérité partout où il y a mouvement moléculaire, mais rien n'indique qu'elle soit alors autre chose qu'un effet, rien n'autorise à en faire une cause absolue ; employée comme agent artificiel elle peut devenir une cause, mais une cause, nous le pensons , purement mécanique : car nous avons vu que les réactions de la chimie s'expliquent par elles-mêmes , sans qu'il soit besoin de l'intervention d'aucune force abstraite et étrangère ; et si l'électricité artificiellement employée peut devenir un agent d'une grande énergie, elle agit ordinairement pour détruire précisément ce qui se serait ou ce qui s'était produit selon les lois ordinaires de l'affinité : sa puissance principale est une puissance de décomposition. C'est donc là une force distincte et spéciale, tout à fait différente de l'affinité elle-même ; pour en découvrir la véritable nature reprenons rapidement la question tout entière à notre point de vue.

L'électricité est , selon nous , une conséquence nécessaire de toute réaction chimique qui détermine un déplacement des molécules : car de la même manière que nous l'avons indiqué à l'égard du frottement, il y a dans toute combinaison d'atomes

plus haut, il ne reste plus que des moyens arbitraires pour déterminer le nombre relatif des atomes entre deux corps gazeux combinés, et le champ demeurerait à cet égard ouvert à toutes les conjectures : mais c'est précisément ce qui fait ici notre réserve, ne voulant rien donner qui soit complétement conjectural.

des molécules *pénétrantes* et des groupements où *pénètrent* ces particules aiguës ; lorsqu'il y a déplacement dans les positions relatives de ces atomes, l'éther en rentrant dans les espaces devenus vides détermine vers eux un courant de fluide convergeant de tous les points voisins ; et d'autre part , l'éther chassé des espaces remplis par les nouveaux groupements déterminera au contraire à partir de ces espaces un courant de tous côtés divergent. Or tel est en effet , nous l'avons vu , le caractère réel des deux sortes d'électricité : ces deux électricités seront donc produites dans tout déplacement chimique des molécules des corps , de même qu'elles sont produites dans le frottement, et avec cette circonstance , que dans toute action de cette sorte qui aura lieu entre deux genres d'atomes distincts, soit simples , soit composés , l'un des genres d'atomes prendra l'une des électricités et l'autre se chargera de l'électricité contraire ; ce qui veut dire tout simplement que le courant électrique aura un sens convergent sur l'un , divergent sur l'autre, à partir de points symétriques, en général à partir des points où se fait le contact entre les atomes. Et il est facile de voir, ainsi que nous l'avons indiqué à l'égard du frottement, pour lequel l'expérience confirme ce résultat, que les corps à atomes aigus , comme les acides , prendront (*) l'électricité aspirante ou *négative* et que les corps non pénétrants, comme les bases, prendront l'électricité d'impulsion ou la *positive ;* ce qui est parfaitement d'accord avec l'observation.

Et ce qui donne une valeur singulière à cette explication, c'est que non-seulement pour produire de l'électricité, mais pour que les atomes y soient sensibles, il faut une *combinaison.* Des expériences l'ont démontré : un corps simple est inerte pour la pile, l'oxygène en dissolution reste dissous, au lieu de se porter à son pôle ; les molécules n'ont donc pas une électricité

(*) Il est bien évident qu'il faut toujours considérer ici quelques atomes groupés ou au moins réunis ensemble, seule manière dont les corps peuvent nous être rendus sensibles : en vertu des phénomènes d'attraction une molécule ne peut demeurer isolée, à cet état elle n'existerait pas pour nous ; lors donc que nous parlons de molécules acides, il faut entendre un *groupe* de molécules acides, car ce n'est qu'à l'égard de tels groupes que le mouvement électrique peut avoir un sens convergent ou divergent.

qui leur soit propre : l'hypothèse des atmosphères électriques tombe ainsi devant ce fait si simple, et nos causes mécaniques seules peuvent répondre à la réalité des faits.

Lorsqu'on emploie l'électricité artificiellement, celle de la pile voltaïque par exemple, pour agir sur les corps, elle opère aussi selon nous mécaniquement en quelque sorte, par les effluves éthérées que chasse le pôle positif et par celles qu'aspire le pôle négatif de l'instrument. De cette sorte d'impulsion en effet, dont l'influence s'exerce individuellement sur chaque groupe d'atomes, il résulte une tendance giratoire des molécules, qui sollicitées par le parallélisme des forces à se placer *en travers* du courant, ainsi que nous l'avons expliqué à l'égard du magnétisme, se heurtent en conséquence l'une contre l'autre, particulièrement par leurs extrémités. Les mouvements de levier qui en résultent tendent évidemment à ébranler la combinaison, à en séparer les diverses parties l'une de l'autre : or ce petit déplacement relatif entre les deux portions différentes d'un composé suffira pour y développer, à l'égard de l'éther, les deux genres de mouvements que nous avons vus exister dans l'électricité par frottement et dans l'électricité chimique; la portion aiguë du composé se chargera donc d'électricité aspirante ou négative, et la portion à particules moins aiguës se chargera d'électricité positive. Cela posé, la conséquence est facile à établir : en vertu des lois de l'électricité, chaque pôle de la pile galvanique attirera les particules chargées d'une électricité contraire à la sienne et repoussera les autres : il pourra donc s'ensuivre une décomposition générale, soit d'abord entre l'acide et la base s'il s'agit d'un sel et d'une pile à faible action, soit même entre les deux éléments de l'acide ou de la base si la pile est assez puissante; car les résultats que nous signalons ici sont applicables à toute espèce de molécules présentant une diversité de forme bien caractérisée. De même que dans le frottement physique les deux corps se chargent toujours des deux électricités opposées, de même dans le déplacement réciproque des molécules, c'est-à-dire dans le frottement chimique, des molécules de nature différente doivent toujours se constituer relativement à l'éther en état électrique inverse, et par conséquent être attirées ou repoussées par les pôles inverses de la pile de Volta.

Je crois donc que cette explication générale, tout à fait conforme avec les données de l'expérience, est de nature à renfermer dans une loi simple et précise les influences moléculaires de l'électricité, sans qu'il soit nécessaire de recourir à cette supposition fâcheuse de deux fluides, ni à ces atmosphères électriques des molécules, qui ne faisaient que transporter aux régions cachées de la structure des corps les difficultés apparentes, sans apporter une cause philosophique nouvelle. Si notre manière de concevoir les réactions chimiques de l'électricité tend à restreindre jusqu'à un certain degré la puissance théorique de ce phénomène, elle a l'avantage au moins de dissiper l'obscurité qui l'environnait en l'expliquant entièrement par les plus simples propriétés de la matière, et de le faire entrer ainsi dans l'ensemble des causes rationnelles qui par leur lien commun embrassent selon nous toutes les lois de la physique générale et du mouvement des corps.

<h2 style="text-align:center">V.</h2>

De la cristallisation et de la cause principale de ses lois.

Une des plus curieuses annexes de la théorie des atomes est sans contredit cette partie géométrique de la minéralogie qui concerne l'étude et la classification des différentes formes cristallines présentées par les composés naturels. La cristallographie a formé pendant quelque temps pour ainsi dire une science à part, quoique le rapport évident de certaines formes cristallines avec la composition des minéraux parût la rattacher jusqu'à un certain degré aux propriétés de la chimie ; mais la belle loi de l'*isomorphisme*, découverte par M. Mitscherlich, a consacré définitivement cette dépendance : cette loi consiste, comme l'on sait, en ce que les oxides du même ordre de composition chimique peuvent se remplacer mutuellement dans les minéraux sans en changer la forme cristalline essentielle. Néanmoins, et malgré tous les progrès de cette curieuse étude, le caractère le plus remarquable selon nous de la cristallographie, ce qui la constitue en corps de science, savoir, la limitation des types géométriques auxquels se rattachent toutes les formes cristallines et la loi simple de leur classement, ne me paraît pas encore avoir été sérieusement atteint par la théorie.

Les travaux de Romé de Lisle et surtout ceux de Haüy ont fait faire, il est vrai, un pas immense à la cristallographie par la découverte du *clivage* des minéraux cristallisés et par le parti qu'en a su tirer Haüy pour l'étude des lois générales de cette partie de la science. Ce grand minéralogiste observant le parallélisme constant des plans de clivage dans leurs directions diverses, eut l'idée de les réduire par la pensée à leur plus grand degré de rapprochement, et imagina qu'ils renfermaient alors la forme réelle de la molécule du cristal, ce qu'il a appelé en un mot sa *forme primitive*; par un système ingénieux de décroissement, d'échelonnement des molécules sur les faces ou les angles de cette forme primitive, il arrive de plus à expliquer géométriquement la production des formes *secondaires*, qui sont les plus habituelles, mais qui se rattachent ainsi par des lois graphiques à la forme fondamentale. Or, et c'est là la conséquence importante, les travaux de Haüy et de ses successeurs ont pu ramener la totalité des formes primitives distinctes à un certain nombre de types géométriques très-limité, que des travaux ultérieurs ont classé de plus suivant leur rapport avec certains axes de figure, au nombre de trois au plus, axes dont la distinction coïncide elle-même avec d'importants caractères optiques relativement à la double réfraction et à la polarisation de la lumière.

C'est donc là une belle étude matérielle, et une étude même avancée; mais qu'elle est loin néanmoins d'avoir pénétré jusqu'à la véritable nature des choses ! A peine nous paraît-elle en avoir effleuré la surface. Ce qui est nommé par Haüy la molécule primitive n'est nullement, en effet, la molécule chimique; ce qu'il appelle la forme primitive n'est nullement la forme réelle de l'atome : c'est tout au plus la forme produite par des axes de groupement. Le montrer ne sera point difficile : que l'on ima-

gine en effet la molécule primitive d'un corps simple appartenant au système cubique, comme celle de l'or, de l'argent, du
cuivre, ou celle d'un corps composé, comme le sel marin par
exemple; d'après le système de Haüy, les modifications de la
forme fondamentale du système, le cube, qui conduisent à
l'octaèdre, au dodécaèdre et aux autres variétés habituelles
qui s'y rattachent, consisteraient en ce que le nombre des
particules cubiques qui par leur étagement successif servent à
l'accroissement d'une des faces, par exemple, décroît par degrés, par *rangées*, selon l'expression adoptée : diminution progressive et échelonnée qui, se présentant de quatre côtés à
la fois, substituerait ainsi un pointement octaédrique à une
face plane du cube. Or qui ne voit que dans une semblable
disposition, les molécules étant assises sur leur base et se touchant mutuellement par leurs faces perpendiculaires à cette
base, il ne peut plus y avoir aucun intervalle entre elles, aucun espace vide ? A moins toutefois que l'on n'en revienne à cette
singulière supposition, que les particules de la matière ne se
touchent nulle part, qu'elles gravitent simplement et prennent
les unes à l'égard des autres des positions d'équilibre, mais
sans se heurter jamais ; hypothèse qui nierait pour ainsi dire
la matière, qui en ferait du moins une chose tellement abstraite
qu'elle pourrait être considérée comme n'existant pas : eh bien!
encore dans une telle hypothèse, où conduirait le système de
Haüy? Si les particules ne se touchent point du tout, que deviennent ses rangées et qu'importent alors les formes? Le cube
n'agira-t-il pas alors comme une sphère sous le rapport de l'attraction, le prisme comme un cylindre ? Si au contraire elles
se touchent par un seul point, il faut qu'elles se touchent partout, d'après les nécessités du système lui-même. Concluons
donc que les particules cristallines de Haüy doivent porter en
elles-mêmes les vides qui nécessairement entrent dans la structure du corps : elles sont donc essentiellement *composées*. C'est
d'ailleurs la conclusion à laquelle conduit inévitablement la
propriété du *dimorphisme*. Et disons-le ouvertement, cette
manière d'interpréter les inductions de Haüy, laquelle, sans nul
doute pour nous, est tacitement celle du plus grand nombre

des minéralogistes qui ont voulu approfondir rationnellement la nature des choses, cette manière de l'interpréter était la seule qui pût conserver au système un peu de grandeur et de philosophie. Je ne sais si je me trompe, mais il me semble qu'il y aurait une certaine puérilité à imaginer que pour le simple avantage de produire quelques minéraux, qui ne forment qu'une si minime partie de la création inorganique, la nature se serait asservie à modeler ses atomes suivant quelques formes particulières et privilégiées de la géométrie : car ces formes, parfaitement indifférentes dans les groupements confus qui constituent l'état ordinaire des corps, n'auraient uniquement servi qu'à la cristallisation. Or ce serait là une philosophie, ce nous semble, étroite et sans portée.

Ainsi, en nous résumant, le système de Haüy n'a de valeur rationnelle et de possibilité réelle qu'autant que ses formes primitives se rapportent à des *groupements de molécules* et non à des molécules simples et isolées ; il n'indique donc rien sur la forme réelle des atomes chimiques, il n'indique que les forces, les axes d'attraction qui naissent de ces formes ; et sous ce rapport la question théorique est restée pour ainsi dire entière. Un résultat toutefois et un résultat important ressort des données actuelles : c'est que quelle que soit la variété des formes que puissent affecter les atomes simples des corps, les axes de groupement sont toujours en nombre *très-limité*, et présentent ainsi, au milieu de la grande variété des formes simples et composées, une certaine unité de caractère. C'est ce qui fait que même sans connaître exactement les formes diverses des atomes, on peut affirmer qu'il existe une *loi générale* suivant laquelle les particules de même nature ou de nature similaire, mises dans des circonstances favorables, tendent à se grouper. On peut affirmer encore que relativement aux directions des forces qui sont mises en jeu dans ces groupements, les atomes ne sont pas centrés, car une symétrie constante de figure conduirait à des effets constamment réguliers. Ramené donc ainsi par la force de la synthèse à nos principes mêmes sur les formes diverses et angulaires des atomes et sur les attractions qui s'exercent à ces angles, l'évidence du raisonnement nous portait à conclure que nous devions trouver dans ces mêmes principes la base au moins et l'origine des lois fondamentales de la cristallographie, sinon la série de ses détails, qui demanderait une connaissance certaine et approfondie de la forme réelle des atomes. Cette dépendance existe en effet, et voici ce que nos réflexions nous suggèrent de général à cet égard.

L'attraction, le groupement par les angles, appartenant à tous genres de molécules, par conséquent aussi aux molécules similaires, concevons donc qu'un certain nombre de particules *semblables entre elles*, simples ou composées, placées dans des conditions de tranquillité aussi favorables que possible à la liberté des attractions et des mouvements, cherchent ainsi à se réunir par un de leurs sommets : il est évident d'abord qu'autour d'un même point il ne peut se rassembler qu'un nombre très-limité de ces particules, à cause de l'espace que doivent occuper les bases et le volume entier ; et il est clair en second lieu que des molécules égales, ainsi groupées en nombre restreint, devant exercer l'une sur l'autre des attractions similaires, tendront toujours en dernier résultat vers une position d'équilibre qui soit telle, *que les attractions exercées par chacune d'elles sur l'ensemble aient lieu d'une manière égale et uniforme;* ce qui exige évidemment *que leurs axes d'attraction soient également inclinés l'un sur l'autre.*

Pour donner tout de suite un exemple des conséquences de cette loi, supposons que la nature trièdre d'un sommet favorise le groupement par trois : les molécules devront s'incliner l'une sur l'autre de manière à ce que leurs axes d'attraction (c'est-à-dire leurs axes d'allongement) fassent ensemble un angle trièdre formé de trois angles plans égaux, ce qui conduit directement au système cristallin du *Rhomboèdre.* Car une fois ces trois molécules ainsi assemblées, leur sommet ternaire doit exercer une attraction prépondérante, de telle sorte que trois autres particules assemblées de même viendront encore s'y réunir pointe contre pointe, de manière à ce que les axes d'allongement soient linéairement et directement opposés chacun à chacun : c'est là en effet la seule position d'équilibre réel qui puisse s'établir entre toutes les attractions, puisque alors chaque molécule, fixée dans sa position linéaire et attirée autant que possible par celle qui lui est directement opposée , est placée en outre à égalité de distance entre l'attraction des deux autres. Or si maintenant l'on joint entre elles par la pensée les bases de ces six molécules au moyen des plans qu'elles déterminent trois par trois, il est clair que le solide déterminé par leur rencontre sera le véritable Rhomboèdre de la cristallographie.

Les plans dont nous venons de parler sont ce que l'on nomme les *plans de clivage* du cristal ; ce sont les plans de cassure la plus nette et la plus facile : ils sont en effet déterminés par les points où le groupement est le moins multiple et qui par conséquent offrent le moins de résistance. Car ce que nous avons appelé la *base* des molécules, c'est-à-dire ce qui est opposé au sommet de groupement, est ordinairement un autre sommet, qui peut être symétrique du premier ; ou du moins cette base portera toujours un ou plusieurs *angles* qui serviront à l'attraction d'autres particules; mais ces points d'attraction ne seront pas sextuples comme celui du groupement principal, et ne donneront point lieu à un enchevêtrement aussi puissant : c'est pourquoi ils détermineront des plans de cassure plus facile , plans à qui la symétrie générale de figure et l'égalité des particules comme celle des angles doit donner un prolongement indéfini dans l'ensemble du cristal.

Le caractère général de la forme cristalline *primitive* étant ainsi déterminé , il ne sera pas plus difficile de concevoir les *modifications* de cette forme et surtout celles que l'on a désignées sous le nom caractéristique de *pointements*. Car si la forme réellement moléculaire est déterminée par le groupement le plus multiple entre les sommets assemblés , la forme *extérieure* du cristal sera au contraire déterminée par l'attraction réciproque des sommets secondaires et par le mode d'accroissement général qui s'en déduit. Lorsque par la superposition d'une seule molécule primitive aux branches secondaires de trois autres , par exemple, les attractions exercées par celles-ci convergeront vers un sommet commun, il s'établira alors en ce sommet un siége d'attraction prédominante qui déterminera d'autres molécules à y adhérer de préférence, et ainsi successivement, le même phénomène continuant à l'égard de celles-ci ; l'espace occupé par les points d'attraction prédominante ira donc diminuant progressivement d'étendue si on le compte suivant une section droite du cristal, ce qui produira l'effet d'un pointement. Comme d'ailleurs cet effet se trouve obtenu par la concentration de plusieurs forces dans une seule, par la substitution en quelque sorte d'une seule molécule à plusieurs autres, on voit que cette explication rationnelle revient, quant au fait, à la méthode des *décroissements* de Haüy. Une chose en outre qui est à noter, c'est que l'allongement du cristal tout entier devient lui-même une force s'exerçant à son sommet extrême, et qui peut, qui doit influer sur l'échelonnement des dépôts moléculaires : aussi n'est-il pas rare de voir la figure extérieure d'un cristal s'effiler en quelque sorte peu à peu et changer réellement de forme dominante ; c'est ce qui se voit assez souvent dans les cristaux allongés de quartz et aussi dans ceux de chaux carbonatée, qui montrent quelquefois la superposition d'un grand nombre de rhomboèdres de plus en plus aigus.

Ce que l'on nomme les *troncatures* peut ordinairement s'expliquer par des pointements dominants dans les parties latérales, qui ont absorbé au contraire une grande partie des faces primitives ; et nous sommes disposé à croire en effet que leur origine est toujours telle : elles s'expliqueraient donc par les mêmes moyens que nous venons d'indiquer, et les simples principes que nous avons exposés peuvent ainsi faire concevoir, dans son essence la plus générale, tout le phénomène de la cristallisation.

Ce que nous avons dit des groupements par trois se concevra également, et avec des circonstances analogues, des *groupements par quatre* que la nature des sommets pourra déterminer. Ce genre d'assemblage peut conduire au groupe par huit autour d'un même point central, ce qui correspond à l'octaèdre à base rectangle ou au prisme rectangulaire droit ; mais il conduit aussi au groupe par seize, type complet de symétrie qui, vu l'égalité de toutes les particules ainsi groupées à angles égaux, correspond au *cube* et à l'*octaèdre régulier*.

Nous avons oublié de signaler en outre, dans le groupement

par trois ou rhomboédrique, un assemblage de neuf molécules opposées par le sommet, qui peut mener à une variété du prisme hexagonal ou du prisme rhomboïdal, et un assemblage de douze, qui peut mener à une variété du dodécaèdre.

Il n'est guère possible d'imaginer, par un sommet aigu, des groupements équilibrés d'une nature plus complexe que par *trois* ou par *quatre*; seulement la nature des bases, la disposition réciproque des molécules par faces ou par arêtes latérales, peut conduire à des formes moins régulières que les précédentes, telles que celle du prisme rhomboïdal ou rectangulaire oblique et celle du prisme oblique à base oblique, qui réunies aux précédentes, complètent toutes les formes élémentaires connues dans la cristallisation. Mais nous n'avons considéré en tout ceci que des molécules douées d'angles prédominants : or les formes prismatoïdales qu'affectent, comme nous l'avons vu, certaines molécules salines, certains composés indifférents, et qu'affectent toujours les métaux, peuvent présenter des circonstances un peu différentes, lorsque les angles dont sont armées les bases présentent deux par deux une acuité à peu près égale. On verra facilement au reste que cette disposition doit conduire le plus souvent à un système cristallin rectangulaire, soit régulier soit prismatique : en effet, des molécules de ce genre devront se grouper généralement en réseaux de trois, de quatre ou de huit, comprenant un vide dans l'intérieur, ainsi que nous l'avons indiqué un peu plus haut à l'égard des combinaisons de la chimie. Or ce groupement forme en quelque sorte une molécule nouvelle, présentant au dehors ses angles régulièrement orientés, lesquels deviendront eux-mêmes centres de groupement, et peuvent rentrer ainsi dans les actions que nous avons précédemment analysées.

Une remarque très-importante, à laquelle conduit et la loi de l'*isomorphisme* et le classement général des corps cristallins, c'est que le système de forme auquel appartient un composé salin lui est imposé en général par son *acide*, ou celle d'un composé binaire par son *gazolyte*. C'est ainsi que tous les carbonates appartiennent au rhomboèdre ou au prisme hexagonal, les sulfates en général au prisme oblique, les chlorures, fluo—

rures, etc., au système régulier. Ce résultat ne sera pas difficile à concevoir dans notre méthode : dans une molécule ainsi composée, le métal ne forme presque jamais en effet la partie aiguë des sommets ; quoique les gazolytes aient leur sommet dominant renversé vers l'intérieur du composé, les angles de leurs bases doivent toutefois être toujours plus saillants que ceux qui restent libres dans le métal ; de plus, l'obliquité de leurs arêtes doit avoir aussi sur l'écartement nécessaire au groupement général une plus grande influence que celle des arêtes parallèles entre elles du prisme métallique : par toutes ces raisons il sera facile de comprendre que le caractère dominant du groupement appartient plus particulièrement à ces corps.

Reste enfin à faire mention du *dimorphisme*, cette propriété si curieuse dont jouissent certains corps, de pouvoir posséder suivant les circonstances *deux* formes cristallines appartenant à deux systèmes incompatibles, c'est-à-dire sans dérivation géométrique possible de l'un vers l'autre : propriété qui seule eût été suffisante pour montrer que les molécules primitives de Haüy étaient de simples *formes de groupement* et n'indiquaient point du tout la figure réelle des atomes. Or notre théorie peut donner plusieurs moyens faciles de concevoir la possibilité d'un semblable phénomène : supposons des particules à sommet trièdre ; elles pourront par exemple, suivant les rencontres, s'assembler par trois en tournant chacune l'une de leurs arêtes vers l'intérieur du groupement, ou par quatre en assemblant ces arêtes deux à deux et s'opposant face à face ; cela suffit pour donner deux formes incompatibles, et bien des circonstances physiques telles que la pression calorifique, la pesanteur, etc., seront capables, on le concevra très-bien, de produire ce changement caractéristique, lorsqu'il sera rendu possible par la nature des molécules. On pourrait trouver plusieurs autres combinaisons propres à produire des effets semblables ; une seule nous suffit, car on conçoit que ce qui importe ici c'est de montrer seulement que le principe de cette variation est compatible avec la théorie.

Je ne terminerai point ce sujet de la cristallisation, sans indiquer encore en quelques mots son rapport avec les phénomènes de l'optique. D'après la manière dont nous avons conçu la formation mécanique des substances cristallines, on voit qu'elles doivent être traversées en divers sens par des *vides* ayant la forme de canaux linéaires, régulièrement orientés, et présentant des largeurs quelquefois diverses dans le même canal, suivant des sens ordinairement rectangulaires entre eux, mais qui prolongent leur uniforme dissemblance sur toute la longueur du vide : condition non-seulement favorable à la transparence, mais condition éminemment propre aussi à s'appliquer aux causes de la *double réfraction*, telles qu'elles ont été calculées par Fresnel, ainsi qu'il sera facile de le vérifier en rapprochant ces circonstances des explications que nous avons longuement données, en parlant de la théorie des ondes lumineuses, dans le Livre de Physique. Il est facile en outre de concevoir, d'après les positions symétriques des molécules, que les vides linéaires dont nous venons de parler sont nécessairement orientés d'une manière régulière par rapport à certains axes de figure de la *molécule primitive*, ou du groupement ainsi nommé. Dans le rhomboèdre, les vides réguliers principaux sont disposés en rayonnant, et à écartements égaux, autour de l'axe sur lequel les molécules groupées sont également inclinées ; il y a donc symétrie complète des vides par rapport à cet axe, qui est, sous ce rapport, unique en direction dans le cristal. Le système cristallin régulier, ou cubique, présente la même symétrie dans trois sens rectangulaires entre eux. Dans le prisme rectangulaire droit ou dans le prisme rhomboïdal, au contraire, il y a toujours autour d'un point donné deux directions rectangulaires entre elles où la largeur du vide est inégale : il y a donc là deux *axes* de double réfraction. Tel sera pour nous le principe simple et pour ainsi dire entièrement mécanique qui formera la base de cette importante division entre les différents systèmes de formes cristallines. Il serait difficile, ce nous semble, d'en concevoir une cause plus claire et en quelque sorte plus matériellement appréciable.

Nous n'irons pas plus loin sur ce sujet, et en terminant ici notre ouvrage, nous pensons avoir suffi à la tâche que nous nous étions proposée, qui était d'établir des principes généraux propres à montrer le lien commun de toutes les parties des sciences physiques. Trop de détails eussent pu nuire à l'ensemble, et d'ailleurs lorsqu'une idée est vraie et féconde, les détails viennent s'y rattacher facilement : ce sera pour nos vues une nouvelle épreuve ; nous espérons qu'elles pourront y résister. Bien des imperfections néanmoins sont la suite nécessaire d'une première conception, et aussi du travail d'un seul ; nous ne saurions les avoir évitées. Mais nous demandons instamment aux savants à qui elles apparaîtraient, qu'ils ne se hâtent point de condamner un système entier pour la seule imperfection d'un détail. On ne saurait juger un principe général que par des vues d'ensemble, en mesurant la portée et l'étendue des phénomènes qu'il embrasse. Puisse donc ainsi leur indulgente attention ne manquer à nos efforts dans aucune des parties de cette sincère et cons-. ciencieuse recherche de la vérité.

FIN.

NOTES ET ADDITIONS.

Sur la courbe méridienne des corps tournants , page 134.

Nous n'avons connu que trop tardivement pour en insérer la mention dans le corps de l'ouvrage, les ingénieuses expériences de M. Plateau sur la forme qu'affectent les liquides soumis à la rotation, sous une pression uniforme. Ces expériences ont été faites dans un but systématique plus général que celui que nous considérons ici, et elles sont très-propres à montrer aussi l'influence de la force de rotation dans les phénomènes célestes ; mais nous les mentionnerons seulement comme une sanction expérimentale de nos calculs sur la forme des surfaces tournantes. M. Plateau, suspendant une petite quantité d'huile dans un mélange d'eau et d'alcool convenable pour la rendre indifférente à la pesanteur et la tenir réunie en globule , imprime à ce globule une certaine vitesse de rotation sur lui-même au moyen d'un petit disque adapté à un axe vertical : on voit alors le petit globe se *creuser* au pôle en même temps qu'il s'étale, jusqu'à ce que, la vitesse augmentant , des parties s'en détachent, globulaires elles-mêmes , et tendant à suivre le mouvement général, etc. Ces ingénieuses expériences, consignées dans les *Mémoires de l'Académie de Bruxelles,* sont précieuses à plusieurs égards.

Addition relative à la loi géographique des marées , page 198.

Il existe un point sur la côte *orientale* de l'Amérique, dont les marées sont comparables aux plus élevées des côtes de France et d'Angleterre : c'est la baie de Fundy, dans la Nouvelle-Écosse. Nous regrettons que cette apparente exception ait échappé à nos premières recherches et nous eussions été heureux de la citer, parce qu'au lieu d'être contraire à notre loi, elle en est une des plus frappantes confirmations. Si l'on prend en effet une carte des États-Unis , on voit que la côte orientale de l'Amérique forme , à la Nouvelle-Écosse , un retour sur elle-même, ainsi que nous l'avons fait remarquer dans l'ouvrage; or par suite de ce coude, la baie de Fundy a précisément son ouverture dirigée vers l'occident , et elle est ainsi absolument dans les mêmes circonstances que la baie de Cancale, le golfe de Bristol, Pégu, etc. , circonstance à laquelle il faut ajouter la force du courant maritime qui du sud au nord suit la côte des États-Unis. Comme d'ailleurs dans les mouvements hydrauliques il ne peut y avoir rien de brusque et d'isolé, nous ferons remarquer la gradation que subissent les marées le long du golfe de Boston, de New-York à la baie de Fundy, gradation semblable à celle que nous avons indiqué exister d'une manière si remarquable dans le golfe de Bengale, orienté comme celui de Boston. Ces sortes de gradations ou de séries nous semblent être d'un intérêt notable dans l'étude des lois naturelles.

Sur les mouvements du baromètre, page 205.

Nous paraissons avoir exprimé le contraire de notre pensée en parlant ici des causes de l'abaissement du baromètre par le choc des vents contraires : pour concevoir notre explication réelle, fondée sur la courbure de la terre, qui fait converger vers le ciel les deux forces et allége ainsi momentanément la pesanteur atmosphérique, il faut se reporter à ce que nous disons de la cause des orages, à la page 390.

TABLE DES MATIÈRES.

LIVRE II.

DES LOIS DE L'ASTRONOMIE.

SECTION PREMIÈRE.

MOUVEMENTS GÉNÉRAUX DES CORPS CÉLESTES.

SECTION II.

DE LA ROTATION DES CORPS CÉLESTES
ET DE SON INFLUENCE SOIT SUR LA FIGURE DE CES CORPS
SOIT SUR L'INTENSITÉ DE LEUR ATTRACTION.

SECTION III.

DES HARMONIES DU SYSTÈME PLANÉTAIRE EXPLIQUÉES PAR LA MÉTHODE NOUVELLE, ET DES LOIS ASTRONOMIQUES QUI LUI SONT PROPRES.. 138

—o—

DE LA CHALEUR

DE LA CAPILLARITÉ.

DE L'ÉLECTRICITÉ ET DU MAGNÉTISME.

LIVRE IV.

DES LOIS DE LA COMBINAISON DES ATOMES. 411

www.ingramcontent.com/pod-product-compliance
Ingram Content Group UK Ltd.
Pitfield, Milton Keynes, MK11 3LW, UK
UKHW022051120726
13694UKWH00001B/87